전통목가구의 도면과 상세

한국 전통목가구

韓國 傳統木家具

Traditional Korean Wooden Furniture

박 영 규 지음

한문화사

머리말

한국의 전통 목가구는 정선된 아름다움의 대표적 공예품으로 일반인들의 지속적인 관심을 받고 있다. 그간 어렵게 전승되어 온 목가구들의 보존과 계승을 위해 다양한 연구발표와 함께 박물관과 갤러리 등의 전시가 구심점 역할을 담당하고 있으며, 더 나아가 일반인들 사이에서 재현 또는 창작으로까지 발전하여 현대생활 속에서 조화를 이루려는 시도 역시 활발히 번져가고 있다.

이 책의 전신인『한국의 목가구』는 대학 졸업 후 전통 목가구의 바른 계승과 재현을 위해 정확한 실측을 바탕으로 책을 엮으려는 최순우, 정양모 전 국립중앙박물관장 두 분을 도와 드리는 작업에서 시작되었다.

이후 국립중앙박물관에서 한국 미술을 이해하면서 목가구에 집중할 수 있는 계기가 되어, 1977년 2월부터 1980년 2월까지『공간』지에 목가구의 실측도면과 함께 그 제작에 필수적인 내용을 연재하였는데 이를 집성하여 1982년 삼성출판사에서 발간하게 되었다. 당시로서는 박물관이나 고가구점에서 볼 수 있는 실물을 제외하면 목기에 관한 어떠한 서적이나 자료가 없었기 때문에 매우 어려운 과정을 거쳐 정리되었다.

발간 이후 엄선된 가구의 정확한 실측도면, 상세부분 사진, 사례사진, 짜임과 이음의 구조와 기능 분석, 장석 등이 정리되어 있어 전통 목가구의 재현에는 필수적인 책으로 이용되었고, 정확한 도법 게재로 인해 여러 도학과 건축제도 관련 서적에서 인용하기도 하였다. 최근에는 일부 박물관에서 소장한 목가구들을 컴퓨터를 활용하여 상세실측도를 그리는 데 표본이 되기도 했다.

2011년 개정판『한국 전통목가구』를 발간하며, 더 정확한 실측도면을 얻고자 전체를 컴퓨터로 CAD 작업해 보았으나 초판 당시의 실측도, 단면도가 도법에 따라 실제 크기로 정확하게 직접 그린 후 축소한 것이어서 차이점이 없기에 원본의 가치와 의미를 살리고자 원본 도면을 그대로 사용하였다.

또한, 정확한 분석과 제작, 이해를 돕기 위해 항목별 상세사진들을 추가하고, 사례사진들은 특성이 빼어난 목가구를 추가 선정하여 컬러로 게재하였다. 이외 금속장석, 목공용어, 목재질, 목공구, 주택 배치, 가구 배치에 이르기까지 가능한 다양한 내용을 실어 완성도를 높이고자 했다.

이 책은 사랑방가구를 중심으로 구성되고 안방가구와 주방가구 몇 점이 첨부되어 있다. 현재 계획 중인 후속편은 엄선된 안방가구를 우선으로 싣고 그 외 새로 발굴된 사랑방가구와 기타 가구들을 덧붙여 정리할 예정이다.

2010년경부터 목공 기계의 발달과 함께 취미로 목가구를 직접 제작하는 DIY 추세를 타고 전국에 많은 목공방들이 생겨나게 되었으며,『한국 전통목가구』는 전통 가구 및 현대 가구의 제작에서 기본 교제로 활용되고 있다.

전통 목가구 연구자와 전승 공예인 또 목가구 제작 동호인들에게 이 책이 좋은 길잡이가 되어 전통 목가구의 이해와 저변 확대에 구체적이며 직접적인 도움이 되기를 바란다.

2022년 3월 박 영 규

차 례

제1장 한국 전통목가구의 이해

韓國 傳統木家具 理解

Understanding of
Traditional Korean Wooden Furniture

한국의 전통목가구

인류는 인류화석 시기인 약 400~100만 년 전부터 주변의 돌, 나뭇가지, 짐승의 뼈 등을 주워 사냥, 채집, 방어의 여러 용도에 적합하게 사용하였다. 이후 도구의 사용이 더욱 활발해져 돌을 깨뜨리고 쪼개어 사용하는 뗀석기[打製石器]시대와 갈아서 사용하는 간석기[磨製石器]시대에는 이를 활용하여 나무를 용도에 맞게 자르거나 쪼개고 깎아서 보다 편리한 생활을 누렸다.

동銅과 철鐵의 발견으로 금속을 녹여 도구를 제작했던 청동기·철기시대에는 단단하고 날카로운 도끼, 자귀, 칼, 톱 등의 무기와 농기구 그리고 목공도구들을 생산하였다. 목재는 주변에서 손쉽게 구할 수 있고 부드럽고 가벼우며 연한 섬유질로 되어 있어 어떤 형태로든 자유롭게 제작이 가능하다. 목공구들의 활용으로 주거공간의 개선과 그릇을 비롯한 생활용구 제작, 선박에 이르기까지 목재는 필수적인 자연재료로써 널리 활용되었다.

전남 광주의 신창동 유적에서 출토된 칠기그릇과 각종 농기구, 목조현악기 등을 통해 당시의 높은 목공 기술을 짐작할 수 있으며 생활 속에서 목공예품이 깊숙이 자리하고 있음을 알 수 있다.

무용총과 각저총 등의 벽화에서 고구려시대의 생활 풍속을 살펴보면, 식탁과 소반, 평상, 의자, 실내 집기 등 목재 가구들이 기능은 물론 미적감각을 잘 살려 제작되었으며 그 당시에 이미 조선시대와 같이 실내 가구로 목제품들이 주류를 이루고 사용되었다는 것을 짐작할 수 있다.

또한 고려시대의 정교한 나전칠기와 팔만대장경 경판의 높은 조각기술은 목칠공예의 제작 수준과 대량생산이 가능한 기술이 크게 발달해 있었음을 알 수 있다.

창원, 다호리유적 출토 칠기

그러나 청동기·철기시대부터 삼국·고려시대 고분에서 발견되는 금속유물과 도·토기유물의 숫자와는 대조적으로 소수의 칠기제품 외에는 찬란했던 공예문화를 가름할 수 있는 목공예품은 거의 발견되지 않아 그 당시 어떠한 용도와 형태의 기물들이 사용되었는지 짐작하기 어렵다. 이는 목재질이 연약한 섬유질로 구성되어 쪼개지거나 땅속에서 쉽게 부식되기 때문이다.

각저총 벽화

더욱이 한국은 잦은 외세의 침략으로 전래품傳來品의 숫자가 매우 적은 편이며, 6.25 전쟁으로 그나마 남아 있던 많은 목가구들이 소실되었다. 또한 서구적 생활양식의 도입으로 목가구는 본래의 기능을 상실하거나 옛것에 대한 취향과 사고가 변하면서 전통을 유지하고 보존하는데 어려움이 많다. 오늘날 조선시대 전기에 제작된 현존 유물은 드물며 17세기 이후 제작된 목가구들이 대부분이다.

목가구를 비롯한 한국의 목공예품은 장식적이고 인위적인 면보다는 자연재료를 사용한 순수하고 소박한 미를 강조하고 있다. 또한 한반도의 자연환경과 지역적 특성을 잘 반영하고 사회적 규범, 생활양식, 용도와 재질에 따라 강한 개성과 건강한 조형미를 보이고 있다.

한국 전통 목가구의 특성을 이해하기 위해 자연환경적 특성, 주택양식의 특성, 생활공간별 특성, 제작기법과 장석 등으로 구분하여 살펴보면 다음과 같다.

1. 자연환경적 특성

1) 기후적 특성

   남북으로 좁고 길게 뻗은 한국은 산지가 많고 주변 환경에 따라 다양한 수종樹種들이 자라고 있다. 그 수종에 따라 판재의 색감과 무늿결 그리고 재질 등이 독특한 개성을 갖고 있으므로 가구의 형태와 용도에 따라 사용되는 다양한 목재를 얻을 수 있다.

   그러나 사계절이 뚜렷하므로 여름철에는 덥고 습하여 나무가 잘 자라고 춥고 건조한 겨울에는 덜 자라므로 오랜 세월이 지나는 동안 선이 분명한 나이테가 생성되고 이 결과 아름다운 자연 무늿결이 형성된다. 이러한 한서의 차이는 목리木理가 뚜렷하여 아름다운 판재를 구성할 수 있는 장점은 있으나 여름철에는 습도가 높아 늘어나고 겨울에는 건조하여 줄어드는 심한 수축팽창으로 인하여 넓은 판재는 비틀리고 갈라지기 쉬우며, 기둥 또한 비틀리고 휘어져 가구 재료로서는 적당하지 않다.

   이를 극복하기 위해 느티나무, 물푸레나무, 단풍나무, 먹감나무 등 무늬가 좋은 판재를 톱날 두께가 얇은 탕개톱을 사용하여 2~3mm가량 되게 얇게 켠 후 수축팽창이 별로 없는 잘 마른 오동나무나 소나무 판재를 뒤쪽에 엇갈려 붙인 부판을 제작해 사용했다.

좌우 대칭 문판

   고식古式의 가구에는 목리의 아름다움보다는 소나무·오동나무·가래나무 등 넓고 쉽게 비틀어지지 않는 판재를 사용하여 가구의 기능에 충실하였다. 그러나 부판기법의 활용으로 좁은 판재로도 아름다운 목리의 활용이 가능하게 되어 기둥과 쇠목, 동자 등 힘을 받는 골재와 함께 사용하여 한층 조형성이 뛰어난 대형 가구의 제작이 가능하게 되었다.

   이러한 부판 제작기법은 목재가 수축팽창 되는 결점을 막을 뿐 아니라 판재를 얇게 켜서 사용하므로 동일한 무늿결을 여러 장 얻을 수 있으므로 가구 전면의 문판에 좌우대칭으로 배치하여 안정감을 주고 있다. 이 기법을 활용하여 문갑의 전면에 8장의 동일한 무늬를 사용하여 극히 자연적이며 단아한 멋을 자아내기도 한다. 작은 크기로도 아름다운 목리의 판재를 손쉽게 구할 수 있고 또 얇은 판재로도 골재에 의지하여 힘을 받기에 충분하므로 가구의 하중을 줄이는데 효과적이다.

   사계절로 인한 한서의 차이가 심한 환경에서는 목가구의 짜임과 이음에 대한 구조적 복안이 마련되어야 한다. 이에 비교적 넓은 판재로 구성된 장과 농의 전면前面은 쇠목이나 동자 등의 골재로 분할하고, 머름간이나 쥐벽간, 복판 등의 좁은 면들로 재구성하였다. 판재를 골재에 홈을 파고 끼워 넣었는데 이때 풀을 사용하지 않고 홈 안에서 판재의 수축팽창의 변화를 수용할 수 있도록 하였다.

면분할

   이러한 면분할은 서랍이나 여닫이문 그리고 수장 공간을 고려하고 또 전체 힘의 균형과 조

전주장

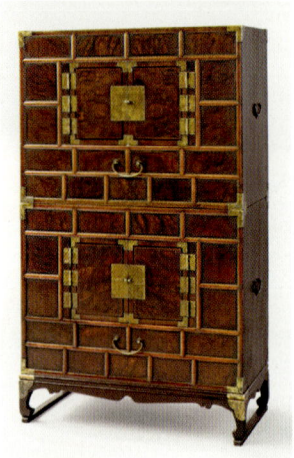

경기이층농

화를 위해 계획적인 디자인 시도가 필요하였다. 조선시대 가구의 선과 면의 배분은 한국적인 독특한 비례로 발달하였는데 가구에서뿐만 아니라 오늘날 어떠한 주거양식이나 실내 공간에도 잘 어울리는 미적감각으로 높이 평가되고 있다.

2) 지형적 특성

한국은 고대부터 강을 기반으로 농경사회를 이루었으며 산과 산맥을 분기점으로 각 지방으로 나뉘어 있다. 이러한 지형 조건은 지방간의 교통을 불편하게 하고 고립시키는 요인이 되어 지방마다 독특한 언어가 발달하고 개성이 강한 생활문화권을 형성하게 되었다. 즉 관혼상제는 물론 생각과 표현, 취향에 있어서도 지역문화의 특색을 찾아볼 수 있다.

목공예 분야에서도 지방 특산의 목재와 생활양식에 따라 장과 농, 소반, 반닫이 등 지방색이 강한 가구들이 제작되어 쓰였다.

장과 농을 살펴보면, 느티나무나 물푸레나무 등 목리가 고운 판재로 시원한 면분할을 구성하는 경기장京畿欌, 장롱의 전면판재에 조각을 넣은 유일한 보성장寶城欌, 화려한 금속장석과 아름다운 자연 무늬목의 장과 농의 전면 판재 둘레에 뇌문을 상감한 통영장統營欌, 반닫이와 장을 겸용한 전주장全州欌 등이 가구의 형태, 목 재질, 금속장석 등에서 그 지방 특유의 고유 형식을 보이고 있다.

또한 좌경, 빗접, 반짇고리 등 안방에서 사용하는 많은 기물들이 고유의 형태와 사용된 목재, 금속장석들이 강한 지방색을 띠고 있다.

해주반

소반은 해주·나주·통영·강원·충주반 등으로 나뉘는데, 각기 천판天板, 운각雲脚, 다리 형태와 제작방법, 사용되는 목재질, 제작기법에 따라서 특색 있는 아름다움과 기능이 고려되어 있다.

반닫이는 크게 평안도·경기도·충청도·전라도·경상도·제주도로 나뉘며, 박천·평양·개성·강화·남한산성·밀양·양산·예천·고흥·나주·금산·남원 등 지방으로 세분된다. 반닫이의 크기, 폭과 높이의 비례, 목재질, 구조 그리고 금속장석의 형태에 따라 지방색을 뚜렷하게 구분할 수 있다.

나주반

그 외 예천 지방의 정교한 떡살과 다식판, 통나무 속을 파낸 함지와 통나무를 회전시켜 가리질해서 깎은 강원도 지방의 원반 등이 있다.

이와 같이 좁은 면적의 국토에서 여러 지방으로 분류되어 다양하게 발전한 것이 한국목공예의 커다란 특성이라 할 수 있다.

2. 주택양식의 특성

1) 주택양식

한국의 가옥은 바닥에서 열을 가하는 온돌 형식으로, 방고래를 여러 갈래로 만든 다음 그 위에 두꺼운 판석으로 구들장을 놓고 진흙으로 메운 후 장판을 발라 방바닥에서 생활하였다. 겨울철에는 두꺼운 판석이 열을 오랫동안 보존하므로 난방 효과가 높고, 여름철에는 찬 돌의 냉기가 전달되는 자연친화적 환경을 고려한 평좌식 생활이었다.

겨울에는 천장이 높으면 윗바람이 세어 방바닥의 열기만으로는 일상생활을 하기에 부족하므로 천장을 낮게 하고 또 방바닥이 넓으면 불을 지피는 아랫목에서 멀어져 열기가 윗목까지 전달되기 어려우므로 방의 폭과 길이를 좁혀 따뜻하고 아늑한 공간이 되도록 건축했다.

따라서 실내의 가구들은 천장의 높이와 앉은키에 맞춰 낮게 제작되었고, 좁은 공간과 앉은 키에서 사용하기 편리하고 시각적으로도 어울리는 아담하면서도 정리된 선과 면들로 짜인 형태로 갖춰지게 되었다.

앉은 높이에 맞춘 규격

가구의 배치는, 사랑방을 예로 들면, 책을 읽고 글을 쓰기 위한 서안書案과 연상硯床, 끽연도구인 담배합과 재떨이 등을 모아두는 재판이 방의 중심에 놓이고 그 외의 가구들은 벽 쪽에 위치한다. 또 가구에 낮은 다리를 달아 방바닥 열기가 위로 통풍되게 만들고, 앉은키에서 뚫린 밑 부분이 적게 보이도록 풍혈風穴을 달아 시각적인 안정감을 주었다. 문지방 위에 큰 창호를 달아 앉아서 뒷마당을 내다볼 수 있도록 배려했으며, 창호 아래 키가 낮은 문갑을 놓아 제한된 높이를 활용하였다.

연상

2) 사회규범적 특성

조선시대는 일찍이 도입된 유교적 관념에서 남녀유별의 이념이 강조되어 사랑채를 중심한 남자의 공간과 안채를 중심으로 하는 여성의 공간으로 분할하여 사랑채와 안채 사이에는 담을 치고 문을 달았다. 중문이 열렸을 때 마당에서 안채의 내부가 들여다보이지 않도록 중문간의 안채 쪽에 내외벽이나 내외담을 치기까지 하였다. 집에 따라서는 안채로 드나드는 문을 따로 내어 내외 관습을 지키기도 하였다.

끽연도구와 재판

이렇듯 대가大家에서는 사랑채와 안채로 구분되나, 서민들의 일반적인 'ㄱ자'형 가옥에서는 부엌과 안방 그리고 대청을 건너 사랑방이 있다. 안방과 사랑방 사이의 대청은 비교적 좁은 주택 구조에서도 독립되고 안정된 공간을 마련하기 위함이다.

禮의 실제를 기술한『예기禮記』의「내칙內則」에는 남녀유별에 대하여 다음과 같이 전해지

안채와 사랑채 분리

고 있다.

"예는 부부의 구별을 삼가는 데서 시작된다. 궁실宮室의 밖과 안을 구별하여 남자는 외실, 여자는 내실에 있어 서로 궁을 깊이 하고 문을 굳게 하는데, 남자는 필요할 때가 아니면 내실에 들어가지 않으며, 여자는 그 예의상 필요치 아니하면 문밖출입을 삼간다.禮始於謹夫婦 爲宮室辨內外 男子居外女子居內 深宮固門……男不入女不出""일곱 살이 되면 남녀가 같이 앉지 않으며, 같은 자리에서 음식을 먹지 않는다. 男女七歲不同席不同食"

이러한 사회적 규범 속에서 남성과 여성의 공간이 명확히 구분되어 개성이 뚜렷한 생활문화가 형성되었다. 따라서 그곳의 가구들은 형태와 용도에 따라 형식, 구조, 재질, 무늿결, 비례, 색채 등에서 독특한 조형양식으로 발전되었으며 이 또한 한국 목가구의 특성이라 할 수 있다.

3. 생활공간별 특성

1) 남성 생활공간/사랑방

(1) 선비의 이념과 일상

조선시대는 정치, 경제, 교육, 문화, 종교 등 모든 분야가 유교 이념에 입각하여 조직, 통치, 운영되던 사회였다. 선비는 유교와 그 경전에 대한 해박한 지식을 갖고 당시 현안을 바라보았고 정치가로서 비전을 제시하면서 관료로서 그러한 미래상을 실현하기 위해 일했던 것이다.

인성에 있어 성정性情과 인의仁義, 실천윤리에 있어 효제충신孝悌忠信과 삼강오륜三綱五倫, 종교와 의례에 있어 가묘家廟와 관혼상제冠婚喪祭, 국가체제에 있어 농공상적 신분질서와 양반관료제 등이 유교 이념에 기초를 두고 있었다.

배움과 행동이 일치되고, 의리와 명분을 내세우며, 인정을 중요시하고, 개인보다는 공적인 것을 우선하며, 살고 죽는 것을 함께 하고, 이념과 함께 이상주의를 실현하는 선비의 가치 지향을 위해 외유내강外柔內剛·청빈검약·일실주의一實主義·박기후인薄己厚人의 생활태도를 갖는다.

일반적으로 사랑방 주인의 대부분은 학문을 중시하는 선비이므로 신분적으로는 양반이며 경제적으로는 가난한 층도 있었으나 대부분 중소지주층中小地主層이었다.

선비는 학문을 닦고, 후학을 가르치는 일 외에도 벗과 함께 인생을 논하고, 진경산수眞景山水를 시로 읊거나 그림을 그리며, 거문고·비파·생황 등 악기 연주와 감상을 통해 예술을 즐기는 학예일치學藝一致의 생활을 즐겼다. 자기瓷器와 청동기靑銅器의 골동품을 감상하며, 호연지

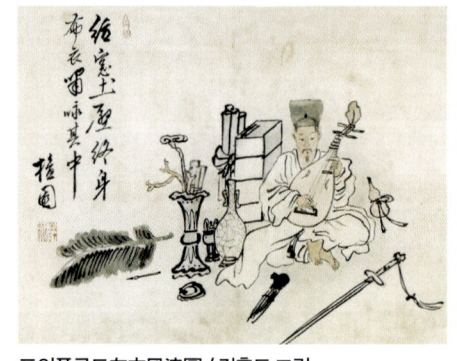

포의풍류도布衣風流圖 / 김홍도 그림

기浩然之氣와 교류의 공간으로 사랑방을 매우 중요한 자리로 인식하였다. 그 외 취미로는 활쏘기, 투호, 전각篆刻, 난 기르기, 수석 감상 등이 있었으며 오락으로 바둑, 장기, 쌍륙雙陸, 골패骨牌, 윷놀이, 종정도從政圖 등을 하였다. 또 글을 읽을 때 향을 피웠으며 차를 마시고 담배도 즐겼다.

선비들의 일상을 잘 나타낸 그림으로 단원 김홍도의 포의풍류도布衣風流圖를 들 수 있는데 "흙벽에 종이창을 내고 종신토록 포의차림으로 시와 그림을 즐겼으면 좋겠다"는 글이 적혀 있다. 그림을 살펴보면 서책과 그림, 벼루·먹·붓, 중국 청동기와 도자기, 비파와 생황, 청빈함을 상징하는 파초 등 모두가 선비의 생활이자 취향을 나타내는 것들로 채워져 있다.

(2) 사랑방가구

일반적으로 선비들의 생활공간은 사랑舍廊, 공부하는 서재書齋는 문방文房이라 부른다. 문방의 분위기는 선비의 높은 뜻과 지조, 청빈검약의 이념으로 안정된 공간이 필수적이며 문방생활에 꼭 필요하고 지적 사고에 방해가 되지 않는 간결하고 검소한 기물들로 구성된다. 또 집안의 전통을 중시하는 사회의 객관적 규범과 주인의 인격, 덕망, 학식, 안목, 취향에 따라 특성 있는 실내 공간으로 꾸며졌다.

사랑방가구

홍만선洪萬選(1643~1715)이 지은 『산림경제山林經濟』에는 "방 안에는 서화를 한 축 정도 걸고, 크지 않은 소경小景이나 화조가 알맞다. 색이 있는 진채眞彩는 단묵單墨만 못하다" 했으니 한 폭의 묵화墨畵가 선비의 격조에 어울린다는 말이다. 또 "서가書架에 잡서雜書를 꽂아두지 말며 책을 높게 쌓아올려도 속기俗氣가 난다" "책상이나 연상硯床에는 운각雲脚을 새기지 말며, 금구金具장식과 주황칠朱黃漆은 피하고 무늬목으로 고담하게 하라" 했다.

이렇듯 화려한 조각이나 칠 그리고 금속장석은 현란하여 안정된 분위기를 얻을 수 없으니 자연적인 무늬목으로 고결함을 취하라는 뜻이다. 이 의도를 가장 적절하게 충족시킬 수 있는 실용적 공예재료는 목재이다. 목재는 자연 무늿결의 순수함과 부드러운 질감, 어떤 형태로든 제작이 용이한 연질이며, 주변에서 쉽게 구할 수 있고 또 생활공간에서 적응력이 뛰어나기 때문이다.

필통

사랑방가구로는 문방가구가 주류를 이루고 있는데 글을 읽고 쓰기 위한 서안, 지필묵紙筆墨을 보관하기 위한 연상, 필통, 지통, 책을 보관하는 책장과 책궤, 중요 기물을 수장하기 위한 함과 상자 그밖에도 다양한 소품이 있다.

사랑방가구의 제작에 있어서는 선비의 이상과 취향에 맞는 격조 높은 목공품을 제작하기 위해 세심한 부분까지 적극적인 관찰과 지도가 있었음을 짐작할 수 있다. 장인匠人들은 제작 기술은 완벽하나 선과 면의 처리, 비례감각, 글과 그림에 대한 이해, 질감을 통한 재료의 선택에서 사고와 지적 수준이 다르기 때문이다.

지통

서류함

사랑방가구들을 기능에 따라 분류하면 다음과 같다.

- 글을 읽고 쓰기 – 서안, 경상, 서탁, 서견대
- 벼루 보관 – 연상, 연함, 연갑硯匣
- 책 보관 – 책탁자, 삼층탁자, 책장, 책궤
- 종이 보관 – 지통, 고비
- 붓 보관 – 필통, 필가, 필격筆格
- 중요 기물 보관 – 문갑, 머릿장, 이층장, 갑게수리
- 서류 보관 – 서류함, 상자
- 끽연도구 정리 – 재떨이, 장죽長竹, 장죽걸이, 연초합, 재판
- 의관 보관 – 의걸이장, 갓통, 망건통, 탕건통, 관모함
- 등기류 – 촛대, 등가, 좌등
- 기타 – 목침, 팔걸이, 좌장, 죽부인, 평상, 돗자리, 수로, 부손, 부젓가락, 타구, 보료

오동연상

목공재료로는 가볍고 광택이 없으며 부드러우면서도 소박한 멋을 풍기는 오동나무가 주로 사용되었다. 표면을 인두로 지져 짚으로 긁어내면 단단한 나뭇결이 살아나는 낙동기법으로써 묵직하면서도 검소한 분위기가 선비의 기품을 잘 표현하고 있다. 또한 재목의 특성으로 온습 조절이 가능하여 서류나 의복, 중요 기물을 보호하려는 목적으로 필통·지통·연상·망건통·탕건통·갓통 그리고 함과 상자 등에 널리 애용되었다.

소나무는 한국의 목공예품 제작에 폭넓게 사용되는 재료이다. 부드럽고 소박한 질감으로 인해 사랑방용품에서는 서안·연상·책장·등가·목침·상자·재판 등에 즐겨 사용하였다.

은행나무는 넓은 판을 구할 수 있고 얇은 판재로도 터지지 않으며 눈매가 고와 정교한 조각이 가능하다. 또 부드러운 감촉으로 인해 필통·연상·팔걸이·목침·상자와 함에 사용되었다.

배나무·회양목·대추나무·박달나무는 결이 곱고 단단하여 인장·나침반·선초 등의 조각재로 사용된다.

먹감목침

먹감나무는 필통·연상·문갑·연초합·망건통에서 부드러운 질감과 추상적인 검은 먹 무늬를 잘 살려 제작되었다.

"느티나무로 제작된 서안은 무늬가 강하여 정신을 흐리게 하므로 사용하지 않는 것이 좋다"고 할 정도로 사랑방용품은 의식적인 치장보다는 안정된 분위기를 얻고자 목재의 선택에도 신중했다.

2) 여성 생활공간 / 안방

(1) 안방가구의 특성

안채 또는 안방은 가정생활의 중심이 되는 곳으로 식구들이 모여 대화를 나누고 음식을 먹는 등 집안 살림살이의 모든 일들이 행해지므로 온화하고 안정된 분위기가 중요시된다. 또 여

성들은 외출을 삼가고 집안에 머물러 지내므로 자연을 접하기 어려운 점을 감안하여 꽃과 새, 곤충 등의 문양들을 장과 농에 시문하여 자연을 접한 듯한 분위기를 살렸다. 또 아기자기하고 화사함을 애호하는 취향에 맞추어 가구들을 선택하고, 자손번창과 가내 평안을 바라는 마음에서 화조, 석류, 물고기 등이 그려진 병풍으로 장식했다.

안방의 가구들은 대개 의복을 넣어두는 장과 농이 주류를 이루고 있으며, 함 등의 수납가구를 두었다. 뚜렷한 사계절로 인해 철마다 다양한 의복이 필요하고 또 유교의 영향으로 관혼상제에 따른 예복도 마련해 두었다. 이런 의복들을 보관하고 손쉽게 꺼내기 위해 장과 농이 발달하였으며 깊숙하고 편리한 이층농과 삼층장이 널리 사용되었다. 대가에서는 안방의 측면에 긴 고방이 있어 장들을 넣어두고 창호지 바른 창살문으로 닫아 복잡한 실내 분위기를 정돈했다.

무쇠장석을 즐겨 사용하는 사랑방가구에 비하여 주석·백동으로 꽃과 새 문양을 오려 경첩과 앞바탕장석, 귀장석 등에 부착하여 광택이 나면서 장식성이 강조된 가구들이 사용되었다. 그 외 사물을 깊이 보관하는 머릿장·문갑, 몸의 단장을 위한 좌경·빗접·빗, 바느질을 위한 반짇고리·자·실패 등이 안방의 분위기를 꾸미고 있다.

안방가구 / 아랫목

안방가구 / 윗목

(2) 안방가구

기둥이 없이 각 층을 분리시켜 쌓아 놓게 만든 것을 농, 분리되지 않고 기둥에 의지하여 층을 구성한 것을 장이라 부른다. 농은 의복을 넣어 보관하는 기능으로 대부분 2층이며 기둥이 없이 판재로 구성되어 제작에 용이하고 분리되므로 운반에도 편리하다.

2·3층장의 대부분은 세로로 굵은 기둥과 쇠목, 개판 등으로 짜여 많은 의복을 넣어도 견고하며, 농에 비하여 높고 넓은 구조를 갖고 있다. 의복의 무게를 감당하기 위해 하단에 굵고 높은 족통을 대고 천판 부위에 양옆으로 길게 개판을 설치하여 시각적인 균형을 주고 있다.

장·농을 마감재에 따라 분류하면, 느티나무·먹감나무·물푸레나무·단풍나무 등 아름다운 자연 목리를 살린 장, 은행나무·가래나무·피나무에 각刻을 한 조각장彫刻欌, 나무 골재에 종이를 붙여 화초문을 그리거나 종이를 오려붙인 지장紙欌, 헝겊에 수를 놓아 판재에 끼워 붙인 수장繡欌, 영롱하고 화사한 자개를 시문하고 옻칠한 나전장螺鈿欌, 쇠뿔을 펴서 얇게 갈아낸 투명판에 적·황·녹·백·흑 등의 짙은 당채唐彩로 그림을 그린 화각장華角欌, 투명 유리판에 화초를 그려 끼운 화초장華草欌 등이 있다.

이들 가구에 주로 사용된 문양은 자연경관·화초·삼강오륜도·십장생·길상문·부귀다남·자손번창·희자囍字들로서 다산·장수·화목을 기원하는 내용들이다.

의걸이장은 내부 상단에 긴 횃대를 설치하여 옷을 구기지 않고 걸쳐놓게 만든 의장衣欌으로 두루마기나 치마 등의 긴 옷들을 걸쳐 두기에 매우 편리하다. 판재는 옷을 보관하는데 적합한 오동나무가 대부분이며 문변자와 동자는 고운 배나무, 기둥과 가로지른 쇠목은 소나무 위에 배나무를 얇게 붙여 사용하였다.

복판 판재는 오동나무나 소나무의 자연 목리를 살린 순수한 것이 있는가 하면, 오동나무 표

경기도 이층장

이층농

머릿장

면에 시문詩文·산수문·사군자·송학 등을 조각하고 채색한 것과 은행나무판에 운학雲鶴·운룡雲龍·송호松虎 등을 조각한 것, 그리고 창살로 된 것 등 다양하다.

투각이나 창살로 짜인 것은 실내 분위기에 따라 배면에 청사靑絲·황사黃絲 또는 한지를 붙여 사용하는데 통풍이 잘 되며 문이 가벼워 여닫기에 무리가 없고 또 바꾸어 배접할 수 있다.

창살의 문양은 대부분이 만자卍字·아자亞字로 구성되었으며, 간혹 창살 중심부에 장방형의 여백을 두어 유리판을 끼우고 뒷면에 십장생·사군자·화조花鳥 등을 여러 가지 화려한 색으로 그린 후, 색지를 발라 바탕색을 만든 화초장華草欌 형식의 의걸이장도 있다.

문갑은 창문 아래쪽 공간에 배치하여 앉은 자세에서 밖을 내다보는데 불편함이 없고 또 유용한 소품들을 올려놓아 장식하거나 내부에 중요 기물들을 보관하는 기능을 갖는다. 느티나무, 물푸레나무, 먹감나무 등의 아름다운 나뭇결을 살려 여성들의 취향에 알맞도록 화사하고 안정된 형식을 취하고 있다.

문갑은 두 개가 한 조를 이루는 쌍문갑으로 전면이 막혀 있어 벙어리문갑이라고도 한다. 이런 문갑들은 좌측에서 세 번째 문판을 떼어낸 후 다른 문들을 그 자리로 밀어서 떼어내는 불편함이 있으나 자주 사용하지 않는 중요 기물을 보관하고 형태가 단순하여 부담을 주지 않는 장점도 있다.

좌경

좌경은 앉은 자세에서 얼굴을 볼 수 있도록 경사지게 만든 거울과 함께 화장품·빗·빗치개·뒤꽂이 등을 넣어두는 서랍이 달린 다목적 가구이며 경대라고도 부른다.

여성이 지나치게 화장을 하고 멋을 부리면 상스럽다하여 화장할 때만 잠시 사용하고 접어두는 형식으로 발전되었다. 재료 또한 먹감나무와 느티나무의 아름다운 판재로 구성된 것과 나전螺鈿, 화각華角 등에 주석·백동장석이 화사하게 사용되어 여성의 취향이 잘 반영된 것이 있다.

빗접은 머리를 빗거나 화장을 위한 소도구인 빗·가리개·첩지·뒤꽂이·비녀·화장용품 등을 넣어두는 여성용 가구로 거울이 없이 서랍으로 구성되어 있으며, 자개나 화각 등의 화려한 소재와 아름다운 목리로 장식되었다.

안방에서 사용되는 가구들을 기능별로 분류하면 다음과 같다.
- 중요 기물 수납 – 머릿장, 문갑, 함과 상자, 혼수함,
- 의복 수장 – 이층농, 이층장, 삼층장, 의걸이장, 실함, 함
- 화장용구 보관 – 좌경, 빗접, 비녀함, 패물함, 주련경
- 바느질 용구 – 반짇고리, 실패, 자, 수틀, 화로, 부젓가락, 인두
- 글 읽고 쓰기 – 서안, 연상, 필통
- 등기류 – 등가, 촛대, 좌등

3) 부엌가구

(1) 부엌

한국의 전통가옥에서 부엌은 음식을 만들거나 보관하고 그릇을 씻어 정리하는 식생활의 공간이며 겨울철에는 조리와 동시에 아궁이를 통하여 온돌난방을 해결하는 경제적이고 효율적인 구조를 갖고 있다. 여름철에는 부엌 바닥이나 마당에서 풍로를 사용하여 조리한다.

부엌은 취사와 난방의 공간이며 동시에 식품과 식기의 저장 공간 즉 찬장, 찬탁, 찬광 등이 갖추어져야 하므로 이곳의 다양한 역할과 구조는 매우 중요하다. 특히 여성들은 불을 관장하는 조왕신竈王神을 부엌에 모셔서 가족의 건강과 복을 기원하며 정성을 들이기도 하였다.

북부 민가 부엌 / 한국민속촌

부엌에는 2~4개의 아궁이에 솥을 걸었는데 가마솥은 물을 끓이거나 메주용 콩을 삶기도 하며 조청을 만들기 위해 엿기름을 삶기도 했다. 중솥과 작은 솥은 밥과 국을 끓이는데 사용했다. 찬이나 찌개는 아궁이의 불을 조금 내어 삼발이를 얹어서 사용하거나 또는 화로에 불을 피워 준비하기도 했다. 부엌 한쪽에 물을 담아두는 물항아리나 물두멍(솥)을 놓았다.

부뚜막 위에 간이식 선반인 살강을 길게 설치하였는데, 살강은 대나무로 엮은 발 또는 통판으로 만들어 씻어서 올려놓은 그릇의 물기가 잘 빠지도록 하였다. 또 한 쪽에 작은 마루를 내어 찬장이나 찬탁을 두어 항상 쓰는 식기류나 반찬들을 보관하였다. 벽면에 선반을 매달아 소반, 목판, 이남박 등을 올려놓았다.

찬방 / 국립민속박물관

집의 규모에 따라 부엌 옆에 음식물의 준비나 보관을 위한 작은 방인 찬간饌間, 찬방饌房, 과방果房을 두기도 하였으며 부엌에 찬방이 달린 형식도 있다. 서민들은 안방 옆에 딸린 대청에 찬장 등을 놓아 식기류를 보관하고, 벽면에 시렁을 매어 소반을 얹고, 쌀이나 잡곡을 넣은 뒤주 위에 밑반찬과 기호식품을 담은 항아리를 올려놓았다.

(2) 부엌가구

부엌가구는 부엌에서 난방 또는 음식을 조리하기 위해 불을 지필 때 아궁이에서 나오는 연기와 그을음 때문에 자주 닦아 주어야 한다. 또 무거운 유기나 자기그릇을 많이 쌓아 보관해야 하므로 그 무게를 충분히 감당하도록 고려하고, 설거지한 식기는 엎어놓아 자연건조 하는 위생적인 방법을 택했으므로 흐르는 물기들이 가구에 스며들어도 휘거나 비틀리지 않도록 습기에 강한 목재질을 선택해야 한다.

대청의 찬장과 뒤주

두꺼운 판재와 굵은 기둥으로 구성되는 찬탁에는 단단하고 물기에 강한 소나무가 제격이며 단순하면서도 건강한 멋을 풍기고 있다.

찬장은 찬탁의 굵은 선과 함께 장롱처럼 골재와 판재의 면분할을 시도했고, 복판재는 느티나무의 강한 나뭇결을 사용하여 힘차면서 안정된 아름다움을 구사하고 있다.

찬장은 순수하게 음식만을 보관하는 것, 건어물·나물·자루에 넣은 소량의 곡물을 넣어 두

찬탁

는 것, 음식을 보관하는 찬장 기능과 그릇을 쌓아 두는 찬탁 기능을 겸하고 있는 것 등 다양한 용도와 형태가 있다. 여닫이문에는 음식의 부패를 방지하기 위해 통풍이 가능한 얇은 창호지 또는 갑사甲紗를 바르기도 했다.

뒤주

쌀이나 곡물을 보관하는 뒤주는 곡물의 습기를 막기 위해 통풍이 잘되고, 쥐와 해충으로부터 보호되며, 많은 양의 곡물에도 충분한 힘을 받을 수 있도록 굵은 소나무 골재에 두꺼운 느티나무와 소나무 판재로 짜고 다리를 높게 설치하였다.

뒤주는 대형에서 팥과 깨를 넣는 소형에 이르기까지 다양한 형태인데, 대형 뒤주 중에는 2층으로 분할하여 아래층은 여닫이문 안에 자루에 든 잡곡을 넣거나 그릇 또는 기타 소품을 , 위층은 곡물을 해충으로부터 더욱 안전하게 보관할 수 있도록 만든 이층뒤주도 있다.

마른 반찬이나 곡물을 보관하는 대형 찬장과 대형 뒤주는 더운 부엌에 두지 않고 바람이 잘 통하고 또 안방과 가까이 있는 대청에 배치한다.

소반은 음식을 나르는 쟁반과 식탁의 역할을 겸한 독특한 구조로 발전되어 왔다. 가옥 내에 부엌에 딸린 식사 전용실이 마련되지 않고, 조리된 음식을 소반 위에 올려서 방으로 옮겨와 식사를 했다. 따라서 大家에서는 생활필수품으로 용도와 사용량에 따라 상당한 숫자의 소반을 보유하고 있었다.

고구려 무용총 고분벽화

또한 유학儒學의 영향으로 남녀유별·장유유서 등의 제한된 규범에 의해 겸상 없이 독상을 차리게 되고, 더기 식기들은 무거운 자기나 유기로 만들어져 무거웠고, 온돌 구조로 인해 지표보다 낮은 부엌에서 마당과 대청을 통해 음식을 운반했다. 때문에 가능한 한 소반의 무게를 줄이고 혼자서 들고 나르기에 알맞은 크기가 요구되었다.

소반의 천판을 어깨 넓이보다 약간 넓게 재단하여 들기에 편안하고, 두께를 얇게 깎아 무게를 줄였으며, 다리와 운각의 짜임은 무거운 상체를 받칠 수 있도록 견고한 형식을 취했다. 사용하기 편리한 인체공학적인 설계와 견실한 구조와 짜임은 소반의 기능을 충족시키고 또 한국 목가구에서 독특한 조형양식을 보이고 있다.

지방에 따라 해주반·나주반·통영반·충주반·강원반 등으로 나뉘며 각기 천판天板, 운각雲刻, 목재질, 제작기법에 따라 기능적이고 특색 있는 아름다움을 보이고 있다. 또 형태에 따라 호족반·구족반·원반 등이 있고 용도별로 번상·두리반·일주반·회전반 등 다양하다.

목재로는 은행나무·가래나무·호두나무·피나무·소나무 등이 선택되었는데, 이는 넓은 판재를 손쉽게 구할 수 있고 가벼우며 얇아도 쉽게 터지거나 비틀리지 않는 장점이 있다. 이 중 은행나무는 재질이 부드럽고 매우 가벼우며 나무의 특수성분으로 인해 좀이 쏠지 않으며 약간의 탄력도 있어 흠이 적게 생기므로 가장 널리 애용되었다. 은행나무에 옻칠된 소반은 예로부터 인정받는 일급품이다 함지박은 먹거리를 씻고 담아두는 다목적 용도로, 굵고 넓은 피나무·가래나무 등의 속을 까뀌나 끌로 파내어 대형 그릇을 만드는데 선명한 까뀌와 끌 자국이 자연스럽고 성긴 멋을 보이고 있다.

이남박은 쌀을 씻을 때 나무의 둥근 면을 이용해 자연스럽게 힘 안들이고 굴려가며 돌을 골라내는 생활용구이다. 물에 비교적 강한 소나무의 내부를 깊이 파내고 한쪽에 마치 손가락으로 긁은 듯한 음각선을 새겨 이곳에 돌이 걸리도록 했다. 밝은 색 소나무의 자연스런 무늬 그리고 까뀌와 자귀의 자국 등이 조형성과 건강미를 함께 주고 있다.

호족반

부엌가구들을 용도별로 분류하면 다음과 같다.
- 식기 또는 반찬 보관 – 찬탁, 찬장
- 곡물 보관 – 뒤주, 궤
- 음식 운반 또는 식탁 – 소반
  지방별 – 해주반, 충주반, 나주반, 통영반, 강원반,
  유형별 – 호족반, 구족반, 마족반
  기능별 – 공고상, 원반, 찻상, 목반
- 음식을 씻거나 운반 – 함지, 이남박
- 찬을 넣어 나르고 보관 – 찬합

구족반

함지

4) 기타 가구

(1) 수장가구 : 궤櫃

일반적으로 돈궤로 불리는 궤는 위판을 여닫는다 하여 윗닫이라고도 부른다. 이런 형식은 돈을 보관하는 궤 이외에 곡식이나 제기, 책, 화살 등 기타 기물을 넣는 다양한 종류가 있다. 주화鑄貨를 보관하려면 그 무게를 감당할 수 있어야 하고 사용에도 편리해야 하므로 두껍고 단단한 판재를 사개물림으로 견고히 짜 맞추고 경첩과 자물쇠바탕은 강한 무쇠장석이 제격이다.

궤는 상부의 뚜껑을 열어젖혀야 내용물을 꺼낼 수 있으므로 위판에 다른 기물을 올려놓을 수 없다. 때문에 제기궤祭器櫃처럼 일 년에 몇 차례 꺼내 사용하는 물건 또는 곡식자루 등을 넣어두게 된다.

대청의 수장가구

반닫이는 반쪽의 문을 여닫는다 하여 붙인 명칭으로 전면 상단의 반쪽 문짝을 여닫으므로 앞닫이로 불러야 마땅하다. 의복, 이불깃, 책, 문서 등을 보관하는 다양한 기능으로 안방이나 사랑방, 대청, 광 등 여러 장소에서 사용된다. 천판 위 공간에는 이불, 함, 항아리, 광주리 등을 올려놓아 편리하게 사용할 수 있어 널리 애용되었다.

사랑방에서 사용되는 반닫이는 높이가 낮고 가로 폭에 비하여 세로 폭이 좁고 천판이 길게

반닫이 위 이불 쌓기

뻗어 있다. 천판에는 필통, 지통, 망건통, 서류함 등을 올려놓고 내부에는 문방제구나 편지, 책 등 중요 기물들을 넣어두는 용도로 쓰여 책반닫이라 부른다. 주로 부드럽고 검소하게 느껴지는 소나무와 오동나무가 사용되며 단순한 무쇠장석이 부착된다.

안방용 반닫이는 폭이 넓고 높으며 세로폭도 깊어 많은 양의 의복들과 이불보 등을 넣어둔다. 꺼내고 넣기에 불편하므로 자주 사용하는 것보다는 철에 따라 필요한 내용물을 넣어두고 쓰게 된다. 서민의 어려운 살림에서는 의복과 여러 가지 기물들을 넣어 장과 농의 기능을 대신하기도 한다. 목재는 주로 무늬가 아름다운 느티나무 또는 먹감나무의 두꺼운 판재가 사용되며 금속장석 또한 화사한 주석장석, 백동장석, 무쇠장석이 사용된다.

대청이나 광에서 사용되는 반닫이는 방안에서 사용하는 것에 비하여 대형으로 잡다한 많은 기물들을 수납하고 장석 또한 크고 견고한 무쇠장석을 붙였다. 목재는 느티나무, 소나무, 피나무, 먹감나무 등 다양하게 사용되고 있다.

나주반닫이

궤는 소반과 함께 한국 목가구 중 지방색이 뚜렷한 가구이다. 크기, 폭과 높이의 비례, 구조, 금속장석 등 가구의 형태와 규격을 갖고 있으며, 목재는 느티나무, 소나무, 피나무, 감나무, 은행나무, 오동나무 등을 다양하게 선택하였다. 금속장석은 무쇠, 주석, 백동 등을 선택해 사용했고 형태와 규격에서 다양한 개성을 보이고 있다.

지방별로 살펴보면 평안도의 박천·평양, 황해도의 해주, 경기도의 개성·강화·남한산성, 충청도의 금산, 경상도의 밀양·양산·진주·동영·예천, 전라도의 남원·전주·영광·장흥·여수·이리 그리고 강원도, 제주도로 구분된다.

(2) 제례가구

제사는 돌아가신 조상을 추모하고 그 근본에 보답하고자 하는 정성의 표시이다. 비록 조상의 육신은 돌아갔으나 혼백이 직접 와서 제상을 받는 것으로 믿어 상차림 음식은 물론 제구도 일상생활 용기가 아니라 특별한 양식으로 제작하고, 또 집안의 전래품으로 귀하게 여겨 궤에 넣고 신중히 보관한다.

목제구들은 조선조 목가구의 구조와 형식 속에서 묵직하면서도 간결하며 정선된 조형성을 지니고 있다.

제사 용구를 크게 분류하면 조상을 모셔두는 공간인 주독主櫝·감실龕室·영정장影幀欌·영정함影幀函, 만찬용 기본 제구인 교의交椅·제상祭床·향상·향로·향합香盒·촛대, 음식을 담기 위한 탕기·반기飯器·접시·편틀·적틀·술병·탁잔托盞·항아리 등이 있다.

사당 안에 신주神主를 모셔 두는 곳이 독櫝 또는 주독主櫝이다. 신주가 조상의 혼이라면 주독은 이를 모셔두는 몸체에 해당하며 단순한 함函과 같은 형태로서 평소에는 닫아 두고 제사 시에만 뚜껑을 열게 된다. 위패位牌는 반드시 밤나무로 제작되는데 이는 주周의 제도를 따른 것으로 전율戰慄하여 삼간다는 뜻이 내포된 것이며 또한 밤나무의 견고함을 취한 것이다.

주독은 신주를 모셔두므로 제구 중에서도 가장 엄숙하고 안정된 분위기이며 극히 단순하고 기능에 충실한 정적인 형태를 갖추고 있다.

감실은 사당 안에 신주를 모셔놓는 일종의 장으로 목조건축 형태로서 기단 위에 보전寶殿을 앉힌 형상으로 매우 안정된 자태를 갖고 있다.

건축 형식은 주로 조선시대의 화려하고 장식적인 팔작(합각)지붕과 건물 모서리에 추녀가 없고 용마루까지 측벽 면이 삼각형으로 된 간결한 구성미를 보이는 맞배지붕이 사용되고 있다. 이와 함께 기둥, 아자亞字와 띠살문 창호의 문살, 난간 등 전형적인 건축 양식을 축소하여 정교하게 제작한 것이 마치 예술조각물처럼 느껴진다.

감실은 여닫이 창호가 전면에 한 조를 갖춘 조상 한 분을 위한 것과 규모를 옆으로 길게 늘려 2인 또는 4인을 함께 모시도록 제작된 형태가 있다. 4대 봉사 즉 부, 조부, 증조, 고조까지만 제사를 받는 것은 주자가례朱子家禮에 의한 것으로 오늘날 유교적 제사의 근간을 이루고 있다.

교의

교의는 제사를 지낼 때 주독과 신주, 혼백상자를 올려놓는 다리가 긴 의자 형태의 받침대이다. 앞에 위치하는 제사상보다 높게 보이기 위하여 길게 뻗은 다리가 사방탁자처럼 보이는데 실제로는 제사상에 가려 상단만 보인다. 형태는 물결로 표현한 바다 위에 넓은 구름과 해를 정교하게 투각하고 운문 풍혈로써 정성을 다한 것이 있는가 하면 묵직하게 단순한 형태를 갖춘 것 등이 있다.

제상은 조상께 음식을 올리는 커다란 상으로 음식과 함께 유기나 도기 또는 나무로 만든 제기들을 올려야 하므로 하중에 견디도록 굵은 기둥과 두꺼운 판재로 구성된다. 보관 시에는 긴 다리는 접든가 혹은 다리부분을 분리해서 둔다.

향상

향상은 향을 피우는 상으로 향로와 향합을 올리는데 향로상, 향탁이라고도 부른다. 골재의 짜임과 판재의 문양 등에서 교의와 동일한 생김새로 한 조를 이루고, 조상의 혼을 불러오는 중요한 역할로서 마치 사랑방의 서안처럼 내면성이 강조되어 제작된다.

촛대는 고사, 축원, 제사, 불공 등 종교적이고 의례적인 목적으로 사용된다. 정성껏 제사상을 차리고 촛불을 밝혀 주위의 악귀를 쫓아내고 정화시킨 후에 신주를 모신다. 제사상에 올리는 촛대는 두 개가 한 조를 이룬다.

항아리

그 외 제기로는 밥을 담는 반기, 국을 담는 탕기, 과물果物을 담는 평접시, 나물 담는 오목한 접시, 산적(어적·육적·치적)을 올리기 위해 천판 둘레에 변죽이 있는 적틀, 떡을 담는 천판이 통판이고 평면인 편틀에 이르기까지 다양한 그릇들이 있다. 이밖에 술을 담는 항아리와 주병, 퇴주기, 향로 등이 있다.

4. 목가구 제작기법

1) 영역별 목재 성격

나무는 켜는 방법에 따라 나이테로 인한 다양한 무늿결이 나타나는데, 장과 농, 문갑 전면의 복판이나 쥐벽간의 얇은 판재와 반닫이, 돈궤, 뒤주의 두꺼운 판재에서는 자연적인 아름다운 무늿결로 장식 효과를 대신했다. 반면 기둥, 쇠목, 문변자와 같이 힘을 받는 골재는 단단한 목재의 곧은결이 사용되었다.

사랑방가구에서는 단순하고 검소하게 보이는 소나무와 오동나무가, 안방용 가구는 느티나무·물푸레나무·먹감나무의 아름다운 나뭇결이 애용되었다. 또한 물과 함께 무거운 유기나 사기그릇들을 사용하는 부엌에서는 수분에 강하고 힘을 지탱할 수 있는 소나무 골재와 판재, 무늬가 아름다운 느티나무 판재가 사용되었다.

2) 제작기법

(1) 부판 제작

부판 앞면

부판 뒷면

한국은 사계절로 인한 한서의 차이가 심하여 나무에 뚜렷한 나이테가 생성된다. 목리가 아름다운 판재는 기후에 따라 수축팽창이 심하므로 넓은 판재는 휘거나 터지기 쉽다. 특히 안방가구인 문갑, 장과 농, 좌경에 즐겨 사용되는 느티나무, 물푸레나무, 먹감나무 판재들은 더욱 심하므로 짜임과 이음에 대한 구조적인 복안이 마련되어야 한다.

부판 제작은 무늬가 좋은 판재를 2~3mm가량 되게 얇게 켜서 수축팽창이 별로 없는 오동나무나 소나무 판재에 엇결로 붙인 후 골재에 풀을 사용하지 않고 홈에 끼우는 기법이다. 이런 제작기법은 나무 수축팽창의 결점을 막을 뿐 아니라, 작은 크기의 판재로도 아름다운 목리를 손쉽게 구할 수 있고, 또 얇은 판재로도 골재에 의지하여 힘을 받기에 충분하므로 가구의 하중을 줄이는데 효과적이다.

(2) 짜맞춤기법

골재가 주축을 이루거나 탁자처럼 골재와 층널로 구성되는 간결한 가구는 내적으로 견고하고 외적으로는 부담을 주지 않는 단순한 결구, 즉 짜임새와 이음새가 뒷받침되어야 한다. 특히 쇠못을 사용하지 않고 불가피한 부위에만 접착제와 대나무못을 사용할 경우 그 결구는 더욱 중요하다.

짜임과 이음은 간결한 선과 면분할로 이루어진 조선시대 목가구에는 필수적인 기법으로 용도와 재질 그리고 부위의 응력에 따라 구조와 역학力學은 물론 시각적인 효과를 감안한 격조 높은 기법으로 발전되었다.

연귀짜임

(3) 면분할面分割

서랍이나 여닫이문, 수장 공간을 고려하고 또 힘의 균형을 위해 목가구의 구성에 있어서 계획적인 디자인 시도가 필요하였다. 비교적 넓은 판재로 구성된 장과 농의 전면前面 복판에 부판으로 제작된 작은 판재들을 수용한 다음 쇠목이나 동자 등의 골재로 분할하여 머름간이나 쥐벽간, 복판 등 좁은 면들로 재구성하였다.

(4) 상감기법

상감기법은 한국의 목가구에서는 드물게 사용되는 기법으로, 경상남도 통영 지방의 이층농, 좌경 등의 복판과 문변자 사이 또는 판재와 골재 사이 부분에 활용되며 뇌문회장기법이라 부른다. 밝은 미색의 버드나무와 검은 먹감나무 판재를 얇고 넓게 겹으로 쌓은 다음, 횡단면으로 끊어서 이어 붙이면 연속적인 뇌문이 형성된다. 간혹 반닫이에서 바닥을 약간 파내고 태극무늬나 문자를 다른 색의 목재로 메워 넣은 상감기법이 보이기도 한다.

상감기법

(5) 붙임기법

붙임기법은 색이 밝고 눈매가 없는 회양목을 무늬대로 얇게 도려낸 후 검붉은 바탕에 붙인 것으로 화사한 효과를 내며 여성용 가구에는 좌경, 남성용품에는 망건통과 연상에서 나타나고 있다.

(6) 낙동법烙桐法

오동나무는 건습 조절이 용이하여 종이나 섬유를 보관하는데 유용하다. 또 얇고 넓은 판재로도 터지지 않으며 광택이 없어 사랑방용품에 제격이다. 그러나 나무가 희고 무른 단점이 있어 표면을 뜨거운 인두로 골고루 지져서 태운 후 볏짚으로 문질러 부드러운 섬유질은 털어내고 단단한 무닛결만 남기는 낙동법을 사용한다. 이때 검게 탄 색감이 인위적으로 채색된 것보다 자연스럽고 검소하고 점잖게 느껴진다. 사랑방용품인 문갑·서류함·연상·서안·책장 등에 널리 이용되고, 오동나무 외에 소나무, 잣나무도 낙동법을 활용한 예를 볼 수 있다.

(7) 조각기법

조각기법에는 표면을 밖으로 돌출시킨 양각, 표면을 안쪽으로 판 음각, 주된 무늬 주변을 뚫어내어 입체감을 형성한 투각, 기물의 형태를 입체적으로 표현하는 입체조각이 있다.

낙동법 / 표면, 인두로 지지기

① 음각陰刻과 양각陽刻

목공예의 조각기법 중 가장 보편적으로 사용된다. 음각은 조각칼로 무늬를 표면보다 낮게 파내는데 선문線紋이 주류를 이룬다. 반면 무늬 외의 바닥면을 파내어 무늬가 표면보다 높게 각이 되거나 반 입체가 되도록 만드는 것이 양각인데 상세한 무늬로 입체감을 살릴 수 있다.

낙동법 / 태운 재 떨어내기

② 투각透刻

투각은 반 입체로 각을 하여 무늬를 살리는 일종의 양각기법으로 주된 부위의 바닥 면을 뚫어 무늬를 강조하거나, 통풍을 고려하고 배면의 색지와 천의 효과를 나타낼 때 사용된다. 필통, 교의, 감실 등에 정교한 투각기법이 나타난다.

③ 입체조각

입체감을 살려 기물의 형태를 사실적으로 표현하는데 동자상, 나한상, 불상, 기러기, 먹통 등을 조각하는 기법이다.

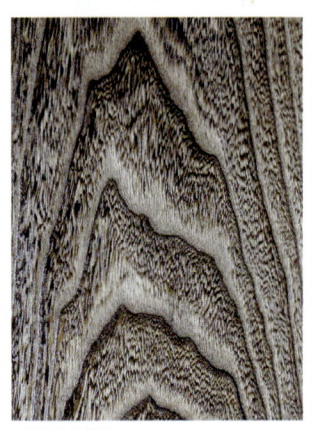

낙동법 / 완성

(8) 깎고 파내기

주로 섬유질이 무른 피나무·은행나무·소나무·가래나무·오리나무 등의 커다란 통나무를 자귀와 까뀌로 겉과 속을 깎고 파내어 함지박·이남박·나막신 등을 제작하는 기법인데, 이음하거나 짜 맞추기보다 자연의 목재질이 잘 나타나며 까뀌나 자귀의 자국으로 인해 건강미를 보인다. 뒤주·항아리·큰 함지와 같은 대형 기물들은 목재가 흔한 강원도와 전라도 남원 지방 산이 많다.

시전지판의 양각기법

(9) 갈이질기법

녹로轆轤 또는 갈이틀이라 부르는 목물레에 목재의 축을 고정시킨 다음 연속적으로 회전시키면서 날카로운 칼로 외부와 내부를 깎아내는 기법이다. 항아리, 이남박, 원반 등 대형 기물에서부터 제기, 밥통에 이르기까지 다양한 형태의 그릇들을 깎아낸다.

재래식 갈이틀은 굵은 노끈을 사용하여 발로 축을 회전시켜 가며 깎아내는데, 회전속도가 느리고 일정하지 않아 얇고 정교하게 깎아내기가 무척 어렵다. 속도 변화로 인한 칼자국의 굴곡이 심하지만 기계로 깎은 정교하고 매끄러운 면보다 속도감을 느낄 수 있어 오히려 소박하고 정감이 간다.

갈이질은 강원도 일대와 전라도 남원 지방에서 그곳의 풍부한 재목을 이용하여 발달하였는데 주로 은행나무·밤나무·피나무·엄나무·박달나무·들메나무·느티나무·오리나무가 사용되었다.

3) 도장 / 칠

자연 그대로의 목재는 색이 밝아 사용하면서 때가 묻게 되고 표면이 연약하여 흠이 생기기 쉽다. 이를 보완하고 주변 기물들과의 색 조화도 감안하여 목공품의 표면에 착색한 후 기름이나 옻칠을 입혀 효과적으로 사용했다.

착색에는 감이나 치자 또는 먹물을 사용하거나, 생솔가지의 연기를 쐬거나, 황토분·백토분 또는 산화철이 함유된 석간주石間硃흙을 물에 타서 기물 위에 바른 후 걸레로 색의 농도를 조절하며 닦아낸다.

표면에 바르는 칠로는 식물성 기름과 옻칠이 있다. 식물성 기름으로는 호두·잣·동백·피마자기름을 사용하는데 굵은 베헝겊에 싸서 표면을 문지르면 엷은 막이 형성되어 기물을 보호하고 윤기가 나서 아름다움을 돋보이게 한다.

또한 옻나무에서 채취하는 옻을 묽게 하여 목공품에 바르면 옻의 특성에 의해 알맞은 윤기와 함께 단단한 칠이 표면을 보호하여 오랫동안 사용할 수 있고 또 미장효과도 뛰어나다. 그러나 칠이 고가품이고 제작공정도 힘들어서 상등급품에 사용되었다.

갈이질작업

원반

4) 금속장석

금속장석은 목재의 연약한 재질을 보강하거나, 장·농에서 문을 여닫기 위해, 가구에서 화사하거나 또는 묵직한 효과를 얻기 위해, 각 짜임새를 견고하게 마감하기 위해 사용된다. 서로 짜 맞춘 부위에는 거멀잡이장석과 귀싸개장석, 여닫는 부위에는 기능적인 경첩, 잠그는 부위에는 자물쇠앞바탕, 들기 위한 들쇠 등 다양하고 효율성을 살린 장석들이 있다.

가구의 용도와 형태에 따라 무쇠와 주석 그리고 백동장석을 선택하여 사용하였다.

무쇠장석은 힘을 많이 받는 반닫이와 책장, 찬장 등에서 두껍고 커다란 형태로 사용되었는데, 소나무와 오동나무에 잘 어울리며 검소한 질감으로 인해 사랑방가구에 널리 애용되었다.

주석장석은 고려시대 이전부터 현대에 이르기까지 광범위하게 사용되고 있는데 구리, 주석, 백동, 시우쇠를 합하여 만든다. 배합 비율에 따라 성질과 색깔이 달라지며 비교적 연질이어서 자유롭게 오려낼 수 있다. 또 음각·양각·투각이 용이하여 여성용 가구에 애용되었으며 단순한 형태로 제작해 사랑방 가구에도 이용했다.

무쇠장석

목리가 아름다운 느티나무, 물푸레나무, 먹감나무 등은 목재 색과 잘 어울리는 황색의 주석장석을 사용하였다. 윤기가 나고 화사하여 장식성이 강조된 안방가구에 부착하였는데 여성의 취향과 잘 맞았다.

백동장석은 조선 말기부터 널리 사용되고 있으며 희고 깨끗하여 단아한 멋을 낸다. 나뭇결보다 금속장석에 치우치던 20세기 초의 가구에 성행했으며 음각, 양각, 투각 등의 다양한 형태로 발달하였다.

주석장석

백동장석

초기의 장과 농에는 무쇠장석이 사용되었는데 점차 장식성이 강조되면서 화사한 주석장석이 애용되었고 후기에 와서는 백동장석과 주석장석이 함께 사용되었다.

두석장豆錫匠이라는 명칭은 조선조 법전인 『대전회통大典會通』의 두석장 가운데 소개된 것으로, 동銅과 석錫을 합금하여 두드리고 다듬어서 목적에 따라 다양한 금속장석들을 제작하는 장인을 말한다.

조선시대의 함이나 상자들은 고려시대 금속장석의 조형양식을 이어받고 있으나, 장과 농에는 화사한 장석이 사용되었다. 조선 후기에는 장식성이 강조되고 또 화사함을 즐기는 여성 취향에 맞도록 사용되었는데, 특히 경상도 일원에서 크게 발달했다. 주로 주석과 백동을 사용한 나비·꽃·새·운학·매죽문의 장석들이 장과 농·좌경·빗접·함 등에 사용되었는데 목가구의 기능을 돕는 역할 이상의 화려함을 강조하고 있다. 반면 경기 지방에서는 기능적인 면이 강조되고 둥글거나 네모난 장석이 주를 이루었다.

제2장 한국 전통목가구의 심층분석

韓國 傳統木家具 深層分析

Analysis of Traditional Korean Wooden Furniture

19세기. 가로 60.0cm, 세로 25.0cm, 높이 26.0cm, 개인 소장

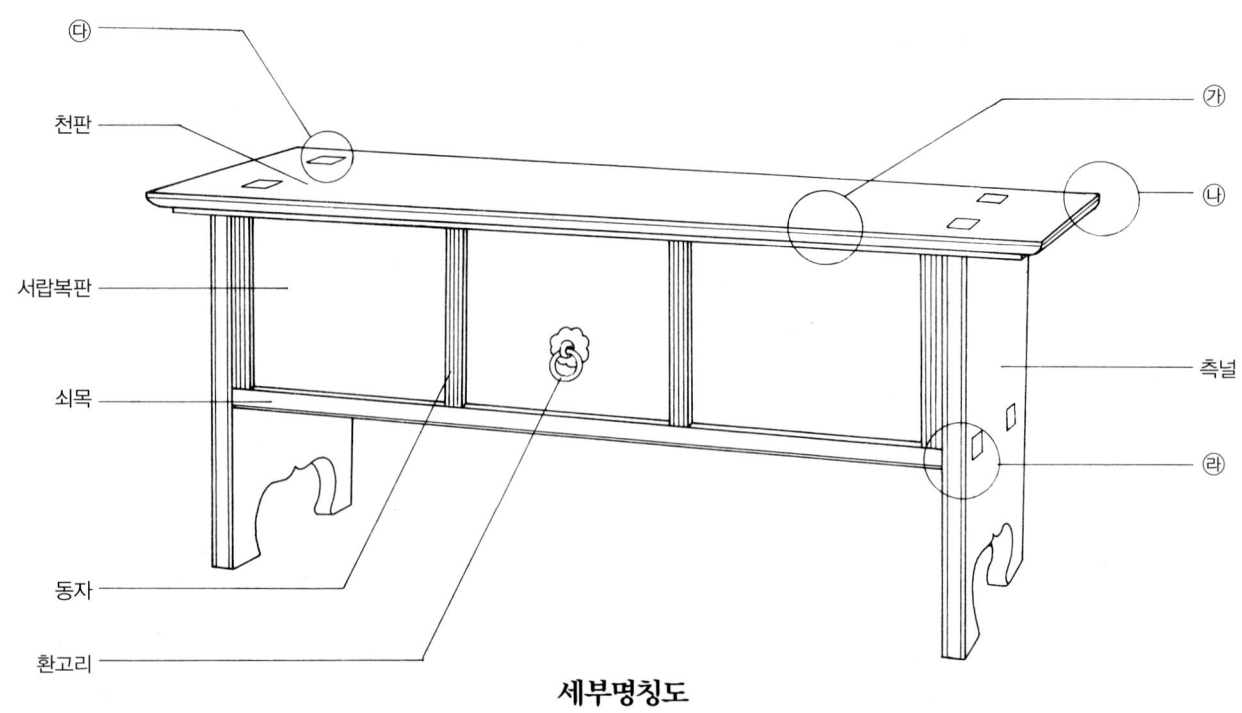

ㄷ

천판

서랍복판

쇠목

동자

환고리

㉮

㉯

측널

㉰

세부명칭도

사랑방은 천장이 낮고 비교적 좁은 공간이므로 벽면에는 문갑, 탁자, 책장 등을 놓고 중심부에는 낮고 자그마한 서안, 연상 등을 배치한다.

일반적으로 서안이 글을 읽고 쓰거나 간단한 서한문을 작성하는데 사용되는 것은 예나 지금이나 다를 바 없다. 그러나 사랑방 가구로서의 서안은 요즈음 우리가 사용하는 책상보다 비교적 간편하게 이용되었으며, 책을 겨우 펴 놓을 수 있을 정도의 작은 면적으로도 그 용도에 충실하였을 것이다. 또한, 이 작은 서안이야말로 내객과 마주 앉은 주인의 위치를 지켜주었을 것으로 보인다.

서안은 시각적인 화사함보다는 정신적인 내면의 세계를 강조하여 보여주고 있으며 학문적 용도로써 사랑방 가구에서 중추적인 역할을 맡고 있다.

서안에는 천판의 양쪽 귀가 두루마리로 된 것과 일자—字로 뻗어 있는 두 가지 종류가 있다. 전자는 중국 가구의 영향을 받은 것으로 불경을 읽을 때 사용하던 경상의 양식이 일반 가정에 들어오게 된 것으로 보이며, 후자는 형태가 단순하며 담백한 멋을 풍기는 전형적인 한국식 서안이다.

여기에 소개되는 서안은 높이가 26㎝로 낮고, 서랍의 오동나무를 제외하고는 전체가 소나무로 구성된 아주 소박한 전형적인 선

비의 것이다.

세부구조를 살펴보면, 서랍 전면에 두 개의 동자를 달아 3등분하여 마치 세 개의 서랍이 있는 것처럼 보이나 실제로는 넓고 커다란 한 개의 서랍으로 구성되어 있다. 이러한 방식으로 면 분할을 시도함으로써 시각적인 균제를 가져오고 있다.

천판 전면의 단면인 ㉮부분과 양 측면 ㉯부분은 상세도면 1-1, 1-2와 같이 면을 곡선으로 처리하고 음각 선을 둘러 가늘고 세련된 느낌이 들고 있다.

일반적으로 짜임새 부분은 외형상으로 보이지 않게 처리하는 것이 통례인데, 측널과 천판을 연결한 ㄷ는 상세도면 1-3과 같이, 다리와 쇠목을 연결한 ㉰는 상세도면 1-4와 같이 외형으로 짜임새가 나타나는 쌍막장부맞짜임을 사용하였다. 이러한 처리방식은 얇은 판의 짜임새를 깊이 물려 실제로 견고할 뿐 아니라 보는 이로 하여금 성실성과 소박미를 느끼게 한다.

앞면을 향한 동자·기둥·쇠목에 둘려 있는 가느다란 두 줄의 음각선이라든가 또 측널의 안상형眼象形으로 파낸 유연한 곡선은 전체의 직선적인 가구에 부드러운 맛을 한층 더하고 있다.

서랍 복판에 장식된 주석의 작고 단단한 고리는 가능한 금속장석을 생략하여 단순하고 순수한 면을 강조하려는 의도이다.

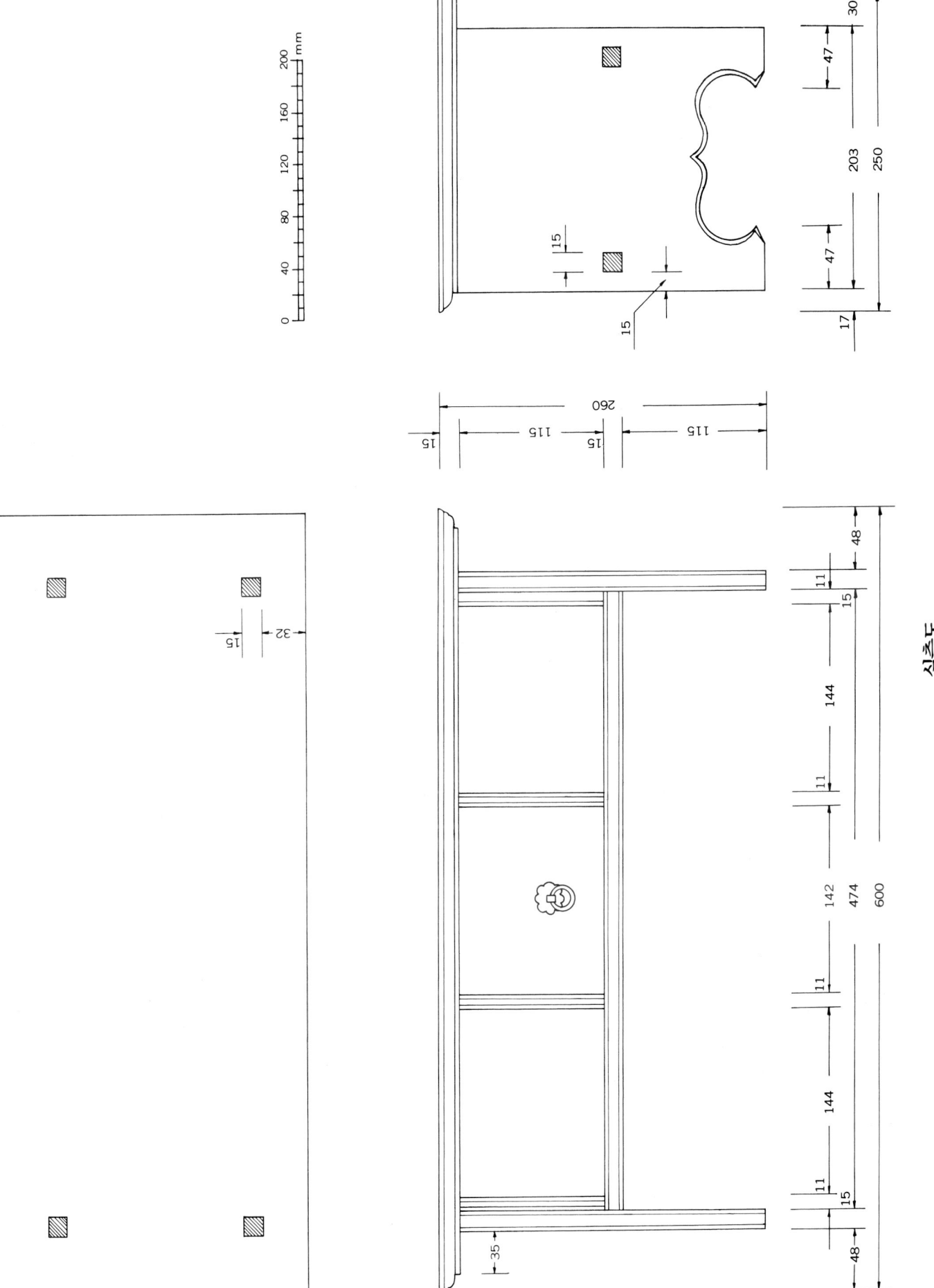

실측도

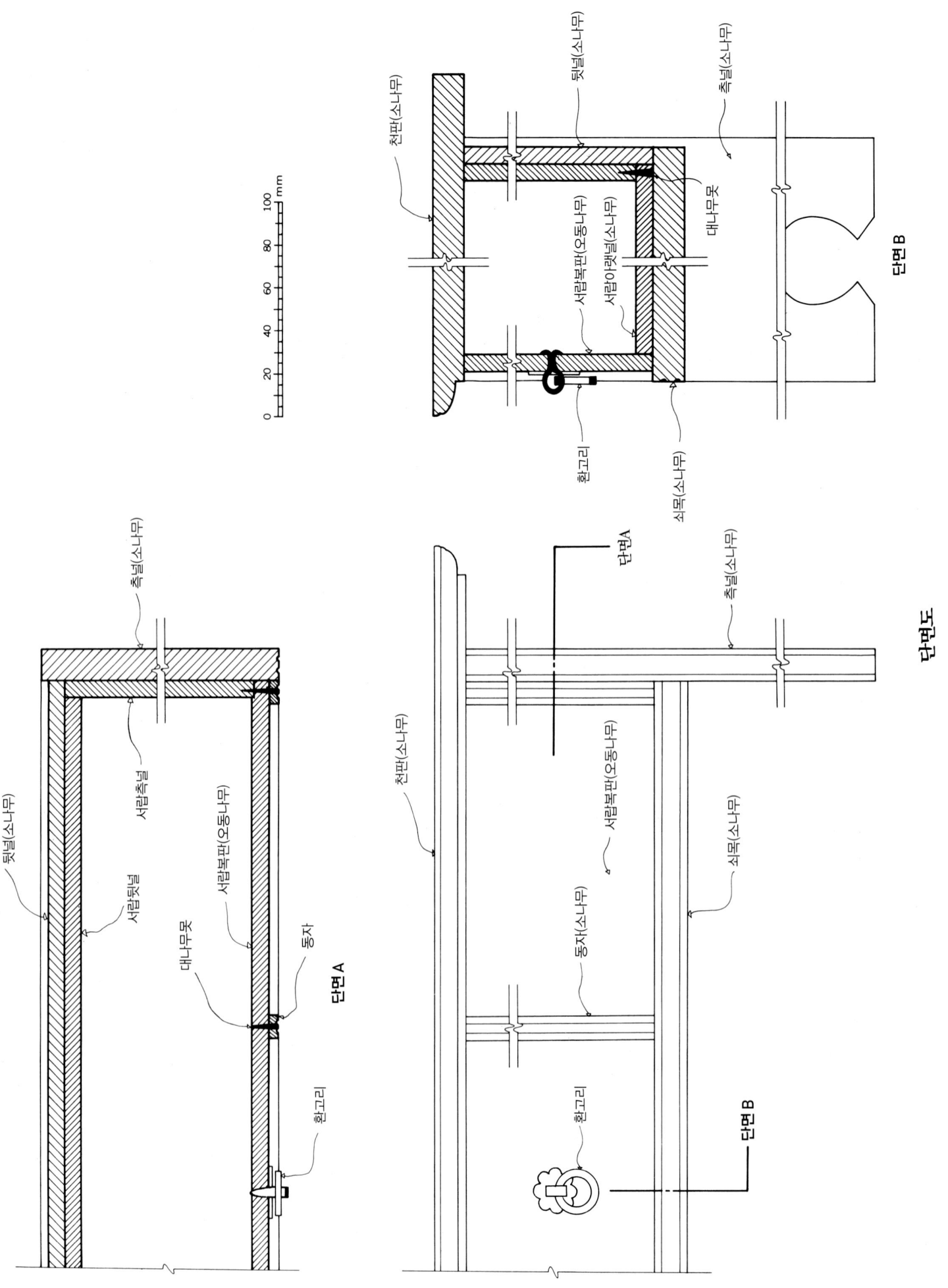

단면A

윗널(소나무)

측널(소나무)

서랍뒷널

서랍측널

대나무못

서랍복판(오동나무)

동자

환고리

0 20 40 60 80 100 mm

천판(소나무)

윗널(소나무)

측널(소나무)

서랍복판(오동나무)

서랍아랫널(소나무)

대나무못

쇠목(소나무)

환고리

단면B

단면도

천판(소나무)

단면A

측널(소나무)

서랍복판(오동나무)

동자(소나무)

쇠목(소나무)

환고리

단면B

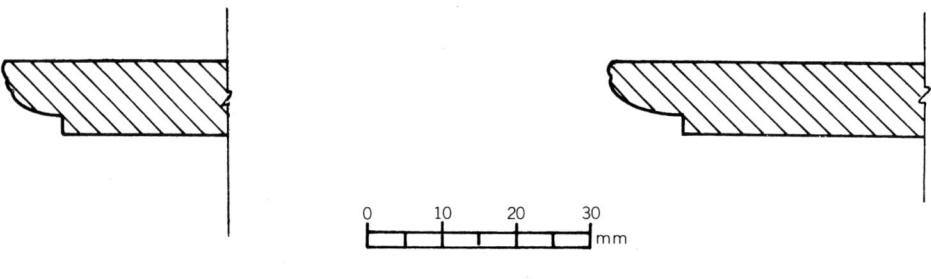

상세도면 1-1 ㉮의 단면   상세도면 1-2 ㉯의 단면

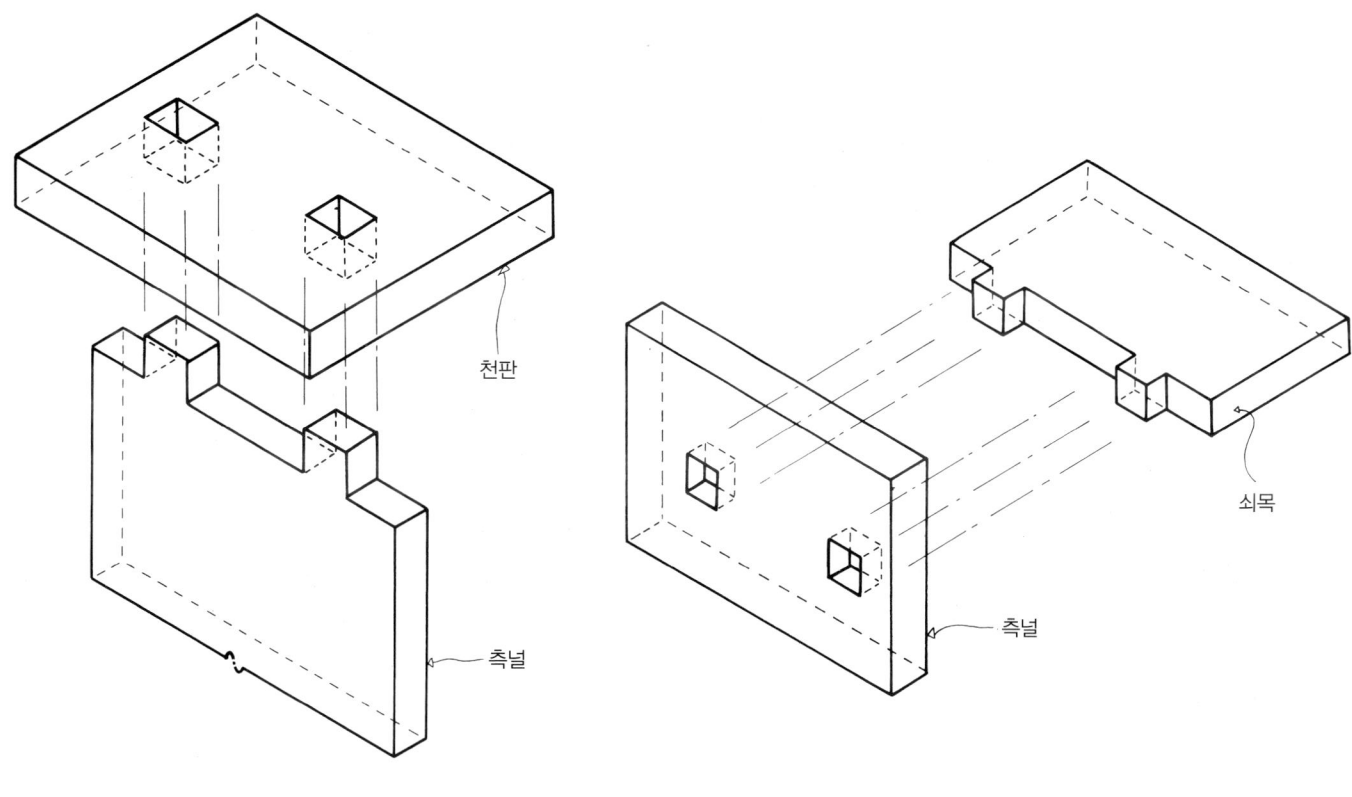

천판

측널

쇠목

측널

상세도면 1-3 ㉰ 쌍막장부맞짜임   상세도면 1-4 ㉱ 쌍막장부맞짜임

상세사진1-1 천판 곡선, 측널과 동자, 쌍사

상세사진1-2 측널 풍혈

상세사진 1-3 동자, 환고리

상세사진 1-4 측면

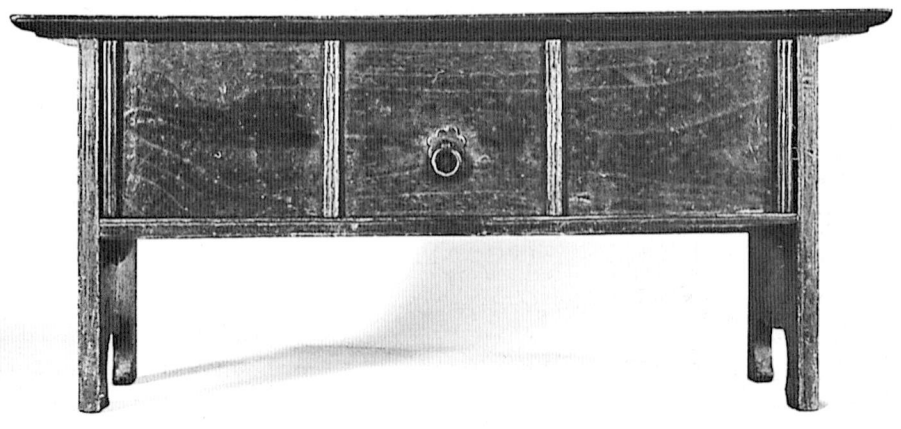

상세사진 1-5 정면

상세사진 1-6 뒷면

2. 서 안 書案
Writing Desk

19세기, 가로 65.6cm, 세로 28.6cm, 높이 28.6cm, 개인 소장

33

세부명칭도

서안은 책을 읽고 글을 쓰는 문방생활의 중추적인 역할을 하는 사랑방 가구로 사랑방 주인의 안목과 취향을 가장 잘 반영하고 있다.

이 서안은 천판과 층널 그리고 양쪽 측널로 구성된 서안의 기본형(사진 2-1)에 간단한 기물의 보관에 편리하도록 서랍을 설치한 것이다.

천판 바로 밑에 서랍을 설치한 것(사진 2-2)이 대부분이나 층널 아래에 서랍을 설치하여 책을 접어두거나 간단한 기물을 올려놓을 수 있는 공간과 안전하게 보관할 수 있는 서랍을 함께 갖추고 있다.

이러한 공간 형성을 위한 서랍의 위치 변경으로 전체의 짜임이 산만해질 수 있으나, 이 서안은 이점을 충분히 고려하여 설계되었다.

서안에서 오동나무와 같이 무른 재질을 이용할 때는 서랍 부분에만 사용하거나, 간혹 전체를 오동나무로 할 때에는 닳기 쉬운 테두리 부분에는 단단한 배나무나 참죽나무를 대어 견고하게 짜는 것이 통례이다.

이 서안은 전체를 불에 그슬려 인두로 지진 후 볏짚으로 문질러 나뭇결을 나타내는 낙동기법烙桐技法을 사용한 오동판재로써 가볍고 부드러우며 광택이 나지 않아 검소하고 소박함이 강조된 전형적인 선비의 책상이다.

세부구조를 살펴보면, 천판 측면에 상세도면 2-1, 2와 같이 면을 곡선 처리하여 전체를 세련되고 부드럽게 보이게 하였다.

천판과 측널, 층널과 측널의 짜임 ㉰, ㉱, ㉲는 상세도면 2-3, 4와 같이 쌍장부맞짜임을 한 후 대나무못을 박아 견고하게 하였다. 이것은 외형상 짜임새 부분이 보이지 않도록 세심한 주의를 기울였음을 엿보게 하는 점이다.

주석의 박쥐형들쇠는 긴 서랍을 손쉽게 당기게 하고, 검은 질감의 바탕이 주는 단조로움을 덜어주고 있다.

사진 2-1 서안 : 책을 받치기 위한 천판과 넣어두기 위한 층널, 이를 지탱하기 위한 양 측면의 판각을 갖춘 서안의 기본형으로 쾌적한 비례와 간결한 구조로 되어 있다. 뚫려 있는 공간은 몇 권의 책이나 소품들을 올려놓아 탁자와 같이 편리하게 사용할 수 있다.

이러한 형태는 일반적인 서안에 비해 짜임과 구조면에서 내구력이 약하고 또 절제의 미를 이해하지 못한 후손들의 훼손으로 현존하는 좋은 비례의 서안이 흔치 않다. 전체가 소나무 판재로 제작되었다.

사진 2-2 서안 : 사진 2-1의 형태에 커다란 서랍을 설치한 것으로 비교적 두꺼운 판재를 사용하였으며 양측 널 하단에 풍혈이 없이 수평을 유지하기 위한 약간의 공간을 두어 더욱 단순하게 보인다. 그러나 천판 측면의 유연한 곡선과 판각, 쇠목 전면에 쌍사밀이로 선을 둘러 단조로움을 피하고 있다. 서랍 복판에 가죽 손잡이를 길게 달아 검소함이 돋보인다. 소나무 판제로 제작되었다.

사진 2-3 서안 : 하단에 커다랗고 긴 서랍과 상단에 두 개의 작은 서랍을 설치하여 여러 문방용 기물들을 넣도록 수장 기능을 확대한 서안이다. 매우 안정되고 단아한 느낌이 들고 있다. 소나무 판재로 제작되었다.

사진 2-4 서안 : 상단에 낮은 긴 서랍을 설치하고 대신 하단에 서책과 연적, 종이 등 문방용품을 넣을 수 있도록 너른 공간을 설치하였다. 공간 안쪽에 가느다란 테두리형 풍혈을 설치하여 내부가 안정되어 보이도록 했으며 양측 널에 만자卍字 투각 풍혈을 설치하여 장식적이면서도 내부공간이 답답하지 않고 여유롭게 보인다.

사진 2-5 서안 : 천판과 양측 널을 사괘물림으로 견고히 짜 맞추고 중심에 층널을 두어 서책이나 종이 등을 얹어 놓을 수 있는 기능적인 형태로써 간결함이 강조되는 사랑방 가구의 특성이 잘 나타나 있다. 이러한 형태는 긴 장문갑 또는 장탁자에 나타나기도 한다. 느티나무 판재로 제작되었다.

사진 2-6 서안 : 서탁은 책을 읽거나 글을 쓰는 서안으로서의 용도와 벼루, 필통, 연적, 향꽂이 또는 몇 권의 서책을 올려놓는 약간 높은 탁자의 기능을 함께 가진 흔치 않은 문방가구로서 간혹 회화 속에서 인물 곁에 놓인 것을 볼 수 있다.

두껍지 않은 천판에 길고 날렵한 구족형의 다리를 구성하고 있다. 장식성이 강한 풍혈보다는 다리 상부의 곡선을 그대로 살려 둥글게 깎은 풍혈이 천판까지 닿았는데 네 면이 부드럽고도 경쾌하게 보인다. 서안의 검소함과 길게 뻗은 구족이 힘차면서도 중후함을 준다. 천판은 가래나무, 다리는 느티나무이다.

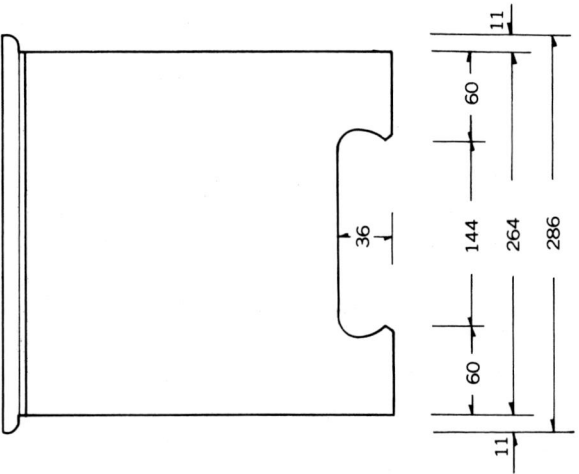

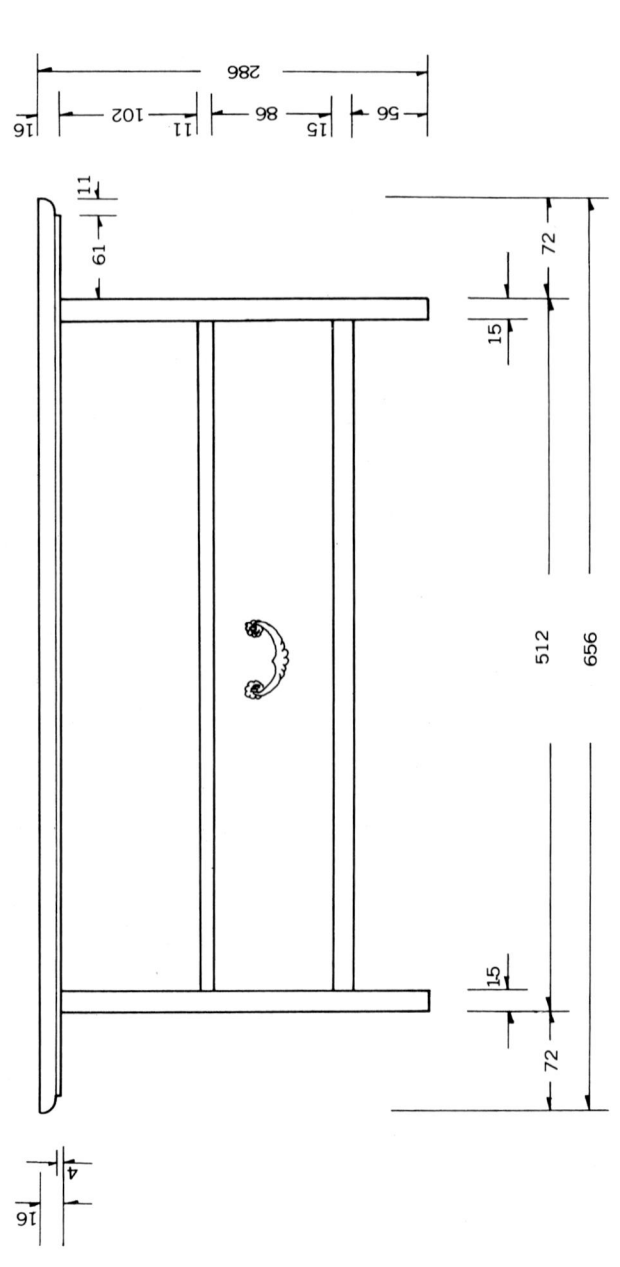

실측도

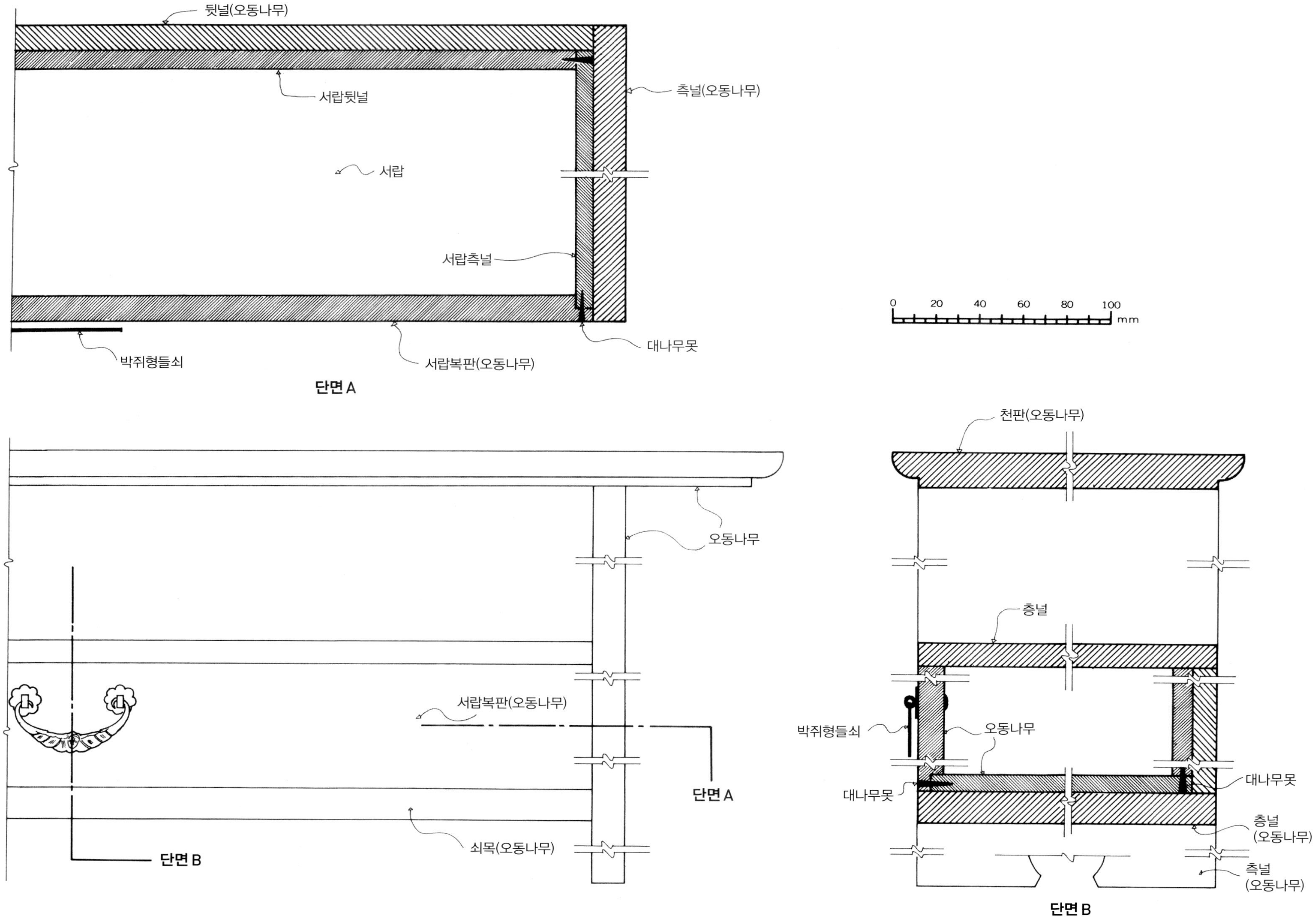

단면 A

윗널(오동나무)
측널(오동나무)
대나무못
서랍뒷널
서랍측널
서랍
서랍복판(오동나무)
박쥐형들쇠

천판(오동나무)
측널
대나무못
측널(오동나무)
측널(오동나무)
오동나무
박쥐형들쇠
대나무못

단면 B

오동나무
서랍복판(오동나무)
쇠목(오동나무)
단면 A
단면 B

단면도

0 20 40 60 80 100 mm

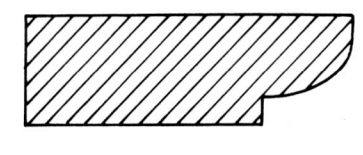

상세도면 2-1 ㉮의단면

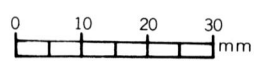

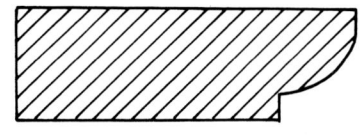

상세도면 2-2 ㉯의단면

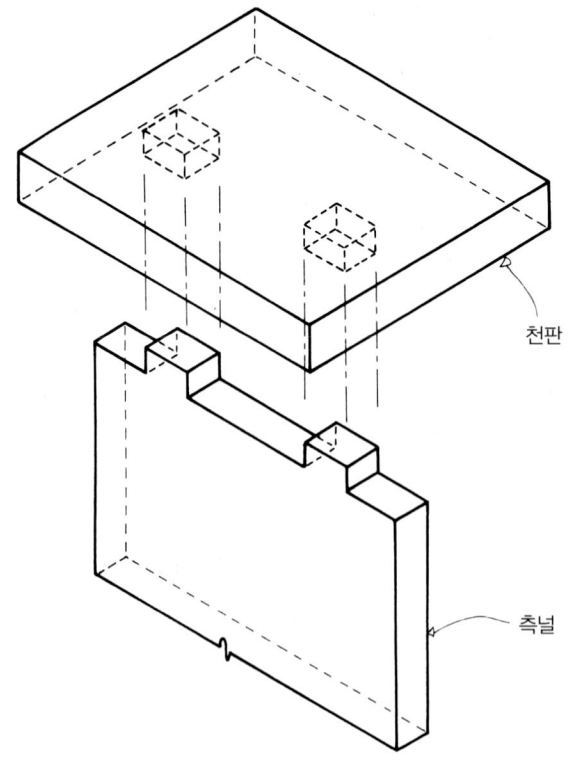

천판

측널

상세도면 2-3 ㉰ 쌍장부맞짜임

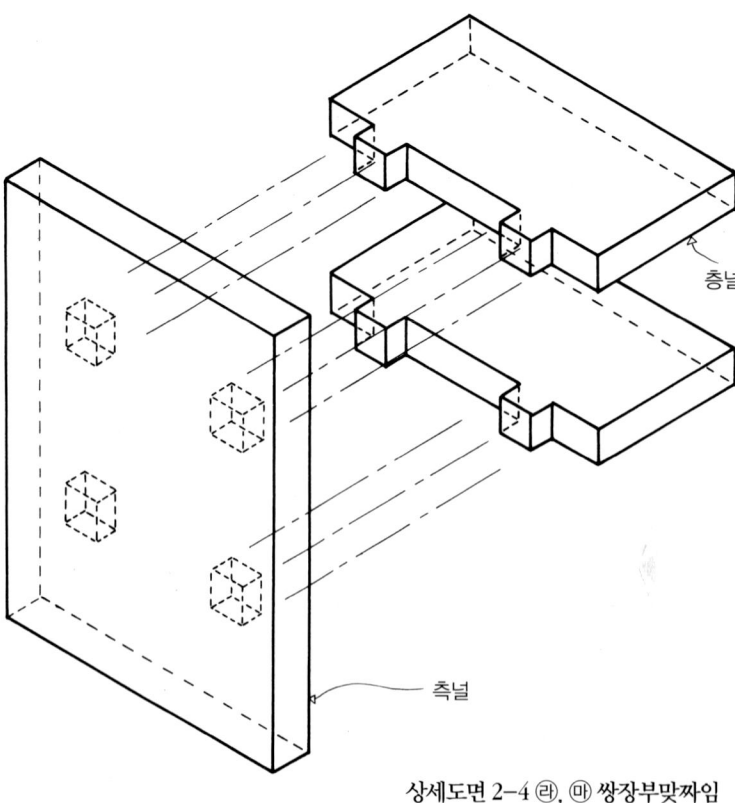

층널

측널

상세도면 2-4 ㉱, ㉲ 쌍장부맞짜임

상세사진 2-1 천판 측널

상세사진 2-2 뒷면

상세사진 2-3 측널과 서랍

상세사진 2-4 천판, 층널, 서랍

상세사진 2-5 들쇠장석

상세사진 2-6 측면

상세사진 2-7 정면

사진 2-1 서안
19세기. 개인 소장
76.0×32.7×32.2cm

사진 2-2 서안
19세기. 개인 소장
70.0×26.5×30.0cm

사진 2-3 서안
19세기. 숙명여자대학교박물관 소장
67.5×32.0×32.3cm

사진 2-4 서안
19세기, 숙명여자대학교박물관 소장
67.6×31.8×32.3cm

사진 2-5 서안
19세기, 호림박물관 소장
72.0×23.5×32.9cm

사진 2-6 서탁
19세기, 개인 소장
63.5×26.5×29.0cm

3. 경상 經床
Writing Desk

19세기. 가로 69.0cm, 세로 29.0cm, 높이 31.3cm, 개인 소장

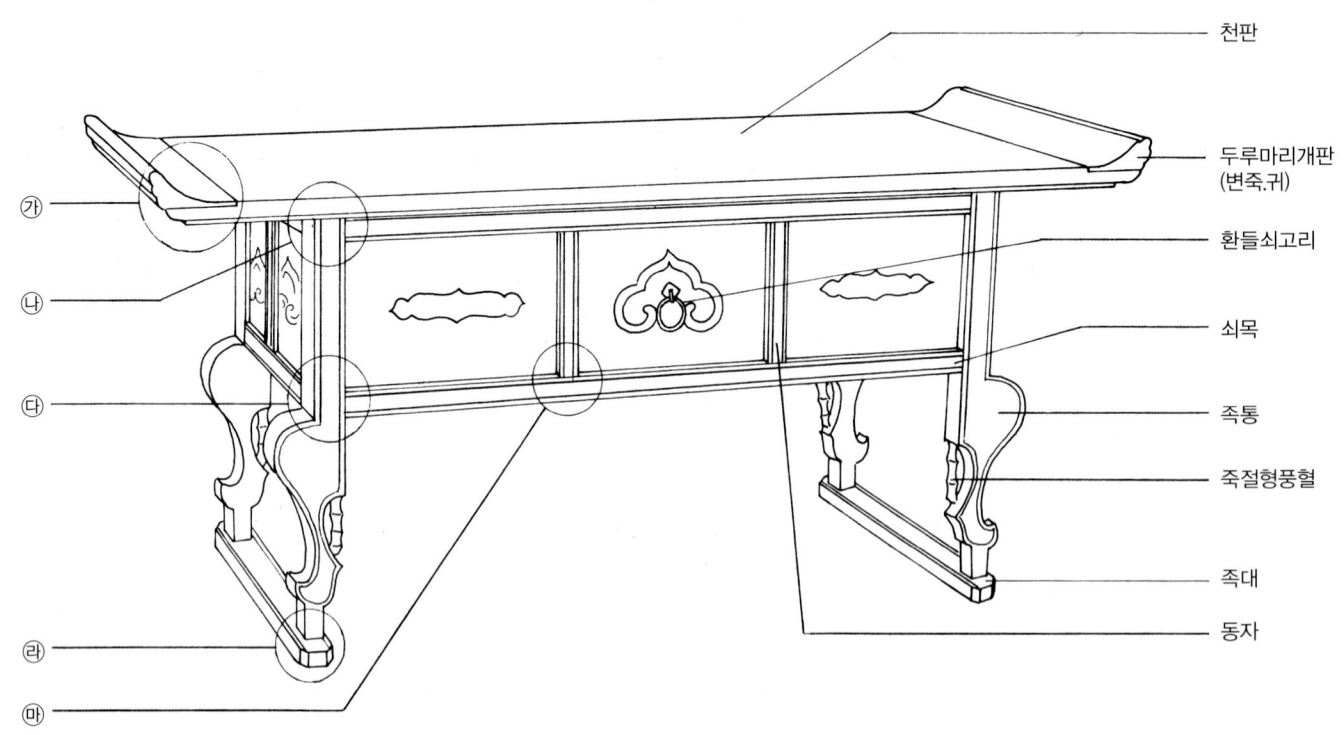

천판

두루마리개판
(변죽.귀)

환들쇠고리

쇠목

족통

죽절형풍혈

족대

동자

가

나

다

라

마

세부명칭도

서안은 간단히 책을 올려놓고 글을 읽거나 쓰는 일 외에 내객과 마주 앉은 주인의 위치를 지켜주는 일상적 용도로도 사용되었다. 천판이 일자로 뻗은 것(p40, 사진 2-1, 2)과 천판의 양 끝이 위로 올라간 것의 두 가지 형태가 있다. 전자는 일반적으로 서안 또는 책상, 후자는 경상으로 부른다.

이 경상은 천판 양 끝에 두루마리 형태의 개판蓋板이 있고 다리는 호족형이며 죽절형의 풍혈이 조각되어 있다. 이러한 두루마리 개판(귀, 변죽)은 중국 가구의 제탁에서 많이 보이는 것으로 한국적인 소박함보다는 대륙적인 웅대한 감을 주고 있다.

두루마리 형태의 귀는 경상과 머릿장(p97 사진 8-3)에 나타나는데 언제부터 사용되었는지 확실치 않다. 다만, 사진 3-6 죽장경상의 천판 배면背面에 16세기 후기에 제작, 사용되었다는 명문이 있어 이를 통해 16세기 중기나 그 이전에 서안의 용도로 사랑방에서 쓰였음을 짐작할 수 있다.

원래 경상은 사찰에서 불경을 읽을 때 사용되던 것으로 두루마리귀는 권책卷冊(두루마리 책) 또는 접책摺冊(병풍처럼 접힌 책)으로 된 법화경法華經이나 화엄경華嚴經 등이 굴러떨어지는 것을 막아 주는 역할을 하였다. 이렇게 종교적이고 엄숙한 분위기에서 사용되던 것이 정신적인 내면의 세계를 추구하던 조선시대의 사랑방에까지 받아들여진 것으로 짐작된다.

또한, 호족형 다리도 절이나 일반 가정에서 사용되던 향탁이나 제상에서 보이고 있다. 호족형의 둥근 곡선이 얄팍한 천판과 어울릴 것 같지 않지만, 서안과 다르게 천판이 양쪽으로 길게 뻗어 있고 귀가 올라가 있어 무겁게 느껴지므로, 직선의 다리보다 호족형 다리가 시각적인 균제均齊효과를 주게 된다.

세부구조를 살펴보면, 천판의 귀인 ㉮는 상세도면 3-1 반턱맞짜임과 같이 가래나무로 된 천판에 참죽나무로 두루마리개판을 이어 붙였다. 원래 이음새는 두 개의 촉을 만들어 서로 끼워야 견고하나 일반적으로 촉으로 맞물리지 않고 아교로만 접착하기 때문에 장이나 경상의 대부분에서 두루마리 부분만 떨어져 나가게 된다.

일반적인 서안에는 서랍 윗부분에는 쇠목이 없고 천판이 대신하는데(사진 3-1), 이 경상은 쇠목을 따로 만들어 천판이 두껍고 안정성 있게 보이도록 하였다. 또한, 서랍의 복판에 안상문과 여의두문을 반양각하여 장식하였는데 사랑방 가구에 흔히 사용되는 여의두문은 원래 불구의 일종인 여의如意 머리 부분을 따온 것으로 초문 형상이다.

서랍 앞쪽의 동자는 상세도면 3-5 맞짜임과 같이 서랍 복판 긴 널판에 대나무못으로 고정했는데, 긴 서랍을 이용할 뿐 아니라 면 분할을 시도함으로써 시각적인 안정도 꾀하였다. 또한, 양 측면까지 동자로 분할하여 여의두문을, 뒷면 역시 3등분 하여 안상문을

음각하여 사방에서 보아도 아름답도록 장식하고 다듬었다. 일반적인 경상은 천판의 두루마리개판과 기둥 사이의 삼각 부분에 박쥐형의 풍혈을 달고 있으나(사진 3-3) 이 경상은 이 부분을 생략하였고, 다리 역시 간단한 죽절형 풍혈로 장식하여 시원함과 강직함을 느끼게 했다.

족대는 상세도면 3-4 장부맞짜임과 같이 발을 깎아 끼운 후 측면에서 대나무못을 박았다.

서랍의 주석으로 된 환들쇠고리는 긴 서랍에 비해 작은 비중을 차지했으나 서랍을 당기는데 충분한 힘을 줄 수 있는 크기이며 음각된 여의두문과 잘 조화되고 있다.

사진 3-1 경상 : 천판은 통판을 파내어 양 끝의 귀를 올라가게 하였고 일반 경상과 달리 천판 아래와 호족에 풍혈이 없다. 또 서랍에도 동자나 조각이 없이 시원한 오동 목리로 대신하였고 복판 역시 금속 환고리 대신 삼끈으로 처리했다. 이것은 경상의 기본형을 갖추고 있으면서도 단순 소박한 한국 목가구의 미를 살린 드문 형태이다.

사진 3-2 경상 : 천판 양측의 두루마리귀와 호족형 다리, 두 다리 사이의 족대 등 전형적인 경상 형식을 갖고 있어 일반적인 경상과 같이 권위적인 느낌을 받기 쉽다. 그러나 이 경상은 굵은 골재의 사용과 천판 하단과 호족에 풍혈을 설치하지 않고 서랍 복판에 여의두문이나 안상문의 시문이 없으며 분할 없이 넓고 시원하여 서안과 같이 부드러움과 순수함이 느껴진다.

사진 3-3 경상 : 이 경상은 천판 하단과 호족에 당초와 죽절의 풍혈을 투각하여 장식성과 권위적인 면을 강조하고 있다. 두 개의 서랍 앞바탕에 각재로 동자를 설치, 분할하여 비례감각을 살리고, 상단에는 여의두문, 하단에는 안상문을 반양각 하였다. 이 문양은 불구佛具와 책장 등에서 즐겨 사용되었으며, 투각된 뒷면과

측면의 하단 안상문을 통해 내부의 서랍이 보이고 있다. 골재가 맞짜인 부분에는 연봉형 세발장석을 부착하여 장식성을 강조하고 있다.

사진 3-4 경상 : 천판 양 측면에 두루마리귀를 대고 그 아래 기둥 사이에 당초문 투각 풍혈을 설치하였다. 호족인 네 다리에는 죽절과 당초문 투각 풍혈을 설치하여 장식적이고 권위적인 전형적인 경상의 형태를 보이고 있다.

서랍이 한 단으로 설치된 일반적인 경상이 한결 쾌적해 보이기는 하나, 두 단으로 여러 개의 서랍을 배치하여 수장의 기능이 강조되었으며 묵직한 감을 주고 있다. 서랍은 안상문이나 여의두문이 시문되는 것이 통례이나 이것은 무늬를 새기지 않아 단아하게 보인다.

사진 3-5 경상 : 구족형拘足形 다리는 소반이나 장, 농에서 보이는 형태로 서안이나 경상에서는 찾기 어려운 예이다. 천판과 서랍 사이에 쇠목을 덧대어 천판이 두껍고 견고하게 보이도록 구성했다. 서랍의 높이가 낮고 긴 다리에 잘록한 발목으로 말미암아 전체가 쾌적하다. 옆널이나 뒷널에도 안상문이 음·양각되어 있고 중심의 작은 환고리가 단아한 멋을 풍긴다. 천판은 호두나무 그 외는 단풍나무이다.

사진 3-6 죽장경상 : 천판에 가는 대나무를 잘게 쪼개어 씌운 것으로, 중심에 굵은 선으로 장방형을 만들고 그 안에 귀갑문을 새긴 후 가는 선으로 메웠으며 주위는 거치문鋸齒文으로 죽장 하였다. 서랍이 없이 긴 두 다리로 족대를 고정하고 양측 다리 사이에 가락지를 대여 견고히 하였다. 제작과 전래에 관한 명문이 적힌 목가구는 거의 없는데 이 경상은 천판의 배면에 이에 관한 명문이 음각되어 한국 목가구의 편년編年에 중요 자료가 되고 있다.

그 내용을 보면, 서애西厓 유성룡柳成龍(1542~1607)이 만들어 그 후손이 대대로 사용해 오던 것으로, 난難 중에 천판만 남은 것을 이만부李萬敷(1664~1732)가 유여상柳汝常의 부친으로부터 얻어 다리를 새로 만든 경위를 밝히고 있다.

소개하면 다음과 같다.

西厓先生升兀傳于修巖先生又傳于甥君先生此
蓋豊山世之舊物也余旣贅其門柳友汝常父以余
讀古書好古贈之兀物舊則實況文忠公經綸天地
之業貫通古今之學皆說兀上得之尤可感發焉兀
其質木其竹內取剛外取節兵 之餘有板而無
警遂補葺以新之以作書室之器仍記其下
延城浚學李萬敷謹識

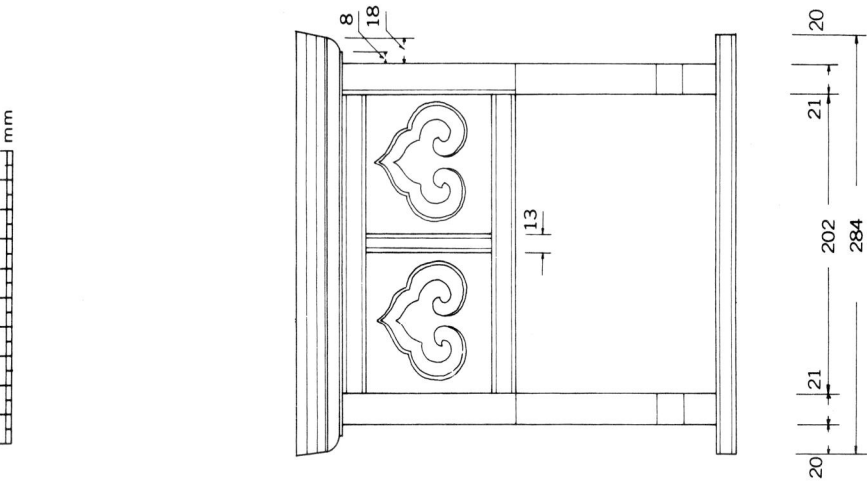

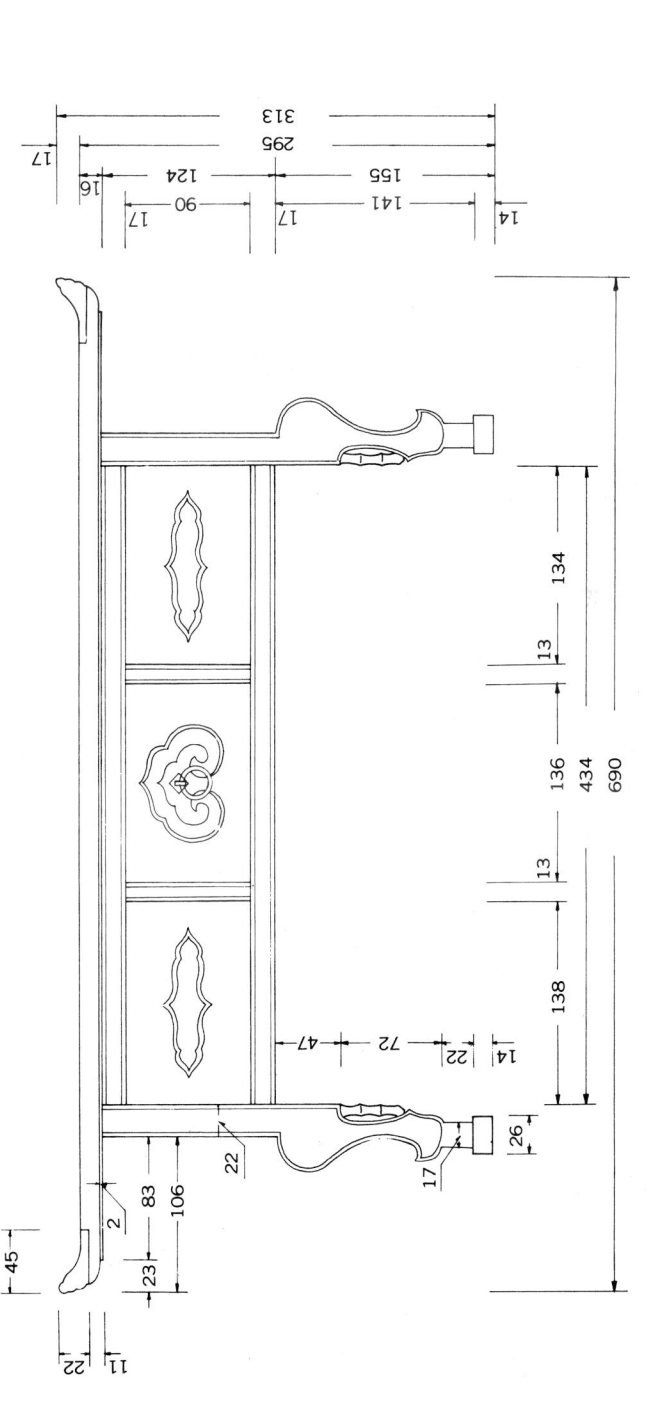

실측도

47

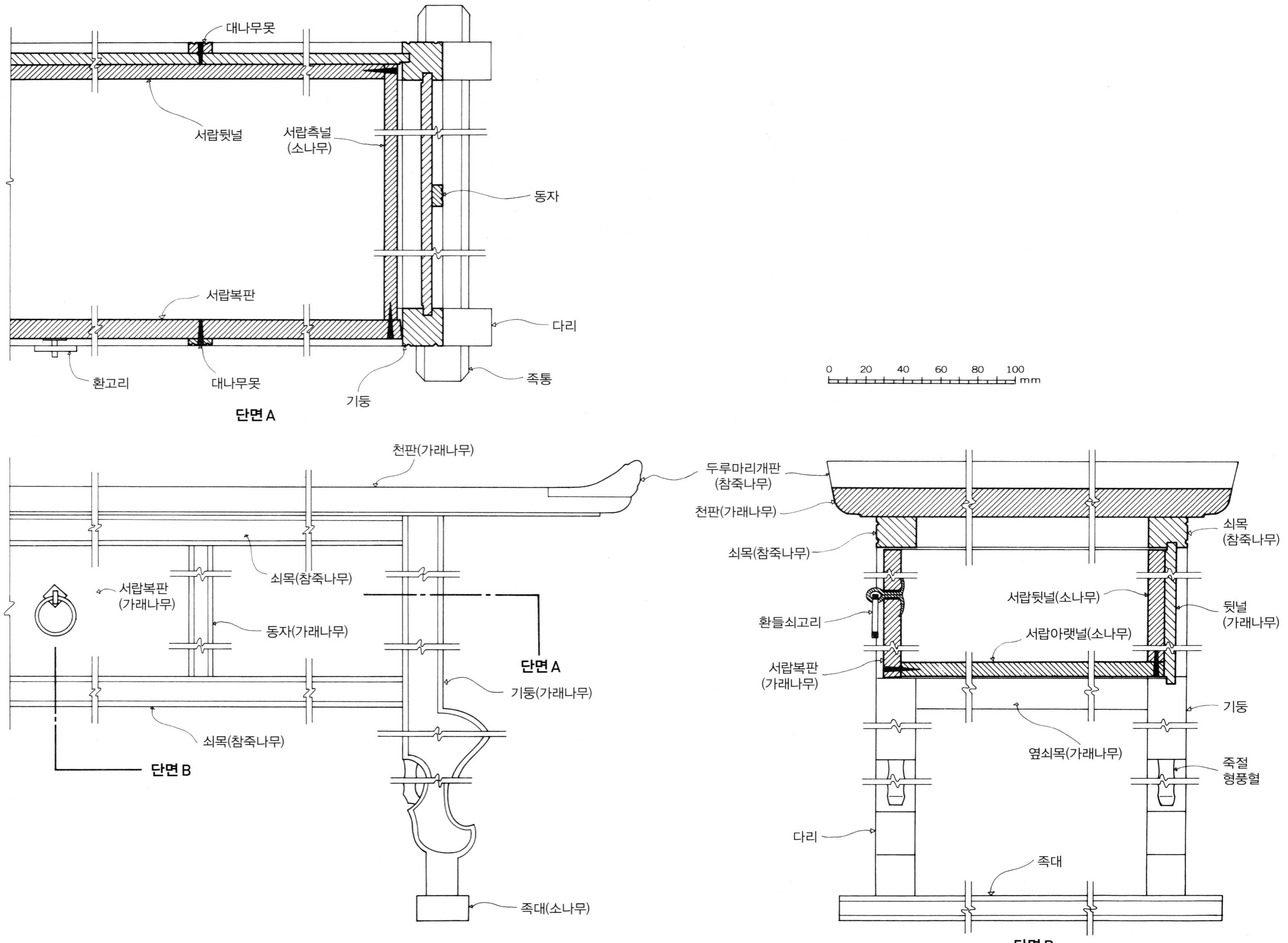

단면도

단면 B

서목
(참죽나무)

윗널
(가래나무)

기둥

죽절
횡풍혈

서랍뒷널(소나무)

서랍아랫널(소나무)

엽색목(가래나무)

죽대

누루마리개판
(참죽나무)

천판(가래나무)

서목(참죽나무)

환롱쇠고리

서랍복판
(가래나무)

다리

기둥(가래나무)

단면 A

서목(참죽나무)

동자(가래나무)

서랍복판
(가래나무)

죽대(소나무)

천판(가래나무)

서목(참죽나무)

단면 B

단면 A

동자

다리

죽통

대나무못

서랍뒷널
(소나무)

기둥

서랍뒷널

서랍복판

대나무못

환고리

100
80
60
40
20
0
mm

48

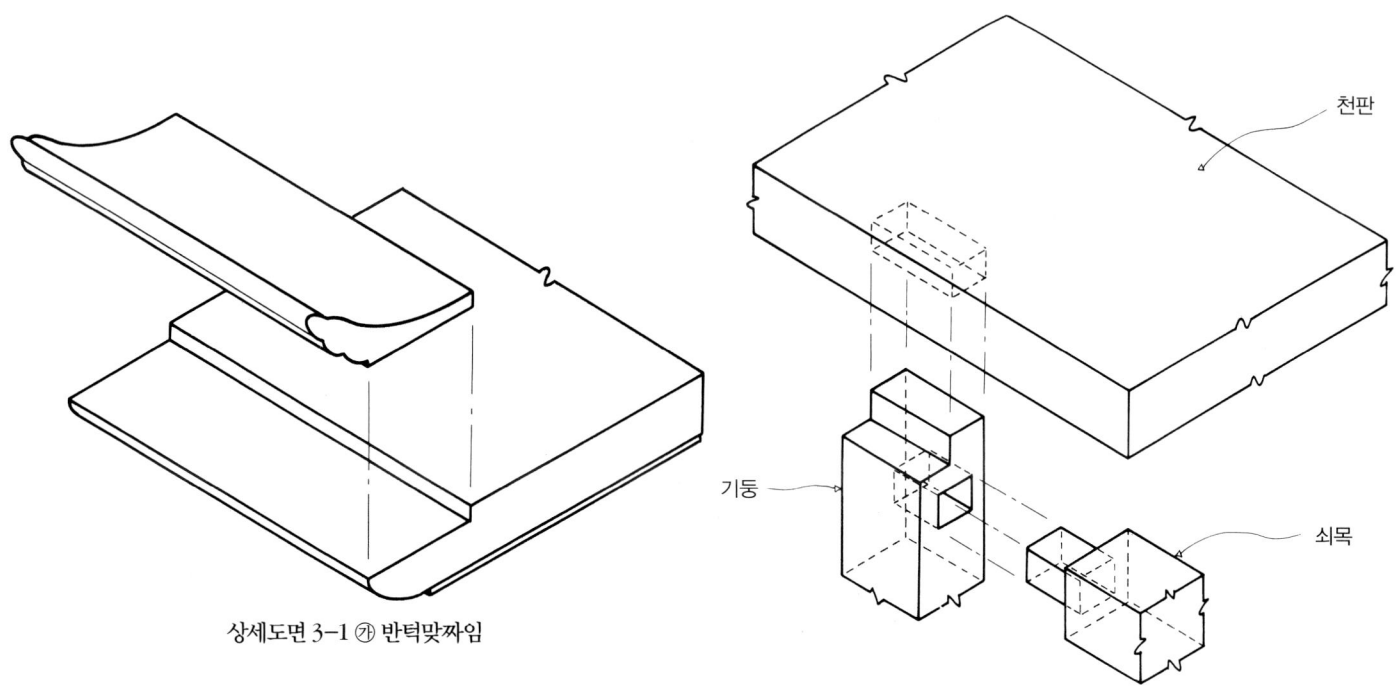

상세도면 3-1 ㉮ 반턱맞짜임

상세도면 3-2 ㉯ 장부반턱맞짜임, 장부맞짜임

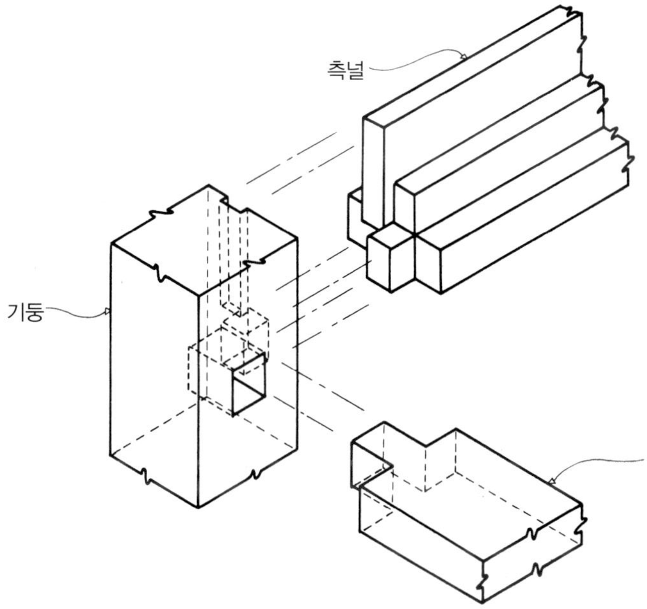

천판

기둥

쇠목

측널

기둥

쇠목

상세도면 3-3 ㉰ 장부맞짜임

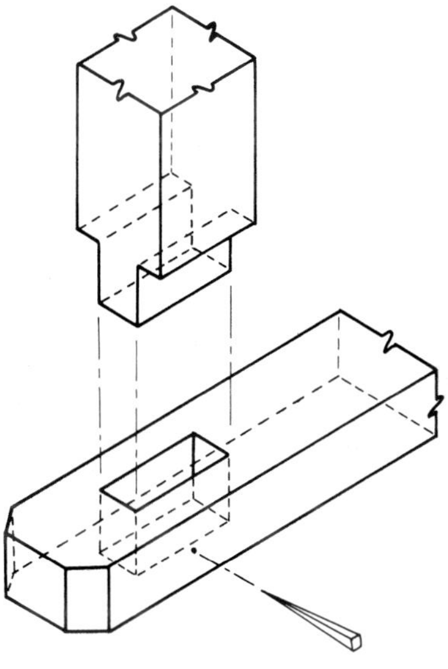

상세도면 3-4 ㉱ 장부맞짜임

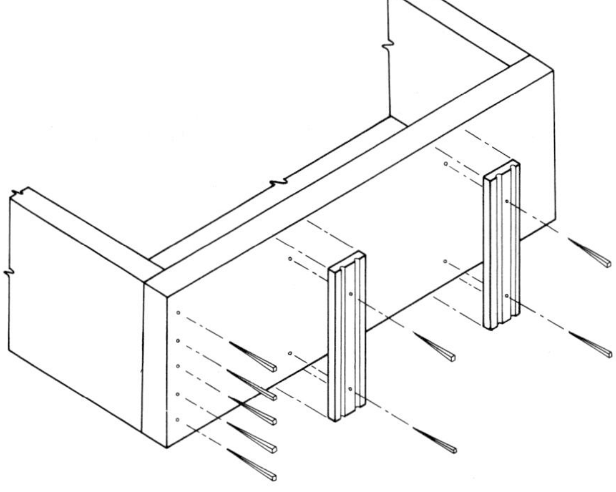

상세도면 3-5 ㉲ 맞짜임

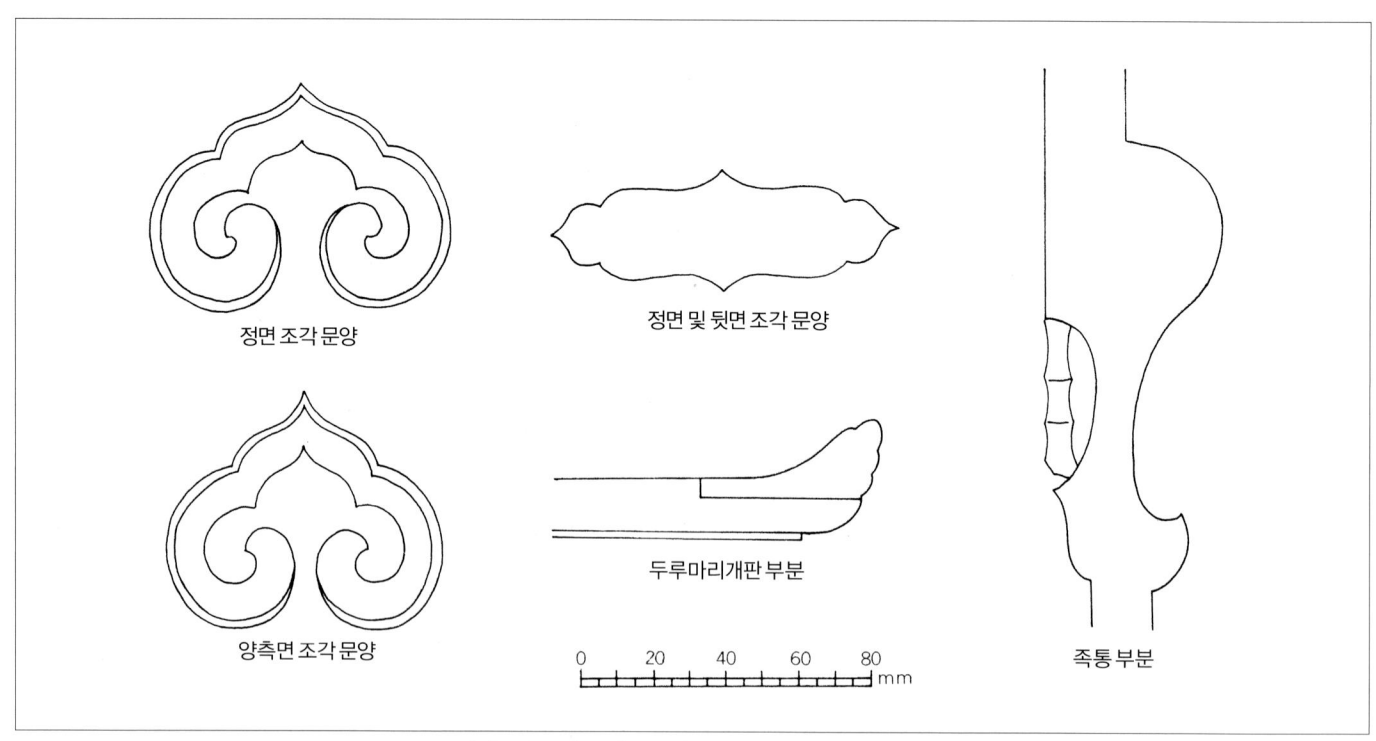

상세도면 3-6 조각 문양과 두루마리귀, 족통 실측도

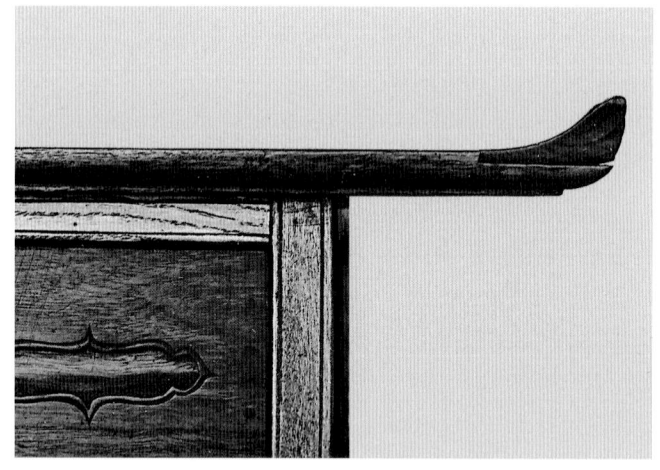

상세사진 3-1 천판과 기둥, 두루마리귀

상세사진 3-2 서랍 여의두문, 환고리

상세사진 3-3 뒷면

상세사진 3-4 측면

사진 3-1 경상
19세기. 개인 소장
68.5×27.0×28.5cm

사진 3-2 경상
19세기. 개인 소장
56.0×25.2×35.5cm

사진 3-3 경상
18세기. 개인 소장
67.0×32.8×29.8cm

사진 3-4 경상
18세기. 호림박물관 소장
64.8×30.8×32.1cm

사진 3-5 경상
19세기. 개인 소장
62.0×29.5×34.7cm

사진 3-6 죽장경상
16,17세기. 풍산유씨 충효당 소장
56.8×30.0×25.5cm

19세기. 가로 40.4cm, 세로 29.8cm, 높이 26.0cm, 국립중앙박물관 소장

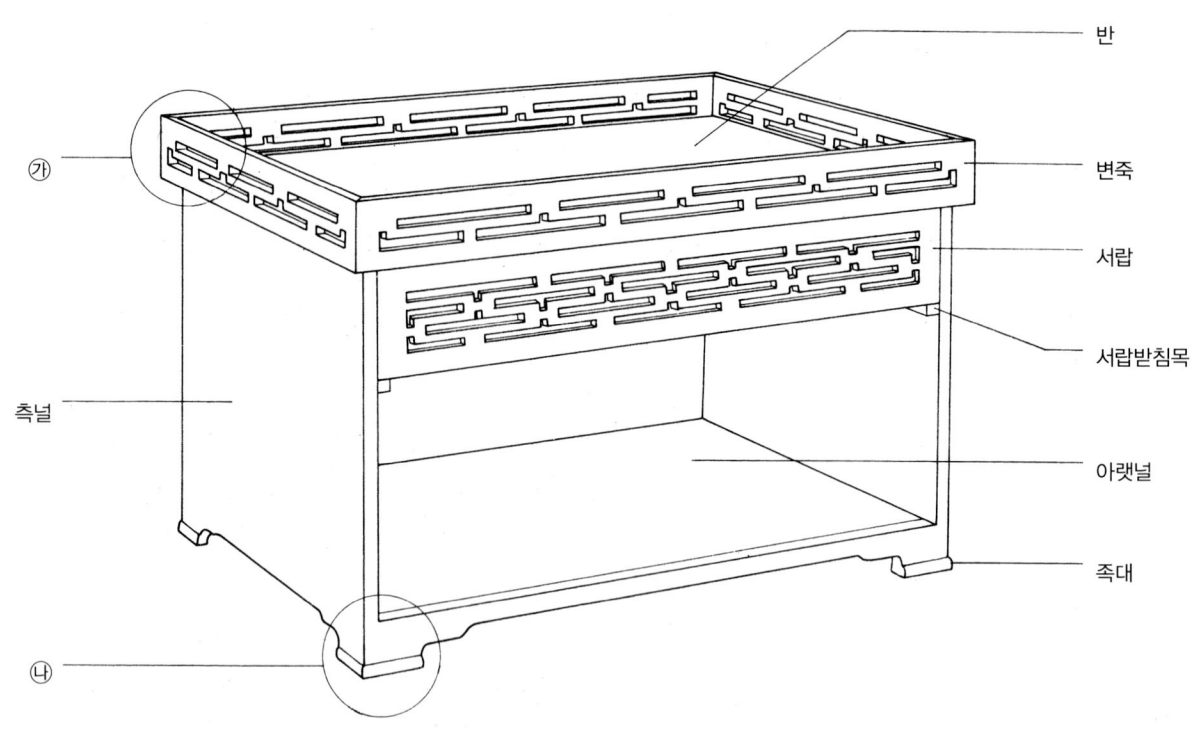

반

변죽

서랍

서랍받침목

㉮

측널

아랫널

족대

㉯

세부명칭도

연상은 문방사우인 벼루·먹·붓·종이와 연적 등의 소품을 한데 모아 정리하는 문방가구로서 서안의 옆에 위치한다. 이런 연상은 책장, 서안 등과 함께 정적인 생활을 반영하고 있어서 사용자의 개성이 잘 나타나 있다.

보통 상단에는 벼루와 먹을, 중간 서랍에는 서류나 서한書翰을, 하단은 책·종이·연적 등을 올려놓는다. 상단에 뚜껑이 없이 벼루가 노출되는 연상은 천판의 변이 비교적 낮고 하단의 공간이 너르게 처리되어 쾌적함을 준다.

오동나무나 먹감나무로 자연적인 목리를 살린 것(사진 4-2, 3, 4) 십장생·운용·호랑이 등을 조각하거나 붙인 것(사진 4-6), 목재 백골 위에 대나무를 씌워 붙인 죽장연상, 그리고 화사하게 나전으로 시문施文한 나전연상 등이 있다.

또한 형태별로 보면 사진 4-1, 2, 3과 같은 상자형 연상과 사진 4-4, 5, 6과 같이 네 다리로 떠받쳐 공간을 형성한 것들로 크게 구분된다.

이 연상은 해주반의 짜임새 같이 네 기둥이 없이 넓은 판각으로만 짜여 있어 내용물이 보이지 않아 한결 안정성이 있다. 한편 사방이 막히는 답답함을 덜기 위해 전체를 투각하여 아름다우면서도 경쾌하게 처리하였다.

세부구조를 살펴보면, 서랍의 속 부분과 아래 널은 오동나무이고 그 외는 은행나무이다. 은행나무 또한 반盤을 제외하고는 모두 뇌문雷文을 투각하고 옻칠을 곱게 입혔다.

변죽인 ㉮부분의 연결은 일반적인 연귀짜임이며 반에 의지하도록 상세도면 4-2와 같이 측면에서 대나무못을 박았다.

양 측널과 풍혈의 짜임인 ㉯는 상세도면 4-3과 같이 특수하게 짜였는데, 뒷널이 통판으로 되어 있기 때문에 정면에서 보이는 좌우의 측널만 상세도면 4-3과 같이 하고 뒤쪽의 두 곳은 45도로 맞짜임한 후 족대를 붙여 견고히 했다. 이때 족대는 밖으로 약간 외반 되어 있는데 이는 상판의 변죽이 밖으로 나와 있기 때문에 시각적인 안정을 고려한 것이다.

아래 널은 상세도면 4-3과 같이 양 측널, 뒷널, 앞쪽의 쇠목에서 대나무못을 박아 고정시켰다.

전체가 통판에 뇌문을 투각한 것인데 비해 위쪽의 변죽은 실측도의 빗금 친 부분과 같이 가느다란 각목을 연결하여 문양을 구성하고 있다.

사진 4-1 연갑 : 전형적인 연갑의 형태를 갖추었으며 비교적 두꺼운 은행나무 판재로 사개물림 하여 견고히 짜 맞추었다. 하단에는 상부에 비하여 넓고 높은 족통을 두어 안정되고 격이 있어 보인다. 천판 뚜껑을 45° 모를 깎아 연상이 크고 품격 있어 보이도록 했다. 전형적인 행자목에 옻칠이 붉은 색조를 띠고 있다.

사진 4-2 연상 : 상부 공간에 벼루를 넣고 하단 서랍에는 소도구를 넣는 구조로 각재 없이 낙동법으로 제작한 오동판재로만 구성되었다. 서랍 앞바탕 양 끝부분은 양 측널과 45° 만나도록 처리하여 네모난 상자처럼 단순하게 처리했다. 더욱이 별도의 다리부분 없이 사면의 판재에서 풍혈을 따내 자연적인 아름다움을 추구했다. 천판이 휘어짐을 방지하기 위해 양쪽 모서리 부분을 45° 연귀짜임으로 변자를 끼워 고정시켰다.

사진 4-3 연상 : 사진 4-2와 동일한 형식과 기법으로 제작된 단순하고 검소함이 강조된 연상으로 주인의 성품과 사랑방 분위기를 읽을 수 있다. 상단에는 벼루, 연적, 붓 등을 넣도록 넓은 공간을 구성했다. 서랍 중심의 원형장석을 돌린 다음 열쇠를 구멍에 꽂아 잠금을 연 후 열쇠로써 문판을 위로 들어 떼어내는 구조이며 그 안에 귀중품을 깊숙이 넣도록 했다.

사진 4-4 연상 : 하단 공간의 가로와 세로목이 만나는 모서리부분에 버선코 모양의 선을 두른 전형적인 전라도 지방산이다. 벼루를 넣는 공간의 얇은 판재형 뚜껑에는 낮은 턱을 만들어 밀려 떨어지지 않도록 했는데, 이 판재는 무릎이나 서안에 기대 놓고 간단한 글을 쓰는 서판의 역할도 한다.

중간층에는 숨은 서랍이 있어 소도구 보관에 유용하고, 사방이 트인 공간인 하단에는 두루마리 종이나 연적 등을 넣기도 한다. 벼루를 넣는 칸은 외짝이며 숨은 서랍 부분 앞판재는 양 측널과 45° 만나도록 처리하여 네모난 상자처럼 보이고, 전체를 동일한 판재로 구성해 단순하게 처리했다.

규모는 작으나 다리를 높직하게 올려 너른 공간 처리가 단아하면서도 경쾌하다. 느티나무의 옹이 부분 또는 뿌리 쪽의 아름다운 목리 판재와 함께 결이 없고 단단한 배나무 골재를 사용했다.

사진 4-5 연상 : 상부의 두 칸에는 서로 다른 재질과 형태의 벼루를 나누어 넣거나 또는 한 쪽에는 벼루, 다른 쪽에는 연적·먹·붓 등을 넣어 사용한다. 중간층은 서랍앞바탕과 측면 널을 45° 만나게 하여 서랍처럼 보이지 않으나 하단의 문을 떼어낸 다음 손을 넣어 열 수 있는 구조로서 이는 귀중품을 안전하게 보관하기 위함이다.

천판의 덮개 판은 먹감나무의 자연 목리를 살렸으며 단단한 참죽나무로 테두리를 둘렀다. 상단부 사방에는 먹감나무를, 하단은 오동판재와 단단한 참죽나무 골재를 사용했다. 네 개의 다리를 비교적 높게 설치하여 전체의 육중한 형태를 한층 경쾌하게 이끌고 있다.

사진 4-6 연상 : 은행나무 판재에 무늬대로 회양목을 얇게 켜서 오려 붙인 독특한 붙임기법으로, 나전칠기螺鈿漆器의 조패법彫貝法과 일맥상통 한다. 주로 망건통·연초합·좌경에 나타나며, 전라도 나주 지역을 중심으로 생산된다.

천판에는 구름·소나무·학·불로초가 대칭으로 시문되어 있고, 상단의 둘레에는 운학과 사군자인 매난국죽梅蘭菊竹, 하단의 서랍 부분에는 십장생·포도·사군자, 다리의 골재 부분에는 사군자와 초문이 길게 시문되어 있다. 장수長壽와 자손번창子孫繁昌을 기원하는 진지하면서도 매우 화사한 분위기를 연출하고 있다. 검소한 문방과는 대조적으로 권위적이고 화사함을 즐기는 또 다른 성격의 분위기를 엿볼 수 있다.

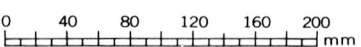

각목이
조립된상태

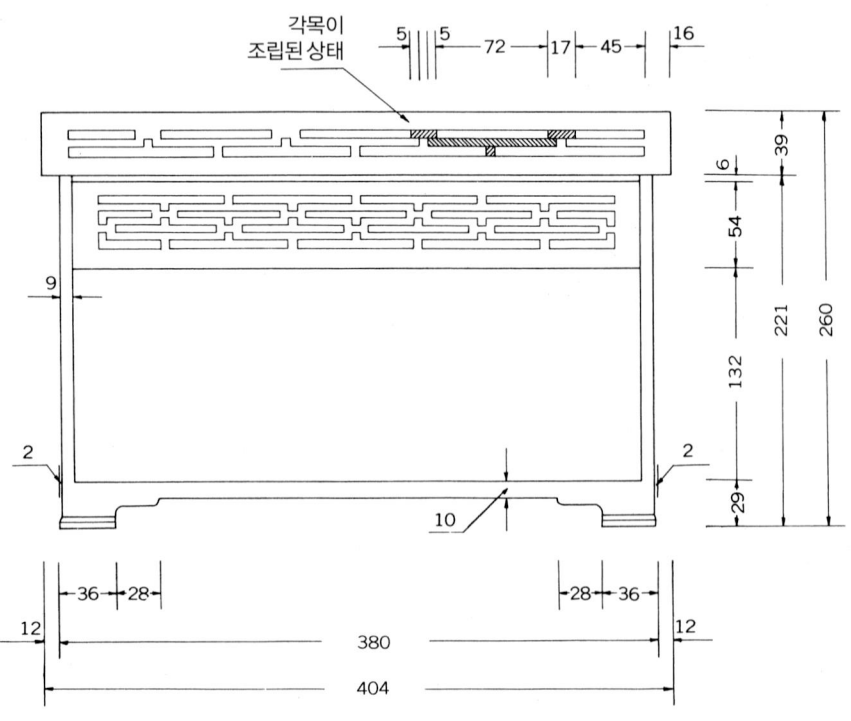

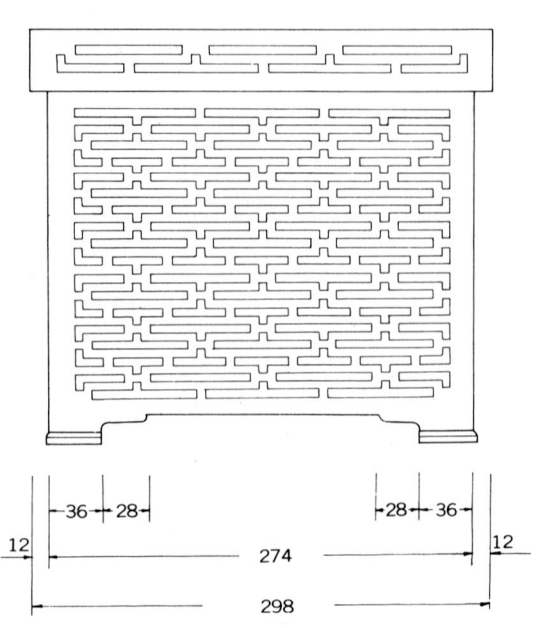

실측도

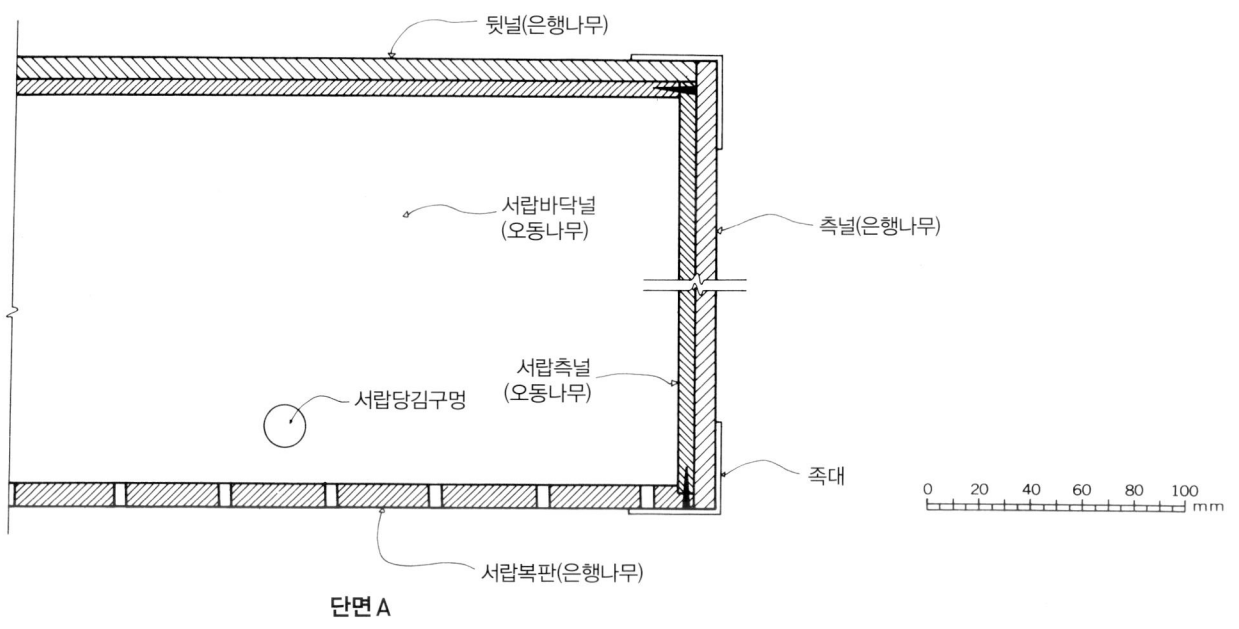

뒷널(은행나무)

서랍바닥널
(오동나무)

측널(은행나무)

서랍측널
(오동나무)

서랍당김구멍

족대

서랍복판(은행나무)

0 20 40 60 80 100
mm

단면 A

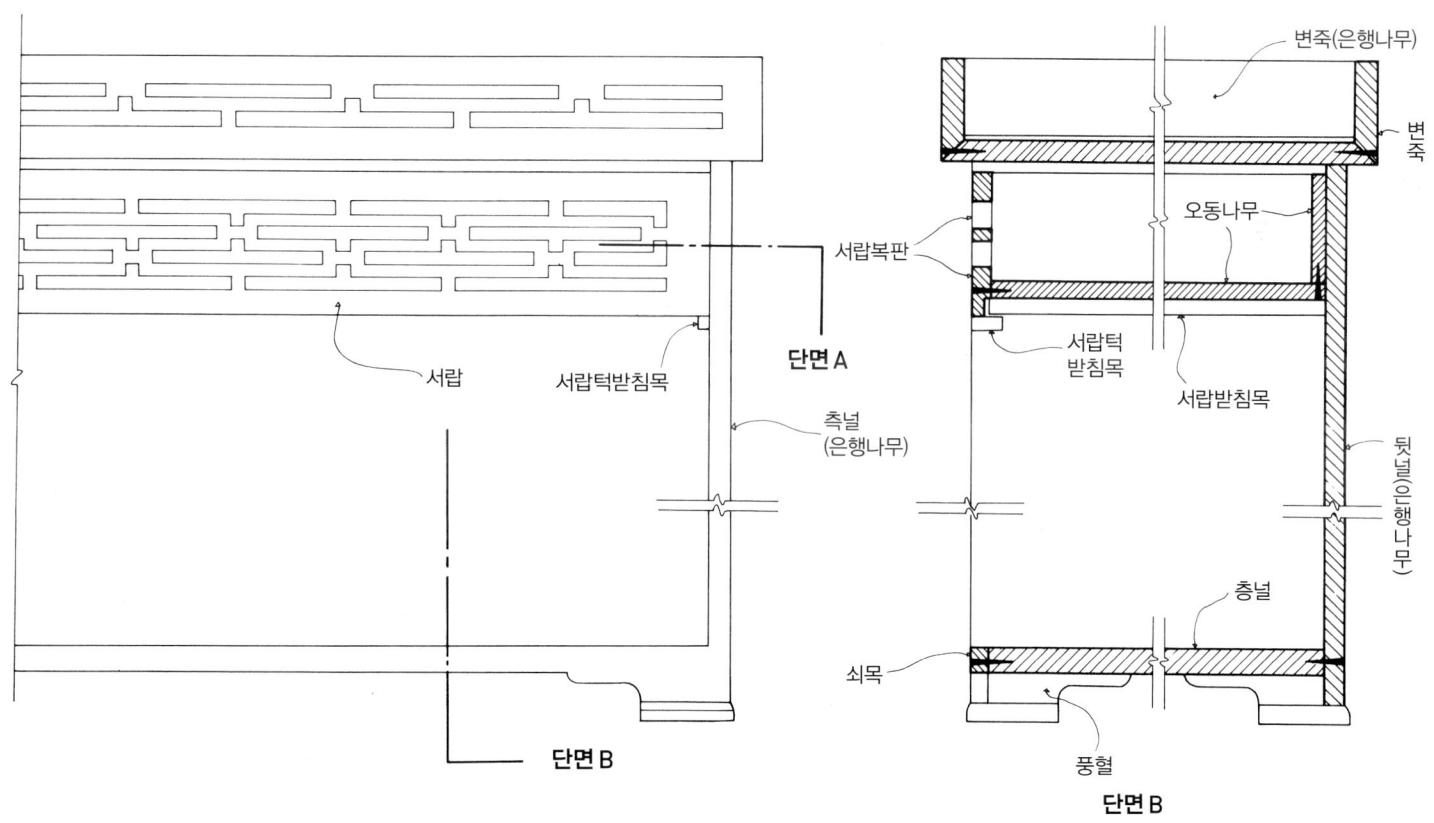

서랍복판

서랍

서랍턱받침목

단면 A

측널
(은행나무)

단면 B

변죽(은행나무)

변죽

오동나무

서랍턱
받침목

서랍받침목

뒷널(은행나무)

층널

쇠목

풍혈

단면 B

단면도

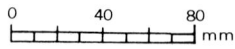

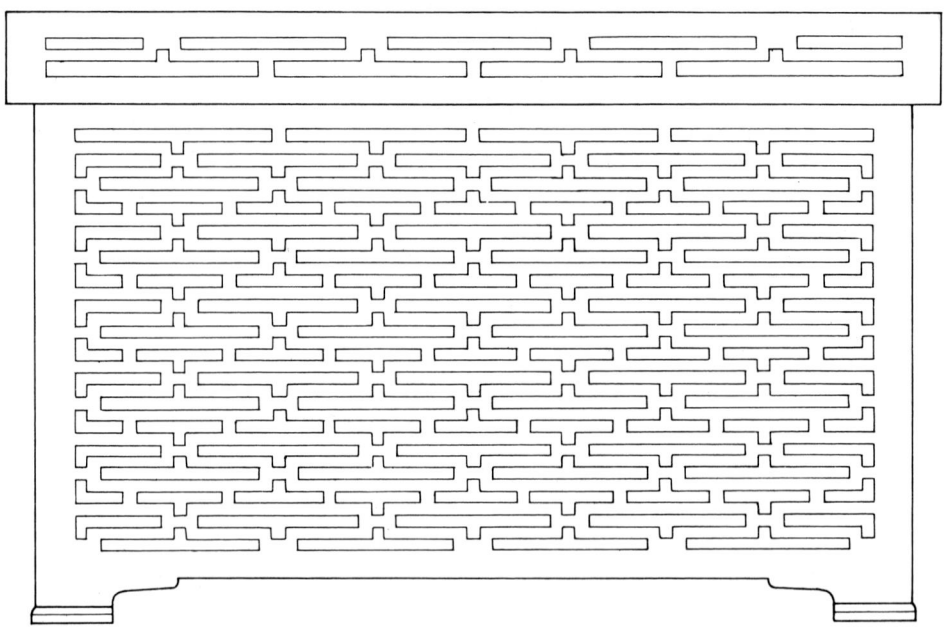

상세도면 4-1 뒷면의 운문 투각 실측도

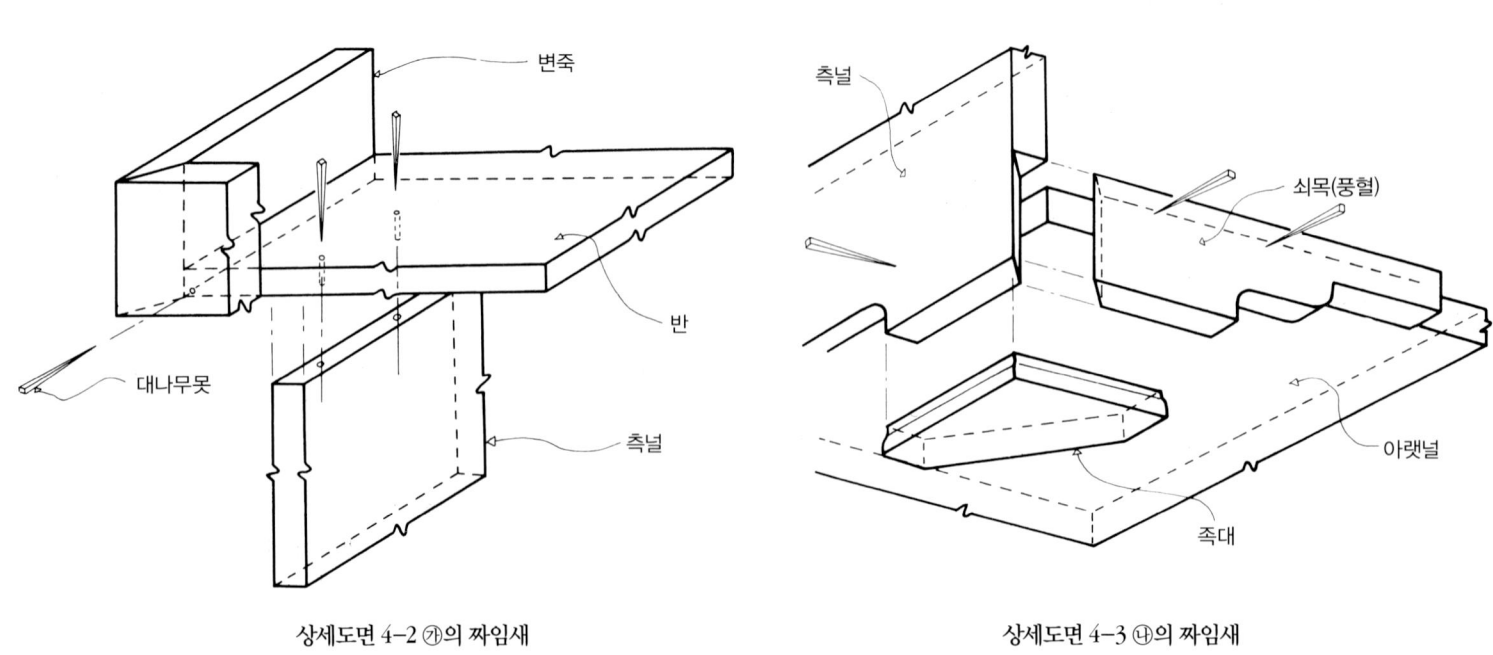

상세도면 4-2 ㉮의 짜임새

상세도면 4-3 ㉯의 짜임새

상세사진 4-1 뒷면 상부

상세사진 4-2 뒷면 하단

상세사진 4-3 족대

상세사진 4-4 측널과 바닥널

상세사진 4-5 전면

사진 4-1 연갑
19세기, 개인 소장
30.6×19.7×11.0cm

사진 4-2 연상
19세기, 개인 소장
31.5×20.5×17.3cm

사진 4-3 연상
19세기, 개인 소장
22.8×16.9×23.0cm

사진 4-4 연상
19세기. 숙명여자대학교박물관 소장
31.0×20.0×24.0cm

사진 4-5 연상
19세기. 개인 소장
40.7×28.2×26.7cm

사진 4-6 연상
19세기. 일암관 소장
39.0×26.8×25.8cm

5.문 갑 文匣
Document Chest

19세기, 가로 62.7cm, 세로 18.8cm, 높이 32.8cm, 윤형근 소장

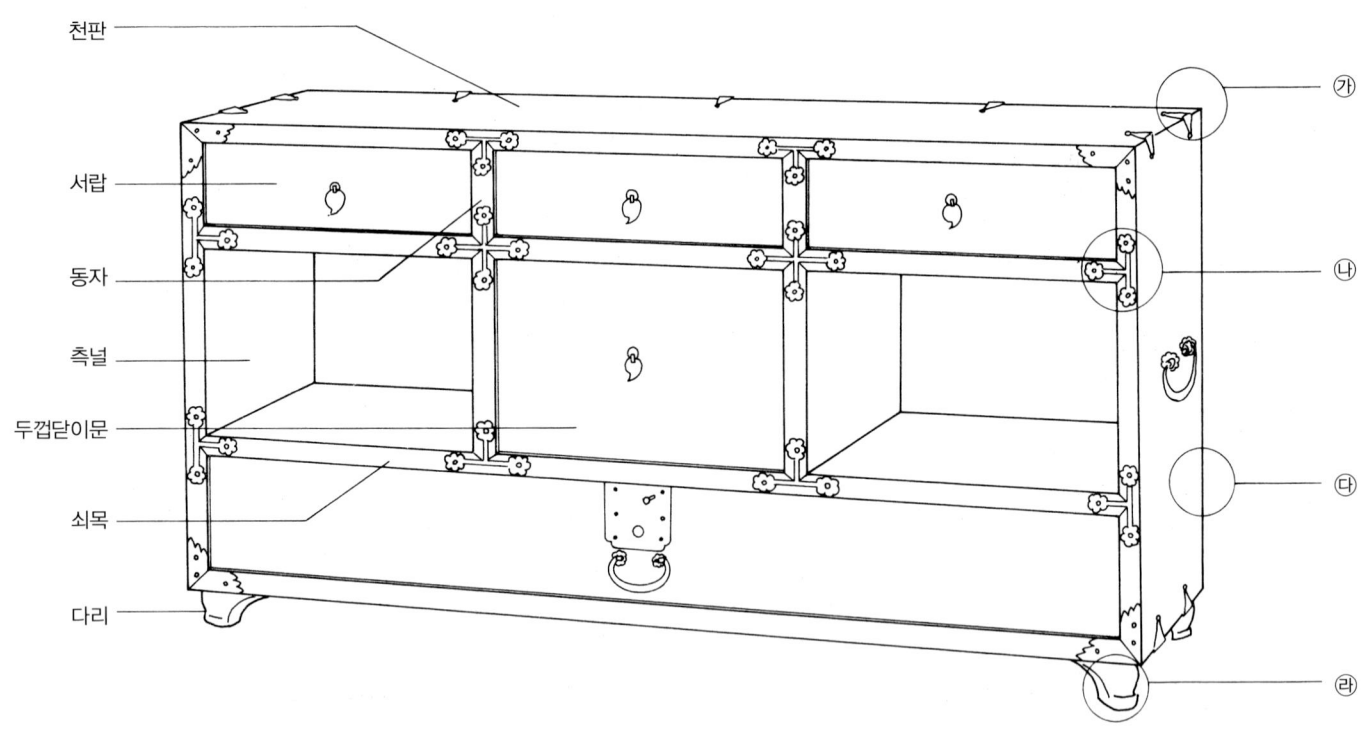

천판

서랍

동자

측널

두껍닫이문

쇠목

다리

㉮

㉯

㉰

㉱

세부명칭도

문갑은 조선시대의 실내 가구 배치에서 탁자와 더불어 중추적인 역할을 한 가구이다. 중요 서류나 기물들을 깊숙이 보관하는 기능 외에 문방생활 용구를 넣어 두기도 하며, 필통·연적·향꽂이 등 일상생활에 필요한 소품들을 얹어 장식하기도 했다.

일반적으로 측벽면의 아랫목이나 뒷마당으로 통하는 미닫이문 또는 들창의 아래 공간에 위치한다. 이는 낮고 길어서 방에 놓였을 때 벽면에 시원한 여백을 만들게 되므로 천장이 낮고 좁은 한옥에서 생활공간을 너르게 보이도록 하여 한층 효과적인 가구이다.

문갑은 안방과 사랑방의 용도로 구분된다. 안방용은 여성들의 일상 용구를 넣어두며, 구조와 외형에서 여성의 취향에 맞게 나전螺鈿·죽장竹張 등으로 꾸며 섬세함과 화사함을 보여주고 있다(p88 사진 7–1, 2). 그러나 사랑방용 문갑은 선비들의 문방생활에 적합하도록 소나무, 오동나무 등으로 매우 검소하고 안정성 있게

꾸며져 있다.(p88 사진 7–3)

문갑은 대개 두 개가 한 조를 이루는데, 단순한 두껍닫이 형식의 문갑(p88 사진 7–1, 2)이 대부분이며, 외짝으로 된 문갑은 길이가 긴 장문갑長文匣(p80 사진 6–1, 2)이 대부분이다.

이 문갑은 길이가 60cm정도 밖에 되지 않는 작은 형태지만 짜임새 있는 면분할로 치밀하게 설계되어 좁은 공간의 사랑방에 알맞고, 오동나무 또한 소박한 문방생활의 분위기를 잘 나타내고 있다.

양 측널에 들쇠가 달린 것과 그 구조로 보아 외짝문갑의 일종이다. 이러한 문갑은 많은 장석과 안전장치가 달린 문갑과는 달리 외짝문갑으로서 용도에 따른 정선된 미를 갖추고 있다. 이와 같은 형태의 문갑들은 중요서류를 넣는다 하여 서류문갑이라 부르기도 한다.

세부구조를 살펴보면, 전면을 삼등분하여 중간 부분은 두껍닫이문으로, 양쪽은 시원한 공간으로 처리하였다. 그러나 공간의 위쪽에 있는 쇠목 안쪽에 자물쇠의 줏대를 받쳐주는 장치가 있는 것과 중간층의 층널이 천판·측널·서랍의 앞바탕처럼 오동나무로 구성되지 않고 피나무로 짜여 있는 것으로 미루어, 원래 하단에 있는 긴 서랍과 같이 은혈자물쇠가 달린 서랍이 있었던 것으로 짐작된다.

세 개의 서랍 중 가운데 서랍은 상세도면 5-5와 같이 아래 칸의 서랍을 연 후에 손으로 윗서랍 밑바닥에 탄력이 있는 장치를 눌러서 열도록 비밀 잠금장치가 되어 있다.

각 부분의 짜임새를 보면, 일반적으로 천판과 측널의 짜임은 주먹장사개짜임(손가락물림)을 이용하여 견고하게 처리하는 데 반해, 이 문갑의 ㉮부분은 무르고 연약한 오동나무로 짜여 상세도면 5-1과 같이 고춧잎형거멀잡이로 견고하게 보완하였다.

단단한 골재로 연결된 전면 ㉯와 그 밖의 짜임 부분은 상세도면 5-2와 같이 외형은 매우 간결하나 내부는 안전하게 긴촉으로 짜인 장부연귀짜임이며, 그 위에 국화형새발장석으로 보강하였다.

뒷널의 짜임인 ㉰부분은 천판, 측널, 바닥널에 변탕홈을 파서 상세도면 5-3과 같이 반턱맞짜임을 하였다.

일반적인 문갑의 다리는 측널이 길게 뻗어 다리를 대신하고 있으나 이 문갑의 다리 ㉱는 상세도면 5-4와 같이 부드럽고 오뚝하게 깎아 만든 후 대나무못으로 고정해 상체를 돋보이게 하였다.

재질은 서랍과 맞닿아 닳기 쉬운 쇠목 부분과 동자 부분은 단단한 가래나무를, 쇠목 내부의 층널에는 피나무를, 뒤판과 서랍의 바닥은 소나무를 사용하였다. 그 밖의 천판·측널·복판은 광택이 없고 부드러운 오동나무인데 인두로 표면을 지진 후 볏짚으로 문질러 목리를 강조하고 단단하게 하는 낙동법을 사용하였다.

사진 5-1 문갑 : 서류나 중요 기물들을 안전하게 보관하고 상판에 문방용품들을 올려놓고 사용한다. 서랍을 하단부터 상단까지 높이를 점차 달리하고 폭 또한 1·2·3등분하여 기능과 함께 면분할의 변화를 시도하였다. 안전하게 보관할 수 있는 숨은 자물쇠 장치의 넓은 주석장석과 상단의 천도형달개지쇠가 서로 어울려 단아한 형태와 건강함을 느끼게 한다. 너른 판재는 단단한 가래나무이며 서랍 복판재는 오동나무이다.

사진 5-2 문갑 : 자그마한 문갑으로 머리맡에 놓고 중요한 기물을 넣어두는 용도이다. 크고 작고, 길고 짧으며, 높고 낮은 서랍들의 화면 구성은 기능과 여러 가지 쓰임새에 맞춰 치밀한 분할이 시도된 결과이다.

서랍 중심의 둥근 주석장석을 옆으로 밀고 그 아래의 구멍에 열쇠를 끼운 채 서랍을 당겨 사용하는 안전하고 단순한 형식을 갖추고 있다. 모서리 부분은 사개물림으로 견고하게 짜 맞추었으며, 내부는 소나무 판재다. 양측 면에 투각된 여의두문 손잡이가 있고, 단단한 가래나무 판재에 옻칠을 발랐는데 밝고 목재질이 잘 살아 있다.

사진 5-3 문갑 : 전형적인 두껍닫이문형 문갑(p81 7. 문갑)이다.

4개의 문으로 구성된 문갑들은 대부분이 한 쌍을 이루고 있는 것이 통례이나 이 문갑은 외짝으로 사랑방의 머리맡에 놓인다. 자연적인 부드러운 목리의 먹감나무가 소박한 멋을 주고 있다. 천판과 양측 널은 오동나무이며 전면에는 단단한 참죽나무를 둘렀다.

내부 상단에 두 개의 서랍이 배치되고 하단에는 여백의 공간이 구성되어 있다. 중심의 붙박이원형자물쇠에 열쇠를 끼운 채로 문을 떼어낸 후 좌우의 미닫이문들을 중앙에서 떼어내어야 서랍을 사용할 수 있게 구성되어 있다.

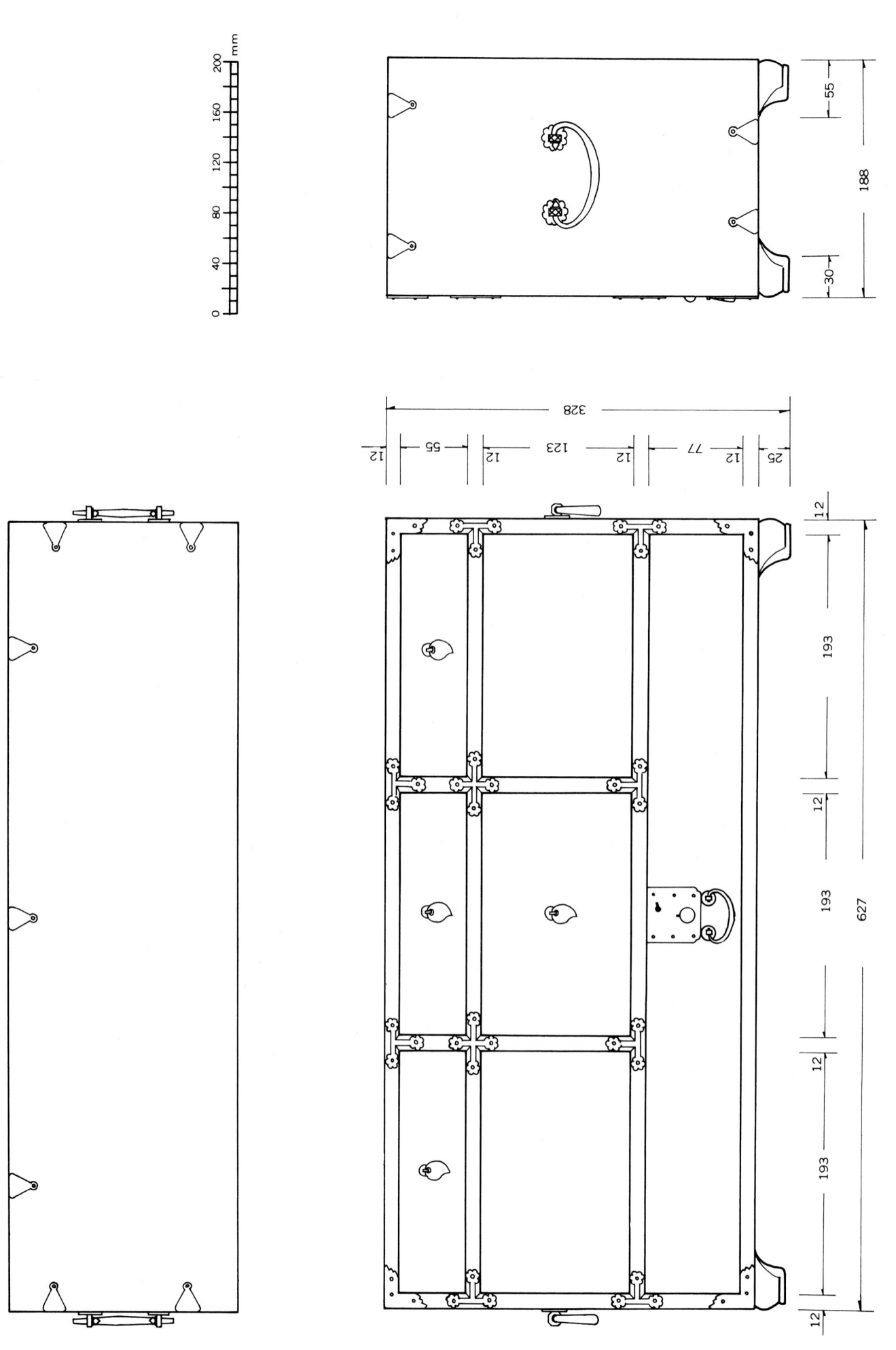

188

55

30

328

12 55 12 123 12 77 12 25

12

193

12

193

627

12

193

12

mm

200
160
120
80
40
0

실측도

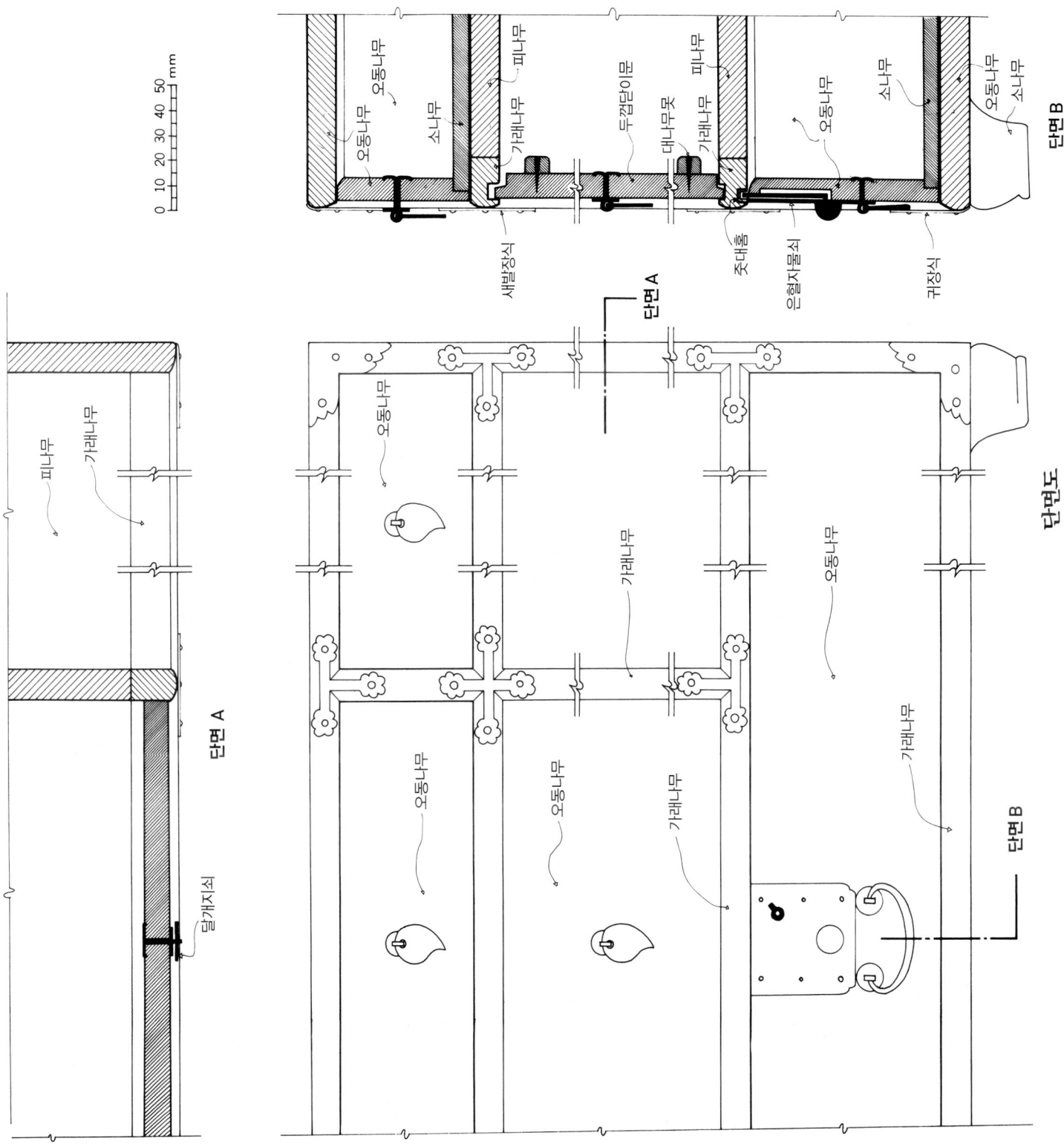

오동나무
소나무
오동나무
피나무
가래나무
두껑닫이문
대나무못
피나무
가래나무
오동나무
소나무
오동나무
소나무

새발장식
촛대홈
은행자물쇠
귀장식

단면 B

mm
0 10 20 30 40 50

피나무
가래나무

달개지쇠

단면 A

오동나무

가래나무

오동나무

오동나무

가래나무

오동나무

가래나무

단면 A

단면 B

단면도

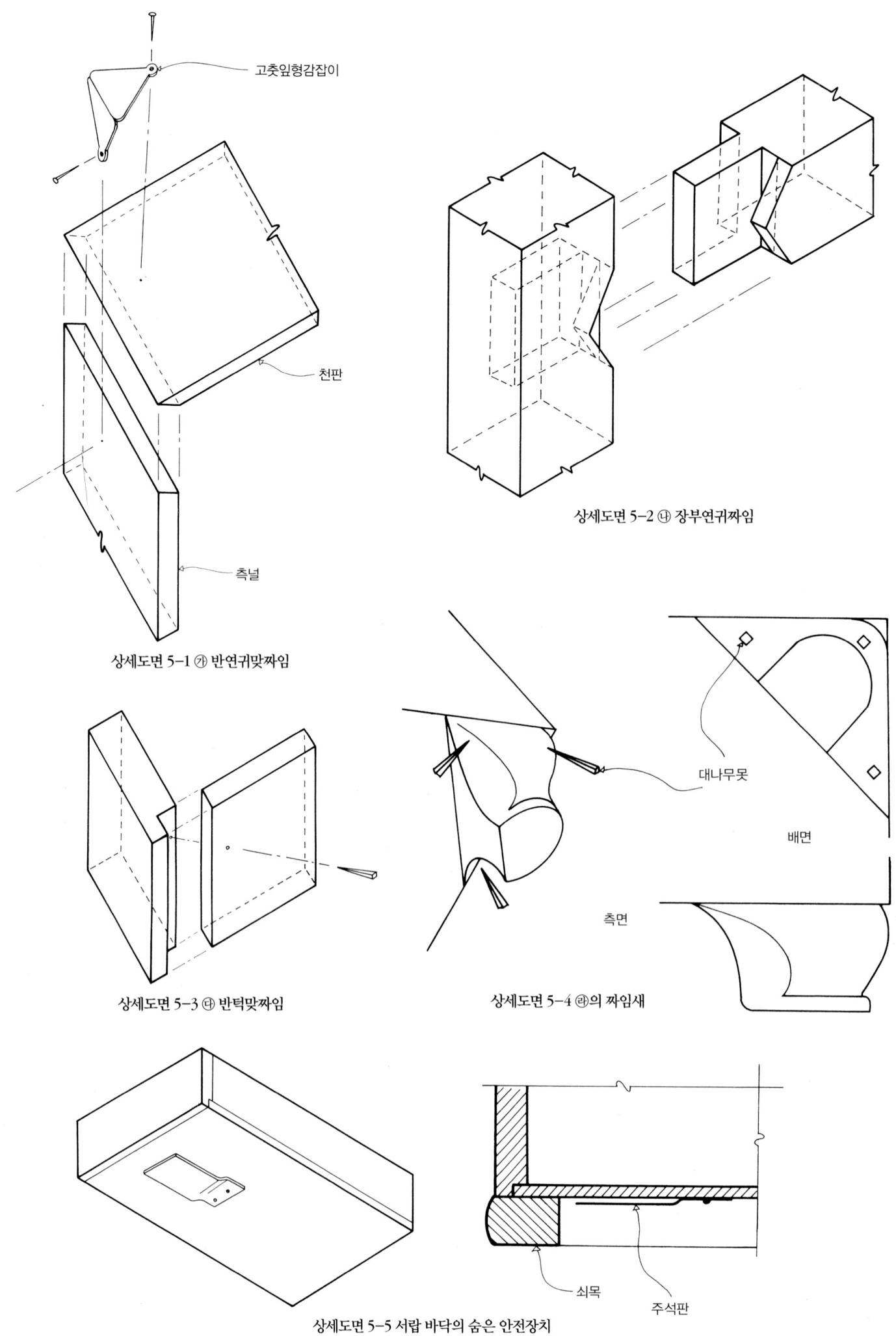

고춧잎형감잡이

천판

측널

상세도면 5-1 ㉮ 반연귀맞짜임

상세도면 5-2 ㉯ 장부연귀짜임

상세도면 5-3 ㉰ 반턱맞짜임

대나무못

배면

측면

상세도면 5-4 ㉱의 짜임새

쇠목

주석판

상세도면 5-5 서랍 바닥의 숨은 안전장치

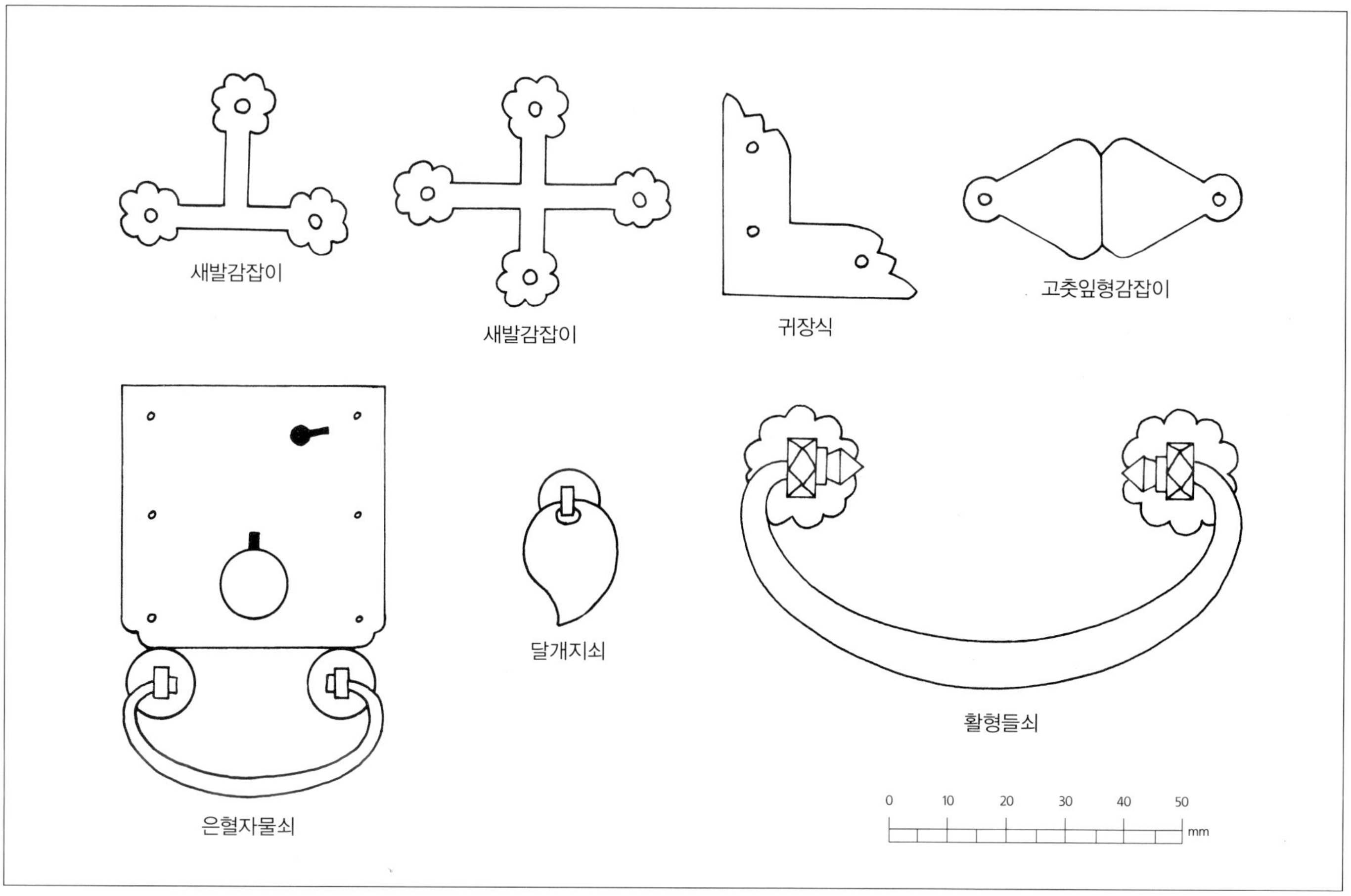

새발감잡이

새발감잡이

귀장식

고춧잎형감잡이

은혈자물쇠

달개지쇠

활형들쇠

0 10 20 30 40 50
mm

상세도면 5-6 금속장석 실측도

상세사진 5-1 정면

상세사진 5-2 측면

상세사진 5-3 달개지장석, 새발, 十자감잡이

상세사진 5-4 거멀잡이장석

상세사진 5-5 중심 복판의 문 골

상세사진 5-6 자물쇠장석

상세사진 5-7 귀장석과 다리

상세사진 5-8 다리의 하부

사진 5-1 문갑
19세기, 개인 소장
58.6×24.5×34.0cm

사진 5-2 문갑
19세기, 김종학 소장
59.4×15.2×7.2cm

사진 5-3 문갑
19세기, 개인 소장
48.5×15.0×23.0cm

6.장문갑 長文匣
Document Chest

19세기. 가로 144.0cm, 세로 22.5cm, 높이 36.8cm, 국립중앙박물관 소장

동자

천판

쇠목

층널

붙박이
은혈자물쇠

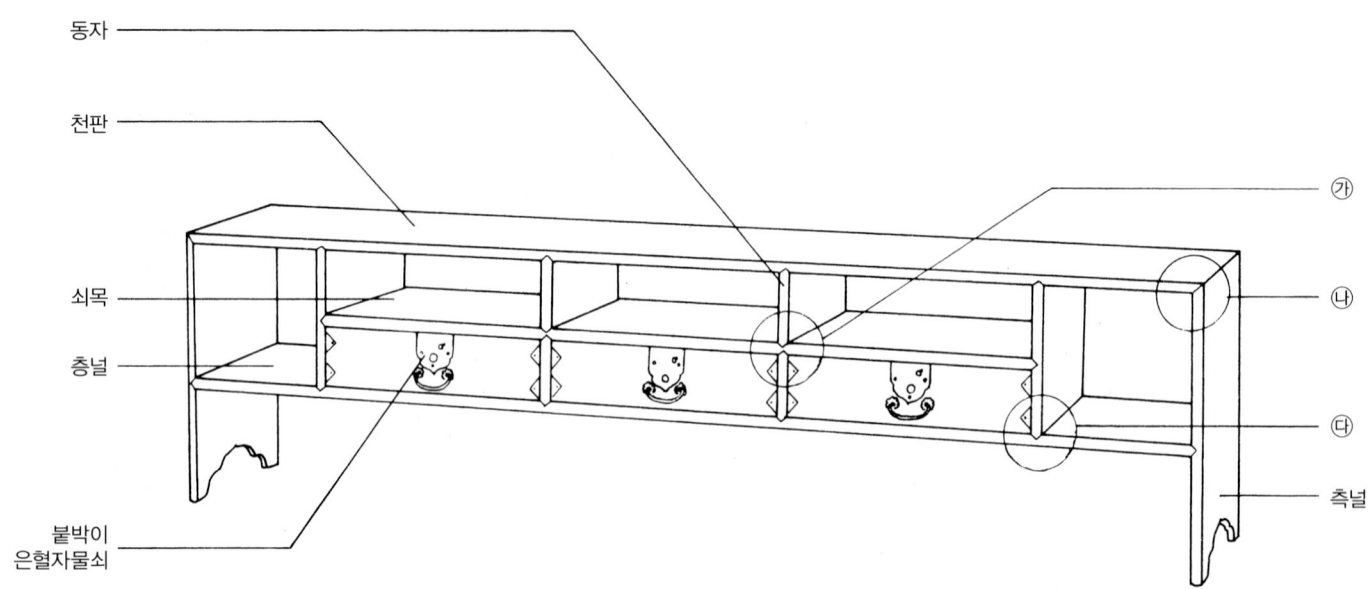

㉮

㉯

㉰

측널

세부명칭도

두 개가 한 조를 이루는 일반적인 문갑과는 달리 외짝의 긴 문갑을 장문갑이라 한다. 많은 공간으로 구성되어 공간문갑이라고도 부른다.

이러한 문갑은 넓은 방에서는 많은 것을 넣을 수 있는 두껍닫이형 문갑(p81 7. 문갑)과 함께 사용되기도 한다.

성큼한 다리와 마치 장과 농의 쥐벽간이나 머름 칸과 같은 공간으로 구성된 장방형에 중심부의 세 서랍이 잘 조화되고 있다. 간결한 구조가 문갑으로서의 실용성보다는 연적, 필통, 지통 등 문방상완품文房賞玩品으로 치장하여, 주로 실내 공간의 장식성을 위주로 한 문갑이다.

쾌적한 공간과 높직한 다리로 말미암아 비교적 좁은 방을 더욱 너르게 보이도록 하고 또 정신적인 면이 강조되는 사랑방 분위기에는 제격이다.

구조는 가로로 된 석 장의 판재에 세로로 된 판재를 짜 맞춘 것으로 골재가 없이 판재로만 구성되어 있다.

세부구조를 살펴보면, 천판과 측널의 짜임 ⊕는 상세도면 6-2와 같이 주먹장사개짜임(손가락이 맞물린 것 같다 하여 손가락물림이라고도 함)으로 견고하게 짜여 있다.

천판과 세로로 된 판재(동자), 아래 널과 다리의 짜임은 상세도면 6-3과 같이 앞쪽에는 견고하고 외형상 보기 좋은 장부연귀짜임이며 내부에는 촉이 표면까지 올라온 막장부연귀짜임을 하였다.

또한, 중심의 가로로 뻗은 긴 판재에 세로로 뻗은 동자의 연결은 상세도면 6-1과 같이 외형을 연귀짜임으로 하고 내부는 양 끝이 맞닿도록 장부연귀짜임을 짧게 하였다.

재질은 단단한 참죽나무(불확실하나 목리가 참죽나무와 비슷하고 매우 단단하다)로 긴 판재를 사용하기에는 적격이다.

그러나 많은 공간과 더불어 양쪽 다리 사이가 너무 길게 설계되어 실제로 중심의 응력을 감당키 어려워 가운데가 휘어지는 것이 흠이다.

주석장석인 서랍복판의 견고한 망두형은혈자물쇠는 서류나 중요 기물을 넣어 두는 곳을 의미하며 전체를 더욱 단단하게 느끼게 한다. 서랍의 복판과 측널의 연결은 고춧잎형거멀잡이로 견고히 짜여 있다.

사진 6-1 장문갑 : 한 장의 두껍고 넓은 긴 느티나무 판재로써 양 측널과 천판을 구성한 것으로 책상문갑이라 부르며, 쾌적하고 안정된 분위기를 갖추고 있다. 일반적으로 천판 하단에 층널 또는 서랍이나 여닫이문을 설치하여 사용에 편리함을 추구하는데 이 문갑은 천판과 양 측널로만 구성하여 상단에 필통, 연적, 벼루, 필가 등 문방제구들을 올려놓는 기능을 강조하였다.

직각으로 짜인 양 모서리는 중심부의 하중을 감당하고 묵직함을 드러내기 위해 두꺼운 판재(2.7cm)로 손가락물림 짜임기법으로 견고하게 짜 맞추었다. 일반적으로 다리 역할을 하는 양 측널 하단에는 여의두형 풍혈을 뚫어 경쾌하고 장식적인 효과를 보이고 있으나 이 문갑은 고르지 못한 바닥면의 높낮이를 고려한 아주 낮은 일자형 풍혈을 두어 단순함을 강조하고 있다.

사진 6-2 장문갑 : p73 사진 6. 장문갑과 같은 유형으로 긴 천판을 가진 장문갑이다. 책상(서안)과 같은 형태를 하고 있어 책상문갑이라고도 한다. 서랍만으로 구성된 간결한 구조와 하부의 시원한 공간 처리는 비교적 좁은 실내면적에도 부담을 주지 않으며 검소함이 강조되고 있다. 참죽나무로 된 천판과 측널은 사개물림으로 견고히 짜여 있으며 서랍의 복판은 오동나무에 주석장석이다.

사진 6-3 장문갑 : 전체가 서랍만으로 구성되어 서류나 중요 기물을 넣도록 한 문갑이다. 상하로 삼등분되어 좁아진 가운데층의 서랍은 상단과 하단의 서랍 비례와 같게 보이도록 칸을 3등분 하여 전체적인 균형을 갖게 하였다. 또한, 서랍의 복판은 먹감나무를 좌우대칭으로 사용하여 부드럽고 아름다운 자연 나뭇결을 살리고, 견고한 은혈붙박이자물쇠를 달아 장석성과 안정성을 높였다.

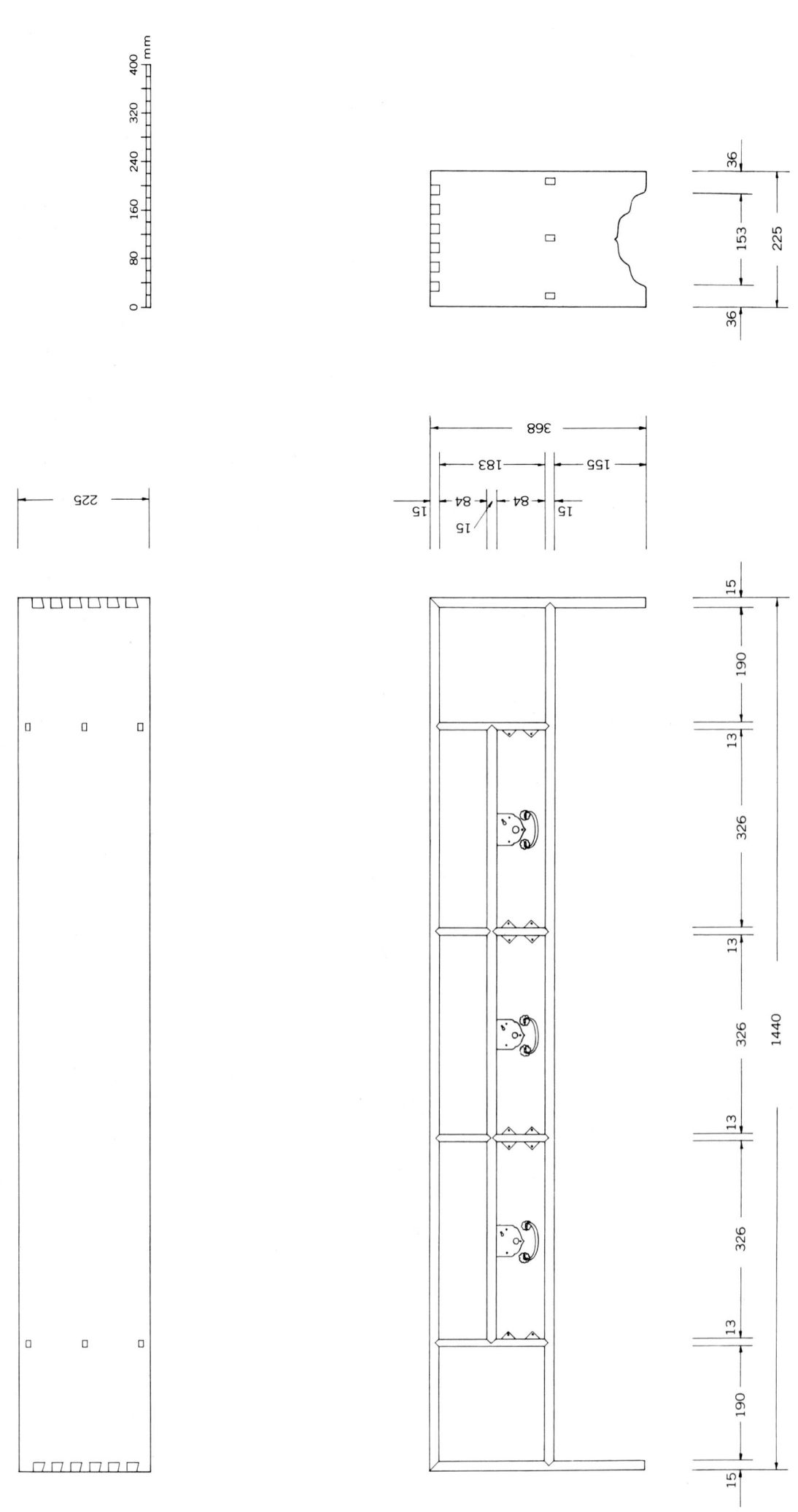

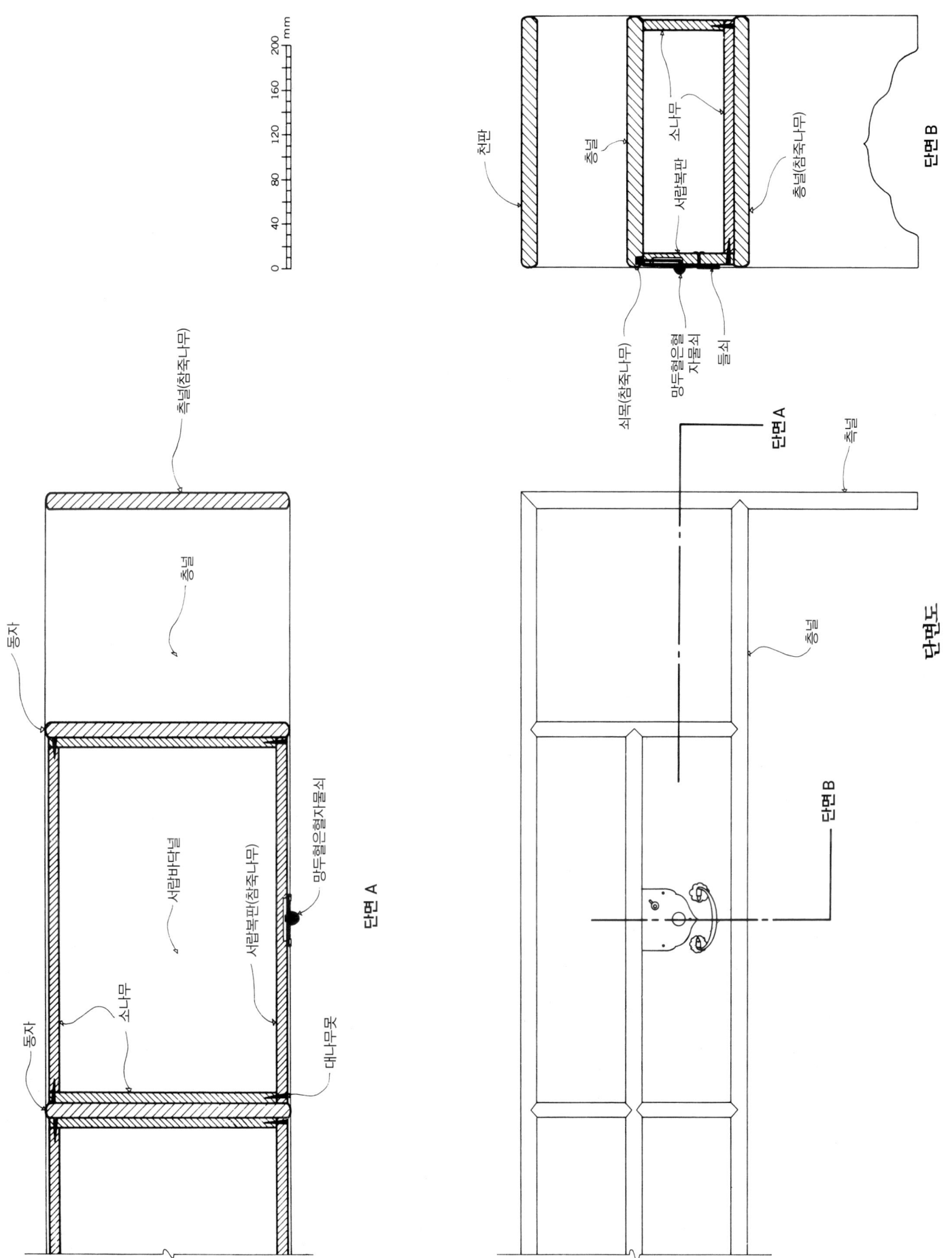

측널(참죽나무)

동자

종널

소나무

동자

서랍바닥널

서랍옆판(참죽나무)

맞두름붙은결자물쇠

대나무못

단면 A

천판

종널

소나무

서랍옆판

종널(참죽나무)

단면 B

소목(참죽나무)

맞두름붙은결자물쇠

들쇠

단면 A

종널

단면 B

종널

단면도

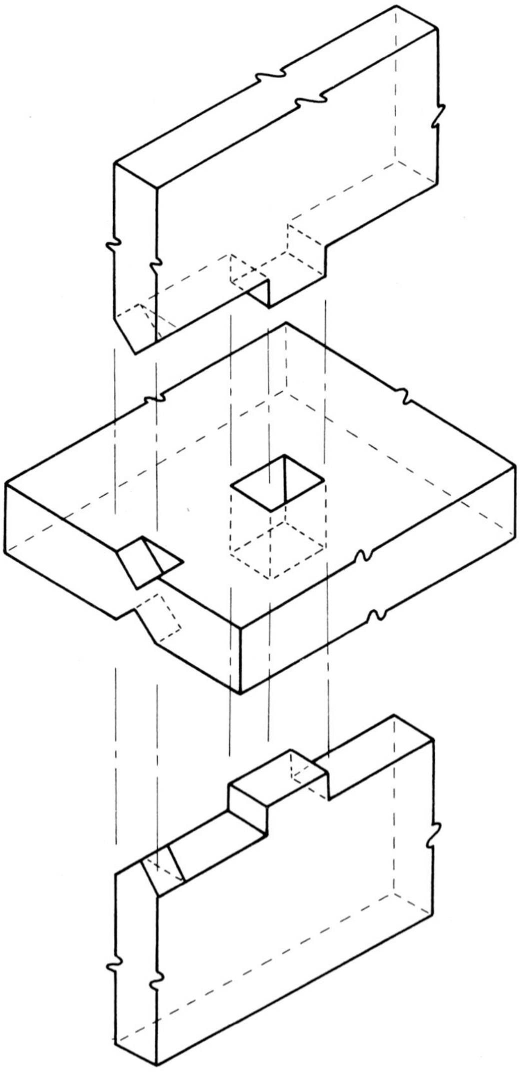

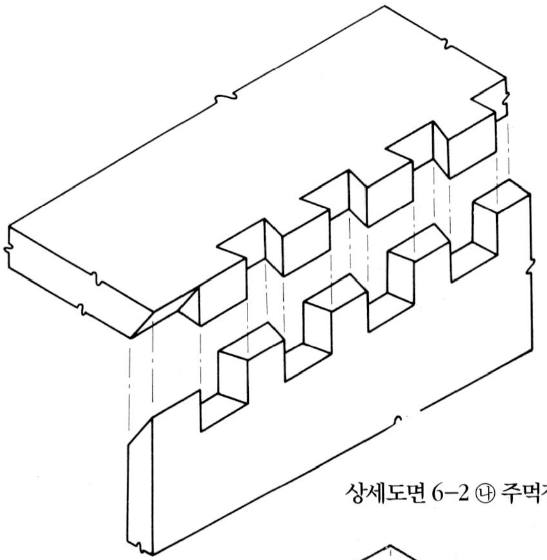

상세도면 6-2 ㉯ 주먹장사개짜임

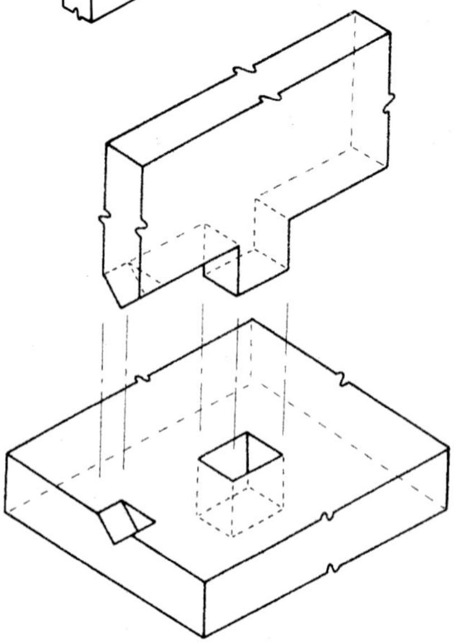

상세도면 6-1 ㉮ 장부연귀짜임

상세도면 6-3 ㉰ 막장부연귀짜임

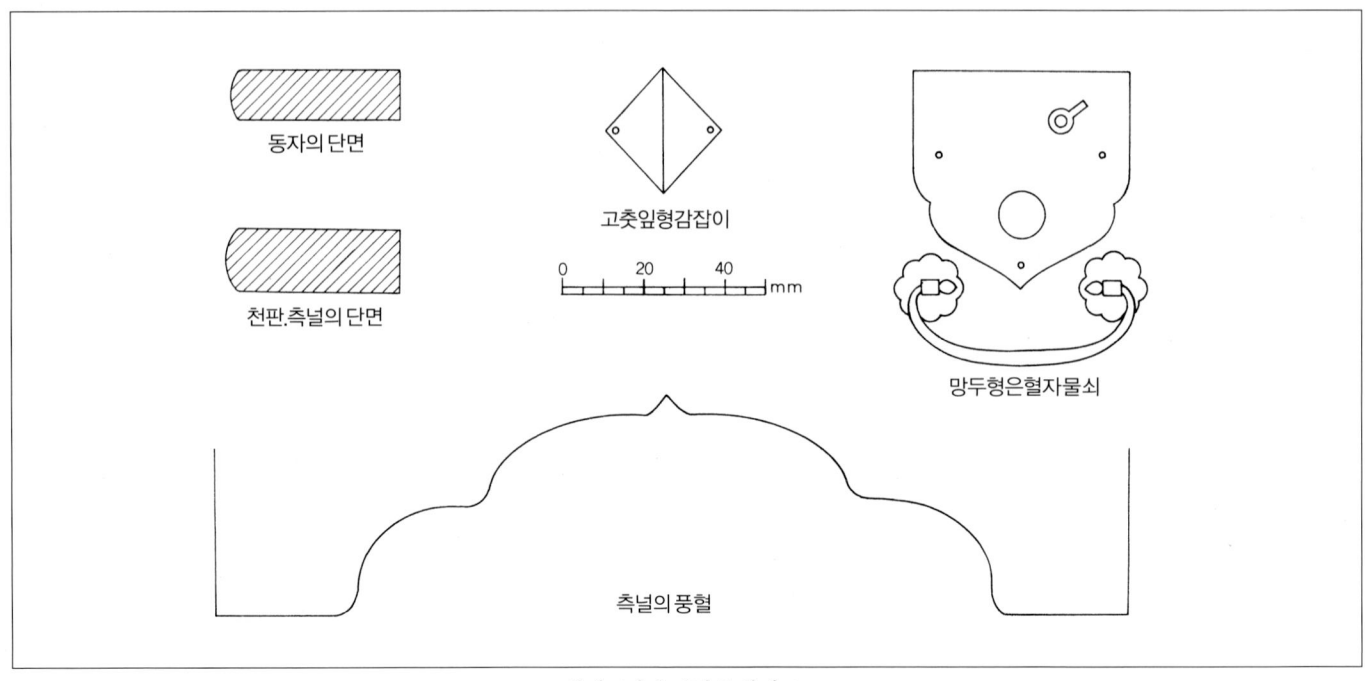

동자의 단면

천판.측널의 단면

고춧잎형감잡이

0   20   40
⊢──┼──┼──┤ mm

망두형은혈자물쇠

측널의 풍혈

상세도면 6-4 각종 상세도

상세사진 6-1 정면

상세사진 6-2 천판과 층널, 측널

상세사진 6-3 들쇠와 붙박이자물쇠장석

사진 6-1 탁상 19세기, 개인 소장 91.0×22.5×27.5cm

사진 6-2 장문갑 19세기, 국립중앙박물관 소장 107.0×21.0×28.0cm

사진 6-3 장문갑 19세기, 개인 소장 96.3×17.3×32.2cm

7. 문 갑 文匣
Document Chest

19세기 후기~20세기 초기. 가로 204.0cm, 세로 27.5cm, 높이 33.3cm, 이화여자대학교박물관 소장

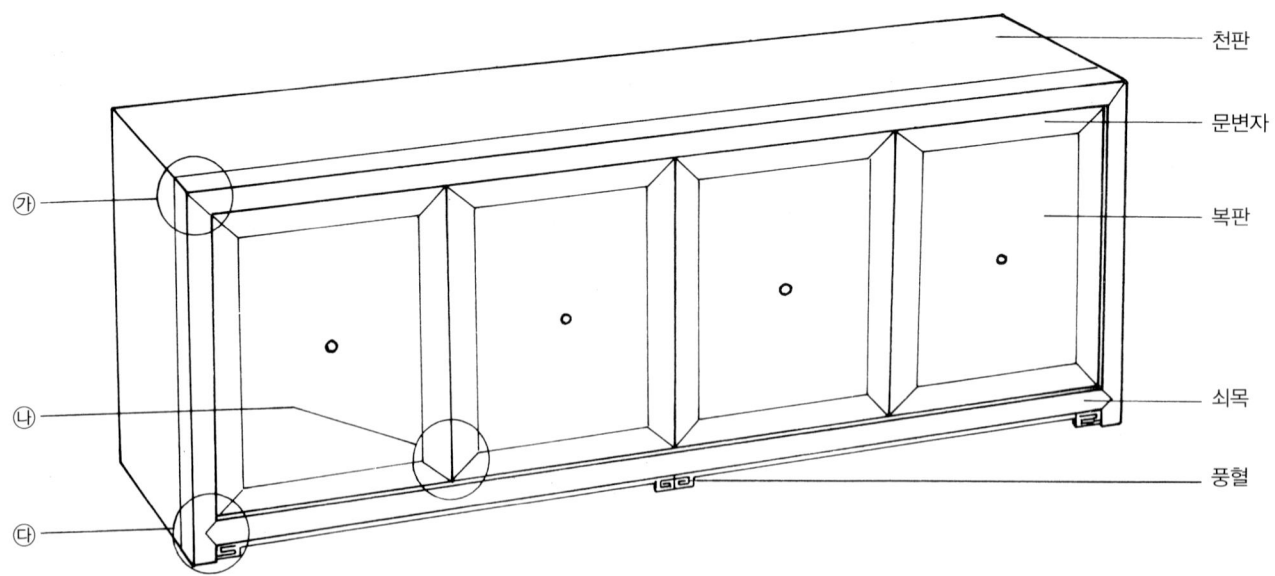

천판

문변자

복판

쇠목

풍혈

가

나

다

세부명칭도

문갑은 아랫목 가까이 두고 생활에 유용한 소품을 올려놓아 장식하거나 중요서류와 기물들을 깊이 보관하는 긴 가구이다. 천장이 낮은 한옥에서는 키가 낮은 가구를 사용하면 벽면에 시원한 여백을 주어 생활공간이 너르게 되어 한층 효과적이다.

문갑은 안방용과 사랑방용으로 구분된다.

안방용은 여성들의 취향에 알맞도록 화사한 느티나무·물푸레나무·먹감나무 등의 아름다운 자연 목리를 살린 것, 자개로 산수문·귀갑문을 시문한 나전문갑, 그리고 대나무로 문양을 모자이크 한 죽장문갑 등이 있다.

사랑방용은 남성들의 문방생활과 분위기에 알맞은 검소한 오동나무·소나무·먹감나무로 만든 것들이 있다. 그러나 그 구분을 뚜렷하게 나누지 않고 남녀공용으로 사용되는 것도 있다.

이 문갑은 전면에 공간이 없이 단조로움 속에서 안정된 분위기를 가져오는 전형적인 두껍닫이문 형식으로 모두가 막혀 있다 하여 벙어리문갑이라고도 한다.

이 형식은 구조가 특이한데, 미닫이문 상단의 홈은 깊이 6㎜이나 우측의 두 번째 문이 있는 곳은 깊이가 11㎜로 문을 위로 올려

떼어 낸 후 다른 문들도 그 자리로 밀어 떼어 내게 되어 있다. 또한, 문에는 고리가 따로 없이 열쇠를 끼워 떼어 내게 되어 있어 문을 여닫기 불편하므로 일상 기물보다는 중요한 것을 안전하게 보관하는데 적합하다. 그러나 근대에 와서는 이러한 불편을 보완하여 외부의 상단에 여러 개의 서랍을 설치하여 실용성을 살린 것들이 제작되었다.

이 문갑은 일반적인 것에 비해 길고 문변자가 좁으며 복판이 넓어 더욱 시원스럽게 보인다. 문변자와 앞면의 골재는 단단하고 나뭇결이 없는 배나무를, 천판·측널·뒷널 등의 판재는 오동나무를 사용하였다.

복판은 두께 3㎜ 정도의 목리가 좋은 물푸레나무를 얇게 커서 오동 판재 위에 붙인 것으로 건습에 따라 휘거나 터지는 것을 방지하고 또 희귀재를 아끼기 위함이다.

천판과 측널이 약한 오동나무 판재로 구성되어 여닫이문 설치에 무리가 있고, 또 전면의 미적 효과를 높이기 위해 배나무를 덧대어 붙였는데 상세도면 7-1 ㉮와 같이 막장부연귀턱짜임을 했다.

천판과 측널은 상세도면 7-5 ㉠과 같이 반연귀맞짜임 했고, 천판과 뒷널은 상세도면 7-5의 ㉡과 같이 일반적인 문변자에 사용되는 형식인 맞짜임을 했다.

문변자인 ㉯부분은 문갑의 문짝이 얇아 견고한 짜임새를 이룰 수 없어 상세도면 7-2와 같이 빈연귀맞짜임을 히고 대나무못을 박아 고정했다.

측널과 쇠목이 짜인 ㉰부분은 상세도면 7-3과 같은 견고한 장부연귀짜임이다.

내부에는 상세사진 7-4와 같이 중요서류와 기물을 넣을 수 있는 많은 서랍이 있으며 중심부에는 손쉽게 넣어 둘 수 있는 공간이 있다.

서랍의 복판은 두께 1.5㎜가량의 조록나무(휘가사나무)를 오동판에 붙였다. 이 조록나무는 습기가 많은 지역에서 자라는 것으로 특히 제주도 지방에 많은데 대문이나 기둥 또는 반닫이에 사용된다. 이 나무는 마치 벌레 먹은 것처럼 불규칙한 구멍들을 토분으로 메워 암갈색 바탕에 흰 점이나 선으로 나타나 독특한 효과를 보이고 있다.

사진 7-1 문갑 : 두껍닫이형 문갑(벙어리문갑)의 기본형으로 남녀 구별 없이 사용되었다. 내부에는 상단에 4개의 서랍이 있고 하단은 너른 공간이다. 복판은 자연먹이 들어 있는 먹감나무를 사용하여 마치 인위적인 문양과 같은 효과를 나타내고 있다. 문변자와 쇠목 등 골재는 배나무이며 천판과 측널은 소나무이다. 매우 단순한 형태이나 안정성 있게 느낀다.

사진 7-2 문갑 : 두껍닫이형 문갑(벙어리문갑)의 기본형으로 사진 7-1과 같은 형태를 보이고 있으나 전면 복판이 휘가사나무(일명 조록나무)로 되어 있다.

이 조록나무는 습기가 많은 지역에서 자라는 것으로 특히 제주도 지방에 많은데 불규칙한 구멍들에 토분으로 메워 암갈색 바탕에 흰점이나 선으로 강조된 무늬가 독특한 효과를 나타내고 있다. 이 나무는 탁자, 연상, 연초합 등 정성스럽게 제작하는 사랑방 용품에 주로 사용된다. 내부에는 상단에 4개의 서랍과 양측 상하에 한 개씩의 서랍이 배치되어 있다.

사진 7-3 문갑 : 낙동기법烙桐技法으로 제작된 검은 오동나무 문판이 합쳐져 쾌적한 비례의 긴 면을 형성하고 그 중심에 주석 자물쇠앞바탕과 달개지쇠를 배치하여 강조하고 있다. 일반적으로 내부의 상단에 서랍을 배치하는데, 이것은 좌측에 문판 크기만큼의 공간을 제외하고 중간층에 긴 선반을 ㄱ자형으로 달았다. 천판과 측널은 단단한 가래나무를 견고한 손가락물림 하였으며 뒷널은 오동나무 판재이다. 단정한 풍혈과 전면의 오동판재, 내부의 선반 등으로 미루어 남성용으로 짐작된다.

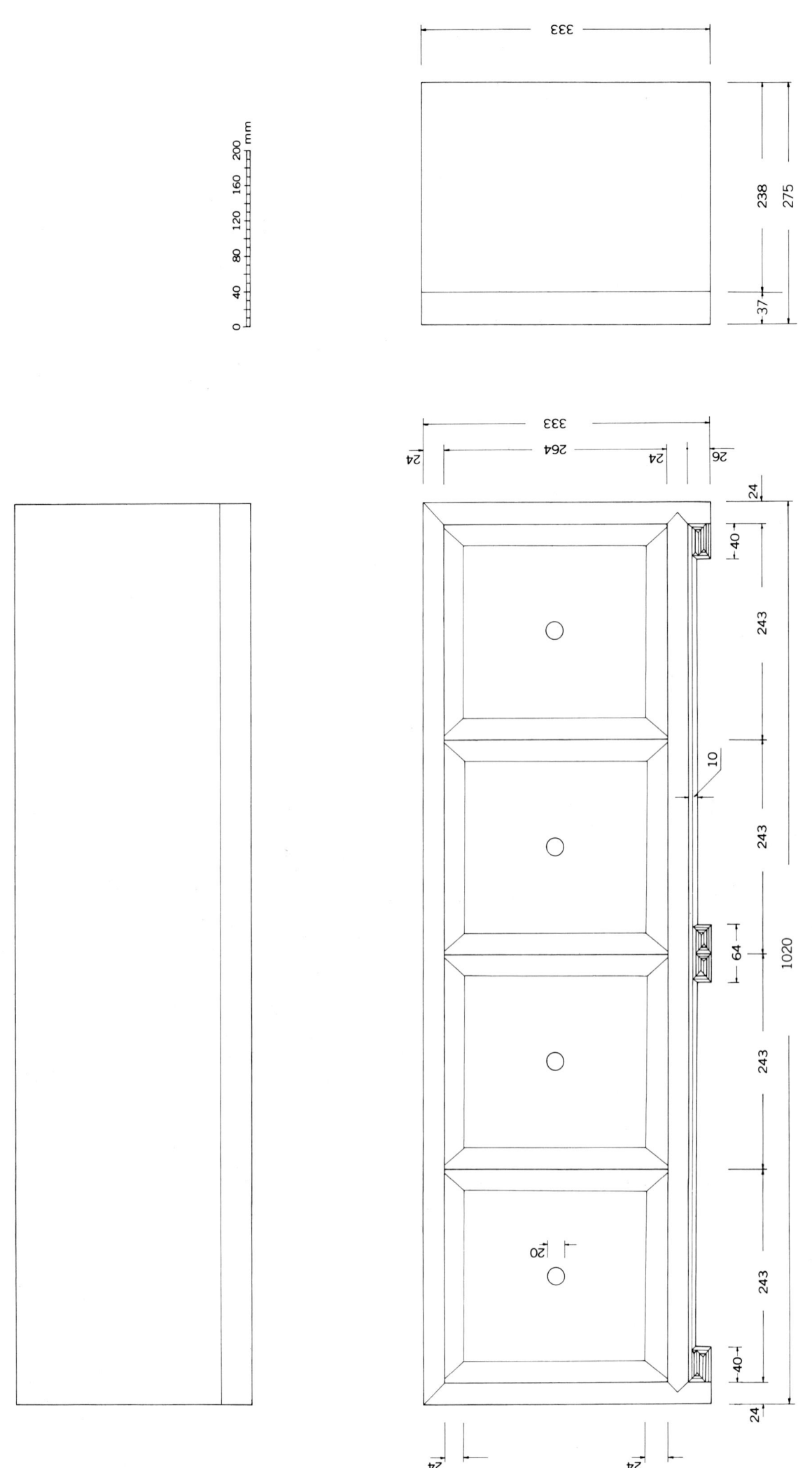

333

238
275

37

333
264
24
24
26
24
40
243
10
243
64
1020
243
20
40
24
24
24

0 40 80 120 160 200 mm

측흑도

84

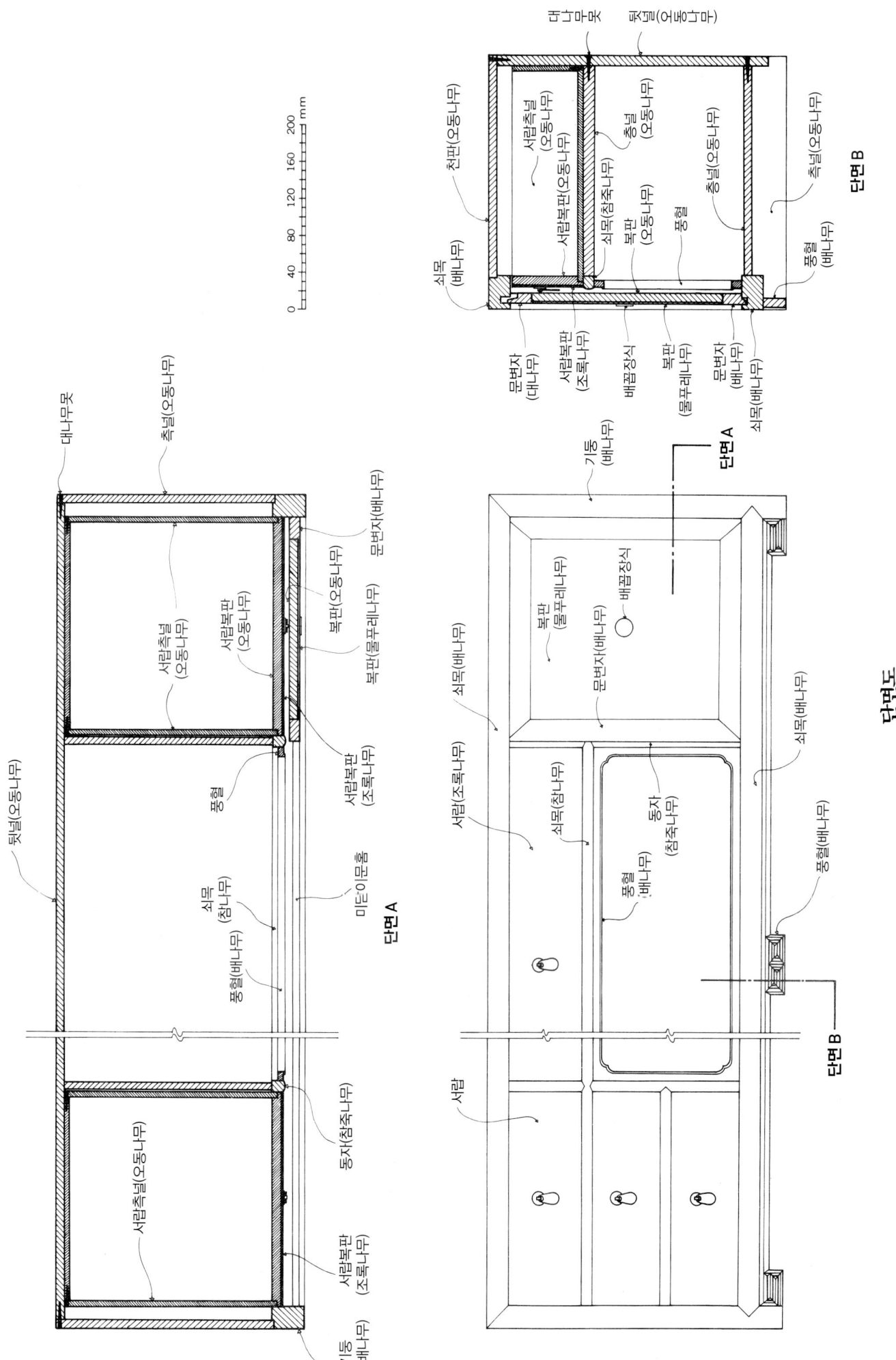

뒷널(오동나무)

매나무못

측널(오동나무)

목판(오동나무)

문변자(배나무)

서랍측널
(오동나무)

서랍복판
(오동나무)

목판(물푸레나무)

풍혈

서랍복판
(조록나무)

0 40 80 120 160 200 mm

쇠목
(참나무)

미닫이문홈

풍혈(배나무)

서랍측널(오동나무)

단면 A

동자(참죽나무)

서랍복판
(조록나무)

목판(오동나무)

기둥
(배나무)

천판(오동나무)

쇠목
(배나무)

문변자
(배나무)

서랍복판(오동나무)

서랍복판(조록나무)

배꼽장식

목판
(물푸레나무)

문변자(배나무)

쇠목(배나무)

멍나무못

맞널(어베나무)

서랍측널
(오동나무)

측널
(오동나무)

쇠목(참죽나무)

목판
(오동나무)

풍혈

측널(오동나무)

풍혈
(배나무)

단면 B

기둥
(배나무)

단면 A

목판
(물푸레나무)

배꼽장식

문변자(배나무)

쇠목(참나무)

서랍(조록나무)

풍혈
(배나무)

동자
(참죽나무)

쇠목(배나무)

풍혈
(배나무)

단면 B

서랍

단면도

85

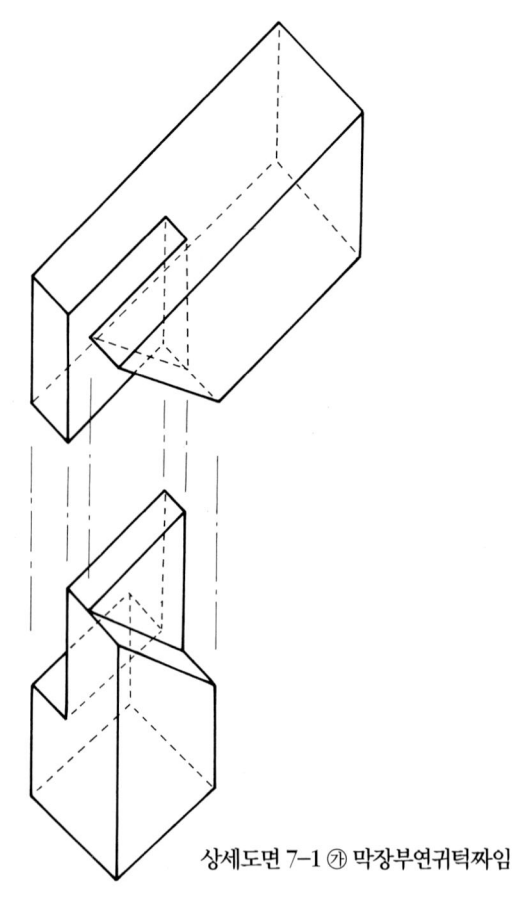

상세도면 7-1 ㉮ 막장부연귀턱짜임

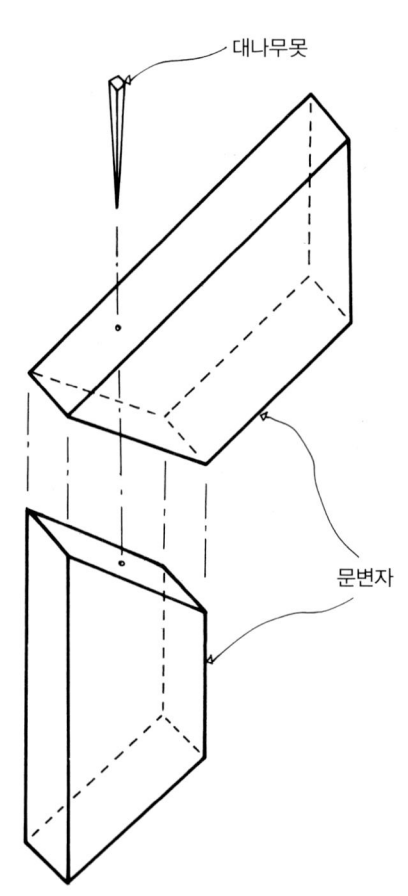

대나무못

문변자

상세도면 7-2 ㉯ 반연귀맞짜임

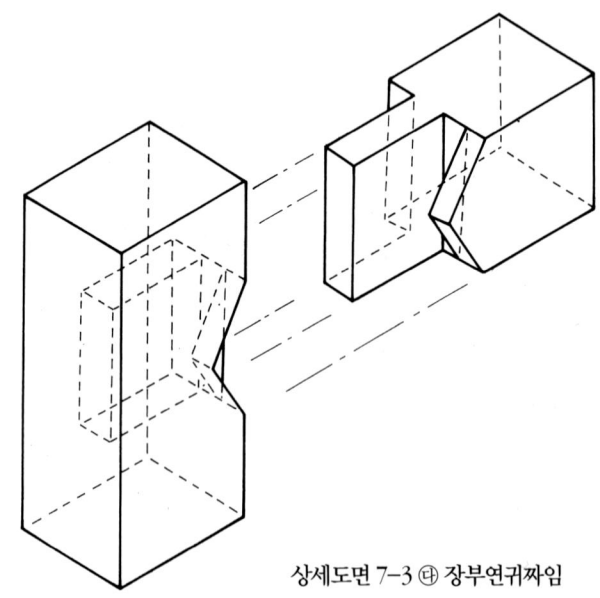

상세도면 7-3 ㉰ 장부연귀짜임

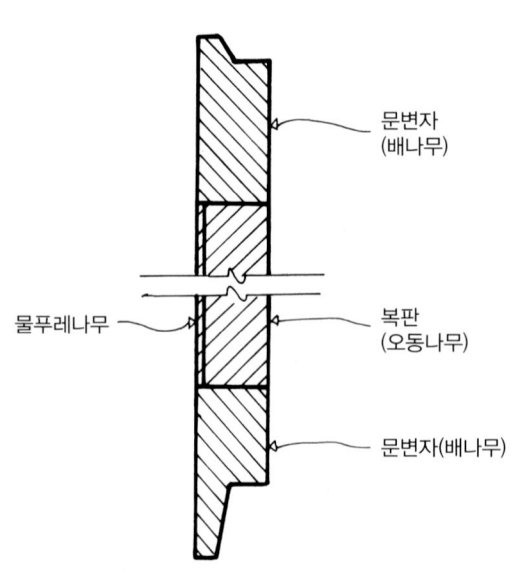

문변자
(배나무)

물푸레나무

복판
(오동나무)

문변자(배나무)

상세도면 7-4 복판의 단면

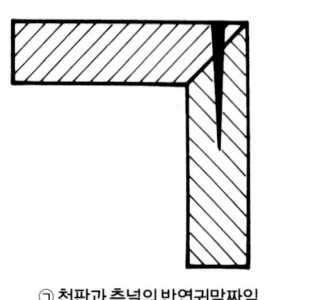

㉠ 천판과 측널의 반연귀맞짜임　　㉡ 천판과 뒷널의 맞짜임

상세도면 7-5 천판과 뒷널·측널의 단면

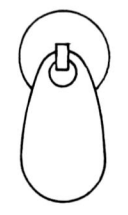

상세도면 7-6 달개지쇠

상세사진 7-1 내부 골재와 풍혈 짜임새

상세사진 7-2 내부 두껍닫이문 골

상세사신 7-3 누껍닫이문과 연귀짜임, 풍혈

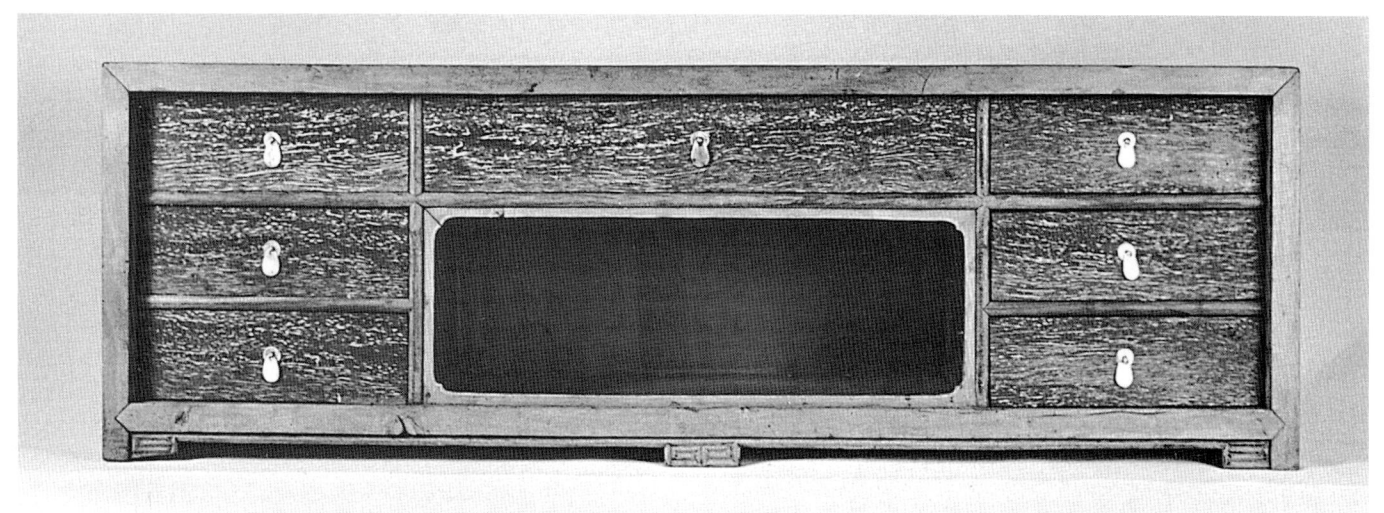

상세사진 7-4 내부 정면

사진 7-1 문갑 19세기, 숙명여자대학교박물관 소장, 171.4×25.5×34.0cm

사진 7-2 문갑 19세기, 개인 소장, 171.0×25.0×34.0cm

사진 7-3 문갑 19세기, 개인 소장, 205.6×22.2×36.8cm

18세기, 가로 70.8cm, 세로 37.0cm, 높이 70.8cm, 개인 소장

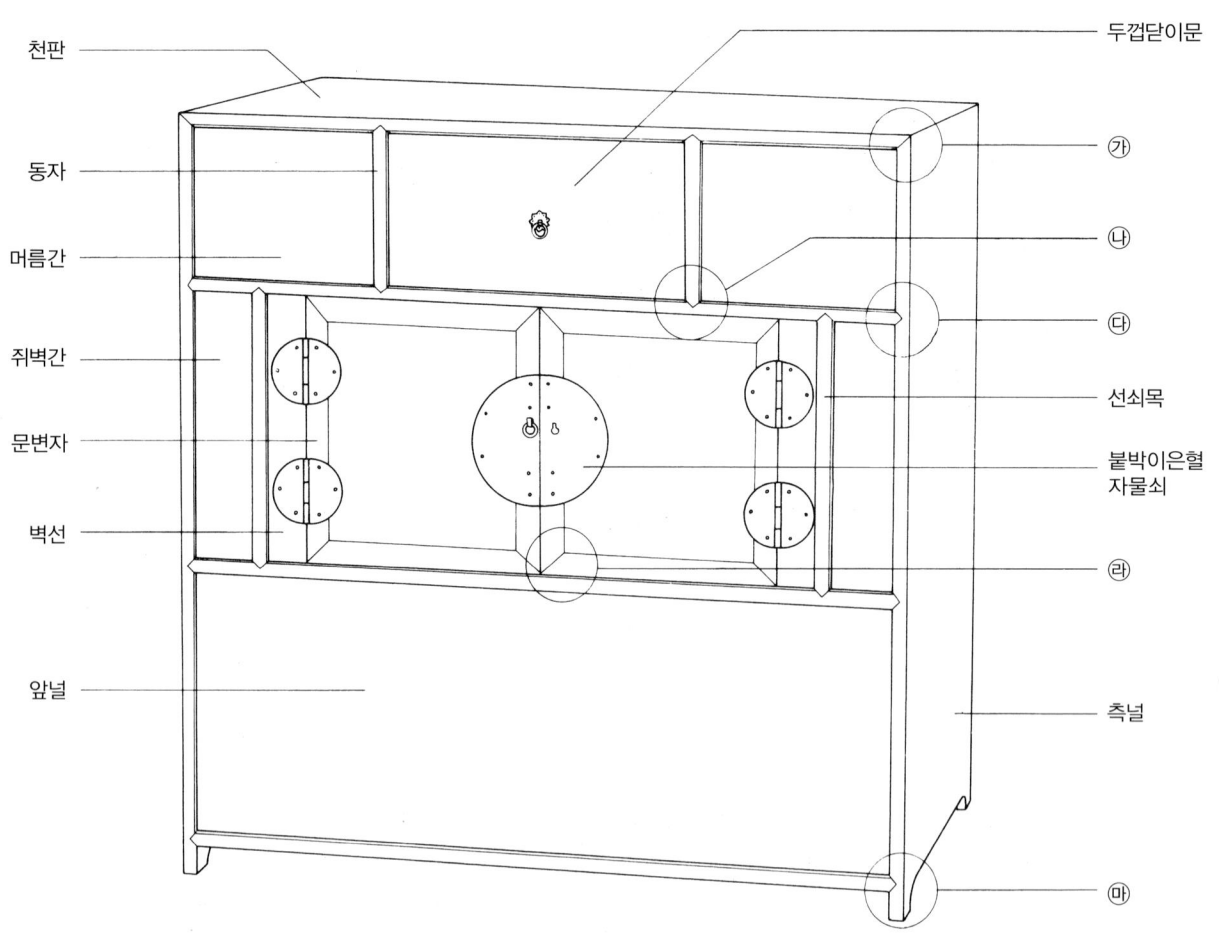

천판

동자

머름간

쥐벽간

문변자

벽선

앞널

두껍닫이문

㉮

㉯

㉰

선쇠목

붙박이은혈
자물쇠

㉱

측널

㉲

세부명칭도

실내의 목가구로는 의복을 보관하는 장과 농이 큰 비중을 차지하고 있다. 머릿장은 장, 농의 일종이나 머리맡 가까이에 두고 중요 서류나 열쇠 또는 손쉽게 사용되는 소품들을 넣어 두며 천판에는 필통, 연적, 서류함 등을 올려 장식하기도 하는 다목적 가구이다. 낮고 작아 장, 농과는 달리 부담을 주지 않고 일상 사용하게 되므로 주인의 취향과 용도에 따라 개성이 강한 다양한 형태를 보이고 있다.

이 머릿장은 오동판재의 표면을 인두로 지진 후 볏짚으로 문질러 단단한 결을 나타내는 낙동법烙桐法을 활용하여 나뭇결의 자연적인 아름다움을 살렸다. 일반적으로 무늿결은 좌우가 대칭되게 사용하여 안정을 꾀하는데 이 머릿장은 자유롭게 목리를 구성하였다.

가로 폭과 높이가 같은 정방형의 전면을 삼단으로 나누었는데 하단이 넓고 상단이 점차 좁아 안정감 있게 구성되어 있다. 상층은 중심 머름칸에 문을 들어 떼어내는 두껍닫이문을 달아 작은 기물들을 수납하고, 하층은 위쪽에 장·농과 같은 넓은 여닫이문을 달아 많은 양의 기물을 깊고 안전하게 넣도록 하였다.

세부구조를 살펴보면, 천판과 측널의 짜임 ㉮는 주먹장사개짜임(손가락물림) 하였는데, 마디 사이에 풀로써 접착하는 것이 통례이나 여기서는 상세도면 8-1과 같이 각 측면에서 대나무못을 박아 보강하였다.

기둥과 쇠목, 쇠목과 동자가 만나는 ㉯, ㉰ 부분은 연귀촉짜임으로 일반적인 기법이나 상세도면 8-3, 5와 같이 장부연귀짜임에 대나무못을 박아 더욱 견고하게 하였다.

동자나 문변자는 배나무나 참죽나무 등 단단한 목재를 사용하지 않고 전체를 같은 오동나무로 짜 맞추어 문짝이라기보다 넓은 한 장의 판으로 보이는 단순함을 강조하고 있다.

㉱의 문변자 연결은 상세도면 8-2와 같이 일반적인 반연귀턱짜임이나 대나무못을 박아 문변자끼리는 물론 복판과의 연결도 튼튼히 하였다.

양 측면의 다리 부분은 가장 단순하고 자연스러운 형식을 취했는데, 측널과 밑판의 연결 ㉲는 상세도면 8-4와 같이 막장부연귀짜임으로 되어 있다.

문짝 아래쪽의 넓은 앞판은 주로 한 장의 널판으로 된 세로결을 사용하는데 여기서는 목리가 좋은 판을 가로로 연결하여 머릿장 전체가 가로결로 통일된 미를 주고 있다.

둥근 무쇠장석은 크고 시원스레 보이고, 문짝 중심부의 은혈隱穴자물쇠 앞바탕은 대체로 한쪽에 세 개의 못을 박는 데 비해 여섯 개씩을 사용하여 약한 재질의 오동나무에 장석이 견고하게 붙도록 하였다. 또한, 은혈자물쇠 장치와 두껍닫이문의 아주 작은 환고리는 복잡한 장식을 피하려는 의도이다.

전체가 오동판재로 짜여 모서리·동자·쇠목·문변자 등이 작은 충격에도 쉽게 상처가 나는 것이 흠이지만 가볍고 습기 조절이 잘 되어 기물을 보호하고, 광택이 없는 표면과 아름다운 자연 목리는 사랑방 가구로서 안성맞춤이다.

사진 8-1 머릿장 : 길게 뻗은 소나무 천판이 소품을 올려놓기에 유용하고 또 경쾌해 보인다. 천판에 비하여 중심부가 허약하게 보이지 않고 또 시각적 안정을 주기 위해 커다란 풍혈을 부착하였

다. 상단에 두 단으로 여러 개의 서랍을 설치하여 용도별 사용에 편리함을 취하고, 하단에 두 개 층의 머름간을 두어 많은 양의 기물들을 깊이 넣도록 하였다.

상체의 시각적인 균형을 위해 족통을 기둥보다 넓게 외반되게 하여 상체를 견고히 받치고 있다. 전면에는 오동나무의 옹이나 뿌리 근처의 판재를 낙동법으로 처리하여 용이 엉킨 듯한 자연 무늬를 강조하고, 무쇠장석이 전체와 어울려 귀족적인 멋을 나타내고 있다.

사진 8-2 머릿장 : 세 개의 서랍과 깊은 수납공간으로 구성된 자그마한 머릿장이다. 두꺼운 판재로 천판과 측널, 아랫널을 견고히 짜고, 전면의 골재에 쌍사를 둘러 비교적 넓은 각재 임에도 짜임새 있어 보인다. 문판의 보상화형자물쇠앞바탕이 화사하고 원형광두정과 동자에 붙인 새 모양 거멀잡이장석이 특이하다. 가래나무 판재이며 장식성이 강조된 여성용 머릿장이다.

사진 8-3 머릿장 : 전형적인 머릿장 형식을 갖추고 천판의 양 끝에 경상과 같이 두루마리귀를 달았다. 여닫이문이 달린 중심칸은 4등분 하고 상단의 서랍과 하단의 머름간은 3등분으로 대칭되게 하여 더 안정된 분위기를 나타내고 있다.

작은 원형앞바탕과 돌쩌귀형 경첩 그리고 서랍의 작은 고리 등 장석을 최소화하려는 의도가 엿보인다.

사진 8-4 머릿장 : 전형적인 여성용 머릿장 형식이다. 이층 또는 삼층장의 면분할과 같은 구조로 되어 있으며 의류를 포함한 여러 기물을 보관할 수 있도록 두 단의 머름간을 두고 있다. 성큼한 족통이 몸체보다 넓게 외반되어 상체를 안정되게 받치고, 광택 나는 주석장석들이 화사한 분위기를 즐기는 여성 취향을 잘 나타내고 있다.

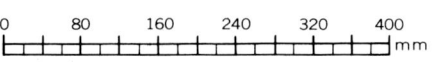

0 80 160 240 320 400 mm

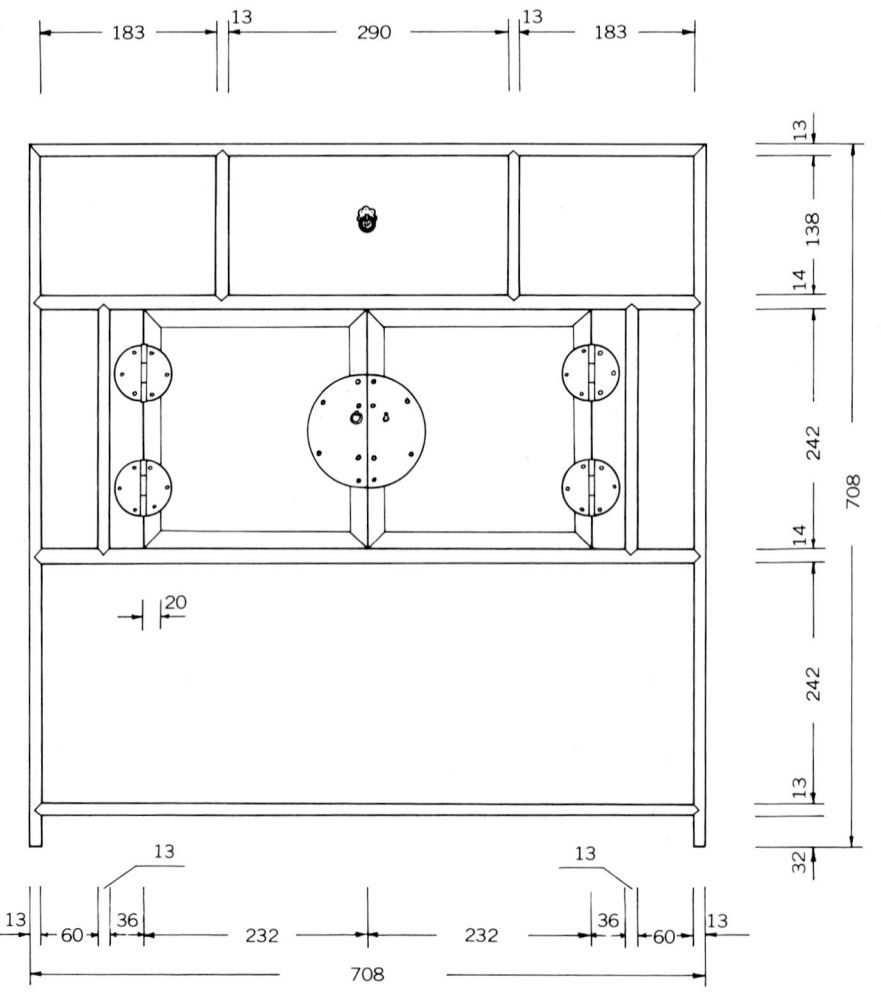

실측도

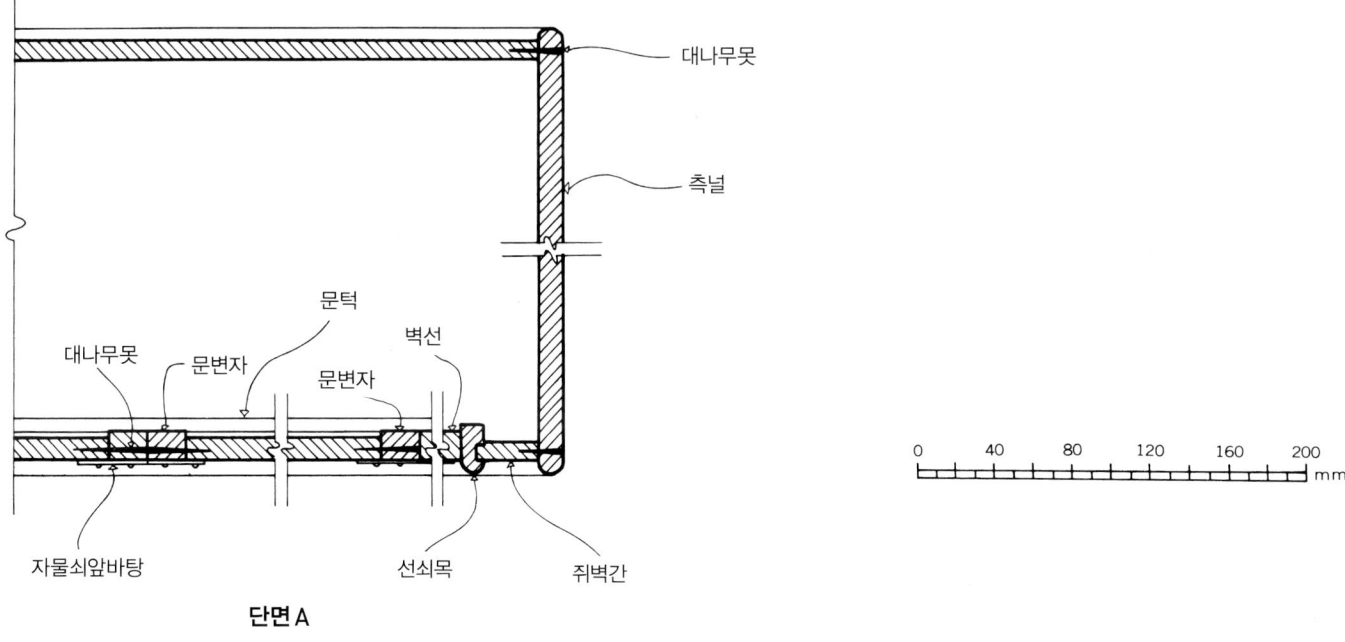

대나무못

측널

문턱

벽선

대나무못 문변자 문변자

자물쇠앞바탕 선쇠목 쥐벽간

단면 A

0 40 80 120 160 200 mm

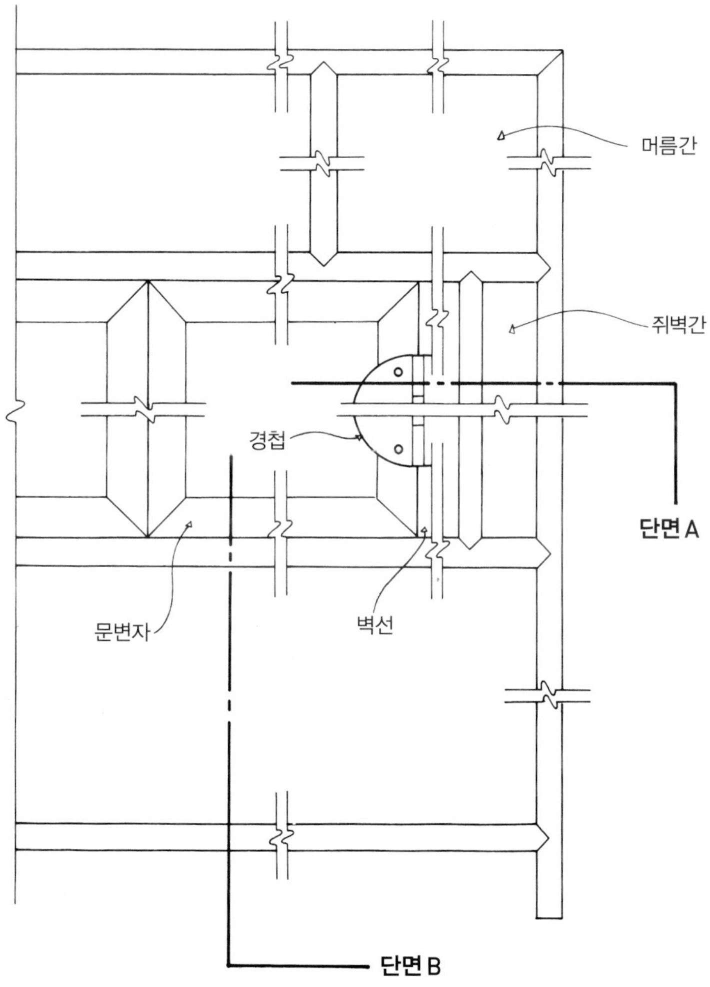

머름간

쥐벽간

경첩

단면 A

문변자 벽선

단면 B

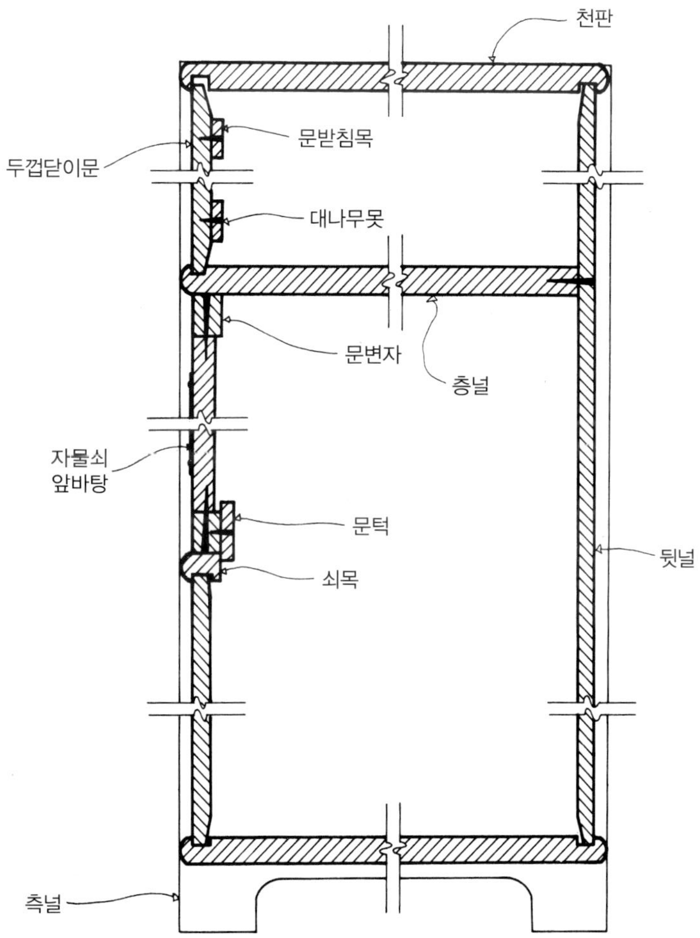

천판

문받침목

두껍닫이문 대나무못

문변자 층널

자물쇠
앞바탕

문턱

쇠목

뒷널

측널

단면 B

단면도

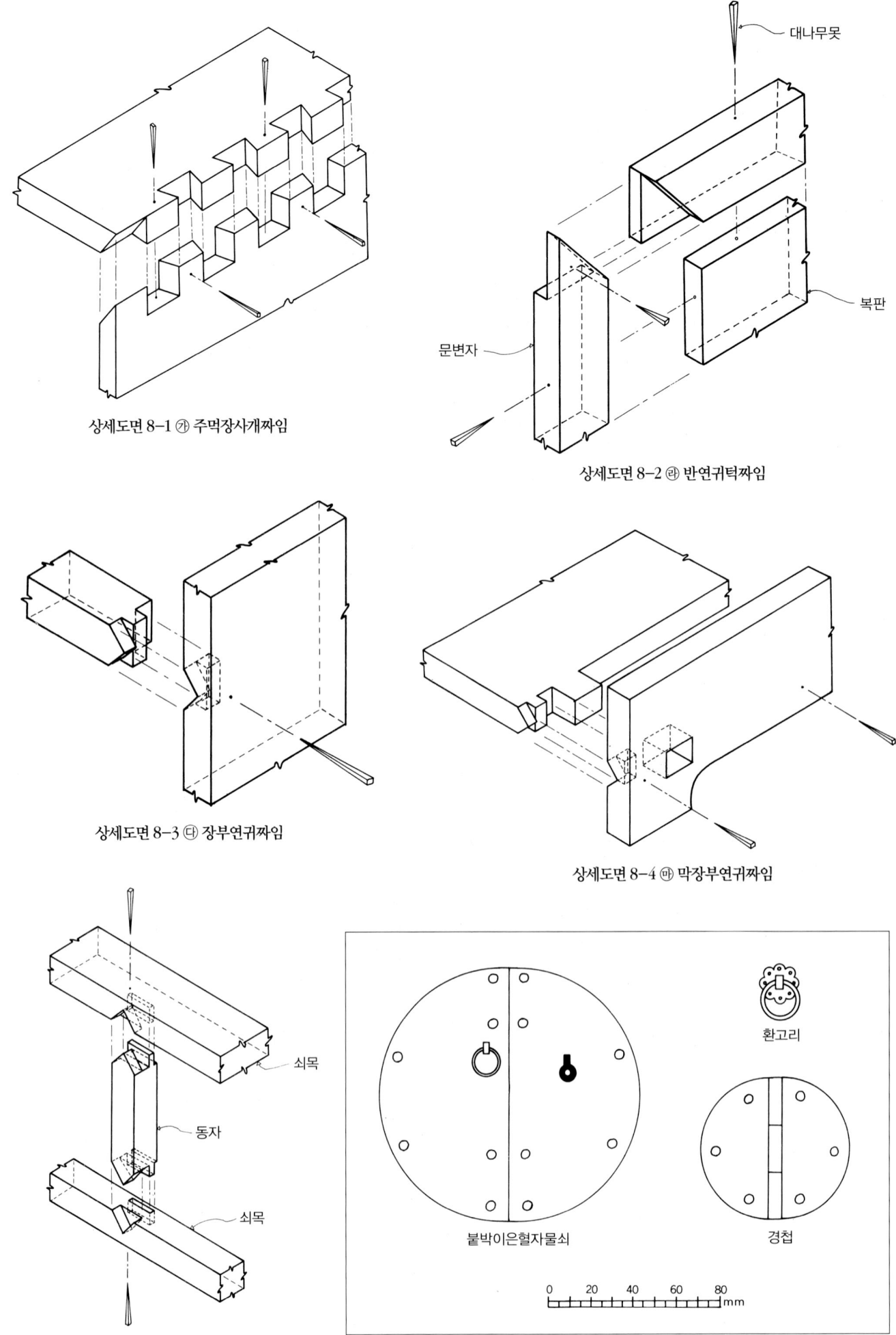

대나무못

복판

문변자

상세도면 8-1 ㉮ 주먹장사개짜임

상세도면 8-2 ㉺ 반연귀턱짜임

상세도면 8-3 ㉰ 장부연귀짜임

상세도면 8-4 ㉲ 막장부연귀짜임

쇠목

동자

쇠목

환고리

붙박이은혈자물쇠

경첩

상세도면 8-5 ㉯ 장부연귀짜임

상세도면 8-6 붙박이은혈자물쇠·환고리·경첩의 실측도

0 20 40 60 80 mm

상세사진 8-1 정면

상세사진 8-2 상부

상세사진8-3 붙박이원형자물쇠

사진 8-1 머릿장 18세기. 개인 소장 137.3×33.3×67.0cm

사진 8-2 머릿장 19세기. 개인 소장 84.0×31.0×58.0cm

사진 8-3 머릿장　18세기. 호림박물관 소장 77.8×32.2×52.2cm

사진 8-4 머릿장　19세기. 숙명여자대학교박물관 소장 86.5×42.1×82.0cm

97

18세기. 가로 86.6cm, 세로 39.0cm, 높이 127.6cm, 개인 소장

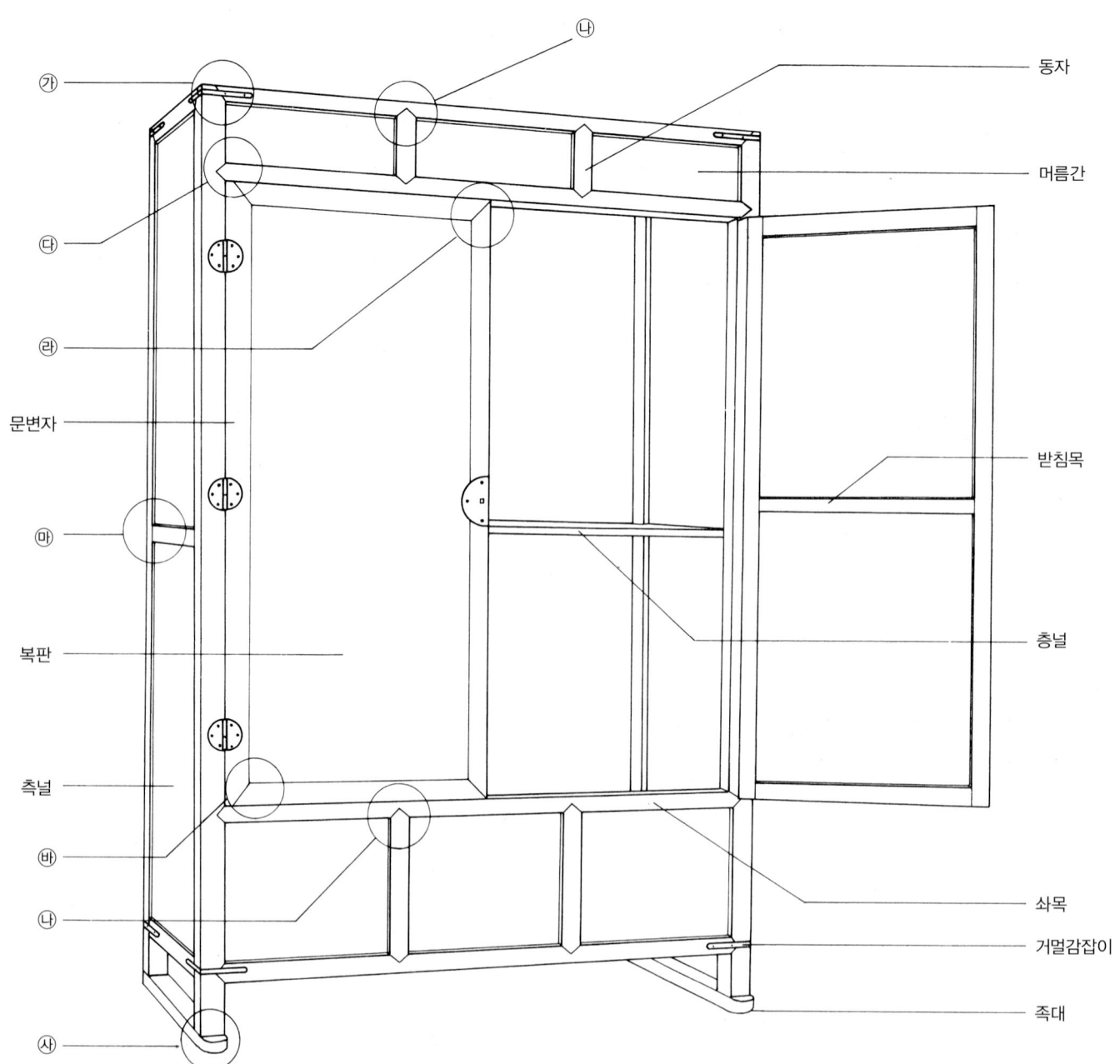

ⓖ 나

ⓖ 가

문변자

ⓖ 다

ⓖ 라

ⓖ 마

복판

측널

ⓖ 바

나

ⓖ 사

동자

머름간

받침목

층널

쇠목

거멀감잡이

족대

세부명칭도

책장은 서책을 보관하는 장이다.

학문을 중요시 하는 조선시대의 사랑방에서는 책장이 서안, 탁자와 더불어 중추적인 역할을 하는 가구였다.

원래 서재나 조용한 공간에 크고 육중한 책장과 책탁자를 사용하여 많은 양의 책들을 보관해 두었다가 필요할 때 사랑방으로 옮겨 읽었다. 그러나 늘 가까이 두고 읽어야 할 책들은 사랑방에 자그마한 책장과 탁자를 마련하여 따로 넣어 두고 보았다. 이런 용도의 책장은 좁은 실내에 공간적, 시각적으로 부담을 주지 않고 소박한 재질을 살려 차분하면서도 검소하여 선비의 취향에 잘 맞는 것이 환영받았다.

책장은 2·3·4층으로 구성되어 층마다 여닫이문이 따로 있는 것과 긴 한 판의 여닫이문 내부에 여러 층널을 둔 것이 있다. 골재로는 단단하고 큰 힘을 충분히 받을 수 있는 참죽나무와 소나무가 주로 사용되었고, 판재로는 소나무 또는 건습 효과가 좋고 광택이 없는 오동나무를 이용했다. 금속장석으로는 주로 견고하고 광택이 없으며 검소하게 보이는 무쇠장석을 붙였다.

책장은 많은 양의 책을 넣어 두기 위해 기둥과 울거미(골재)가 굵고 복판도 넓고 두꺼워서 다른 가구보다는 육중한 느낌이 드는 것이 대부분이다. 그러나 이 책장은 책을 많이 수장함과 동시에 외형상 부담을 주지 않도록 세심하게 설계되어있다. 또한, 소박하고 강인한 멋은 당시 같이 사용되던 가구들을 짐작케 해 주인의 개성과 취향을 엿볼 수 있다.

기능적인 면에서도 양 측널의 쇠목에 의지해서 층널(선반)을 만들어 책의 무게를 감당할 수 있게 하고, 아래 칸에는 두루마리나 소품들을 깊숙이 넣을 수 있는 공간을 마련하여 장롱의 역할도 겸하게 한 구조이다.

복판의 판재는 자연스럽고 아름다운 목리를 이용하는 것이 통례인데 이 책장은 직선의 목리를 세 쪽으로 이어, 복판을 강조하기보다는 재료에 구애됨이 없어 전체의 분위기를 살리는 데 중점을 두었다.

힘을 받는 골재 즉 기둥과 쇠목 또한 소나무나 그밖의 단단한 재질을 사용하지 않고, 쇠목·동자·복판·머름간·층널 등을 모두 불에 그슬리거나 인두로 지진 후 볏짚으로 문질러 목리를 살린 오동나무로 구성했다. 다만 윗널(천판)·뒷널·측널·아래 널만 소나무로 짜 맞추었다.

문짝의 복판과 문변자가 요철凹凸 없이 평면으로 되어 마치 앞면 전체가 한 판으로 되어 있는 듯한 넓은 시원한 감을 주고 있다.

세부구조를 살펴보면, ㉮는 기둥에 비해 천판의 쇠목이 가늘게 구성되어 전체가 둔하게 보이는 것을 보완하였으며 견고성을 보완하기 위해 상세사진 9-4무쇠거멀잡이로 단단하게 묶었다.

㉯와 ㉰는 외형상 같은 연귀짜임으로 보이나 ㉯는 상세도면 9-2 연귀맞짜임과 같이 긴 쇠목의 홈에 기다란 한 장의 판재를 낀 후 동자를 덧댔다. 그래서 견고할 뿐 아니라 오동나무의 결이 연결되어 뻗어 있으므로 시원스레 보인다.

㉱는 상세도면 9-3과 같이 흔히 이용되는 장부연귀짜임이며, ㉲의 짜임새는 상세도면 9-4와 같이 반연귀턱짜임으로 문변자에 많이 보이는 기법이다.

양측의 쇠목은 상세도면 9-5와 같이 장부맞짜임이며, 족대인 ㉳의 짜임은 상세도면 9-6과 같이 막장부맞짜임을 한 후 족내의 측면에서 대나무못을 박아 고정했다.

무쇠의 둥근 경첩과 자물쇠앞바탕장석은 기능에 충실하면서도 단순한 형태로 재질에서 오는 부드러운 맛을 강조하고 있다.

또 벽선을 없애고 문변자에 벽선 넓이의 같은 재질의 나무를 붙였는데 이는 문을 보호할 뿐 아니라 시원히 열리고 마치 한판의 나무처럼 보이게 하여 단순함을 강조하였다. 따라서 경첩은 문변자와 기둥에 직접 달리게 된다.

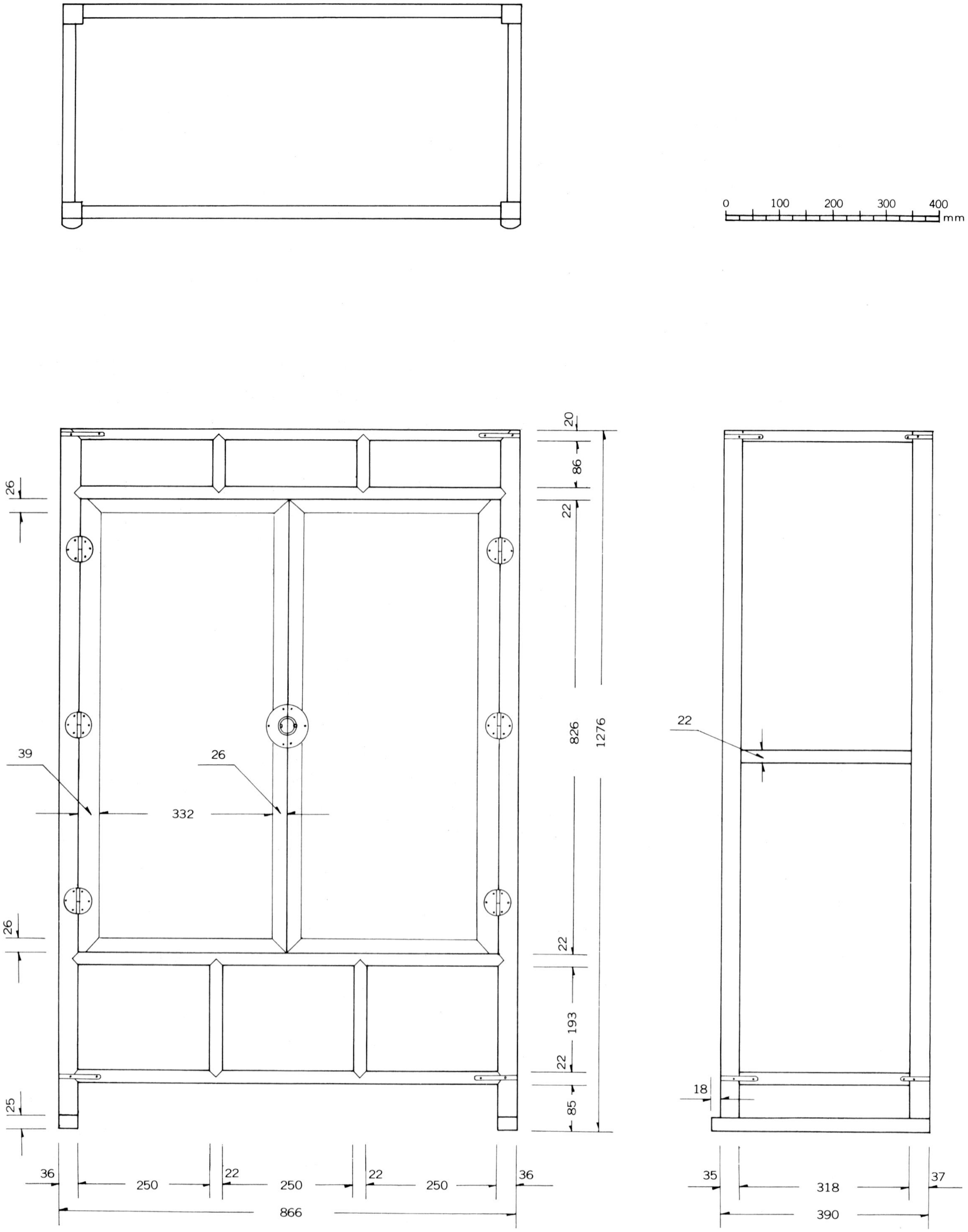

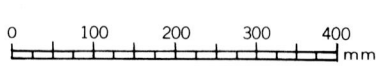

26

39

26

332

26

25

36   250   22   250   22   250   36

866

20

86

22

826   1276

22

193

22

85

22

35   318   37

390

18

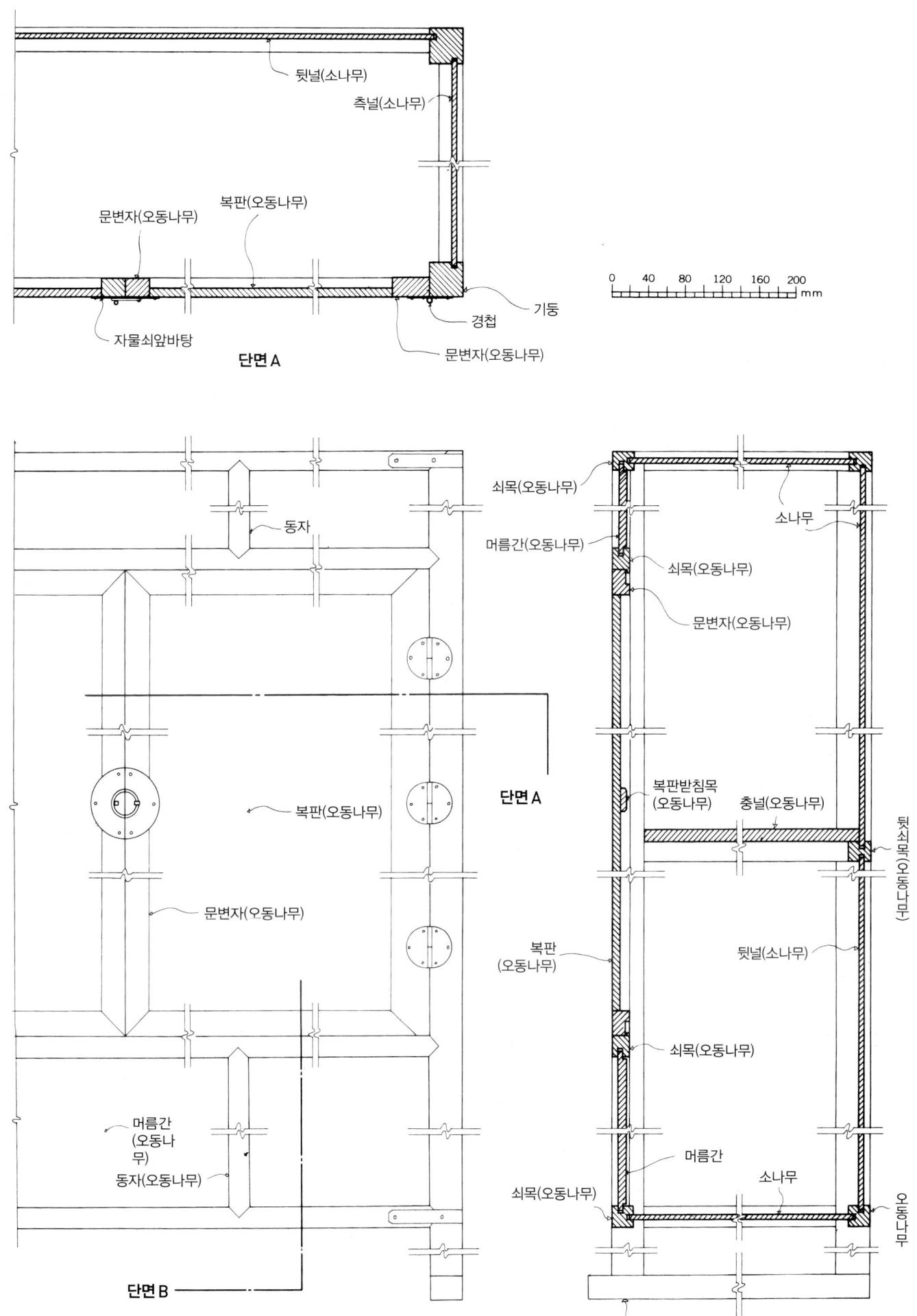

뒷널(소나무)

측널(소나무)

문변자(오동나무)

복판(오동나무)

자물쇠앞바탕

경첩

기둥

문변자(오동나무)

단면 A

0 40 80 120 160 200
mm

동자

복판(오동나무)

단면 A

문변자(오동나무)

머름간
(오동나
무)

동자(오동나무)

단면 B

단면도

쇠목(오동나무)

소나무

머름간(오동나무)

쇠목(오동나무)

문변자(오동나무)

복판받침목
(오동나무)

충널(오동나무)

뒷쇠목(오동나무)

복판
(오동나무)

뒷널(소나무)

쇠목(오동나무)

머름간

소나무

오동나무

쇠목(오동나무)

족대(소나무)

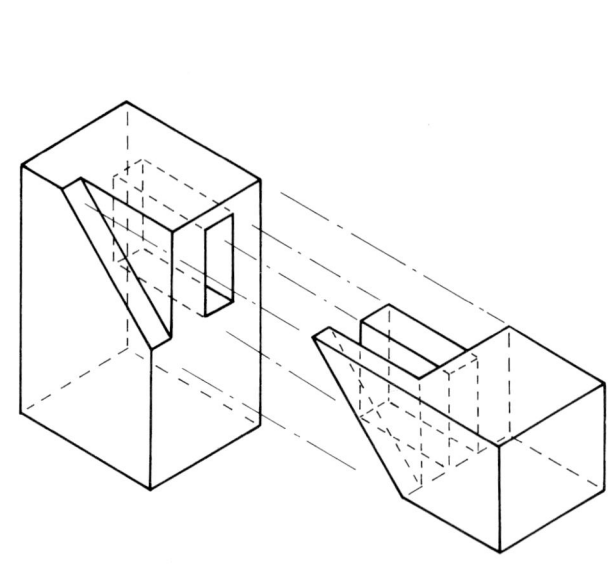

상세도면 9-1 ㉮ 장부반연귀짜임

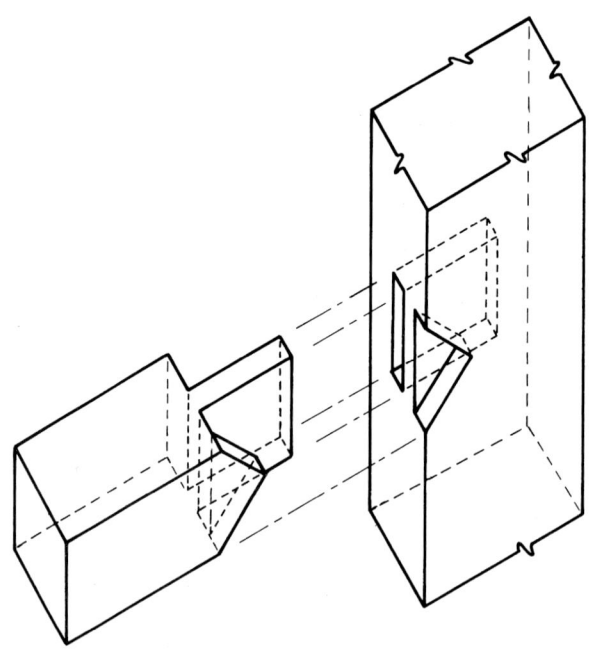

상세도면 9-3 ㉰ 장부연귀짜임

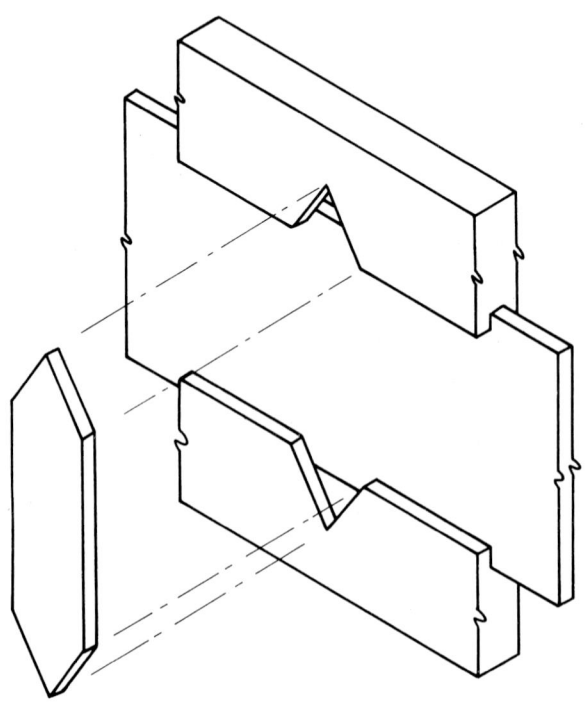

상세도면 9-2 ㉯ 연귀맞짜임

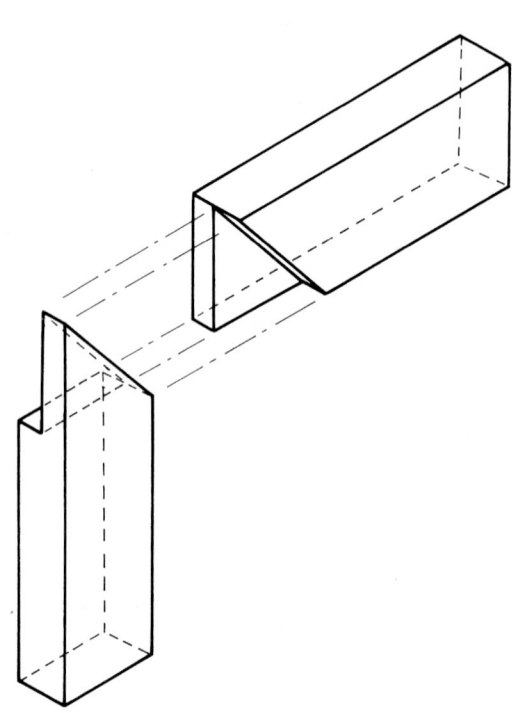

상세도면 9-4 ㉱ 반연귀턱짜임

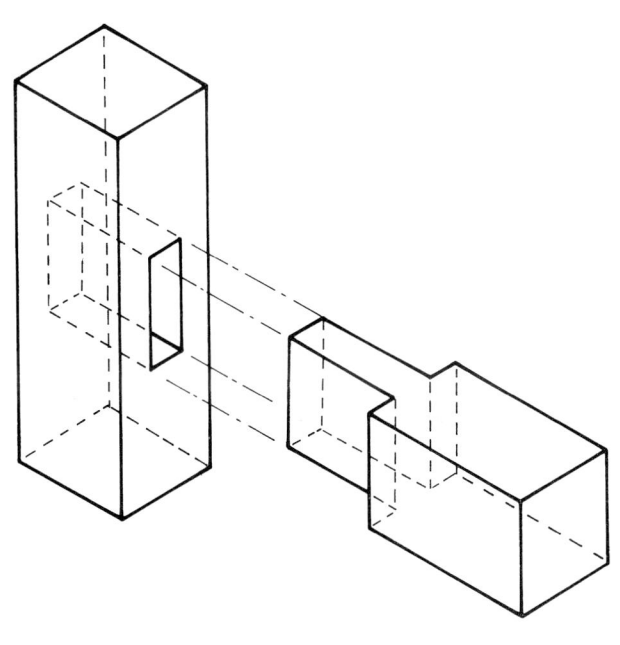

상세도면 9-5 ㉮ 장부맞짜임

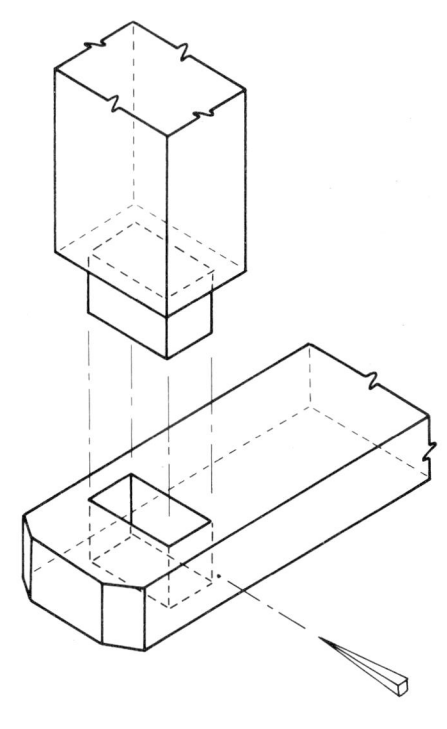

상세도면 9-6 ㉯ 막장부맞짜임

상세사진 9-1 상부 좌측

상세사진 9-2 하부 좌측

상세사진 9-3 기둥과 쇠목

상세사진 9-4 기둥과 쇠목의 거멀잡이장석

상세사진 9-5 측면의 기둥과 족대

상세사진 9-6 책장 내부

19세기, 가로 72.6cm, 세로 41.0cm, 높이 132.0cm, 국립중앙박물관 소장

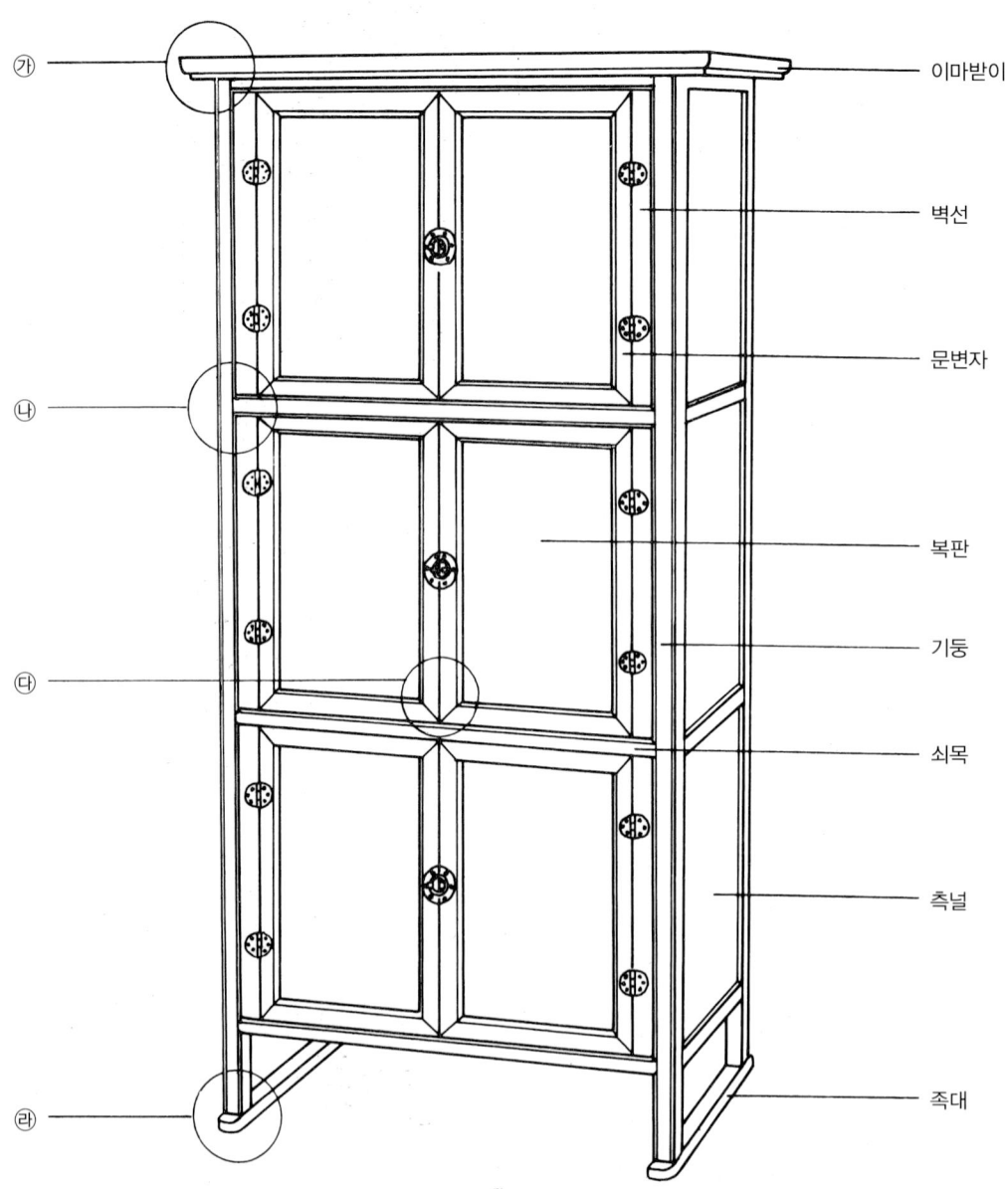

㉮

㉯

㉰

㉱

이마받이

벽선

문변자

복판

기둥

쇠목

측널

족대

세부명칭도

조선시대의 사랑방은 학문과 예술의 온상으로 서책과는 불가분의 관계에 있다. 대가에서는 서고書庫를 따로 두어 많은 책을 보관하고 있었으므로 항상 가까이 두고 읽는 책들을 넣어 둘 별도의 책장이 필요했다.

책장의 구조상 특징은 여닫이문 좌우의 쥐벽간이 따로 없어 문을 활짝 열어젖힐 수 있고, 문 아래쪽의 머름간이 아예 없거나 낮게 제작되어 책을 넣고 꺼내기에 편리하게 구성되었다. 이러한 책장에는 각 층을 구분하여 문을 따로 단 것과 하나의 긴 여닫이문 속에 여러 개의 층널을 설치한 것(p116, 사진10-3) 등 두 종류가 있다.

책장은 많은 책을 얹어 놓을 만한 힘을 지탱할 수 있도록 굵은 기둥과 견고한 장석들로 구성되므로 일반적인 장이나 농과는 달리 호화롭지 않으며 검소하고 안정된 분위기를 갖고 있다. 따라서 기둥은 단단한 소나무나 참죽나무가 많고 복판은 소나무 또는 오동나무가 이용된다. 장석 또한 무쇠가 대부분이다.

조선시대의 책은 지금과는 달리 뉘어서 여러 겹으로 쌓게 되므로 한 층에 많이 쌓으면 꺼내 볼 때 불편하다. 3층으로 된 이 책장은 이점에서 유용하며 또 이만한 크기에는 적절한 분할로서 몸체가 커 보이지도 않고 외형적으로도 부담 없이 실내에 알맞도록 제작된 것임을 알 수 있다.

세부구조를 살펴보면, 기둥·쇠목·문변자 등의 골재는 단단한 참죽나무이며, 복판·측널·뒷널의 판재는 오동나무이다. 특히 복판은 결이 좋은 오동판재의 표면을 인두로 지진 후 볏짚으로 문질러 목리를 나타내는 낙동법烙桐法으로써 자연미를 살리고 좌우대칭 하여 안정감을 주고 있다.

천판 양쪽으로 뻗은 이마받이는 그 굵은 직선이 마치 가옥의 지붕과 같아서 안정성 있게 보이며, 천판 ㉮의 짜임은 상세도면 10-1 반연귀촉짜임과 같이 견고히 짜여 있다. 천판 둘레의 굵은

골재(이마받이)와 천판의 짜임은 일반적으로 골재에 홈을 파고 천판을 끼우는 턱솔짜임으로 하여 판재의 수축을 고려하게 된다. 그러나 이 장은 골재의 모서리를 변탕으로 파내고 판재를 올려놓아 고정하는 반턱짜임으로 하였는데 천판의 수축작용을 감당하지 못해 이마받이가 들고 일어나는 것이 흠이다. (단면도 참고)

문변자는 넓고 견고한데 복판과 맞닿는 쪽을 대담하게 대각선으로 귀접이를 하여 복판이 더욱 넓고 시원스러워 보이고, 각진 것에 비해 새로운 감각을 주고 있다. 또한, 기둥과 쇠목의 네 귀에 상세도면 10-5 단면도와 같이 쌍사를 둘러 굵고 둔한 것을 부드럽게 보이도록 처리했다.

기둥과 쇠목이 만나는 ㉯는 상세도면 10-2와 같이 장부맞짜임이나 모서리의 귀로 인하여 연귀짜임과 같이 약간 문밖으로 나와 있다.

문변자 ㉯는 상세도면 10-3 막장부반연귀짜임이며, 문변자에 끼어 있는 복판은 턱솔짜임으로 비교적 두꺼운 오동나무 통판으로 되어 갈라지지 않고 견고하게 되어 있다.

풍혈이 없이 성큼한 다리는 상단의 묵직함을 잘 소화시키고 간단한 원형 무쇠장석은 기능에 충실하면서도 전체와 잘 어울리고 있다.

사진 10-1 이층책장 : 키가 낮고 작은 책장으로 쥐벽간의 동자가 생략된 단순한 면분할로 짜여 있다. 천판은 소반에 변죽을 두르듯이 얕은 변죽을 대어 기물들을 안전하게 올려놓을 수 있게 하였으며 이로 이해 시각적으로 두껍게 보여 안정감을 준다. 소나무에 무쇠장석으로 검소함이 돋보이며 각 이음새는 거멀잡이장석으로 견고히 하였다. 다리의 삼각형 풍혈이 독특하며 중앙의 무쇠로 된 붙박이선자물쇠는 드문 예이다.

사진 10-2 이층책장 : 상부 두 개 층은 여닫이문을 활짝 열

어젖혀 많은 책을 넣고 꺼내기 편리하게 구성하고, 하단에는 중요한 기물들을 다목적으로 보관하기 위한 반닫이 기능을 갖춘 책장이다.

상단의 여닫이 문판이 가로로 넓어 중심부에 골재를 덧댄 새로운 면분할이 구성되었는데 단단하고 짜임새 있어 보인다. 문판의 네 귀는 연귀짜임 하고 중간대의 맞짜임 부분에는 주석장석을 사용하여 화사하고 부드럽게 처리했다. 문판의 좌우상하를 받쳐주는 골재는 검은색을 칠하고 거멀잡이장석, 경첩, 자물쇠걸고리장석들은 무쇠로 처리하여 중심선을 강조한 독특한 구성양식이다.

여닫이문이 만나는 중심 부분에 골재를 세워 무거운 책의 하중을 받쳐주고 또 양쪽 여닫이 문고리를 의지하도록 하였는데 이런 형식은 중국 명대 가구에서 나타난다.

천판과 측널, 골재들은 소나무이고 전면에는 낙동법으로 처리한 오동판재를 사용하여 중후한 느낌과 함께 실용성이 강조된 책장이다.

사진 10-3 책장 : 두 장의 긴 판재로 여닫이문을 구성하고 내부에 여러 층의 선반을 두어 손쉽게 사용할 수 있게 한 보기 드문 형식이다. 여러 층으로 나눠 있는 것에 비하여 복잡하지 않고 단아한 느낌이 든다. 오동나무 판재를 인두로 지진 후 볏짚으로 문질러 아름다운 나뭇결을 나타내는 낙동법으로써 자연미를 살리는 한국 목공예의 특성을 잘 나타내고 있다. 긴 문판을 지탱하기 위해 중간대를 설치하고 참죽나무의 천판과 옆널은 사개물림 하여 견고히 짜 맞추었다. 주석장석이다.

사진 10-4 삼층책장 : 삼층으로 나눈 이 책장은 이층의 여닫이문을 일층이나 삼층보다 넓게 하여 구조상 변화를 주고 기능적으로도 넓게 사용할 수 있다. 복판과 쥐벽간의 중심에 띠를 두른 것 같이 세로동자를 설치하고, 측널과 뒷널까지 촘촘히 골재로 면분할 하였다. 이는 시각적으로 견고하게 보이고 또 좁고 얇은 나무로도 다량의 책을 보관할 수 있도록 힘을 분산시키는 역할을 한다.

또한 삼층 내부에는 상단에 한 개의 긴 서랍을, 이층 내부의 하단에는 세 개의 서랍을 두어 용도에 편리하도록 하였다. 각 이음새의 새발장석과 귀장석이 매우 견고하고 문은 돌쩌귀경첩을 달아 떼어낼 수 있게 하였다. 소나무 재질에 무쇠장석이며 두루마리 천판과 호족형 다리가 권위적이고 장식적이다.

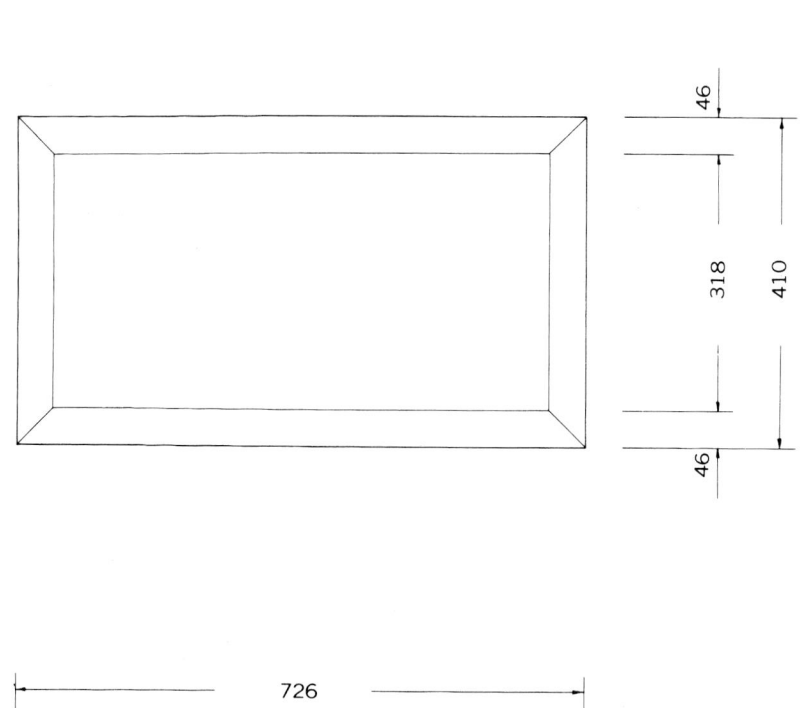

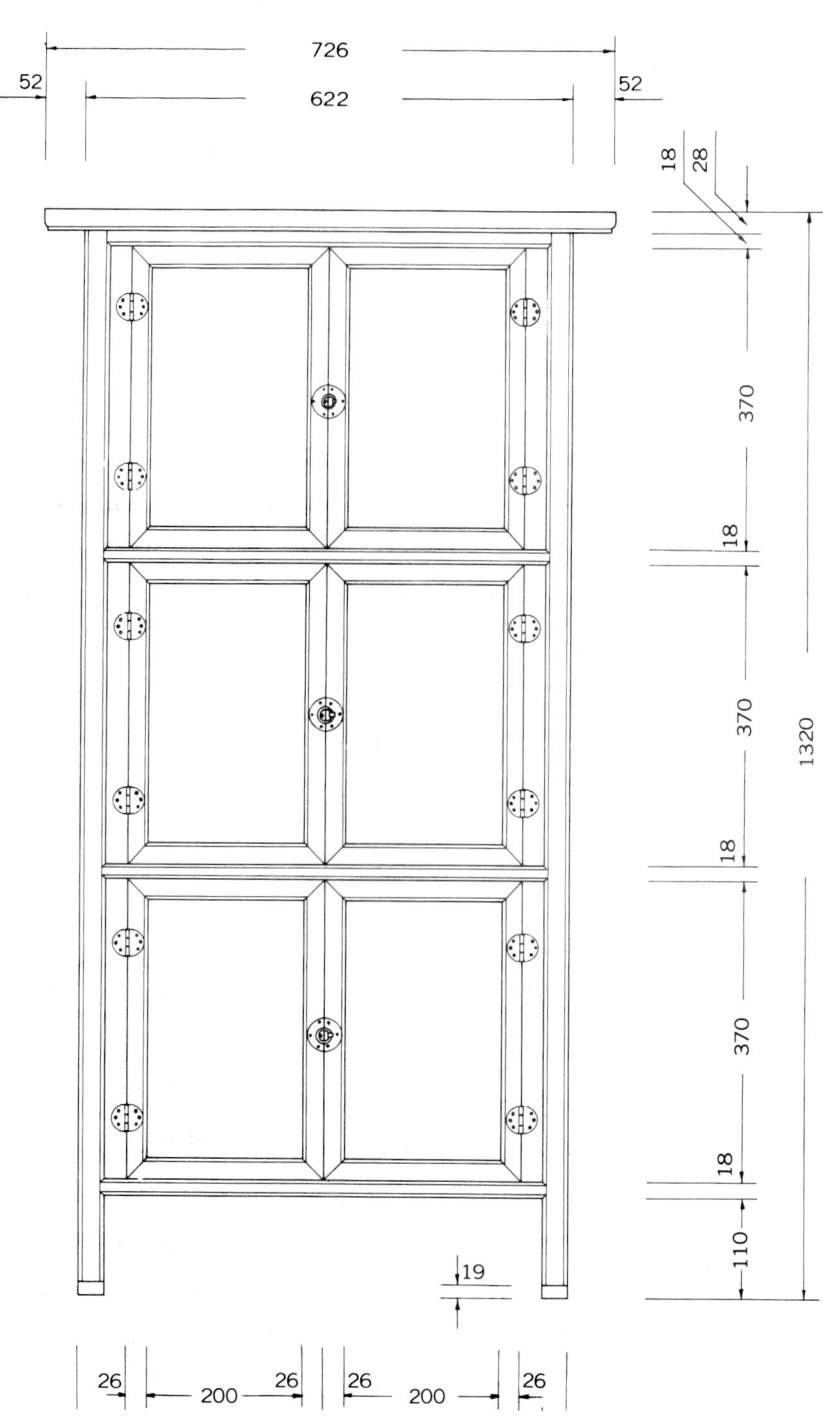

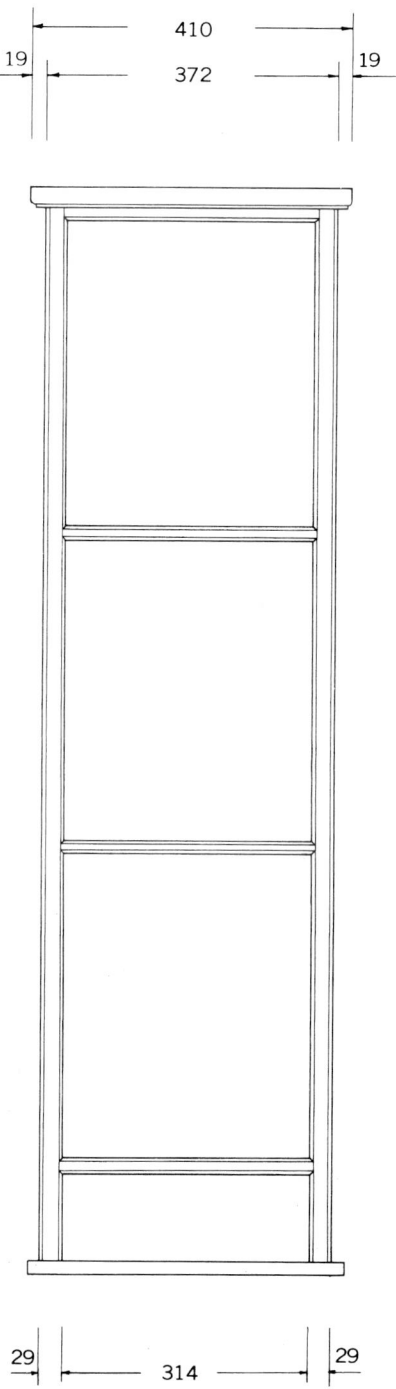

실측도

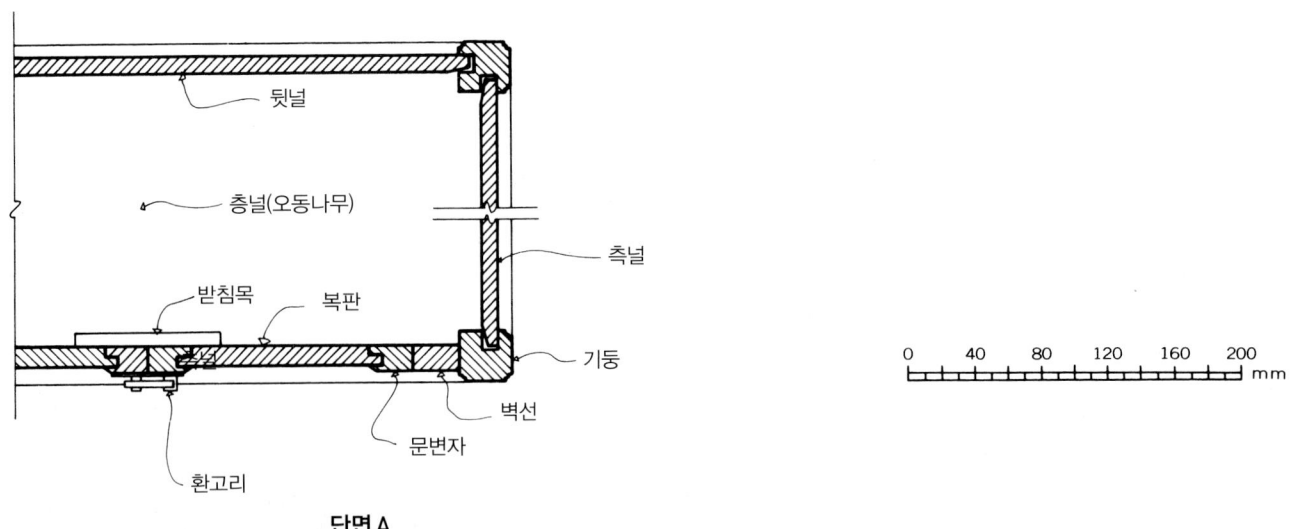

뒷널

층널(오동나무)

측널

받침목   복판

기둥

벽선

문변자

환고리

단면 A

0 40 80 120 160 200 mm

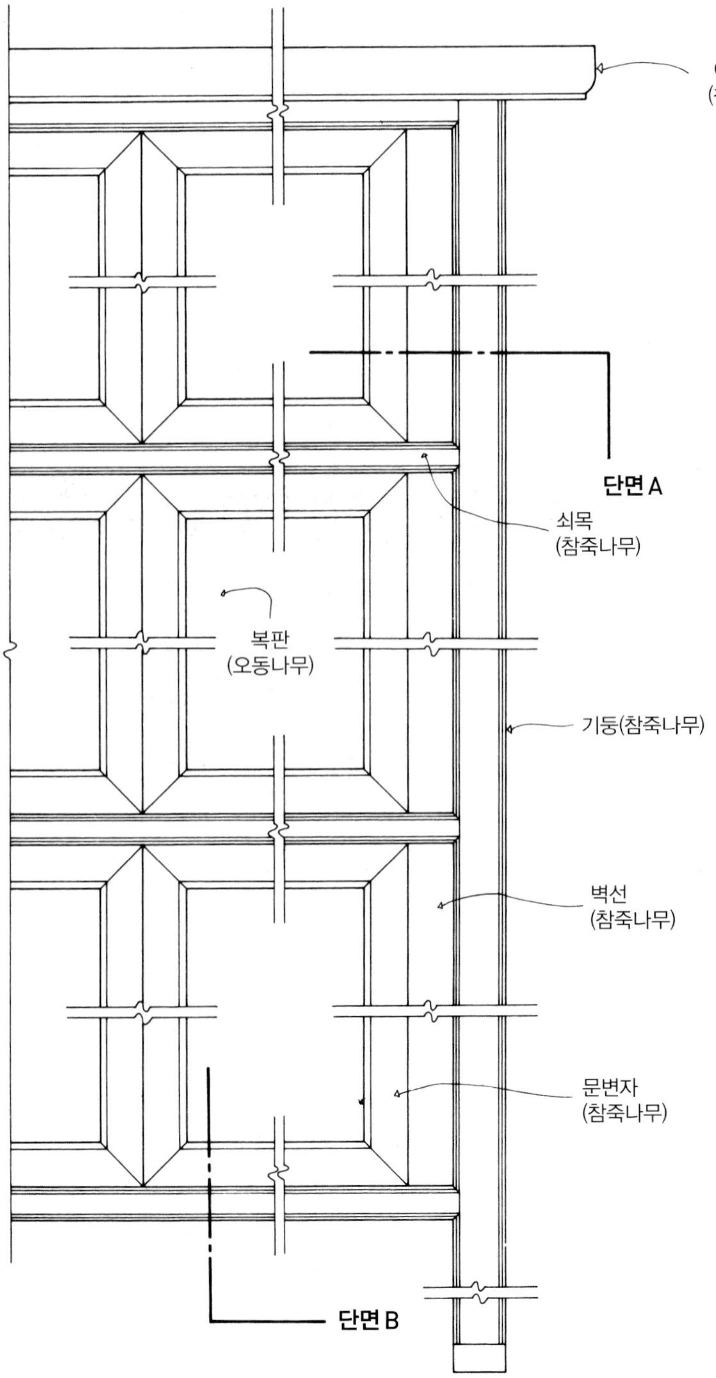

천판(오동나무)

이마받이
(참죽나무)

쇠목

복판
(오동나무)

층널

문변자
(참죽나무)

받침목

뒷널
(오동나무)

쇠목
(참죽나무)

기둥
(참죽나무)

층널
(오동나무)

족대(소나무)

단면 B

단면 A

쇠목
(참죽나무)

복판
(오동나무)

기둥(참죽나무)

벽선
(참죽나무)

문변자
(참죽나무)

단면 B

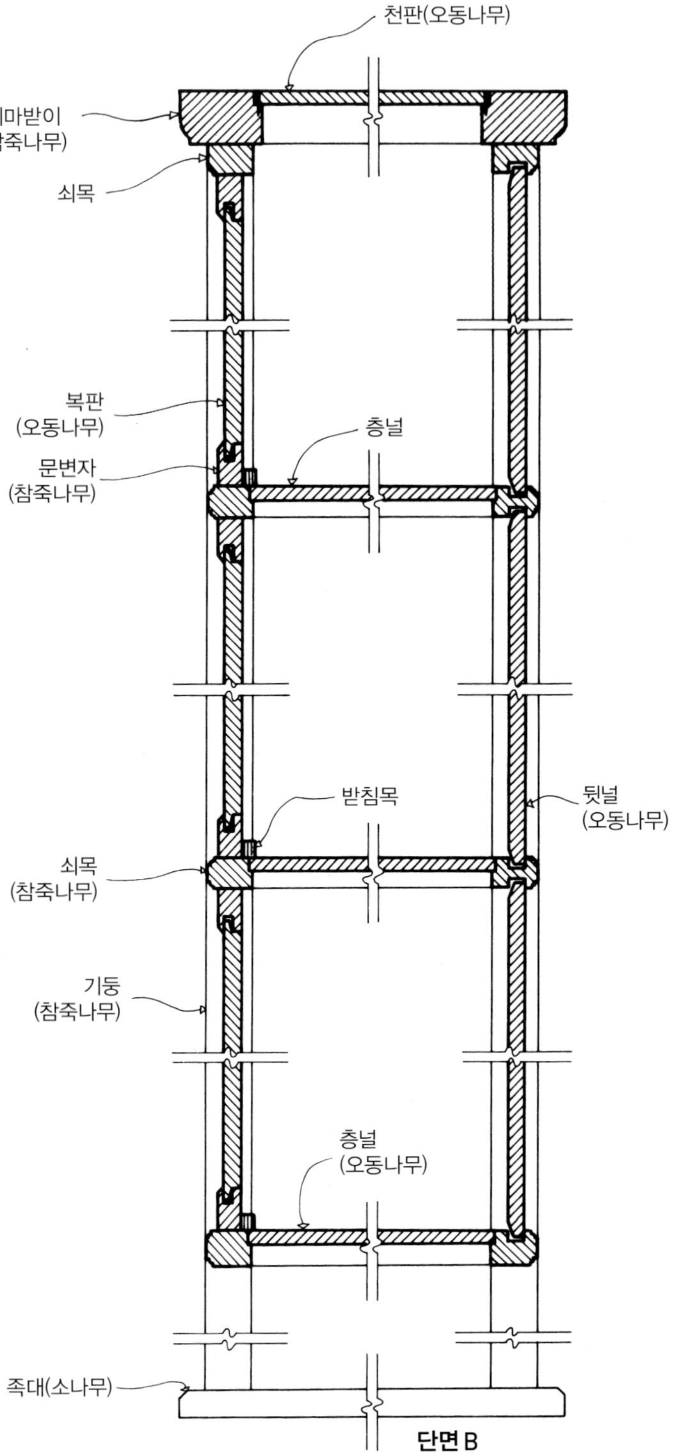

단면도

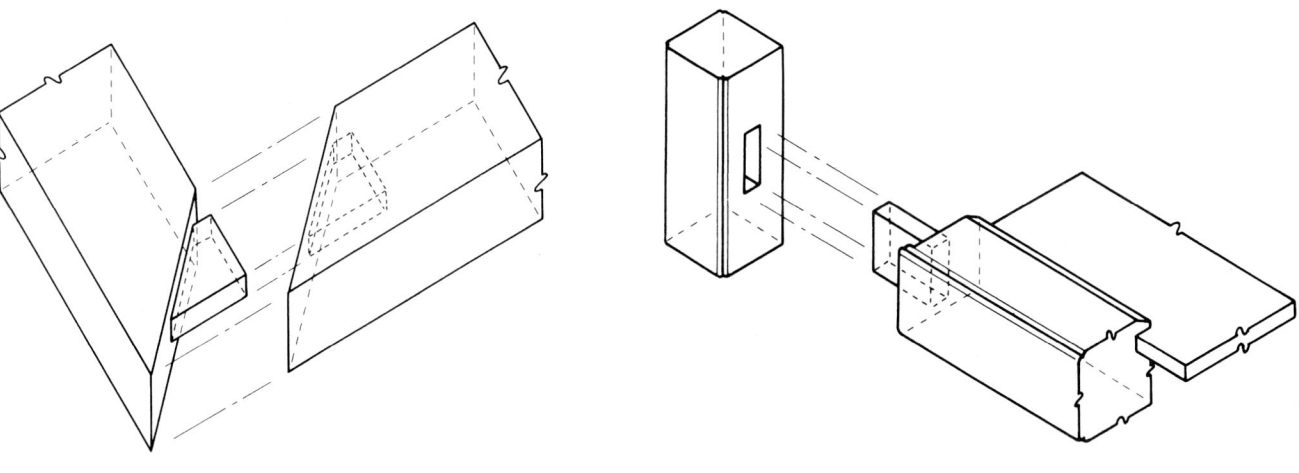

상세도면 10-1 ㉮ 반연귀촉짜임   상세도면 10-2 ㉯ 장부맞짜임

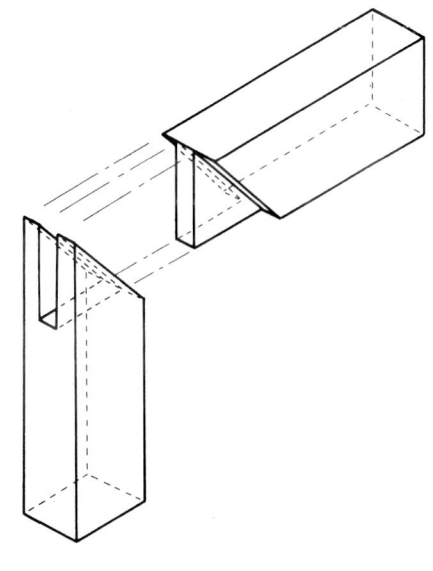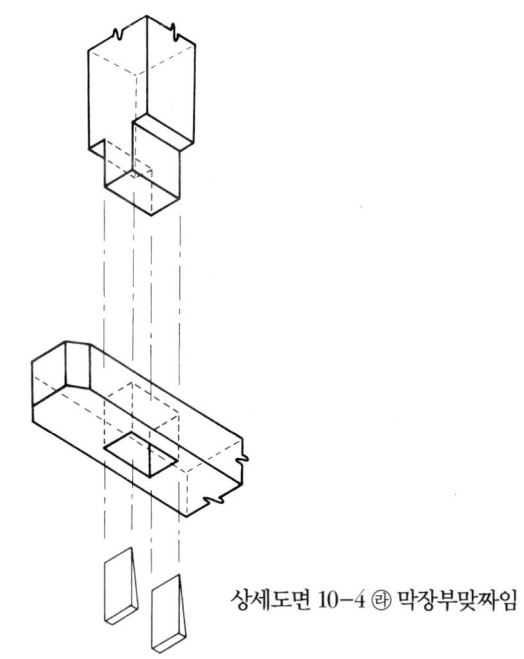

상세도면 10-3 ㉰ 막장부연귀짜임   상세도면 10-4 ㉱ 막장부맞짜임

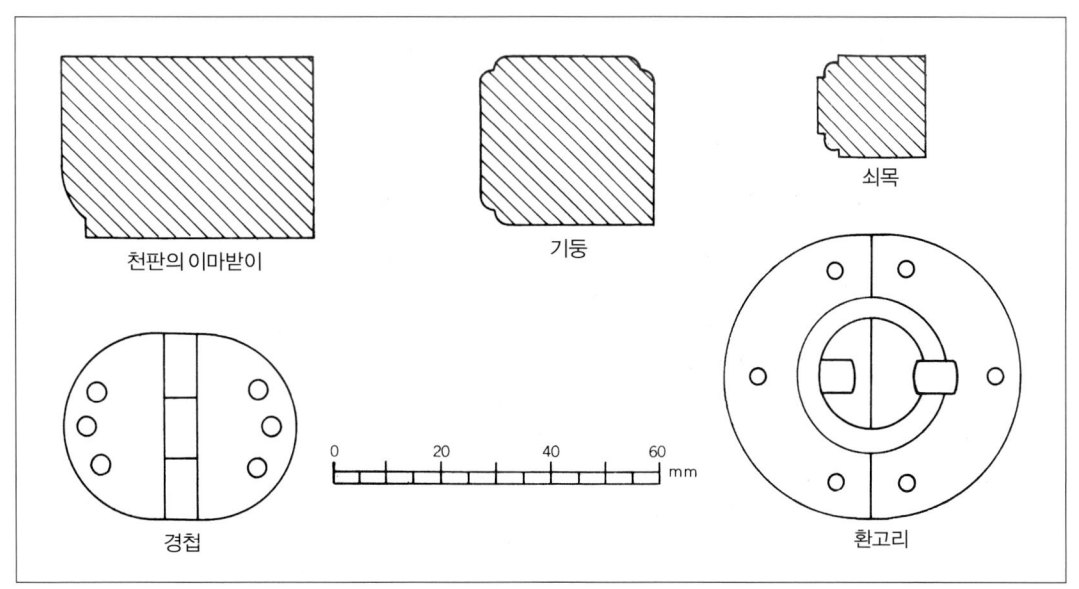

천판의 이마받이   기둥   쇠목

경첩   환고리

상세도면 10-5 단면과 장석

상세사진 10-1 천판과 상부

상세사진 10-2 하부

상세사진 10-3 중간층 오동판재 나뭇결

사진 10-1 이층책장
18세기, 개인 소장
89.3×34.2×84.0cm

사진 10-2 이층책장
18세기, 일암관 소장
113.0×43.0×99.5cm

사진 10-3 책장
19세기. 개인 소장
69.6×28.8×127.5cm

사진 10-4 삼층책장
18세기. 개인 소장
110.0×37.5×132.5cm

19세기. 가로 60.3cm, 세로 38.0cm, 높이 107.5cm, 개인 소장

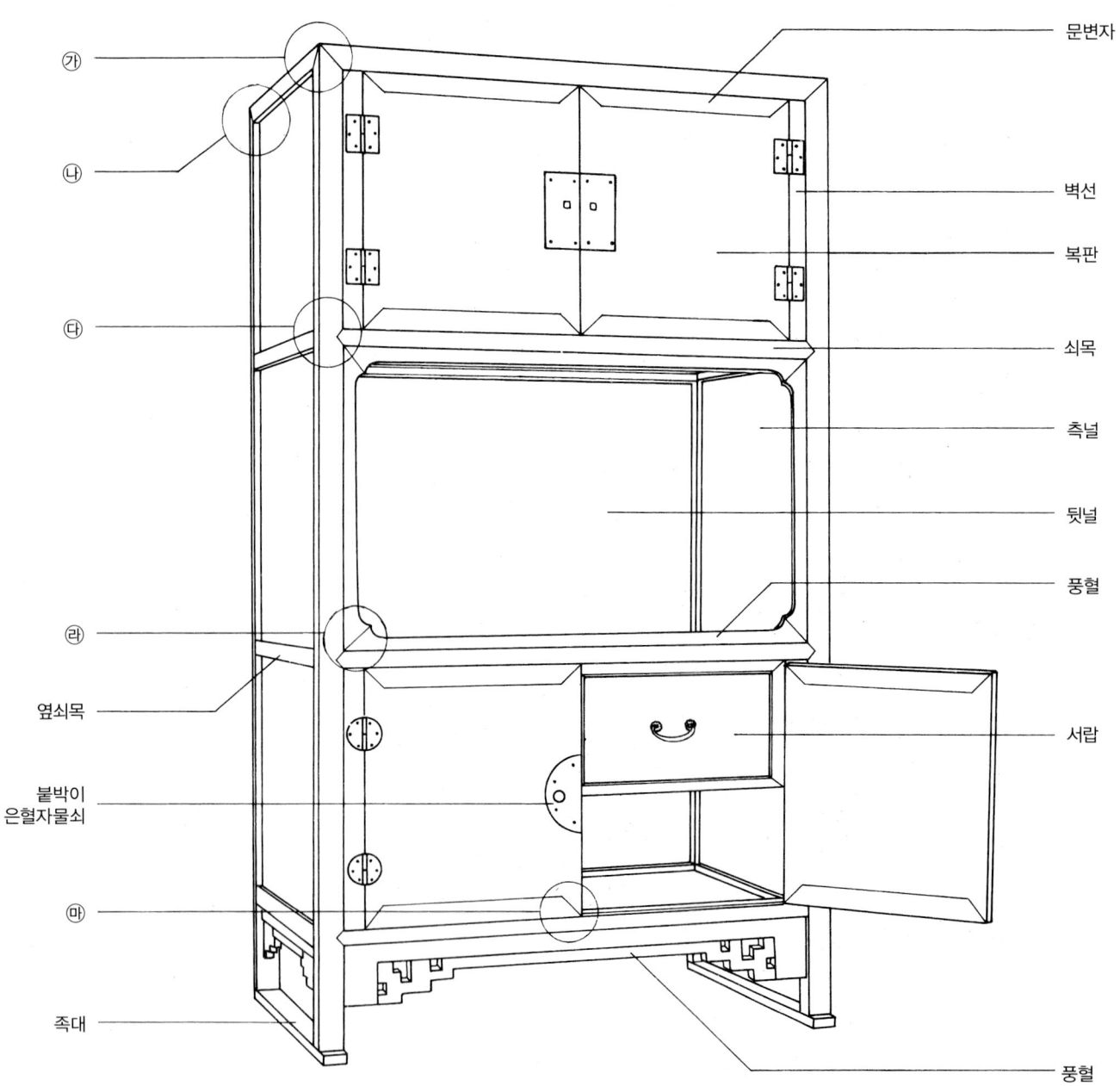

㉮

㉯

㉰

㉱

㉲

문변자

벽선

복판

쇠목

측널

뒷널

풍혈

서랍

옆쇠목

붙박이
은혈자물쇠

족대

풍혈

세부명칭도

비교적 천장이 낮은 한국 주택의 실내에 어울리는 적절한 크기로 탁자를 겸한 삼층책장(삼층책탁자장)이다.

일반적으로 사랑방의 책장에는 광택이 없는 오동나무와 소나무를 사용하여 소박하고 안정감 있는 실내 분위기를 조성한다. 그러나 이 삼층책장은 전체가 단단한 감나무에 검붉은 착색을 해서 육중하고 귀족적인 멋을 주고 있다.

책장은 많은 책의 무게를 감당하기 위해 굵은 기둥과 쇠목으로 구성되는데 이 책장은 이런 둔중함을 덜기 위해 기둥과 쇠목에 상세도면 11-6 단면도와 같이 반월형 골밀이로 홈을 파서 시각적으로 경쾌함을 주고 있다.

문의 복판과 양 측면의 널에 여의두문을 음각하였는데, 여의는 원래 사원에서 불교 의식 때 사용하는 불구佛具로서 여의의 머리 부분은 화문 형태로 되어 있다. 이러한 여의두문은 고려시대의 상감청자·청동은입사정병, 조선시대의 청화백자 등에 많이 나타나며 목가구에서는 주로 경상, 책장에 애용되었다. 이층 측널의 여의두문은 외형이 방형으로 변형된 독특한 형태이다.

3층의 여닫이문 속은 2층과 같은 공간이 있어 책을 쌓아 넣을 수가 있고, 가운데 층은 책을 쌓기도 하지만 탁자처럼 문방구류나 함 등의 소품을 올려서 실내를 치장하는 실용적인 공간이다.

1층 내부 상단에는 두 개 서랍이 있고 아래는 공간으로 처리되어 문갑같이 중요 기물을 넣게 되어 있다.

3층 여닫이문의 경첩과 자물쇠앞바탕은 약과형식인 방형이며 자물쇠로 걸어 잠그게 되어 있다. 반면 1층에는 원형은혈식圓形隱穴式 자물쇠앞바탕과 경첩을 사용하여 변화를 주고 있다. 이는 전체적인 형태는 물론 문양까지 대칭이며 단단한 재료의 굵은 각목에서 오는 답답함을 풀어 주는 한 방법이기도 하다.

세부구조를 살펴보면, 천판 쪽의 ㉮와 ㉯는 일반적인 탁자에 흔히 이용되는 연귀촉짜임으로 기둥을 중심으로 양쪽의 쇠목들이 합쳐지는 완벽한 구조여서 가느다란 각목의 연결로서도 충분한 힘을 받을 수 있는 짜임새이다.

상세도면 11-2 부분은 상세도면 11-1과는 외형상 조금 다르나 책장을 벽면에 붙여 놓는 까닭에 간편하게 변형되었을 뿐 내부 구조는 상세도면 11-1과 같은 형태로 완벽한 삼방반연귀촉짜임이다.

2층 공간의 풍혈은 상세도면 11-4와 같이 버선코를 따로 붙였고 둘레에 음각으로 가느다란 선을 둘러 더욱 기품 있게 처리하였다.

대부분 문에는 문변자가 사방으로 있고 그 가운데 홈을 파서 복판을 끼운다든가 합판처럼 뒷면에 다른 나무를 엇갈려 붙여서 문이 휘는 것을 막고 있다. 그러나 이 책장은 상세도면 11-5와 같이 한 장의 문판 아래위 쪽에 문변자를 반연귀맞짜임 후 대나무 못을 박아 견고히 하였다. 이런 방법은 문이 한 장의 판으로 구성되어 넓게 보이며 경쾌함을 준다. 그러나 문을 여닫을 때, 문과 경첩의 힘을 감당할 수 있도록 단단한 재질의 나무가 필요하며, 두꺼운 한 장의 판을 사용할 때는 목재 중심부 쪽의 심재를 선택 재단하여 충분히 자연 건조해야만 문이 휘어질 염려가 없다.

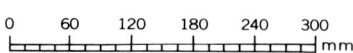

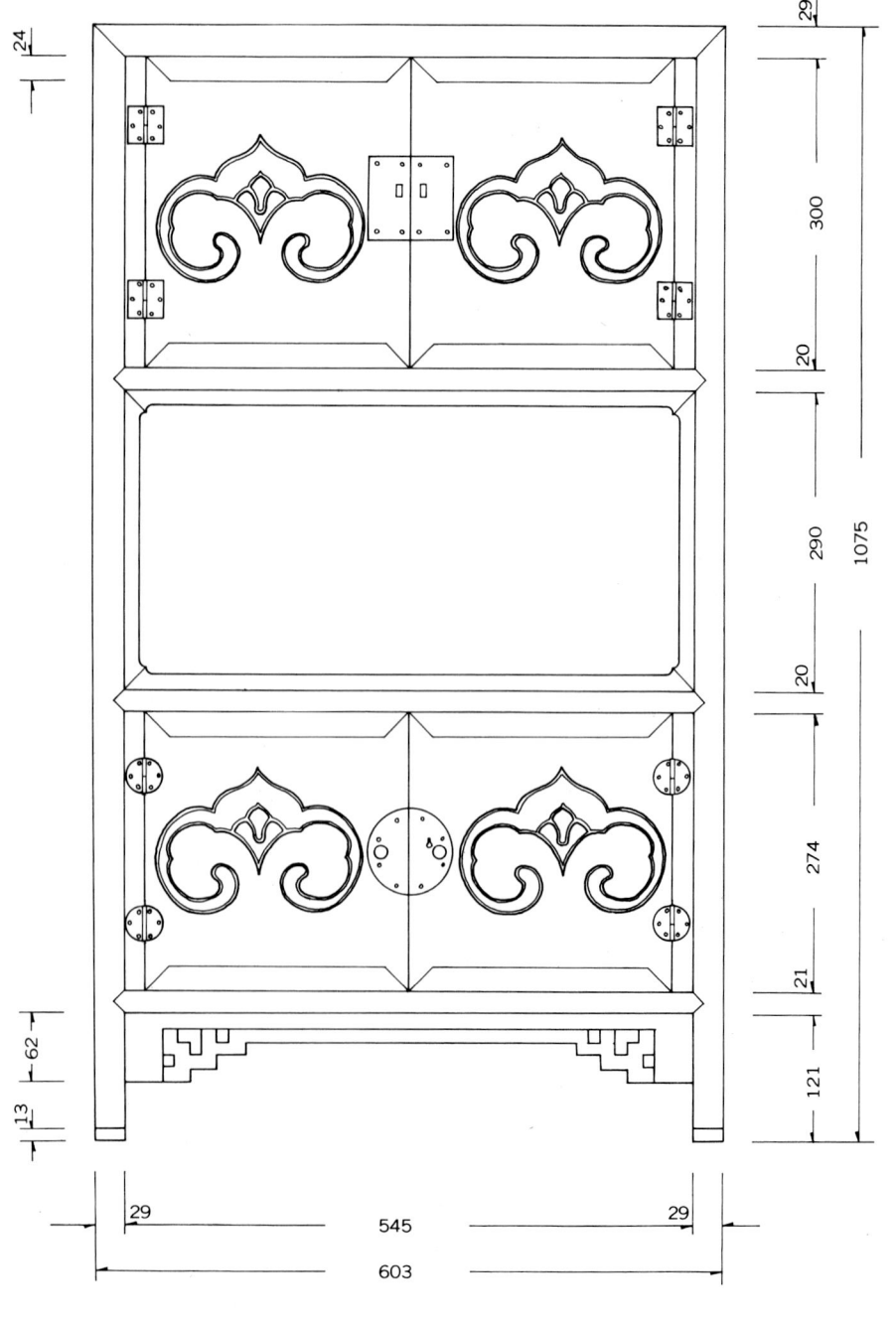

실측도

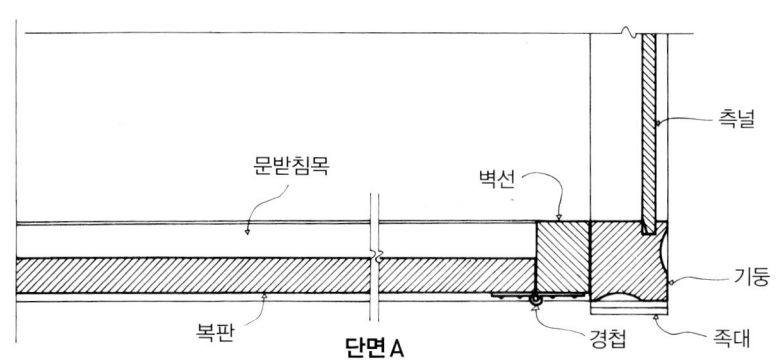

측널

문받침목

벽선

기둥

경첩

족대

복판

단면 A

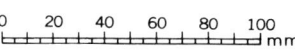

0 20 40 60 80 100
mm

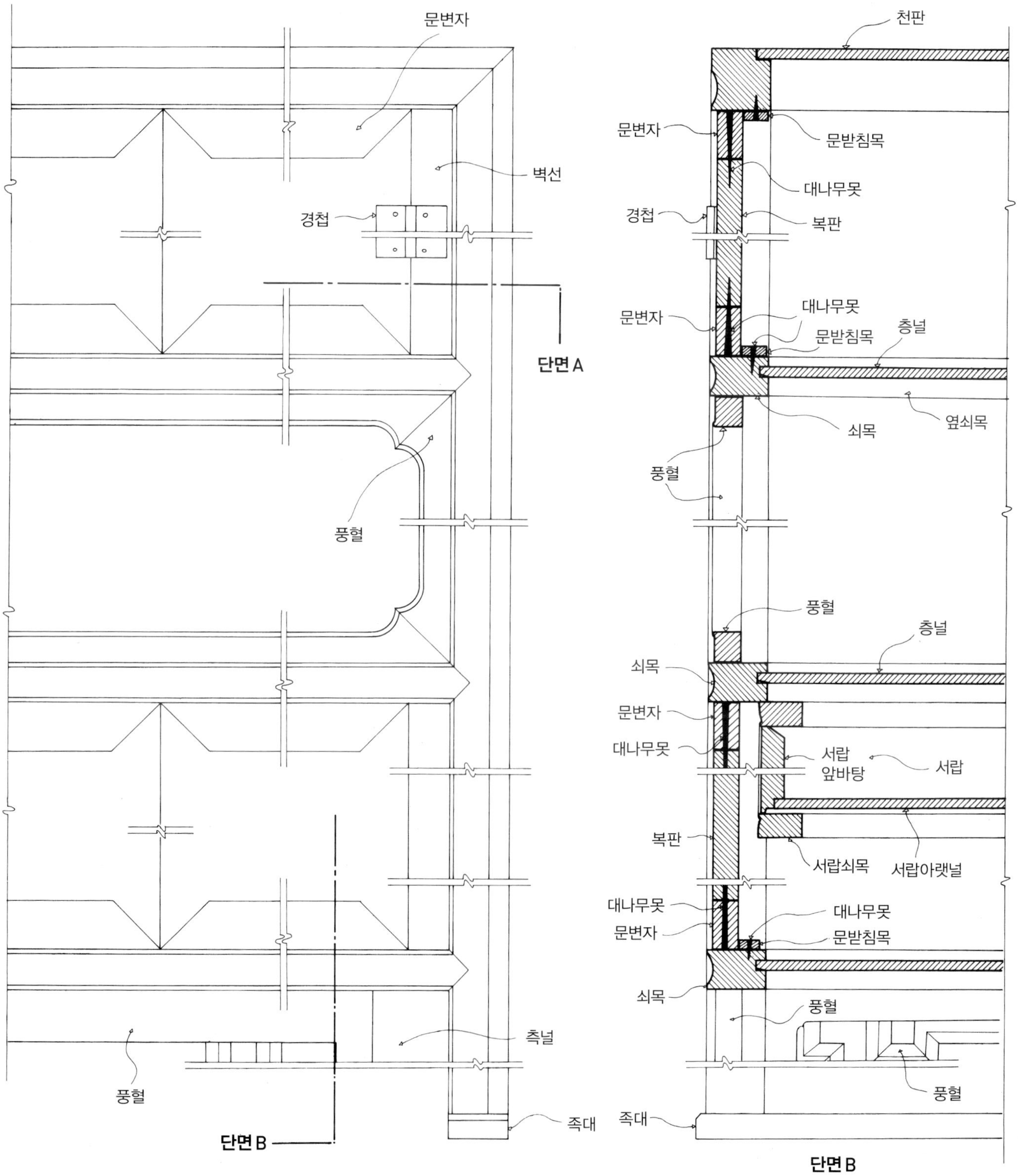

문변자

벽선

경첩

단면 A

풍혈

측널

풍혈

단면 B

족대

단면도

천판

문변자

문받침목

대나무못

경첩

복판

문변자

대나무못

문받침목

측널

쇠목

옆쇠목

풍혈

풍혈

쇠목

측널

문변자

대나무못

서랍
앞바탕

서랍

복판

서랍쇠목

서랍아랫널

대나무못

대나무못

문변자

문받침목

쇠목

풍혈

족대

풍혈

단면 B

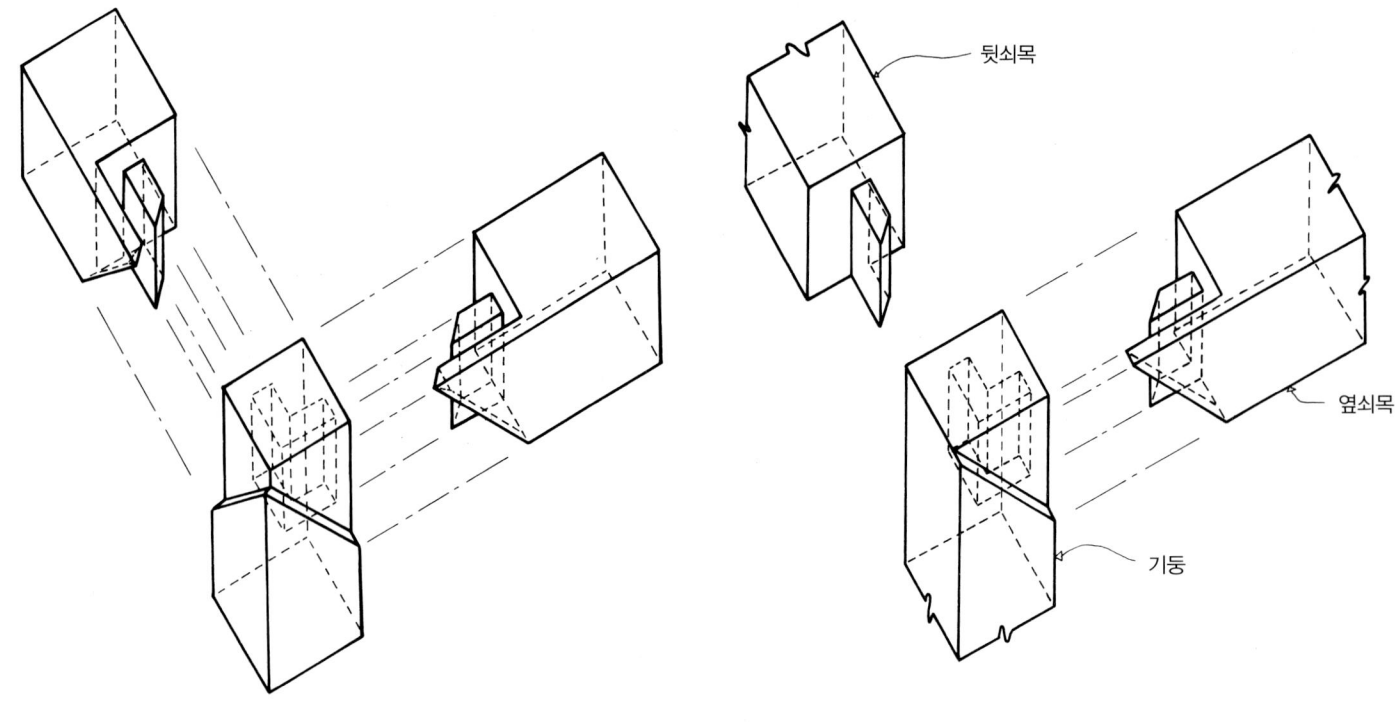

상세도면 11-1 ㉮ 삼방반연귀촉짜임

뒷쇠목

옆쇠목

기둥

상세도면 11-2 ㉯ 삼방반연귀촉짜임

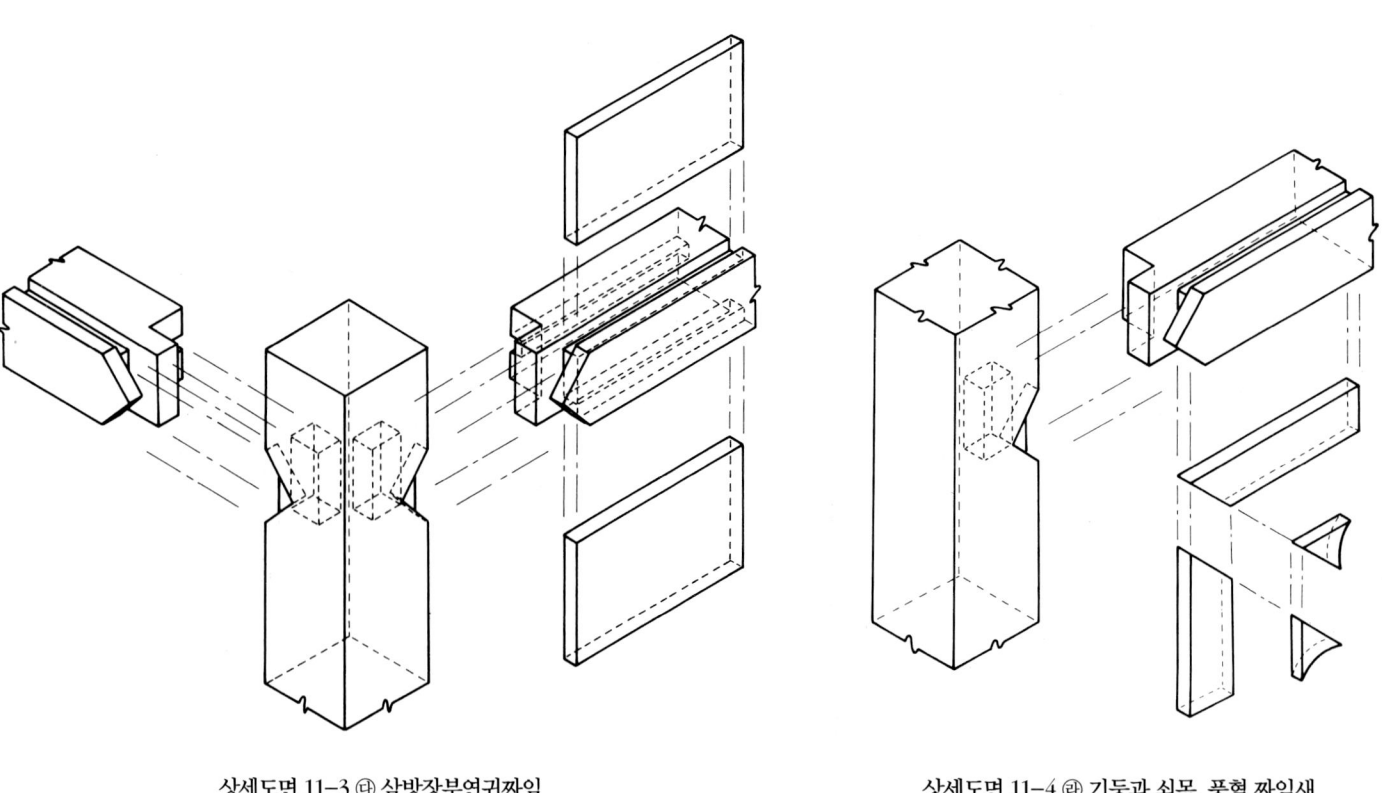

상세도면 11-3 ㉰ 삼방장부연귀짜임

상세도면 11-4 ㉱ 기둥과 쇠목, 풍혈 짜임새

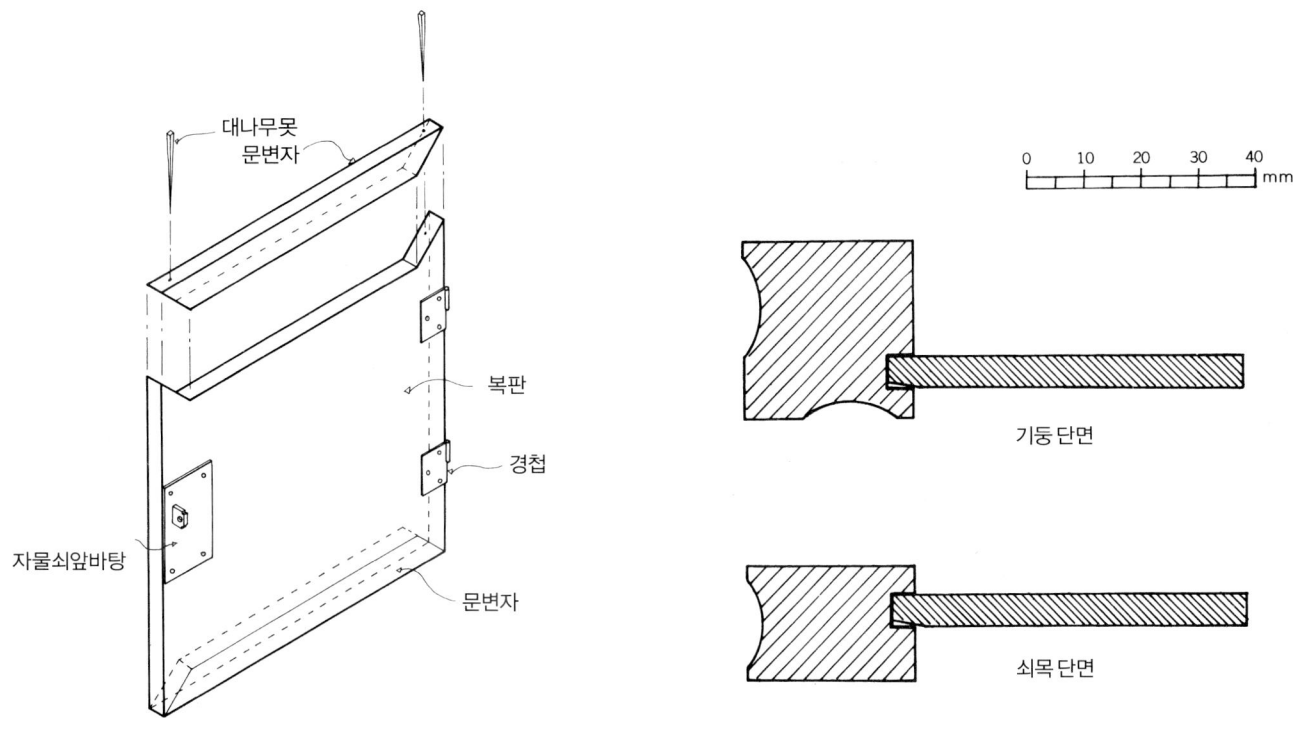

대나무못
문변자

복판

경첩

자물쇠앞바탕

문변자

상세도면 11-5 ㉮ 문변자 반연귀맞짜임

0 10 20 30 40 mm

기둥 단면

쇠목 단면

상세도면 11-6 기둥과 쇠목의 단면

0 20 40 60 mm

상세도면 11-7 자물쇠앞바탕과 경첩 실측도

상세사진 11-1 골재와 벽선, 경첩

상세사진 11-2 기둥, 쇠목, 풍혈

상세사진 11-3 1층 복판과 장석

상세사진 11-4 기둥, 쇠목, 풍혈

상세사진 11-5 3층 복판과 장석

상세사진 11-6 측면 풍혈과 족대

상세사진 11-7 문판과 턱

상세사진 11-8 내부 서랍

19세기, 가로 54.8cm, 세로 18.0cm, 높이 117.5cm, 이화여자대학교박물관 소장

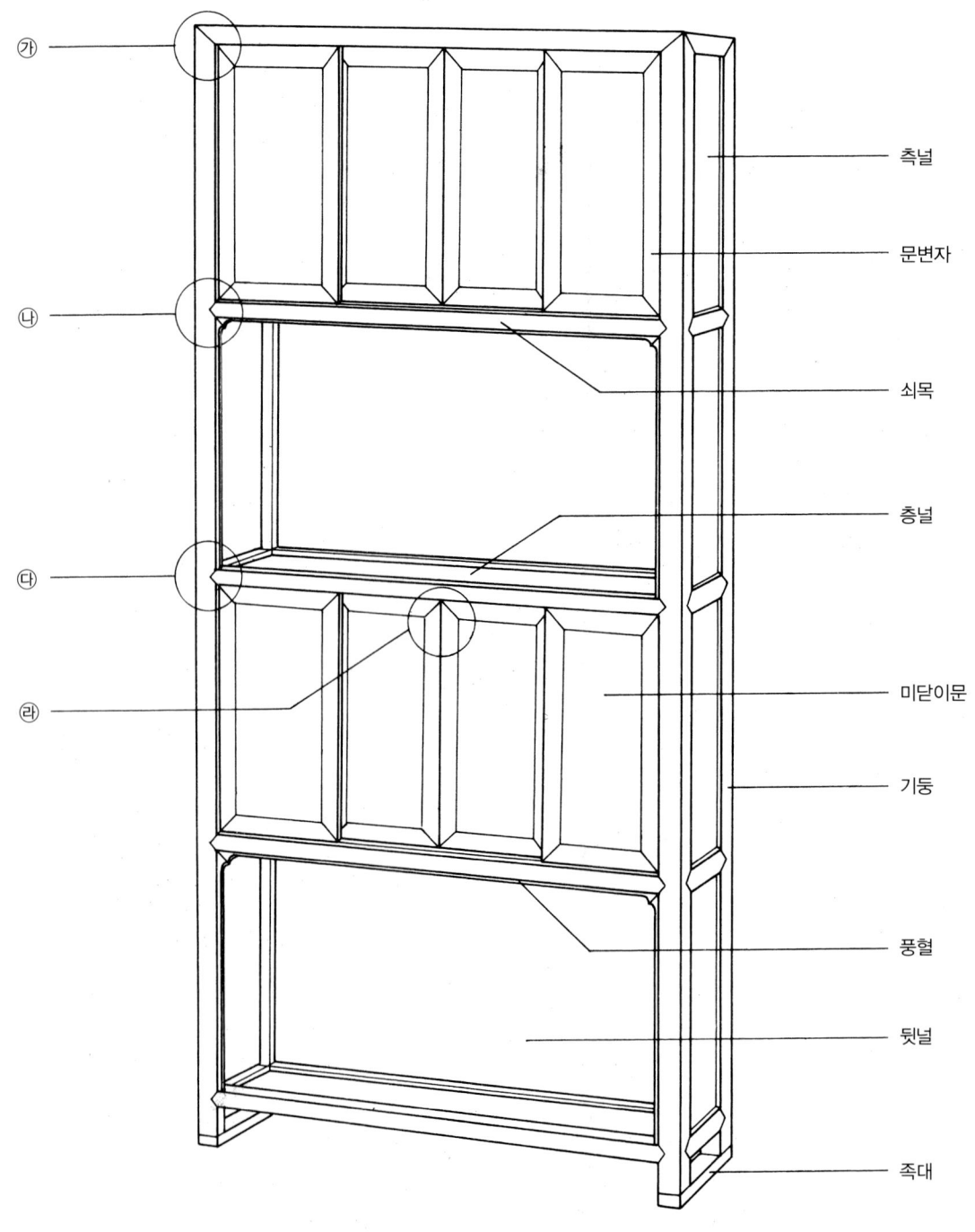

㉮

㉯

㉰

㉱

측널

문변자

쇠목

층널

미닫이문

기둥

풍혈

뒷널

족대

세부명칭도

조선시대의 사랑방은 학문과 사색의 장소로서 정연한 질서 속에서 밝고 조용한 분위기가 필연적이었다. 그에 따라 사랑방에 구성되는 가구들도 자연히 선이 정리되고 재질뿐만 아니라 조각 자체도 현란하지 않고 과장된 장석 또한 피해야 했다.

이 탁자장은 세로 폭이 18㎝밖에 안 되어 책을 쌓아 두기에는 적당치 않으므로 연적, 필통 등 소품을 넣거나 장식품을 얹어 놓기 위한 용도였을 것 같다. 또 좁은 폭과 함께 높이도 낮아서 비교적 좁은 사랑방 공간 구성에 알맞도록 제작되었다.

2층과 4층에는 오동나무로 짠 미닫이문판에 오언율시五言律詩를 예서체隸書體로 음각하였는데 탁자 전면에 이같이 시를 음각한 예는 흔치 않다. 복판에 그림이나 시를 음각한 예는 의걸이장에서 흔히 볼 수 있는데 음각한 후 황黃·청青·적赤 등 당채唐彩로 칠해 그 내용을 강조한다. 그러나 이 탁자장은 오동나무 표면을 인두로 지진 후 문질러서 나타난 자연적인 목리 위에 음각하여 글이 은은하게 보이고 있다.

이 탁자장에서 느껴지는 감각과 시를 통하여 사랑방 주인의 취향이 짐작되기도 하지만, 그 내용에서 사랑방 공간이 일반적으로 지녀야 할 조용하고 차분한 분위기를 여실히 드러내고 있다.

내용을 소개하면 다음과 같다.

清溪白石上 垂釣坐柳陰
群籟雖參差 適玫無比親
山影當戶入 花露落研香
大矣造化功 萬殊莫不均
맑은 시내 흰 돌 위, 버드나무 그늘 아래 낚시 드리우고 앉으며
뭇 산소리들 시끄럽게 뒤얽혀도, 좋은 옥돌 더할 수 없이 친숙하구나
산 그림자 집안에 기어들면, 꽃이슬 벼루 위에 떨어지리니
크구나 조화의 공이여, 만 가지 다른 것들이 고르지 않은 게 없구나

一院花爭發 香色僚閑人
鎮日無事坐 全雲亦無心
爾從山中來 早晚發天目
風月多佳懷 登臨意自閒
뜨락 꽃들 다투어 피니, 향기로운 빛깔 한인을 희롱하는구나
하루 내내 일없이 앉아 있으니, 산구름도 역시 무심하구나
너는 산속에서 왔을 터인데, 천목산 호수로 언제 떠났나
바람과 달 속에 아름다운 회포 많으니, 산 위에 오르면
한가롭겠지

세부구조를 살펴보면, 골재는 단단한 참나무로 비교적 굵게 짜여 있고, 1·3층은 공간으로 비어 있으며, 2·4층은 오동나무 판재로 된 네 짝의 미닫이로 구성되었다. 측널과 뒷널 모두 오동나무이고 층널은 피나무이다.

한국의 가구는 주로 여닫이문을 사용하므로 미닫이문은 그리 흔치 않다. 간혹 의걸이장에 미닫이로 문을 민 후 밖으로 여닫는 안고지기문이 사용되기도 하였으나 찬탁, 찬장, 이층장 등에서는 그 효용가치가 있을 때만 사용되었다.

각 층은 균등하게 4등분 되었으나 1·3층의 공간이 2·4층의 문짝이 달린 층에 비해 너르게 보이기 때문에 상세사진 12-2와 같이 윗부분과 좌우 양쪽으로 가느다란 풍혈을 달아 시각적인 면을 고려하였다.

천판의 기둥과 쇠목의 연결 부분 ㉮는 상세도면 12-1, 삼방반연귀촉짜임을 한 후 상세사진 12-1과 같이 위로부터 촉(쐐기)을 박아 풀을 사용하지 않아도 견고한데 이는 탁자의 기본적인 짜임새이다.

쇠목과 맞닿는 미닫이문의 상하 문변자는 복판 재료와 다른 단단한 목재를 사용하는 것이 통례인데, 상세사진 12-5와 같이 복판과 동일 재료인 오동나무를 사용하여 문짝 전체에 시원한 감을 주고 있다. 문변자를 따로 대는 것은 복판이 휘어짐을 방지하는 기법이며, 특히 여기서는 미닫이 홈과 다른 방향의 나뭇결인 엇결로 구성되면 문을 여닫을 때 마찰이 심하므로 가로결을 사용하여 나무에 무리한 힘을 주지 않고 부드럽게 밀리도록 하였다.

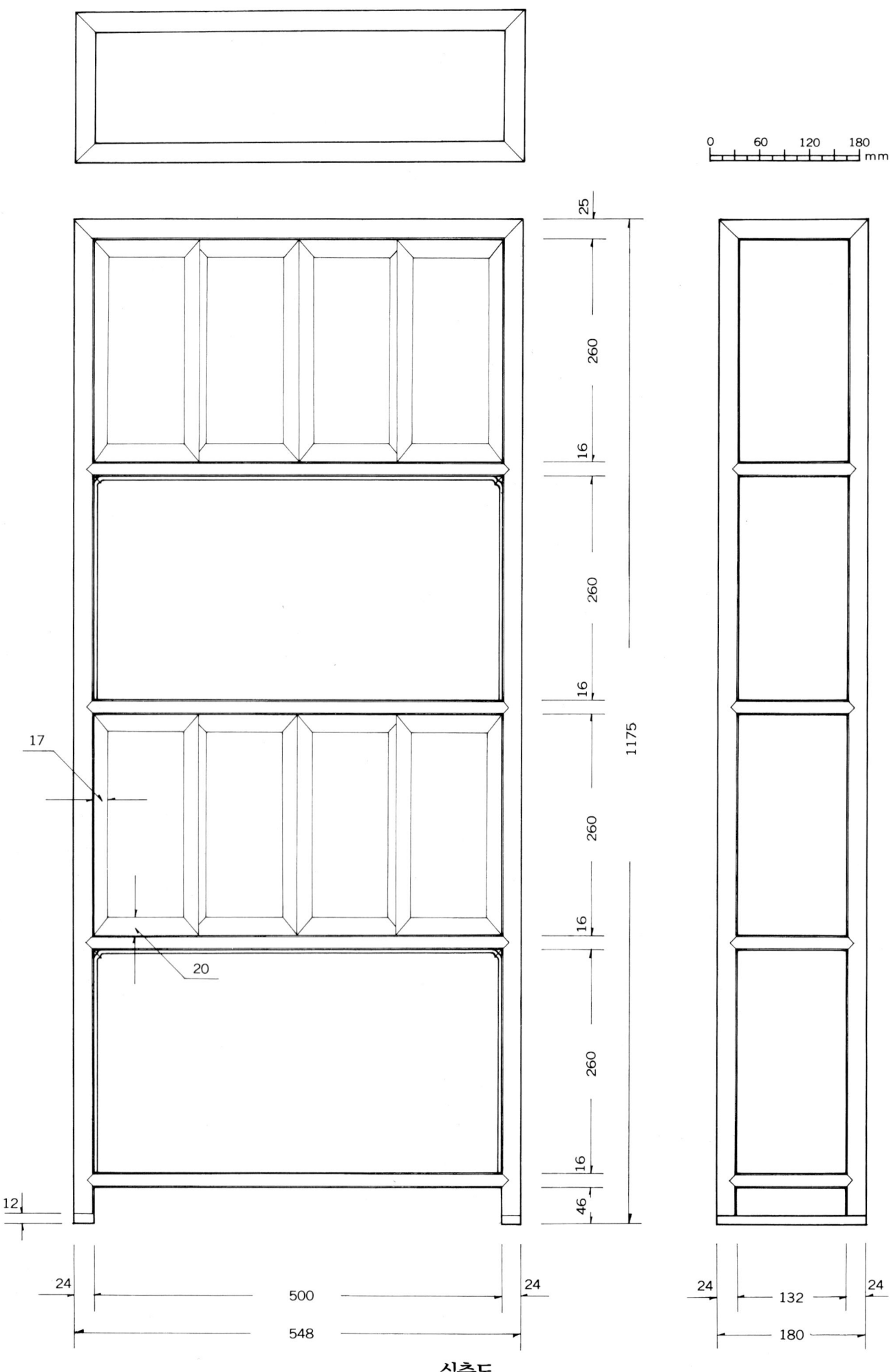

실측도

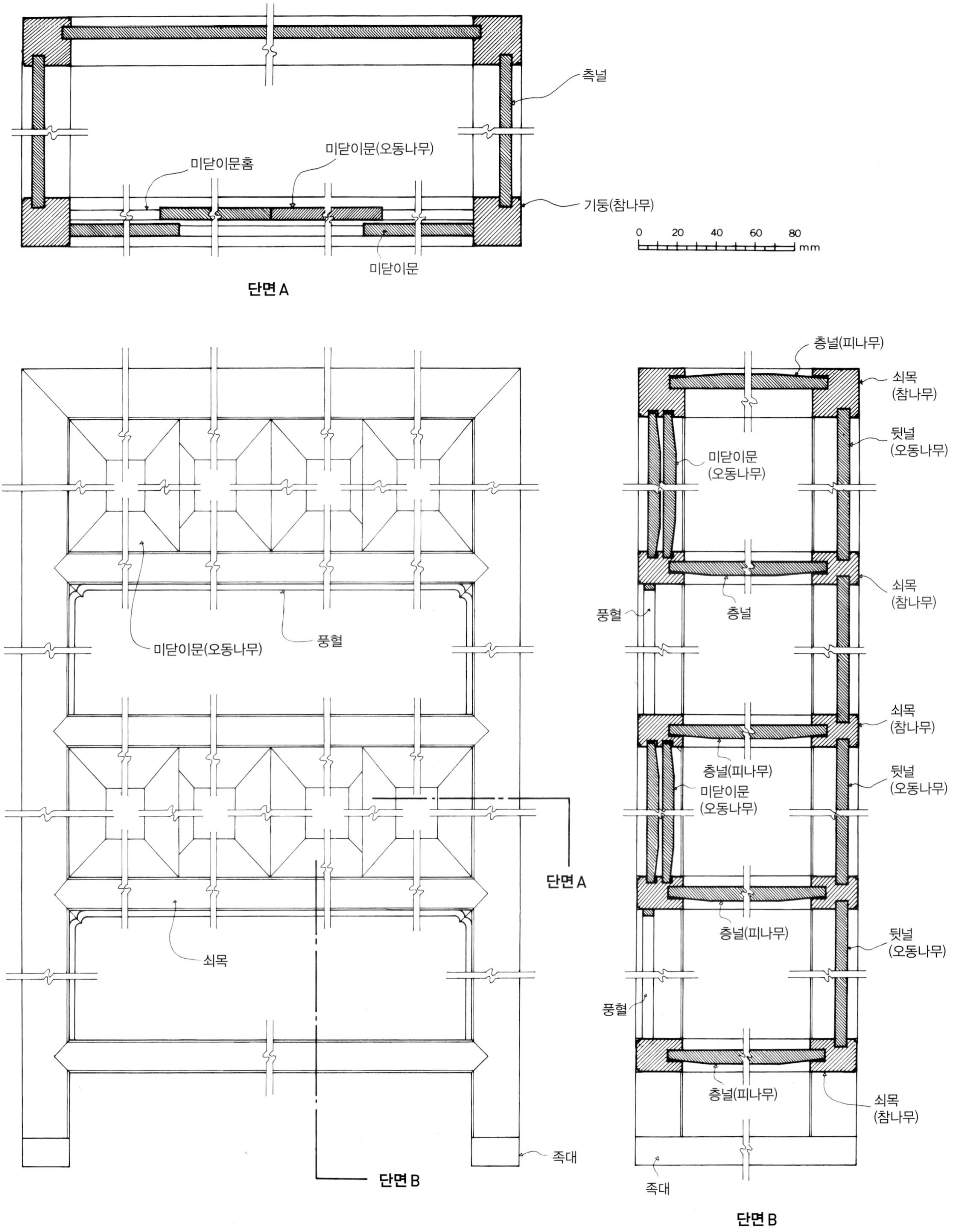

측널

기둥(참나무)

미닫이문홈

미닫이문(오동나무)

미닫이문

0 20 40 60 80
mm

단면 A

층널(피나무)

쇠목
(참나무)

미닫이문
(오동나무)

뒷널
(오동나무)

쇠목
(참나무)

풍혈

층널

미닫이문(오동나무)

풍혈

쇠목
(참나무)

층널(피나무)

미닫이문
(오동나무)

뒷널
(오동나무)

단면 A

쇠목

층널(피나무)

뒷널
(오동나무)

풍혈

단면 B

족대

층널(피나무)

쇠목
(참나무)

족대

단면 B

단면도

129

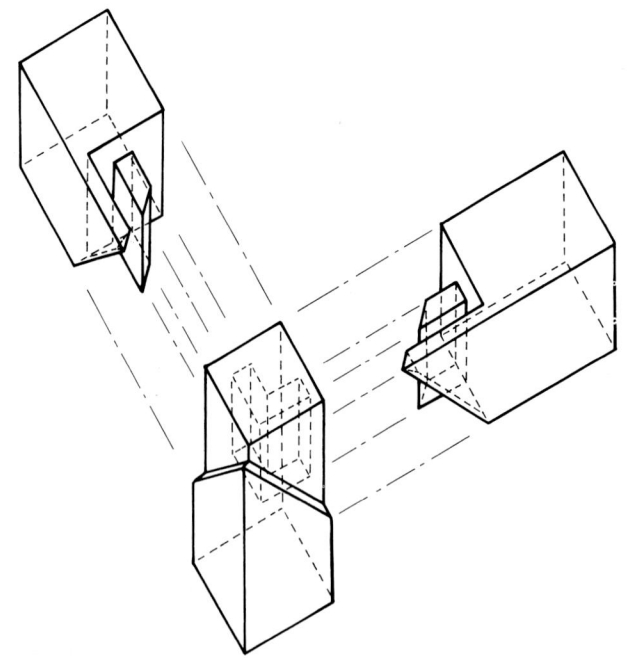

상세도면 12-1 ㉮ 삼방반연귀촉짜임

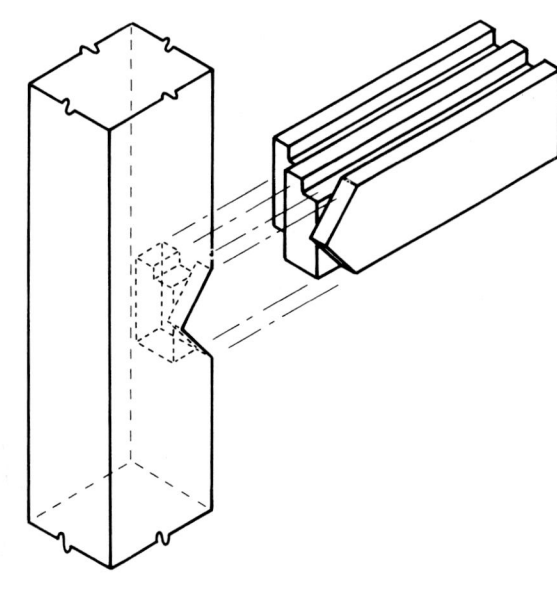

상세도면 12-2 ㉯, ㉰ 장부연귀짜임

상세사진 12-1 기둥과 쇠목 짜임

상세사진 12-2 기둥과 쇠목 짜임, 풍혈

상세사진 12-3 1층과 3층의 내부

상세사진 12-4 2층, 4층 미닫이문과 홈

상세사진 12-5 미닫이문 문변자

清溪白石上
垂釣坐柳陰

群籟雖然差
適故與化親

山影窩戶入
木香落研香

大異造化功
萬殊莫不均

상세사진 12-6 4층 문판 서각

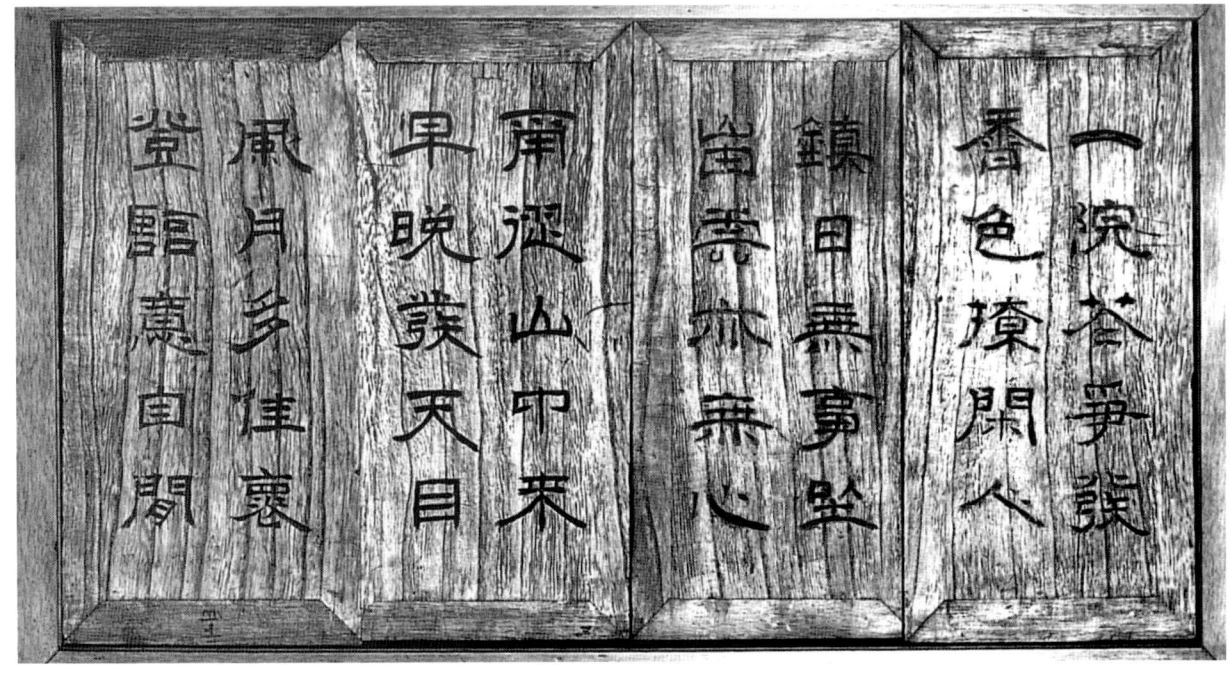

一院杏爭頭
香色撩開人

鎭日無喪壑
嵼藥炋無心

甫延山中來
早晚羨天目

風月多佳襄
堂響蕙申閒

상세사진 12-7 2층 문판 서각

13. 사층사방탁자 四層四方卓子
Book Shelf

19세기, 가로 39.0cm, 세로 39.0cm, 높이 149.0cm, 국립중앙박물관 소장

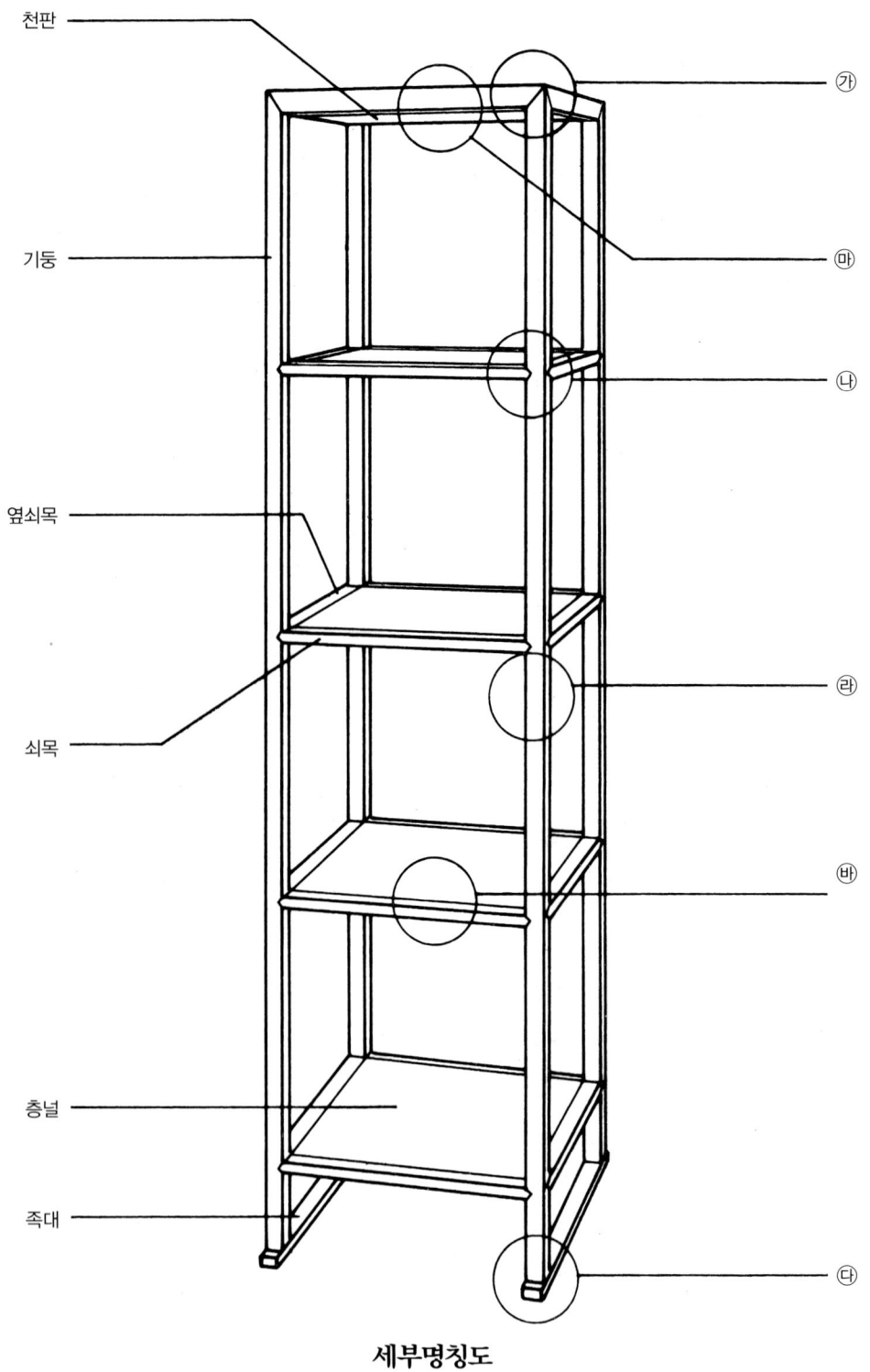

천판

기둥

옆쇠목

쇠목

층널

족대

㉮

㉲

㉯

㉱

㉳

㉰

세부명칭도

사방이 뚫려 있고 층널로만 구성된 가구를 사방탁자라 부른다. 탁자는 가느다란 골재와 층널 그리고 쾌적한 비례로 짜여 있어 비교적 좁은 한옥 공간에서도 시각적 공간적 부담이 없다. 또 문방 완상품을 올려놓고 장식하는 사랑방의 실용적 가구로서 그 기능이 뛰어나다.

사방탁자는 조선시대 주택 구조의 특성과 문방 생활에 필수적인 안정된 공간에 대한 생각을 잘 반영하여 제작된 가구로 대표적이다.

네 개의 층은 올려놓을 기물의 크기와 시각적 효과를 고려해 진열 위치를 선택할 수 있어 효율성이 크다. 즉 하층에는 조금 크고 중후한 수석이나 여러 권의 책을, 상층에는 비교적 작고 경쾌한 소품들을 올려놓는다. 시각적인 안정과 정적인 분위기 연출을 위해 중간층을 비워서 여백의 미를 얻기도 했다. 간혹 4층에 여러 질의 서책을 올려놓기도 하였으나 이는 사랑방 주인의 취향과 안목에 따라 달리 정돈되었음을 뜻한다.

골재로 사용된 배나무는 탄력있고 단단하여 굵기에 비해 큰 힘을 감당할 수 있으며, 눈매가 곱고 무늿결이 강하지 않아 시각적 부담을 주지 않는다.

판재로 쓰인 오동나무는 종이나 의복 등 습기에 약한 물품들을 보관하는데 적격인데, 이는 특수 섬유질로 인해 건습조절이 용이하고 판재를 얇게 켜도 터지지 않으며 비틀리거나 수축되지 않고 가볍기 때문이다.

그러나 판재의 색이 희고 표면이 무른 점이 흠인데, 이를 극복하기 위해 바깥 면에 사용할 때는 표면을 뜨거운 인두로 지진 후 볏짚으로 문질러 부드러운 섬유질은 털어내고 단단한 무늿결만 남게 하는 낙동법을 사용한다.

낙동법을 사용한 판재는 표면이 검고 광택이 없어 청빈검약 정신에 부응하는 검소한 분위기를 추구하는 사랑방 용품의 재료로서 적당하다.

한국의 목가구는 특히 눈에 보이지 않는 부분에 이르기까지 아주 건실한 구조로 짜여 있으며, 그 짜임과 이음의 기법은 매우 치밀하다.

탁자처럼 골재와 층널로 구성되는 간결한 가구는 내적으로는 견고하고 외적으로는 부담을 주지 않는 단순한 결구가 뒷받침되어야 한다.

세부구조를 살펴보면, 기둥과 천판의 쇠목이 만나는 ㉮ 짜임새는 상세도면 13-1과 같이 전형적인 삼방반연귀촉짜임이며, 기둥과 쇠목이 만나는 ㉯ 부분도 상세도면 13-2와 같이 견고한 장부연귀짜임을 하였다.

쇠목에 끼우는 층널들은 일반적으로 턱솔짜임인데, 이 탁자는 쇠목과 층널을 턱지게 변탕으로 파내고 서로 얹어 이어 주는 반턱맞짜임(변탕붙임 또는 사모턱짜임)을 사용하여 쇠목과 층널이 상세도면 13-4의 ㉺ 단면에서 보이는 것과 같이 평면을 이루고 있다.

풀칠된 이런 반턱짜임은 터지게 마련인데 각 층의 쇠목을 얇게 하여 시각적인 부담을 주지 않으려는 의도가 강하게 반영되어 기본설계에서 무리를 가져온 것으로 보인다.

상세도면 13-4 ㉺ 장부맞짜임은 쇠목의 장부홈에 풀칠 없이 판재가 끼어 있으므로 판재의 수축작용에도 유동성이 있어 잘 터지지 않는다.

골재의 모서리는 상세도면 13-4 단면과 같이 가느다란 모를 둘러 투박하게 보일 수 있는 직선의 골재들을 한결 부드럽게 느끼게 한다.

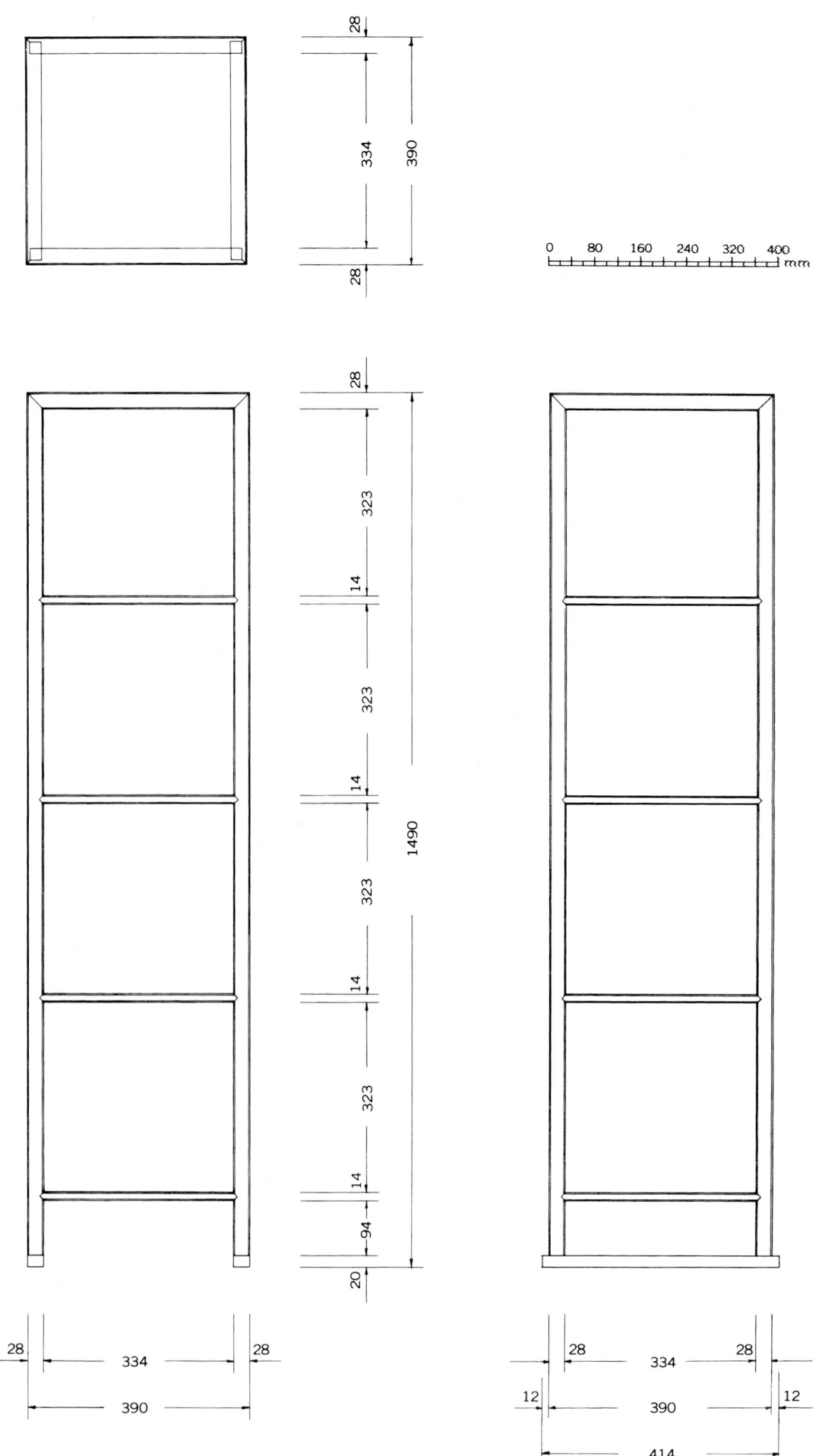

실측도

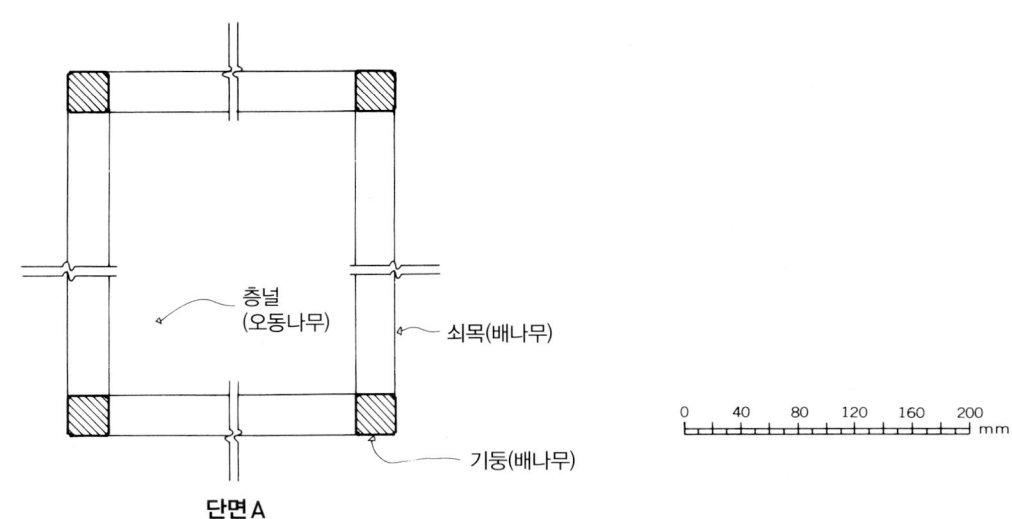

층널
(오동나무)

쇠목(배나무)

기둥(배나무)

0 40 80 120 160 200
mm

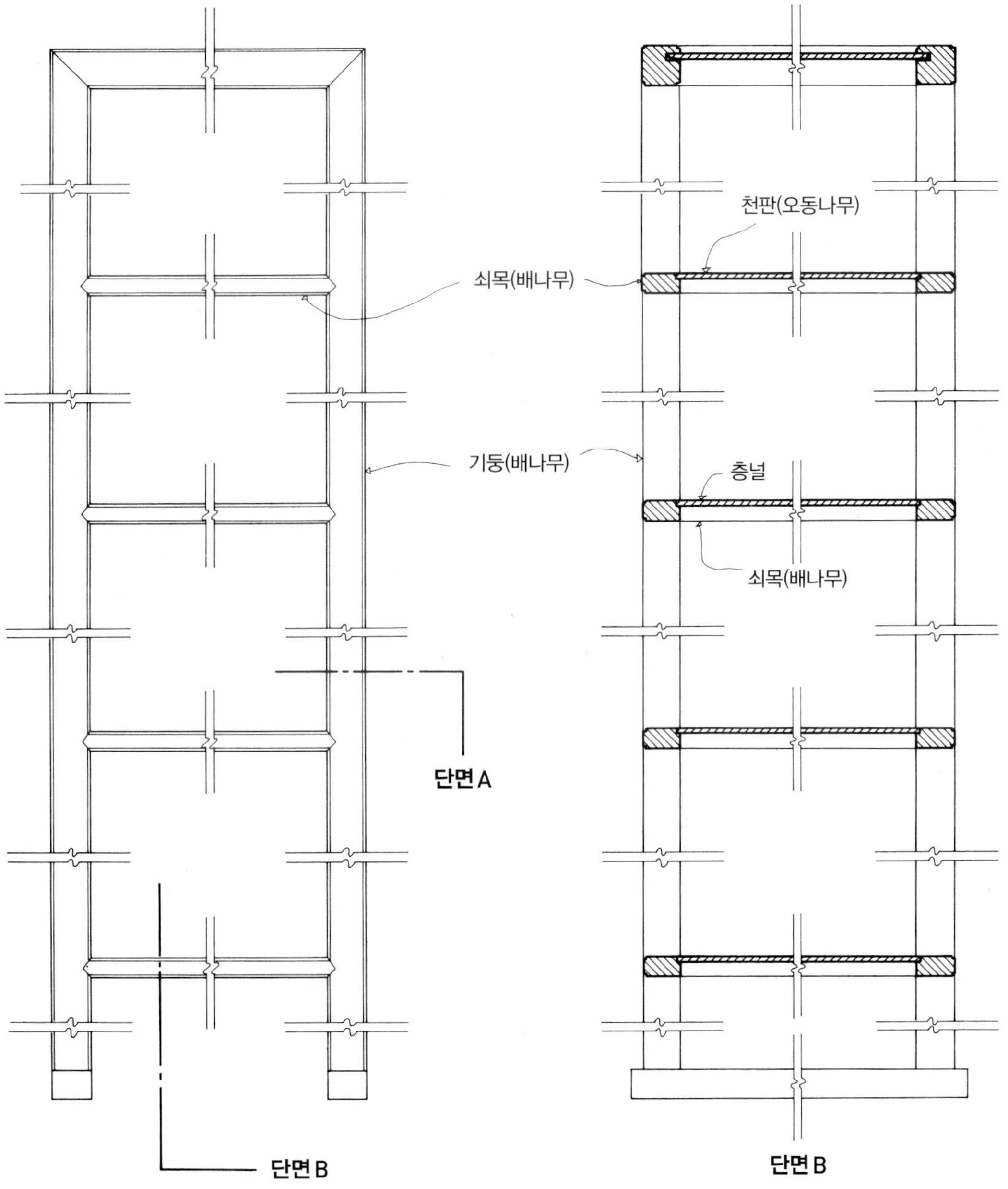

단면 A

천판(오동나무)

쇠목(배나무)

기둥(배나무)

층널

쇠목(배나무)

단면 A

단면 B

단면 B

단면도

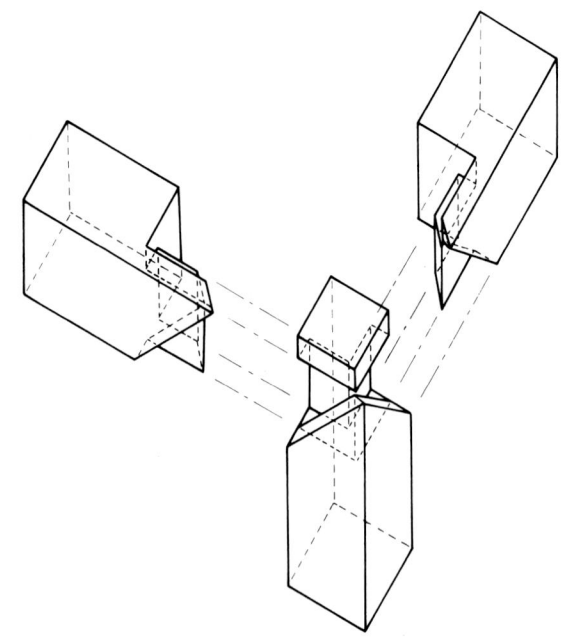

상세도면 13-1 ㉮ 삼방반연귀촉짜임

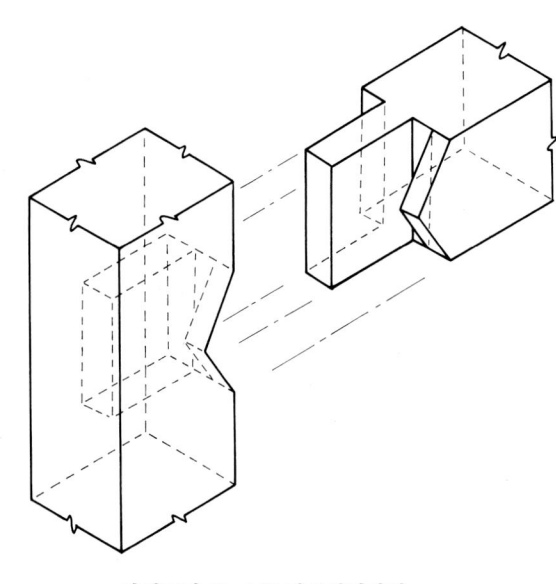

상세도면 13-2 ㉯ 장부연귀짜임

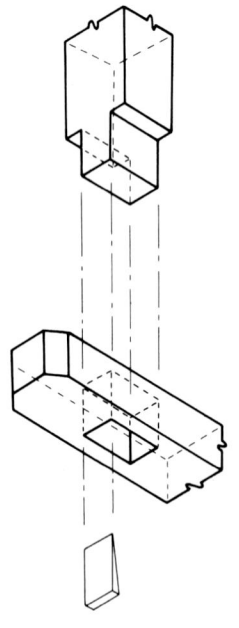

상세도면 13-3 ㉰ 막장부맞짜임

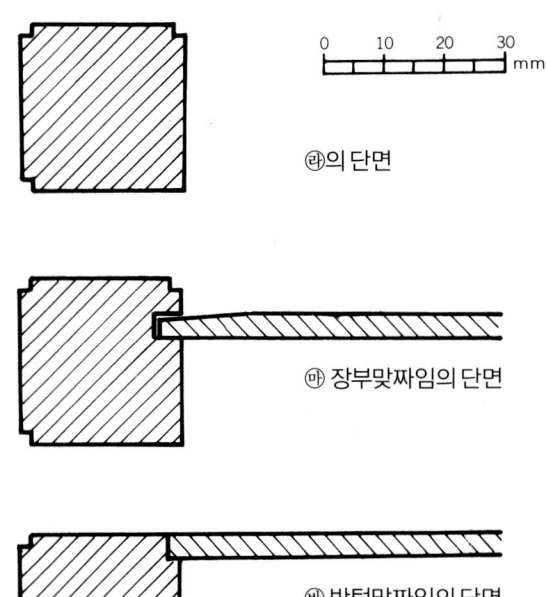

㉱의 단면

㉲ 장부맞짜임의 단면

㉳ 반턱맞짜임의 단면

상세도면 13-4 단면 실측

상세사진 13-1 기둥과 쇠목

상세사진 13-2 기둥과 천판 쇠목

상세사진 13-3 기둥과 천판 쇠목의 연귀짜임

상세사진 13-4 기둥과 각 층 쇠목의 짜임

상세사진 13-5 상세사진13-4의 하단부

상세사진 13-6 상층부

상세사진 13-7 중간층

19세기, 가로 41.4cm, 세로 34.0cm, 높이 162.0cm, 국립중앙박물관 소장

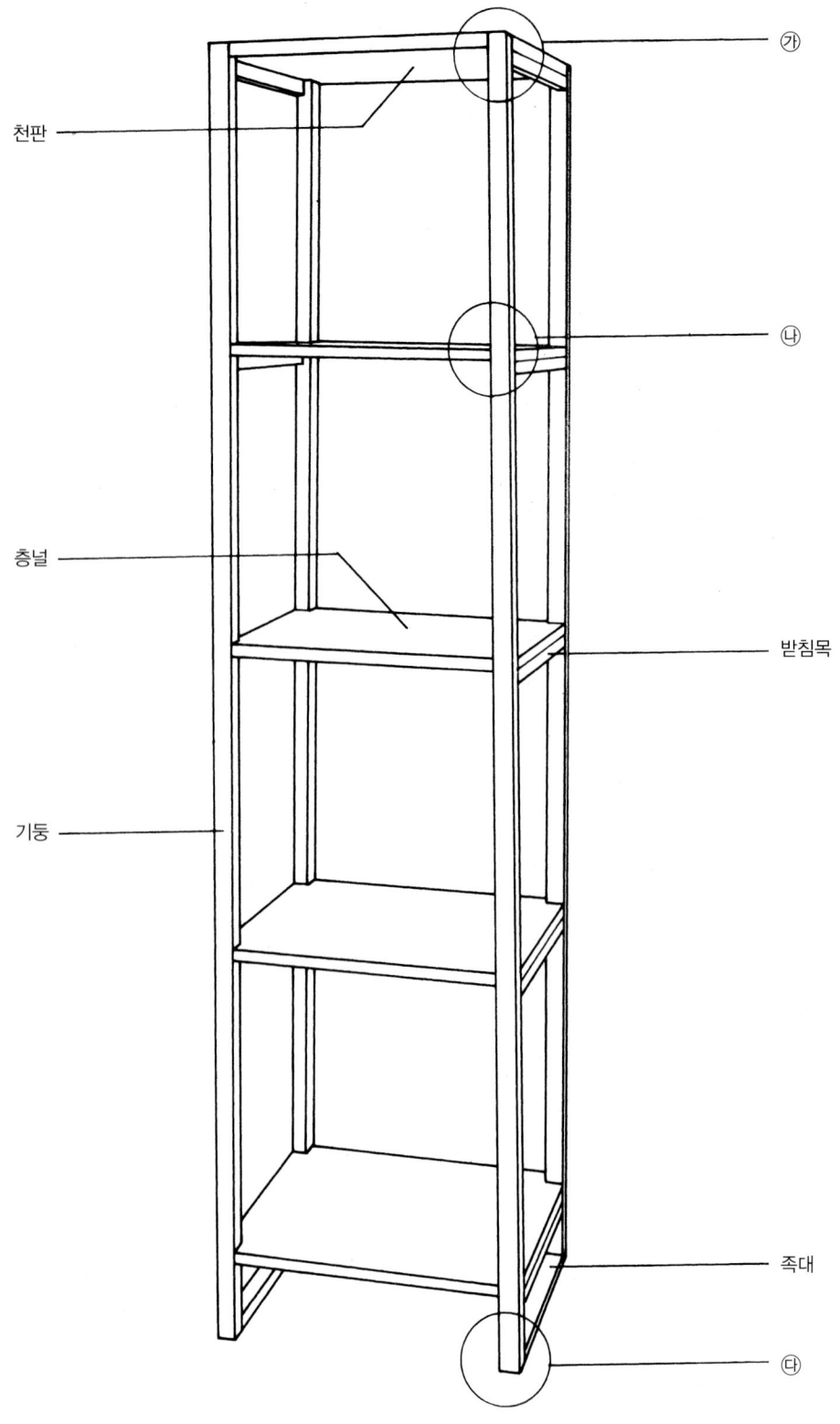

천판

층널

기둥

㉮

㉯

받침목

족대

㉰

세부명칭도

사층사방탁자(p133 13.)는 일반적으로 층널이 쇠목에 끼어 있는 구성인데 이것은 찬탁과 같이 두꺼운 통판이 기둥과 직접 촉짜임 되어 한결 단순하면서도 건강미를 풍기고 있다.

세부구조를 살펴보면, 대부분 탁자처럼 기둥과 천판이 맞닿는 ㉠부분이 연귀짜임 되지 않고 상세도면 14-1과 같이 천판의 네 귀를 파내어 촉을 만들고 기둥의 끝 부분에 장부홈을 파서 서로 물리게 한 독특한 트인막장부맞짜임으로 되어 있다.

각 층널은 상세도면 14-2와 같이 네 귀를 파내어 촉을 만들고 기둥에다 장부구멍을 파서 촉의 끝이 기둥의 배면까지 나오게 한 막장부맞짜임으로 배면에서 쐐기를 박아 견고하게 하였다. 이런 형식은 쇠목을 사용하지 않고 층널을 기둥과 짜임하려면 필연적인 것이다.

양 측면의 층널 아래에는 상세사진 14-5, 6과 같이 직선의 각목을 받쳐 층널의 하중을 받치고 있는데 풍혈처럼 시각적인 안정감도 주고 있다.

족대의 짜임은 장이나 농, 탁자 대부분이 상세도면 13-3(p138)과 같은 형식이다. 그러나 이 탁자는 상세도면 14-3 트인막장부맞짜임으로서 족대 끝 부분이 밖으로 뻗지 않고 기둥과 일치하고 있다. 이는 상부와(상세도면 14-1) 하부의 짜임새를 같이 보이게 하

려는 의도인 것 같다.

사진 14-1 이층사방탁자 : 사진 13(p133)과 같은 유형에 층널 사이가 높고 키가 낮은 이층사방탁자이다. 이런 형태는 좌식생활에 알맞은 눈높이를 맞춘 것으로 서책이나 도자기 등 소품을 올려놓기에 적당하다. 3층이나 4층에 비해 고식이며 그 수가 많지 않다.

사진 14-2 삼층사방탁자 : 일반적으로 사방탁자는 4층이 대부분이며 3층은 흔치 않은데 이 탁자는 실내 공간의 넓이와 앉은 눈높이를 고려한 것으로 키가 높은 것에 비하여 시각적으로 안정되어 보인다.

폭이 42cm나 되는 넓은 층널은 큰 책들을 쌓을 수 있으며 안정감을 준다. 천판의 4면 골재는 연귀촉짜임이며 각 층은 맞짜임기법이다.

골재가 서로 만나는 부위는 촉이 긴 연귀촉짜임으로 견고하게 짜고 각 층의 가로지른 쇠목과 판재는 반턱짜임이다. 하단에는 풍혈을 둘렀으며 전체가 소나무이다.

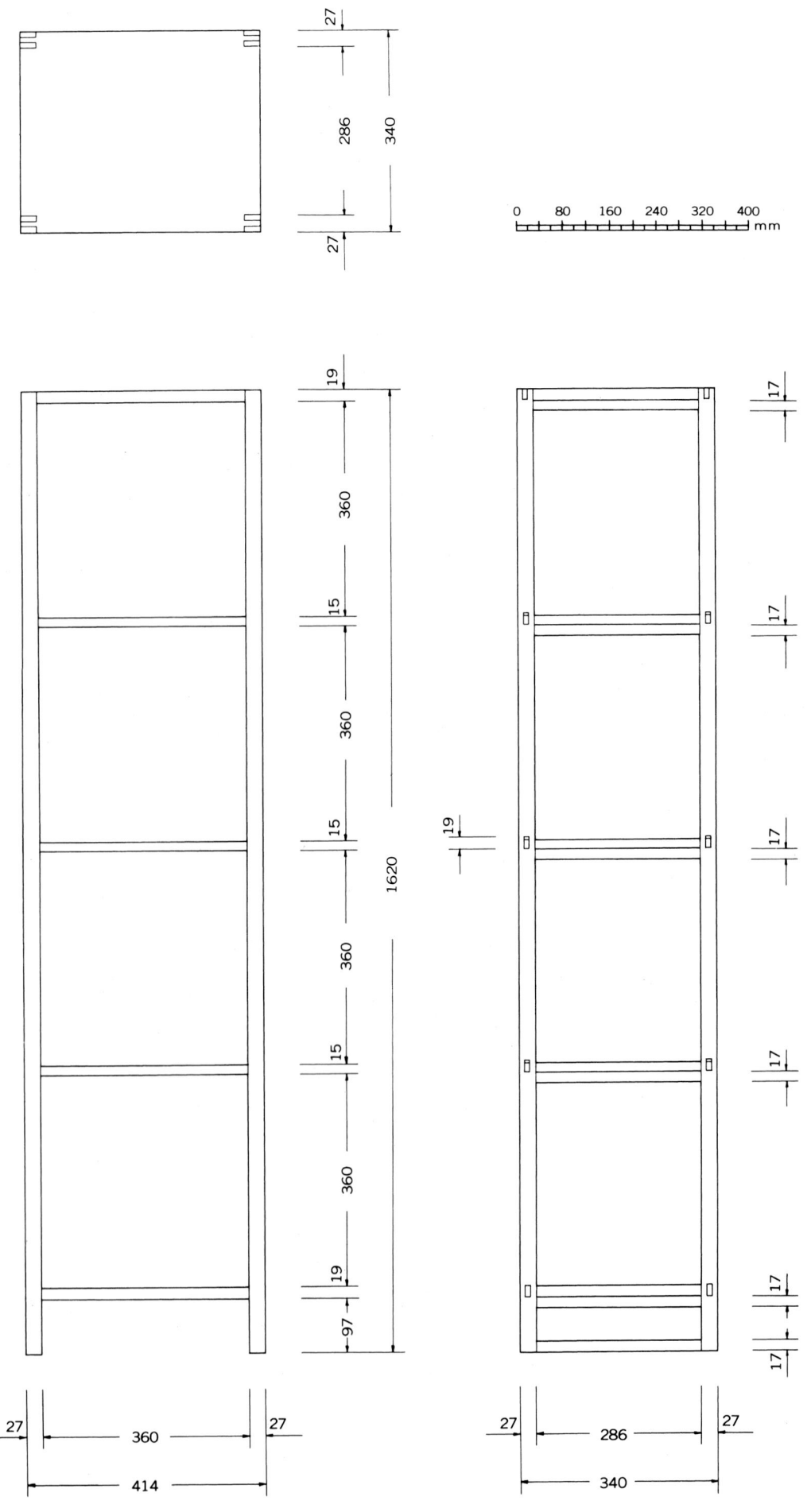

실측도

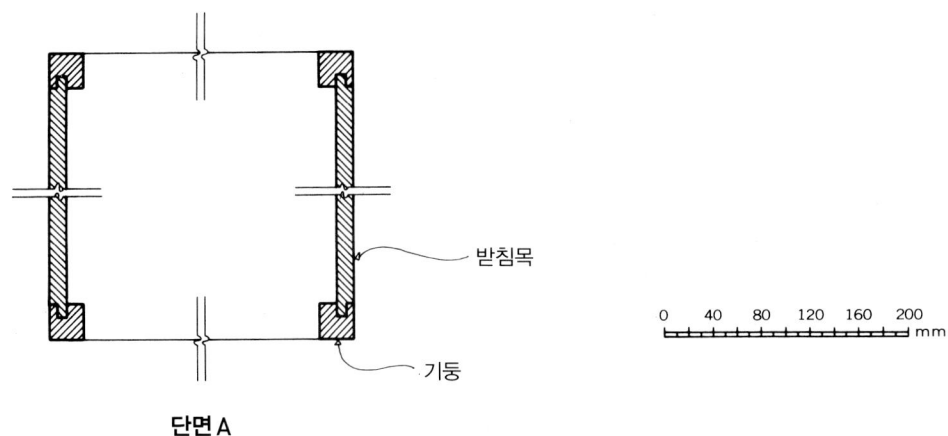

받침목

기둥

단면 A

0 40 80 120 160 200
|—|—|—|—|—|—| mm

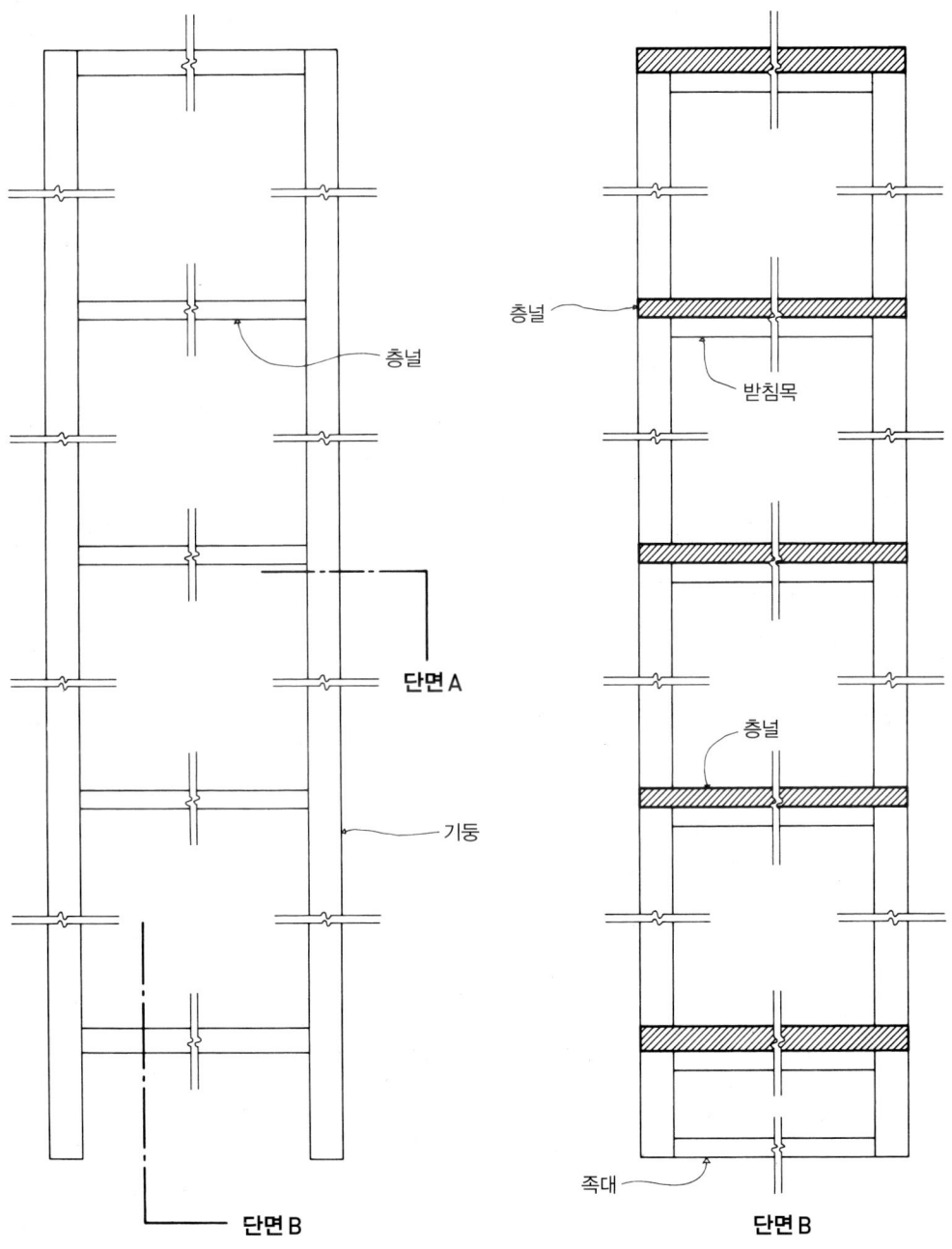

층널

단면 A

기둥

단면 B

층널

받침목

층널

족대

단면 B

단면도

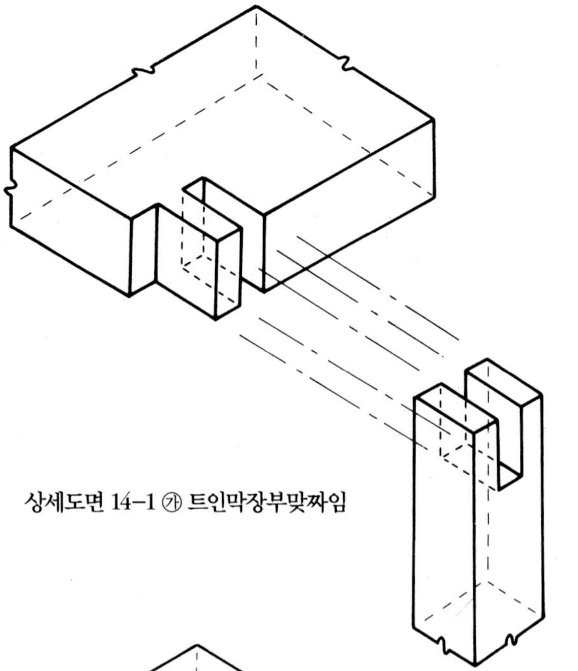

상세도면 14-1 ㉮ 트인막장부맞짜임

상세사진 14-1 기둥과 천판 촉짜임

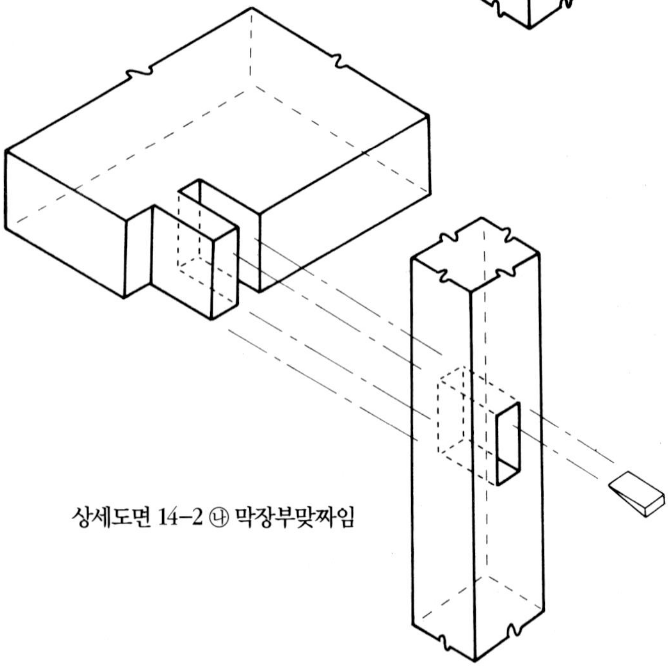

상세도면 14-2 ㉯ 막장부맞짜임

상세사진 14-2 측면 층널과 기둥 짜임

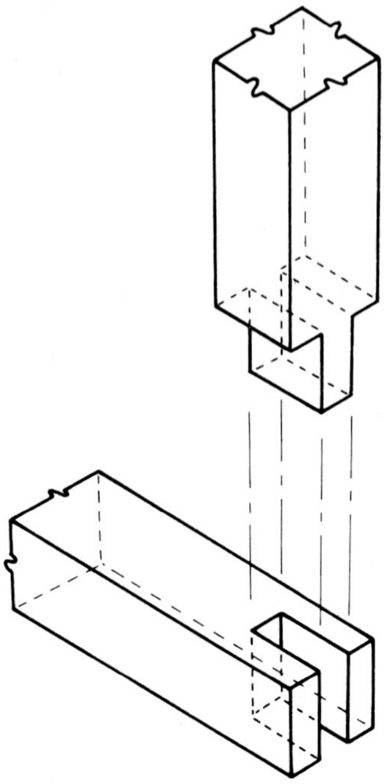

상세도면 14-3 ㉰
트인막장부맞짜임

상세사진 14-3 기둥과 층널

상세사진 14-4 전면의 기둥과 충널 짜임

상세사진 14-5 측면 천판과 기둥 짜임

상세사진 14-6 측면 충널

사진 14-1 이층사방탁자
19세기, 개인 소장
29.0×29.0×88.5cm

사진 14-2 삼층사방탁자
19세기, 김종학 소장
42.2×42.2×133.3cm

18세기, 가로 36.4cm, 세로 34.0cm, 높이 132.8cm, 개인 소장

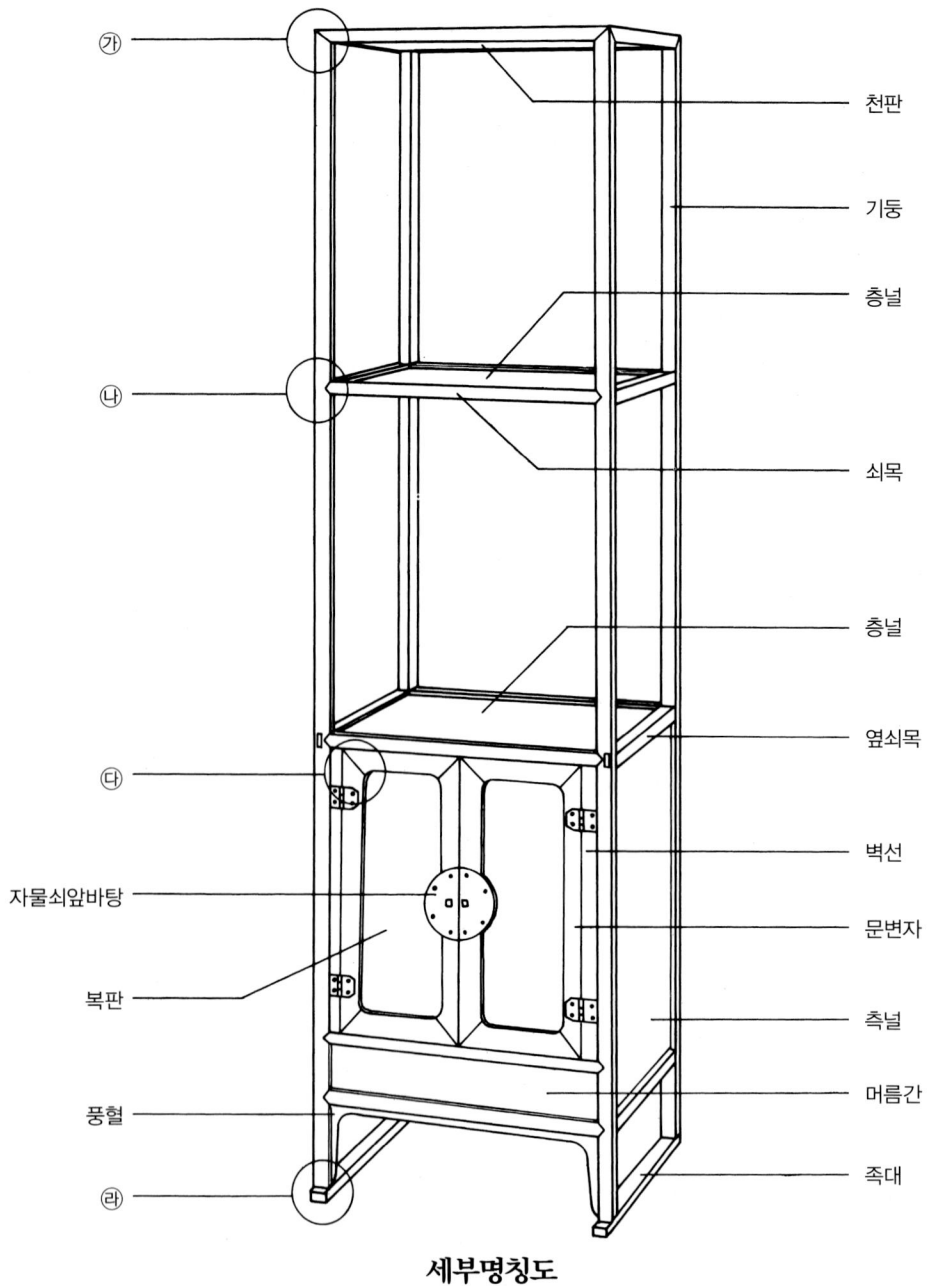

가

나

다

자물쇠앞바탕

복판

풍혈

라

천판

기둥

층널

쇠목

층널

옆쇠목

벽선

문변자

측널

머름간

족대

세부명칭도

　　조선시대의 사랑방은 지식인들이 학문과 예술에서 깊은 사색을 위한 공간으로서 검소하고 안정된 분위기가 강조되었다. 사랑방 가구는 문방생활을 위한 성실한 구조와 알맞은 비례, 간결한 선, 자연의 목리 등에서 소박한 아름다움을 나타낼 뿐 아니라 기능적인 면에서도 합리적이다. 그중에서도 탁자는 쾌적한 비례와 더불어 전체가 가느다란 기둥과 가로지른 쇠목 등의 골

재로 짜여 있어 그 역학적인 구조는 한국 목가구를 대표하고 있다 하겠다.

　　탁자는 각 층에 서책을 쌓아 정돈하는 용도 외에 한 층 정도 여백을 살려 문방용품으로 장식하며, 하단의 여닫이문 안에는 가까이 사용하는 기물들을 넣어두는 실용적인 사랑방가구이다. 간결한 선, 자연의 나뭇결 등이 소박하고 아름다운 조선조 목가

구의 특징을 잘 나타내고 있다. 또 사방이 막힌 다른 가구에 비해 시각적인 부담을 주지 않아 좁은 실내에도 알맞다.

탁자의 골재는 가늘어도 큰 힘을 지탱하고 휘지 않는 참죽나무, 배나무, 소나무가 주로 사용된다. 판재로는 자연적인 먹이 들어 있는 먹감나무를 대칭으로 배치하거나(사진 15-2), 오동나무(사진 15-1), 소나무가 사용된다.

사방탁자의 내외부에 서랍이 전혀 없거나 내부의 상단에 서랍을 설치한 것 등은 일반적으로 제작 연대가 오래된 것이며, 후대에 올수록 사용에 편리하도록 서랍을 외부 여닫이문 상단에 설치하고 있다.

이 탁자는 1층을 막고 문을 달아 장롱과 같이 기물을 보관하게 했다. 서랍이 없는 대신 면분할에 큰 비중을 두어 전면을 치밀하게 3등분한 것은 일반 탁자에서는 찾기 어려운 좋은 예이다. 더욱이 필수 기능과 용도 외에 과장된 장석을 피하는 조선시대 목가구의 특성을 여기에서 잘 볼 수 있다.

재질은 소나무이며 판재를 거친 볏짚수세미로 문질러 목리를 두드러지게 나타내 단단한 느낌과 친근감을 주고 있다.

세부구조를 살펴보면, 천판의 쇠목과 기둥이 만나는 ㉮부분은 상세도면 15-1과 같이 전형적인 삼방반연귀촉짜임이다.

기둥과 쇠목이 연결되는 ㉯부분은 상세도면 15-2와 같이 촉을 길게 하여 배면까지 나오게 하는 막장부연귀짜임으로 튼튼하게 물리고 있다. 그러나 이 기법은 굵은 기둥에서는 견고하나 이 탁자는 골재가 가늘고 측면의 연귀짜임으로 인해서 오히려 골재를 약하게 만들고 있다.

문변자인 ㉰는 일반적인 문변자의 짜임새와는 달리 상세도면 15-3 막장부반연귀짜임과 같이 넓은 문변자를 깎아 직각으로 만나는 모서리 안쪽을 둥글게 굴렸다.

족대인 ㉱는 상세도면 15-4 막장부맞짜임과 같이 족대의 배면에서 쐐기를 박아 고정했다.

탁자의 금속장석은 주석이 대부분으로 이처럼 무쇠장석을 사용하는 것은 고식이며 그리 흔치 않다. 원형자물쇠앞바탕은 둥근 고리가 없이 직접 자물쇠를 채우게 되었는데 문변자보다 넓어 앞바탕 아래에 문변자와 같은 높이가 되도록 판자를 덧댄 후 못을 박았다. 무쇠장석이 소박한 소나무 재질과 어울려 안정감을 주고 있다.

사진 15-1 삼층탁자 : 골재와 판재 모두 낙동법을 사용한 오동나무이며 일반 탁자보다 폭이 넓어 사용에 편리하고 안정감이 있다. 서랍이 없고 또 여닫이문 아래 머름칸이 없이 전체의 면분할에 치중하였다. 또 무쇠장석 등이 사진 15(p149)와 같은 고식임을 말하고 있다. 벽선이 따로 없이 문변자와 기둥에 경첩을 달고 문변자 네 귀에 귀장석을 두어 견고하게 했다. 이러한 격조 높은 탁자로 미루어 보아 한 조를 이루었을 가구들의 형태와 사랑방 분위기를 짐작할 수 있다.

사진 15-2 삼층탁자 : 쾌적한 면분할을 보이고 있으며 서랍과 복판에 먹감나무를 대칭으로 사용하여 자연미를 추구하는 한국 목가구의 일면을 잘 나타내고 있다.

사진 15-3 사층탁자 : 탁자는 후대로 올수록 높아져 사층탁자가 대부분이다. 이 탁자는 사층탁자의 전형적인 형태이며 백동수선화장석, 숨은 경첩 등으로 미루어 1910년 전후에 제작된 것으로 보인다. 골재는 배나무, 앞판은 먹감나무이다.

사진 15-4 사층탁자 : 우리나라 목가구의 특징이 면분할의 쾌적함에 있다면 이 탁자는 그런 비례미를 가장 잘 살린 작품이라 할 수 있다.

각 층은 정방형이며 사방이 뚫린 사층사방탁자 형식을 갖고 있다. 결이 곧은 소나무로 골재와 판재를 구성하고 문 복판은 나뭇결이 아름다운 느티나무의 넓은 판재를 사용했다. 이는 마치 찬장에서 소나무 골재와 느티나무 판재의 조화를 보는 듯 부드러우면서도 건강미를 엿볼 수 있다.

하단의 여닫이문 상부에 서랍이 없는 형식은 고식古式으로 단아한 멋을 준다.

15
19
0
80
160
240
320
400
mm
17
383
17
383
1328
16
17
48
24
77
318
22
17
9
48
17
109
12
19
163
163
19
364
383
383
383
19
19
6
16
318
340

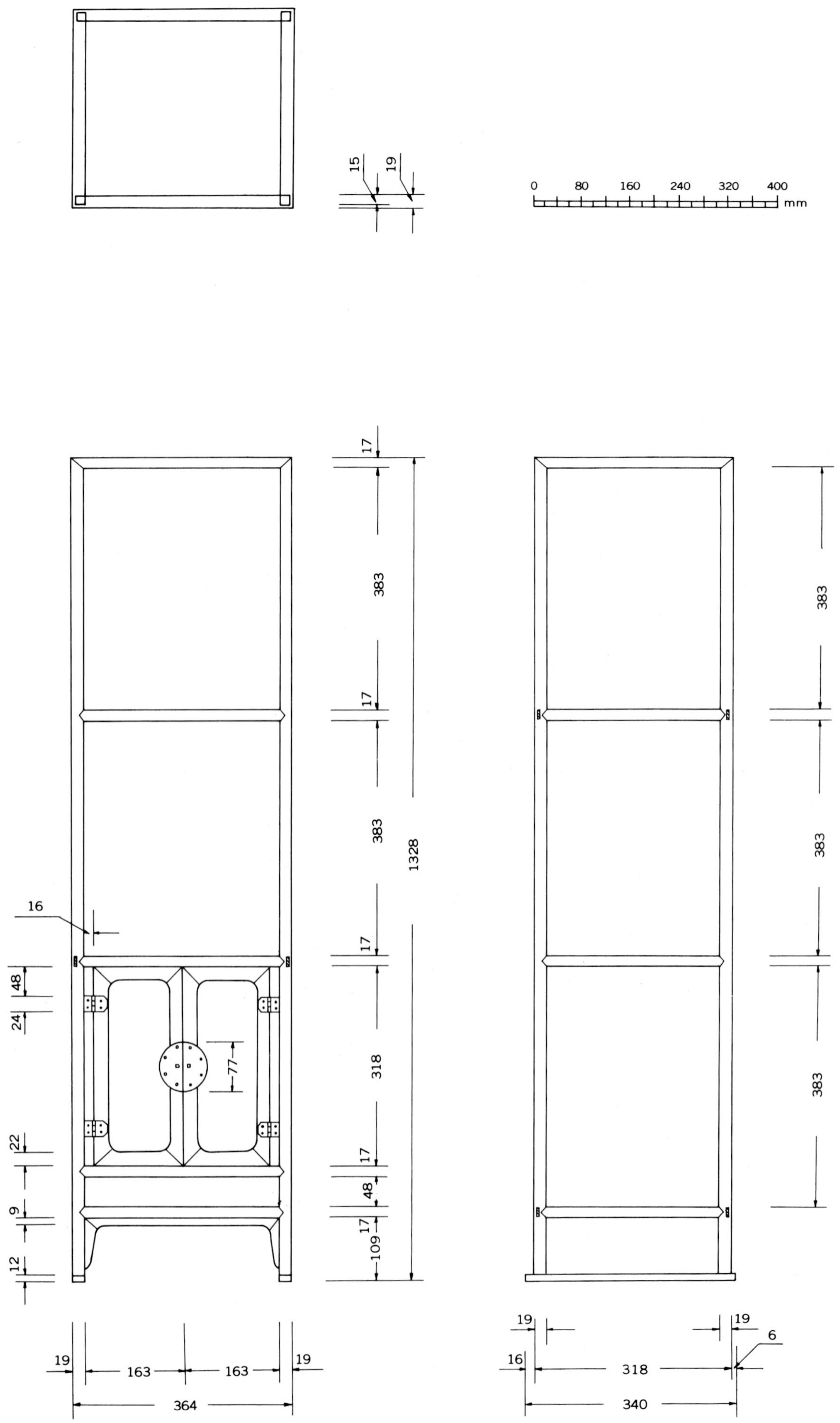

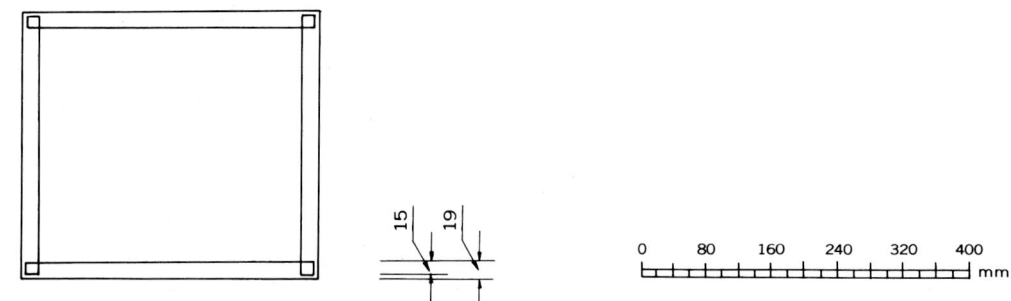

실측도

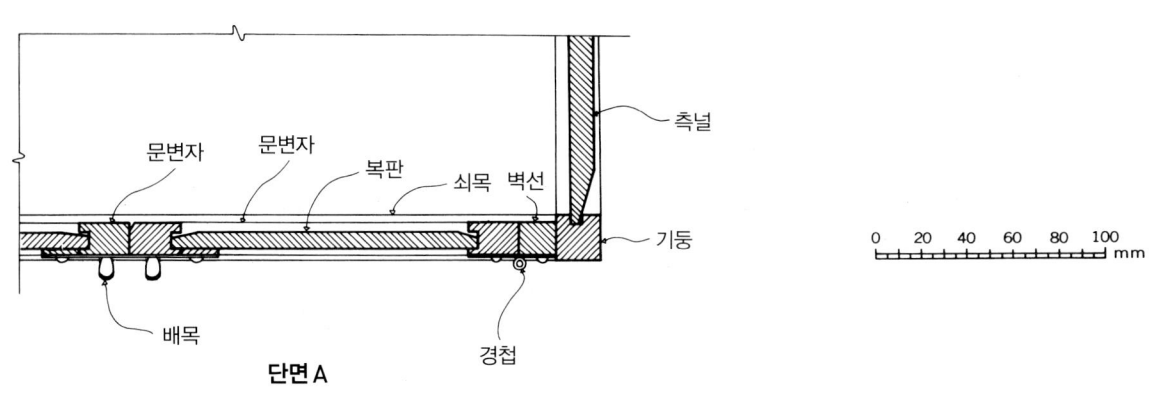

문변자　문변자　복판　쇠목　벽선　측널

배목　경첩　기둥

단면 A

0　20　40　60　80　100 mm

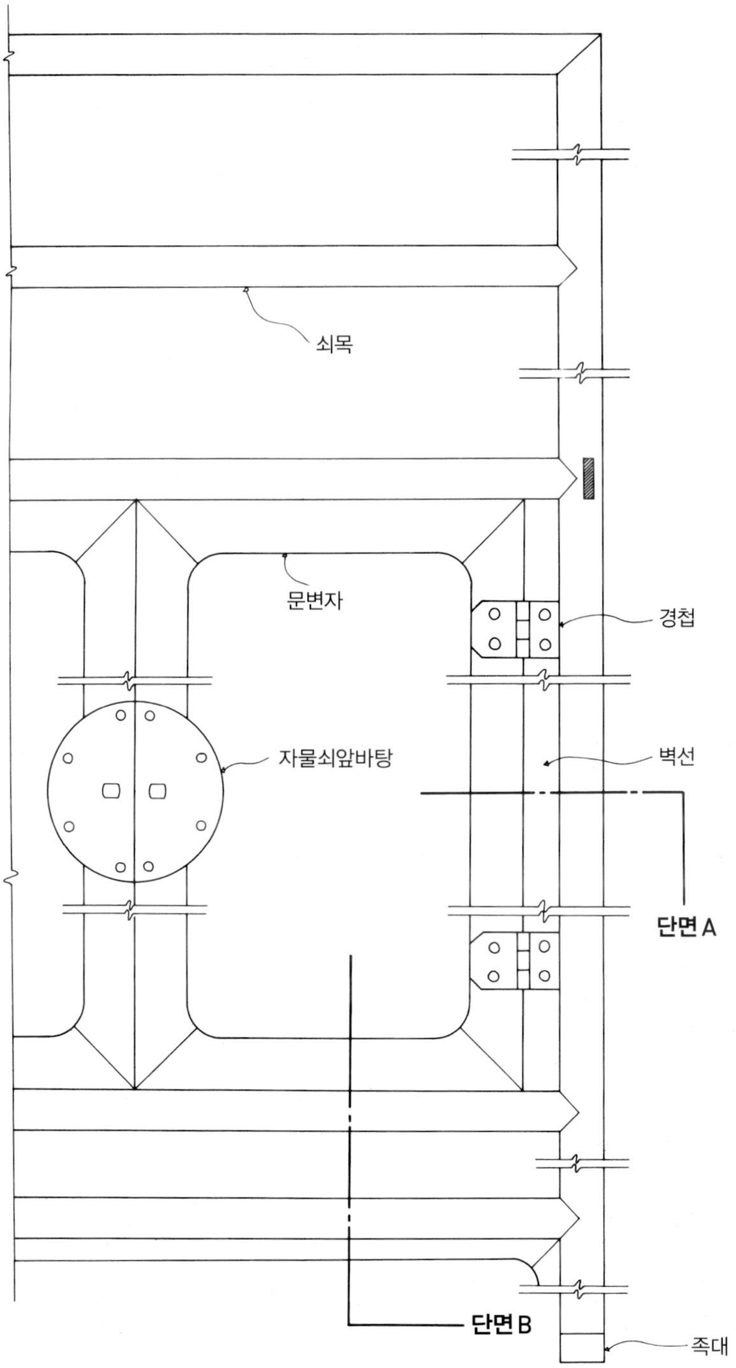

쇠목

문변자

자물쇠앞바탕

경첩

벽선

단면 A

단면 B

족대

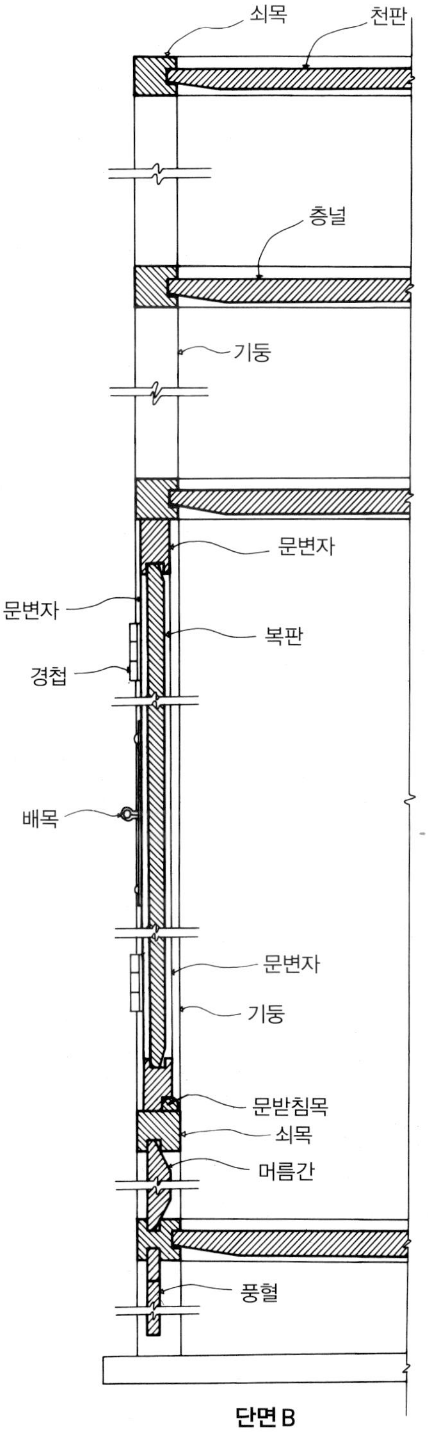

단면도

쇠목　천판

측널

기둥

문변자

문변자　복판

경첩

배목

문변자

기둥

문받침목

쇠목

머름간

풍혈

단면 B

153

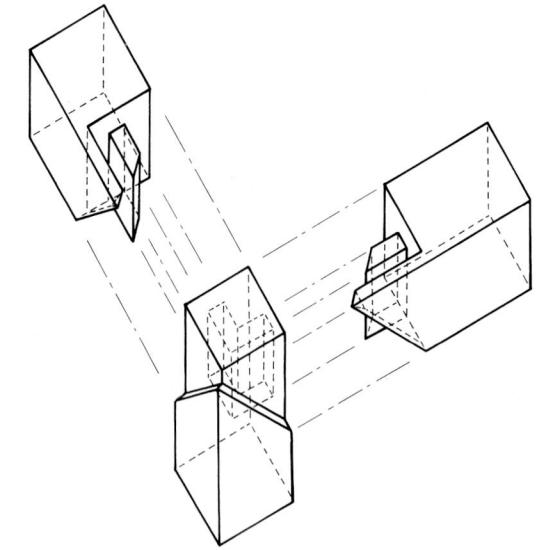

상세도면 15-1 ㉮ 삼방반연귀촉짜임

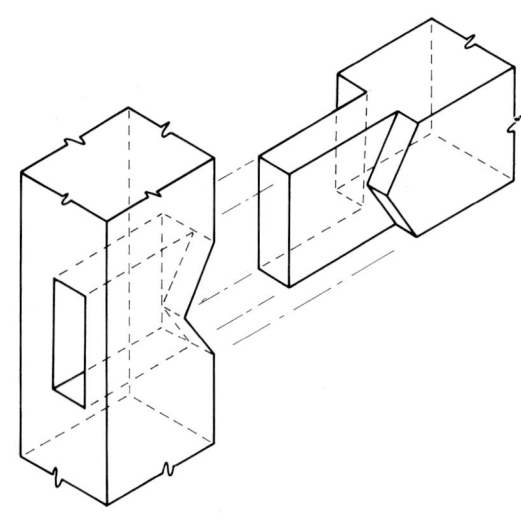

상세도면 15-2 ㉯ 막장부연귀짜임

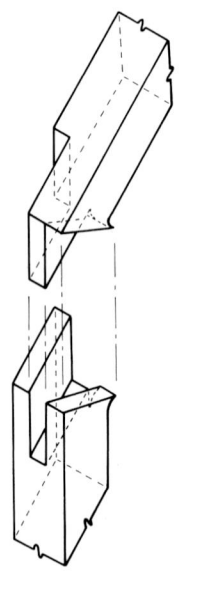

상세도면 15-3 ㉰ 막장부반연귀턱짜임

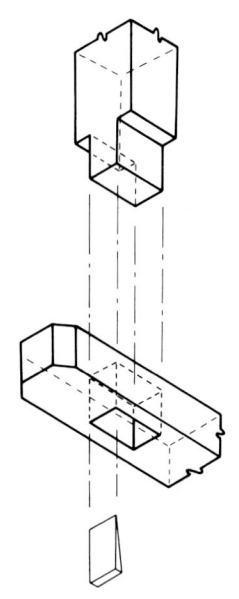

상세도면 15-4 ㉱ 막장부맞짜임

상세사진 15-1 기둥과 쇠목

상세사진 15-2 기둥과 쇠목의 짜임

상세사진 15-3 기둥과 쇠목의 짜임

상세사진 15-4 여닫이문과 문턱

상세사진 15-5 기둥과 쇠목의 짜임

상세사진 15-6 기둥과 쇠목, 풍혈의 짜임

상세사진 15-7 풍혈, 족대

상세사진 15-8 하단 정면

사진 **15-1 삼층탁자** 18세기. 개인 소장 67.8×36.0×130.0cm

사진 **15-2 삼층탁자** 19세기. 국립중앙박물관 소장 45.3×37.4×138.0cm

사진 **15-3 사층탁자** 19세기. 호림박물관 소장 48.1×38.0×164.3cm

사진 **15-4 사층탁자** 19세기. 김종학 소장 38.2×38.2×158.6cm

19세기, 가로 66.0cm, 세로 31.8m, 높이 178.7cm, 국립중앙박물관 소장

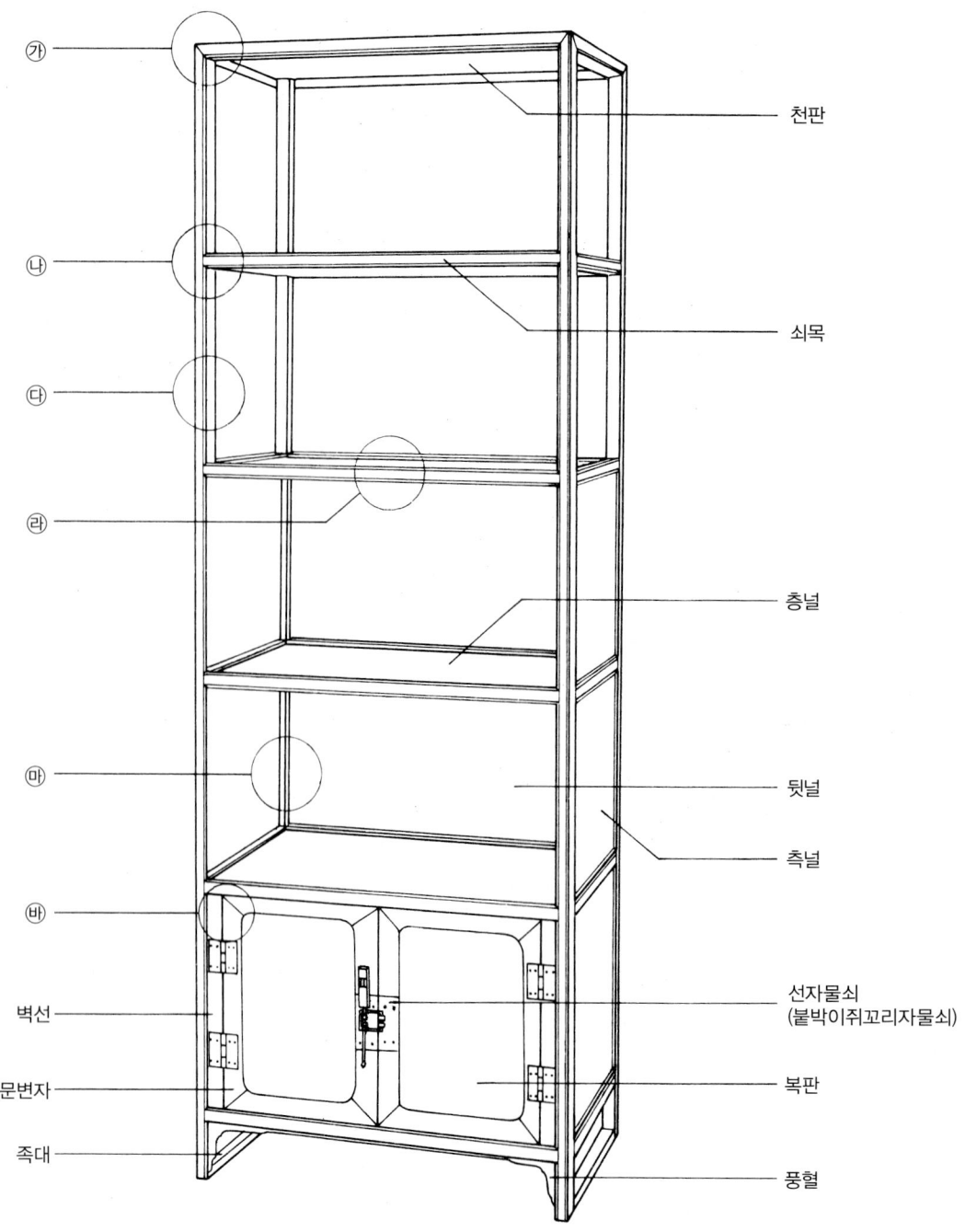

㉮

㉯

㉰

㉱

㉲

㉳

벽선

문변자

족대

천판

쇠목

층널

뒷널

측널

선자물쇠
(붙박이쥐꼬리자물쇠)

복판

풍혈

세부명칭도

사랑방은 검소하고 정적인 분위기를 갖는 곳으로 오동나무나 소나무 등 광택이 없고 소박한 재질의 가구를 이용하여 외형과 장식성보다는 안정된 분위기를 조성한다. 이곳의 가구는 서안, 책장, 탁자 등 주로 학문과 깊은 사색을 위한 것으로 기능에 충실하면서 외형상 전혀 부담을 주지 않는 것을 중요시 했다.

특히 탁자는 책을 쌓기 위한 층널과 골재로 구성되어 좁은 공간에도 가구가 차지하는 면적에 부담이 없다. 가는 골재로도 큰 힘을 유지하기 위한 내부의 숨은 짜임새는 역학적인 튼튼한 구조로 되어 있으며, 전체의 쾌적한 비례는 한국의 목가구 중 으뜸이다.

탁자는 골재와 층널로만 구성된 사방탁자(사진 13 p133, 사진14 p141)와 1층이 여닫이문과 널로 막힌 삼층탁자(사진 15-1, 2), 사층탁자(사진 15-3, 4) 등 여러 종류가 있다. 고식일수록 삼층이 많고 후대에 올수록 사층이 대부분이다. 이런 현상은 천장이 점차 높아지고 행동반경이 넓어졌기 때문으로 생각된다.

이 탁자는 일반적인 것보다 한 층이 더 높은 5층이고 층널의 세로 폭이 좁은 것이 특징이며, 기능적인 면에서도 매우 실용적이다.

2층은 양 측면과 뒷면이 막혀 있고 삼층은 양 측면만 막혀 있어 책을 쌓거나 기물을 장식할 때 안정감을 준다. 이는 사면이 막힌 1층의 힘만으로는 5층 높이의 하중을 견디기 어려우므로 이를 보완한 것으로 보인다. 이런 독특한 형태는 제작 전부터 계획된 것인지 또는 처음엔 일반 탁자와 같은 공간구성이었으나 나중에 필요에 의해 수리된 것인지 확실치 않다.

그러나 ㉮의 부분에서 1층과 같이 기둥이나 쇠목에 장부홈을 파서 판재를 끼워 넣지 않고, 상세도면 16-3, 상세사진 16-3과 같이 안쪽에 받침목을 대어 판재를 고정한 것으로 보아 후자로 짐작된다.

기둥과 쇠목 등 골재는 단단한 참죽나무이며 여닫이문의 복판, 측널, 뒷널 등 판재는 오동나무이다. 층널과 뒷널의 넓은 면은 오동판재를 세로결로 사용하여 충분한 힘을 받도록 했다.

자물쇠앞바탕인 네모난 약과형경첩과 여닫이경첩은 견고한 주석이며 높은 가구에 안정감을 주고 있다.

붙박이선자물쇠(붙박이쥐꼬리자물쇠)는 탁자에는 거의 사용되지 않고 의걸이장에서 보이는데 탁자의 높이로 보아 의걸이장이나 주위에 함께 놓였던 가구들과의 조화를 고려했을 것으로 짐작된다.

세부구조를 살펴보면, 다섯 개의 층에 올려놓는 서책의 하중을 고려하여 굵은 기둥을 사용하였는데, ㉯의 기둥과 쇠목의 모서리는 상세사진 16-2와 상세도면 16-5의 단면과 같이 쌍사귀를 둘러 한결 부드럽고 가늘어 보이며 또 모서리가 상하는 것을 막아 주는 효과도 있어 실용성과 아름다움을 함께 표현하였다.

또한, 층널을 물고 있는 ㉰의 쇠목 안쪽에는 상세도면 16-5 ㉰의 단면과 같이 경사를 주어 시각적으로도 부드럽고 기물을 옮길 때도 닿지 않게 기능적인 면을 고려하였다.

탁자의 기둥과 쇠목의 짜임은 대개 연귀짜임이나 이것은 장부맞짜임이며, 이 형식은 상세도면 16-2 장부맞짜임과 같이 쌍사귀 부분까지 나와 있어 직선의 기둥이 잘 나타나 더욱 견고해 보인다.

문변자의 짜임인 ㉱는 상세도면 16-4 막장부반연귀턱짜임과 같이 문변자가 만나는 안쪽이 둥글게 보이도록 굵은 문변자를 반버선코형으로 깎아서 직선으로 구성된 탁자에 변화를 주고 있다.

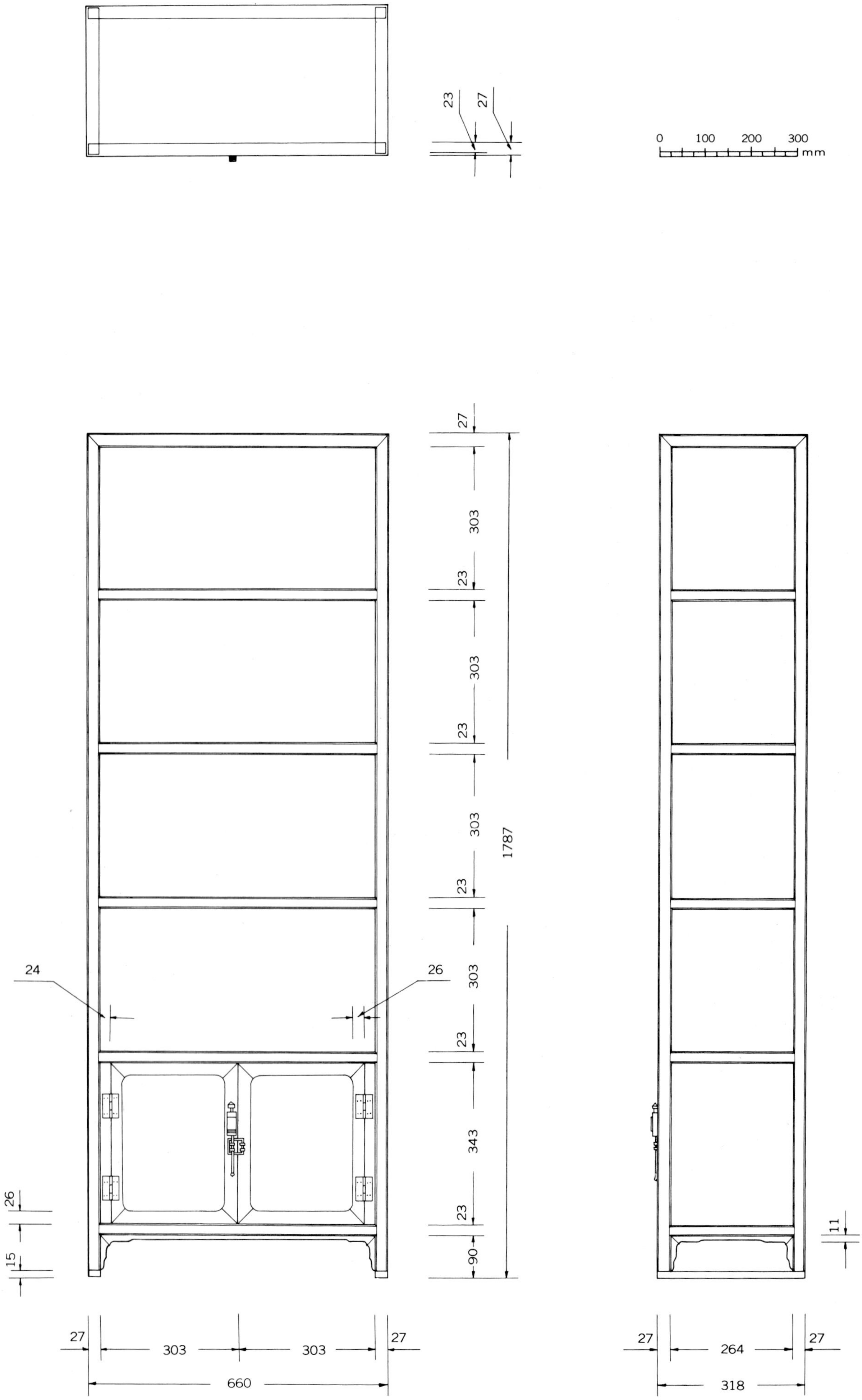

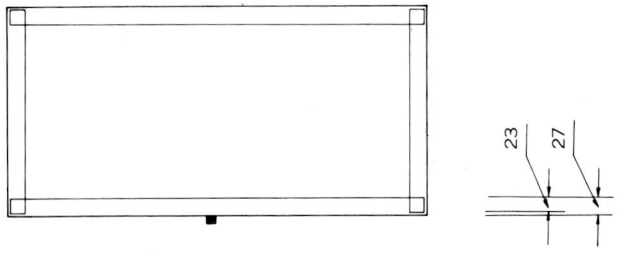

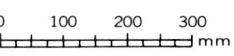

23　27

0　100　200　300
mm

27

303

23

303

23

303

23

303

23

343

23

90

1787

24

26

26

15

27　303　303　27

303　303

660

27　264　27

318

11

실측도

160

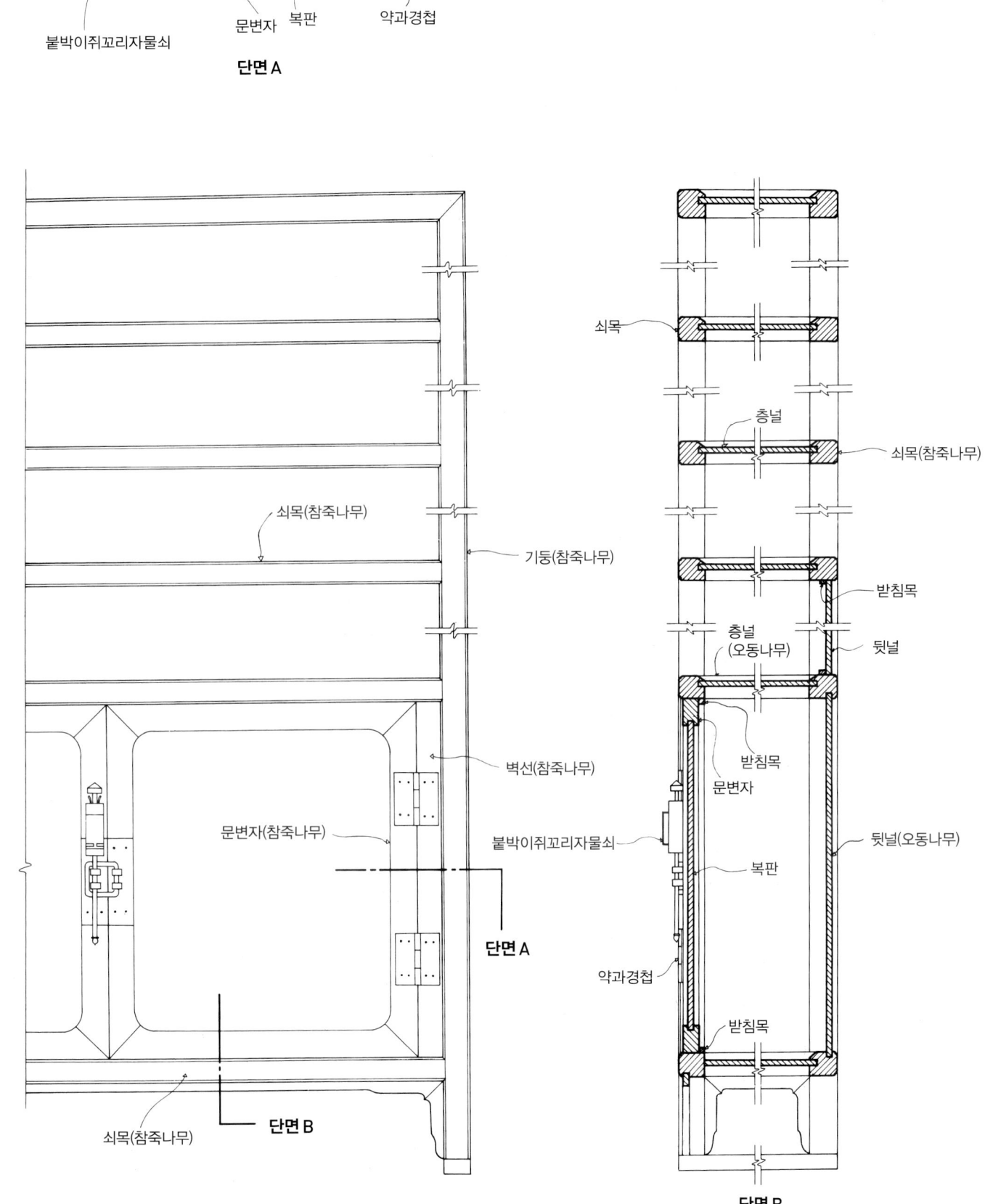

문변자

여닫이문 받침목

측널

기둥

붙박이쥐꼬리자물쇠

문변자

복판

약과경첩

단면 A

0 40 80 120 160 200 mm

쇠목(참죽나무)

기둥(참죽나무)

벽선(참죽나무)

문변자(참죽나무)

붙박이쥐꼬리자물쇠

단면 A

단면 B

쇠목(참죽나무)

쇠목

층널

쇠목(참죽나무)

층널
(오동나무)

받침목

뒷널

받침목

문변자

복판

뒷널(오동나무)

약과경첩

받침목

단면 B

단면도

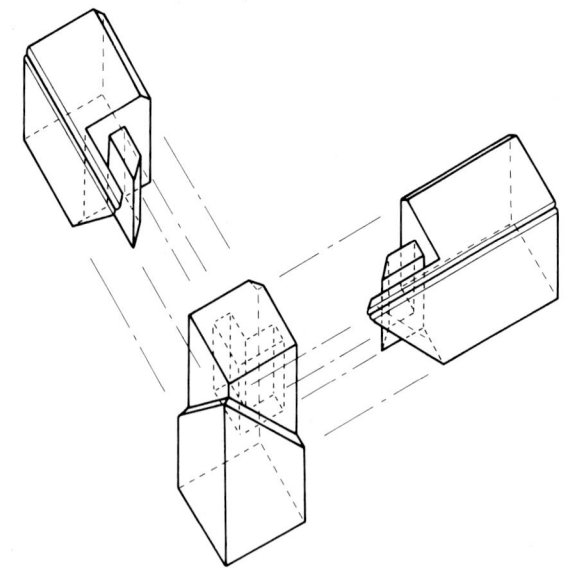

상세도면 16-1 ㉮ 삼방반연귀촉짜임

상세사진 16-1 좌측 짜임새

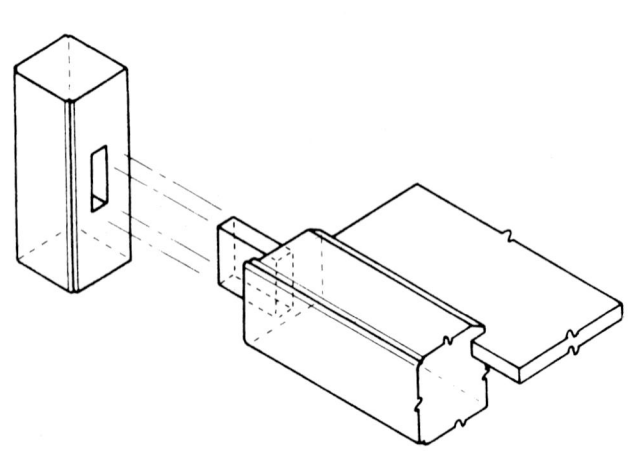

상세도면 16-2 ㉯ 장부맞짜임

상세사진 16-2 좌측 짜임새

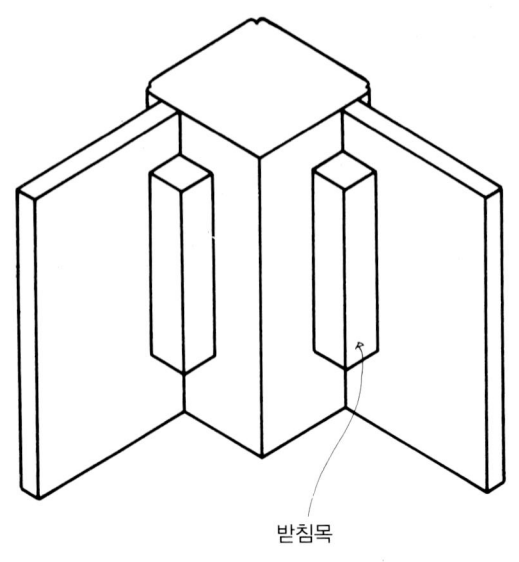

받침목

상세도면 16-3 ㉰의 짜임새

상세사진 16-3 좌측 짜임새

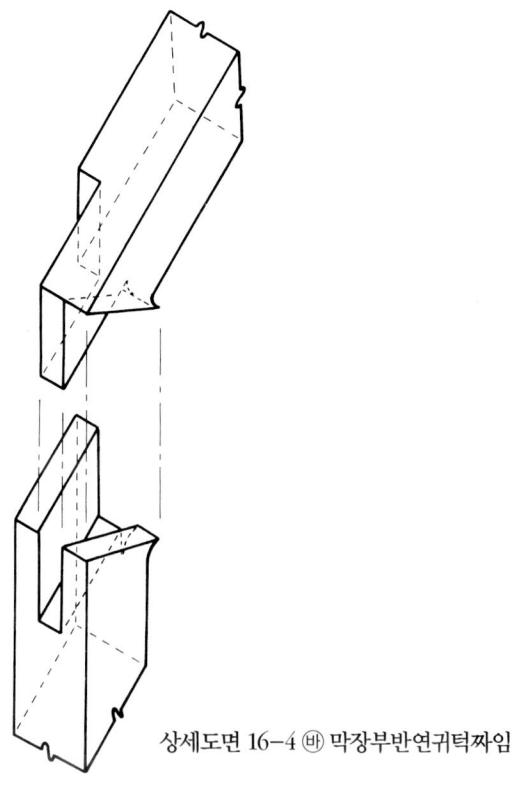

상세도면 16-4 ⑭ 막장부반연귀턱짜임

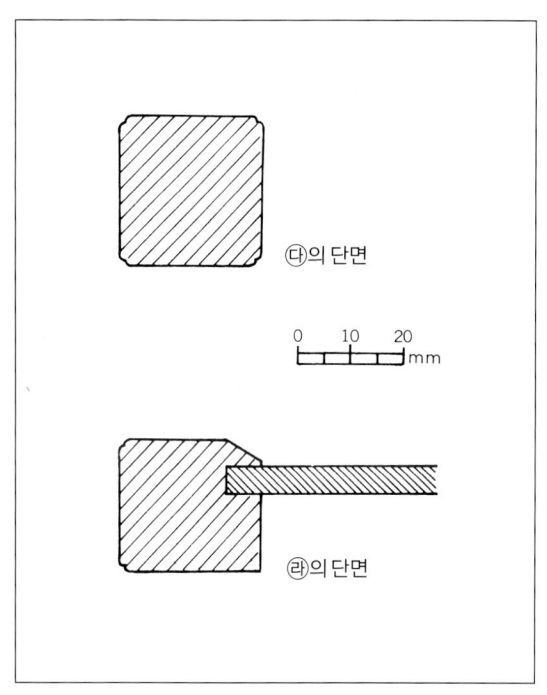

상세도면 16-5 ⑮, ⑯의 단면

상세사진 16-4 기둥과 쇠목의 짜임새

상세사진 16-5 여닫이문과 문턱

상세사진 16-6 정면 기둥, 쇠목, 풍혈

상세사진 16-7 측면 풍혈

19세기, 가로 106.4cm, 세로 42.8cm, 높이 98.8cm, 개인 소장

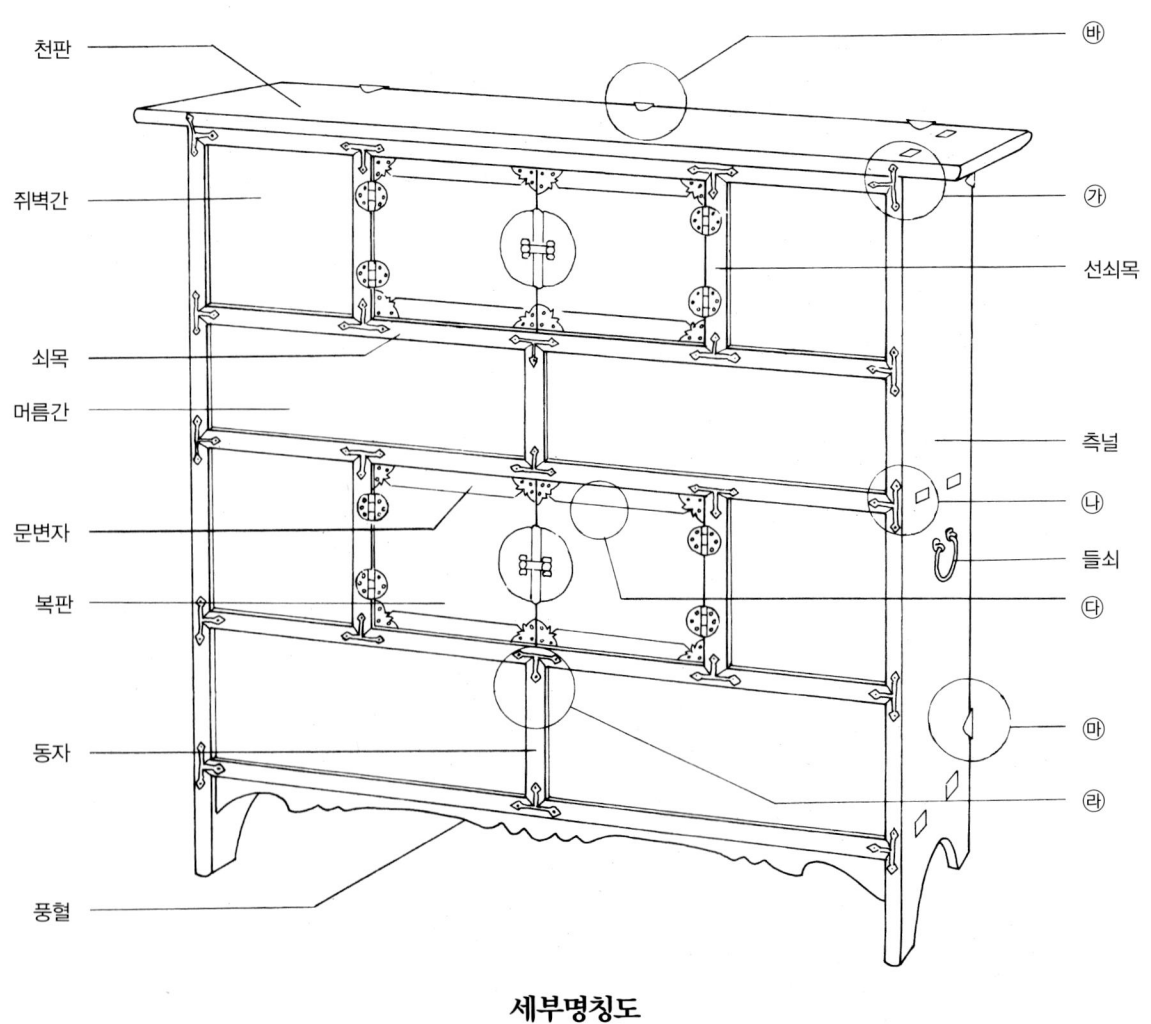

천판

쥐벽간

쇠목

머름간

문변자

복판

동자

풍혈

바

가

선쇠목

측널

나

들쇠

다

마

라

세부명칭도

　한국은 사계절이 뚜렷하여 계절에 따른 다양한 종류의 의복이 필요하게 되고 이들을 보관하기 위한 장, 농, 함 등의 가구가 발달하였다. 한국의 목가구 중에서 장과 농이 주류를 이루는 것도 이 때문이다.

　농은 각 층이 분리되어 상하로 쌓아놓는 형태로, 원래는 뚜껑이 있는 고리짝을 쌓아 놓고 사용하였는데 이 경우 아래층의 것은 불편하므로 이를 개선하여 각 층의 앞쪽에 문을 만들어 발전시킨 것이다. 일반적으로 다리를 짜서 높이고 있으나 그대로 몸체만 포개서 사용하는 예도 있다.

　장은 긴 한 장의 판재로 측널을 구성하여 각 층이 분리되지 않는 것을 말하며 2,3층이 대부분이다. 전체의 하중을 지탱하기 위해 측널은 두꺼운 판재를 이용하며 네 기둥 또한 굵고 튼튼한 재질이 필수적이다. 그러나 삼층장 중 키가 높은 것은 운반을 고려하여 3층만 분리되도록 짠 것도 있다.

장과 농은 형태에 따라 1·2·3층 장과 농으로 나누고 용도에 따라 머릿장, 의걸이장, 솜綿장, 책장, 원앙장鴛鴦欌이 있다. 또 재료에 따라 순수하게 나무의 목리木理를 살린 것, 죽장竹欌, 나전螺鈿·화각華角·화초장花草欌 등 다양한 종류가 있다.

이 장은 두꺼운 양 측널을 갖고 있어 견고하며 긴 천판 위에는 함, 상자, 기타 소품을 올려놓을 수 있어 유용하다. 이 장의 외형으로 미루어 옷장 이외에도 사랑방에서 요긴한 소품들을 깊숙이 넣어 두는 일반 장의 용도로도 사용되었을 듯하다.

여닫이문 위에 머름간이 없는 대신 아래 머름간이 넓어 깊이 넣을 수 있고 또 이로 말미암아 전체적으로 분할이 정리되고 한결 시원하게 느껴진다. 또한, 2층보다 1층을 높게 분할하여 하층이 낮아 보이는 눈의 착각을 피하고 안정감을 주었다.

세부구조를 살펴보면, 천판과 측널, 층널과 측널의 짜임새인 ㉠, ㉣는 상세도면 17-1과 같이 쌍막장부맞짜임이며, 배면背面에서 쐐기를 박아 빠지지 않게 하였다.

여닫이문의 복판은 문변자에 끼우지 않고 통판을 사용했는데 이때 문이 휘는 것을 막기 위해 상하에 문변자 ㉱를 상세도면 17-2 반연귀턱짜임과 같이 파내고 가로결을 따로 붙였다. 여닫이문 아래의 머름간은 긴 판재를 댄 후 동자 ㉲를 상세도면 17-3 연귀맞짜임과 같이 형식적으로 끼워 등분하였는데 이는 전체의 분할 균형을 잡기 위한 것으로 보인다. 문 양측의 문변자와 벽선을 없애고 문의 경첩을 복판과 선쇠목에 직접 달았는데 벽선을 없앤 것은 여닫이문을 크게 만들어 실용성을 높이려는 의도이다.

측널과 뒷널, 천판과 뒷널의 짜임인 ㉳, ㉴는 상세도면 17-4와 같이 맞짜임이며, 대나무못을 박은 후 고춧잎형거멀잡이(고춧잎형감잡이)로 견고히 잡았다. 천판과 뒷널을 연결하는 고춧잎형거멀잡이와 측널의 들쇠는 무쇠이며 그 외는 주석장석이다. 각 이음새의 새발장석은 견고함과 장식성을 강조하고, 여닫이문 네 귀의

귀장석, 앞바탕, 경첩 등의 집중적인 금속장석은 시원한 느티나무 목리와 좋은 대조를 보이고 있다.

사진 17-1 이층장 : 일반적으로 이층책장으로 부르는 사랑방용 가구이다. 여닫이문판 아래 머름간이 구성되어 턱이 높고 문을 열면 바닥면이 깊게 구성되었는데, 이곳에 책을 보관할 수도 있겠으나 넣고 꺼내기에 불편하므로 책장이라기보다는 사랑방 용품을 넣어두는 다목적 가구이다.

앞널은 느티나무, 양 측면은 오동나무이며 머름간에는 안상문이 시문되어 있다. 일반적인 장의 구조는 중심 여닫이문 좌우에 쥐벽간의 넓은 공간을 상하로 분할하는데, 이 장은 쥐벽간을 세로로 삼등분하고 다시 가로로 작게 삼등분한 면분할 형식으로 흔치 않다. 이 때문에 중심의 너른 복판이 강조되고 복잡한 골재 분할로 말미암아 단단하게 느껴진다. 양 측면에도 골재로 촘촘히 면분할 하였는데 이는 하중을 견디는 버팀목 역할도 하지만 가구를 배치하였을 때 측면의 미장효과를 고려하였다.

골재는 쌍사밀이로 골을 파고 짜임 부분에는 연봉형새발감잡이를 박아 시각적인 효과를 높였으며 화형앞바탕에는 모란문을 시문하고 그 바닥면을 둥근 원문으로 조이질 하였다.

사진 17-2 이층장 : 경상의 두루마리귀와 호족형 다리를 갖춘 이층장으로 여러 가지 중요 기물이나 남성 생활용품들을 깊숙이 넣을 수 있게 하였다. 두루마리귀를 가진 중국의 명·청대 가구는 수직이거나 약간 외반된 굵은 기둥이 상체를 받치고 있는 데 반하여 조선시대 가구에서는 경상에서 보이는 바와 같이 비교적 가는 기둥에 호족을 달아 안정감을 주고 있다.

천판 아래 가로로 배치된 낮은 서랍들과 1층 여닫이문 아래의 머름간 부분에 안상문을 시문하였다. 전면의 사각 판재들은 균일한 크기로 분할한 후 여의두문을 시문하였다. 양 측면도 전면과 같게 분할하고 여의두문을 조각하였는데 주변에 다른 가구 배치 없이 독립되게 서 있었을 것으로 짐작된다.

하단의 높은 머름간은 중요 기물을 넣기 위한 기능으로 안정감을 준다.

문판 네 귀의 연귀짜임 위에 초옆형귀장석과 경첩, 앞바탕장석, 각 면의 짜임새 부분에는 연봉형새발장석, 천판 두루마리귀장석, 측면의 긴 거멀잡이장석 등이 고식이다. 천판과 뒷널은 소나무이며 판재와 골재는 은행나무이다.

사진 17-3 이층장 : 두 개의 층이 분리되지 않고 붙어 있는 구조를 장이라 부른다. 이·삼층장의 대부분이 세로로 굵은 기둥과 쇠목, 개판 등으로 짜여 많은 의복을 넣어도 견고하며, 농에 비하여 높고 넓은 구조로 되어 있다. 의복의 무게를 감당하기 위해 하단에 굵고 높은 족통을 대어 안정감을 주었으며, 이와 함께 천판 부위에 양옆으로 길게 개판을 설치하여 시각적인 균형을 가져왔다. 느티나무 뿌리나 혹 근처 아름다운 무늬의 복판재와 단단한 배나무 골재로 짜고 천판과 양 측널은 소나무이다.

사진 17-4 이층농 : 뚜껑이 있는 깊숙한 고리짝을 쌓아 놓으면 아래층에 넣은 물건을 꺼내고 넣기에 불편하므로, 전면에 문을 달아 사용하기 편리하게 한 것이 이층농二層籠 형식이다. 뚜렷한 사계절에 따라 의복의 종류가 많으므로 이를 보관하기 위한 이층 및 삼층장과 농이 가정마다 널리 사용되었다.

앞바탕에 크고 둥글며 단순한 형태의 무쇠장석을 부착하여 단아한 멋을 내고 있는 초기의 이층농 형식이다. 오동판재의 표면을 인두로 지진 후 볏짚으로 문질러 표면을 단단하고 검은색을 띠게 하는 낙동기법을 사용하였다. 오동나무는 건습 조절이 잘되어 의복의 보관에 적격이나 여닫이문을 앞판재에 고정하기에는 연약하고, 또 기둥과 쇠목 등의 골재가 없이 판재로만 짜 맞추었으므로 다량의 의복을 수장하기는 어렵다. 이를 보강하기 위해 문변자와

벽선, 쇠목 등 힘을 많이 받는 부분은 단단한 배나무를 대어 견고하게 하였다.

문 옆의 쇠목은 검게 칠하여 오동나무와 같은 색조로 보이게 하였다.

사진 17-5 이층농 : 기둥, 쇠목, 동자 등 골재에 홈을 파내고 판재를 끼워 넣어 힘을 보강하였으며, 원하는 무늬의 판재를 얻기 위해 면분할 하고 대칭으로 구성하는 한국 목가구의 특성이 잘 나타난 한층 진보된 이층농 형식이다.

문판 하부가 두 단의 머름간으로 구성된 일반적인 장과 농의 면분할 방식과는 달리, 머름간을 한 단으로 줄이고 넓은 판재를 사용하였다. 문판 좌우의 쥐벽간에도 가로 동자를 생략하여 넓은 판을 구성했다. 따라서 중심부 문판에 집중된 금속장석과 주변의 정리된 넓은 면이 서로 조화를 이루어 화사하면서도 품위 있는 자태를 보이고 있다.

잔잔하고 고운 느티나무 복판재와 단단한 배나무 골재, 천판과 양 측널 그리고 뒷널은 소나무이다.

사진 17-6 이층농 : 전면의 면분할 양식, 배밀이 한 둥근 골재, 좌우 대칭인 아름다운 목리의 판재 등 전형적인 이층농 양식을 갖추고 있다. 동자와 쇠목 등 전면 골재의 굵기가 일반 이층농보다 가늘어 굵은 골재에 비하여 판재의 목리가 돋보이며, 경쾌하고 짜임새 있다.

단단한 배나무 골재에 아름다운 느티나무 판재가 좌우 대칭으로 구성되어 안정감을 주고, 주석장석과 함께 여성의 취향인 화사함을 잘 나타내고 있다. 상부에 서랍을 두어 편리하게 사용하고, 운반을 고려하여 전면과 뒷면에 들쇠장석을 달았는데 이는 장식적인 면을 함께 고려한 것으로 짐작된다.

55
44
44
85
0 100 200 300 400 500 mm
20
20
205
20
145
20
210
20
170
20
138
138
850
988
19 204 21 213 213 21 204 19
75 914 75
1064
20
395
20
395
20
138
988
89
75 75
417
428

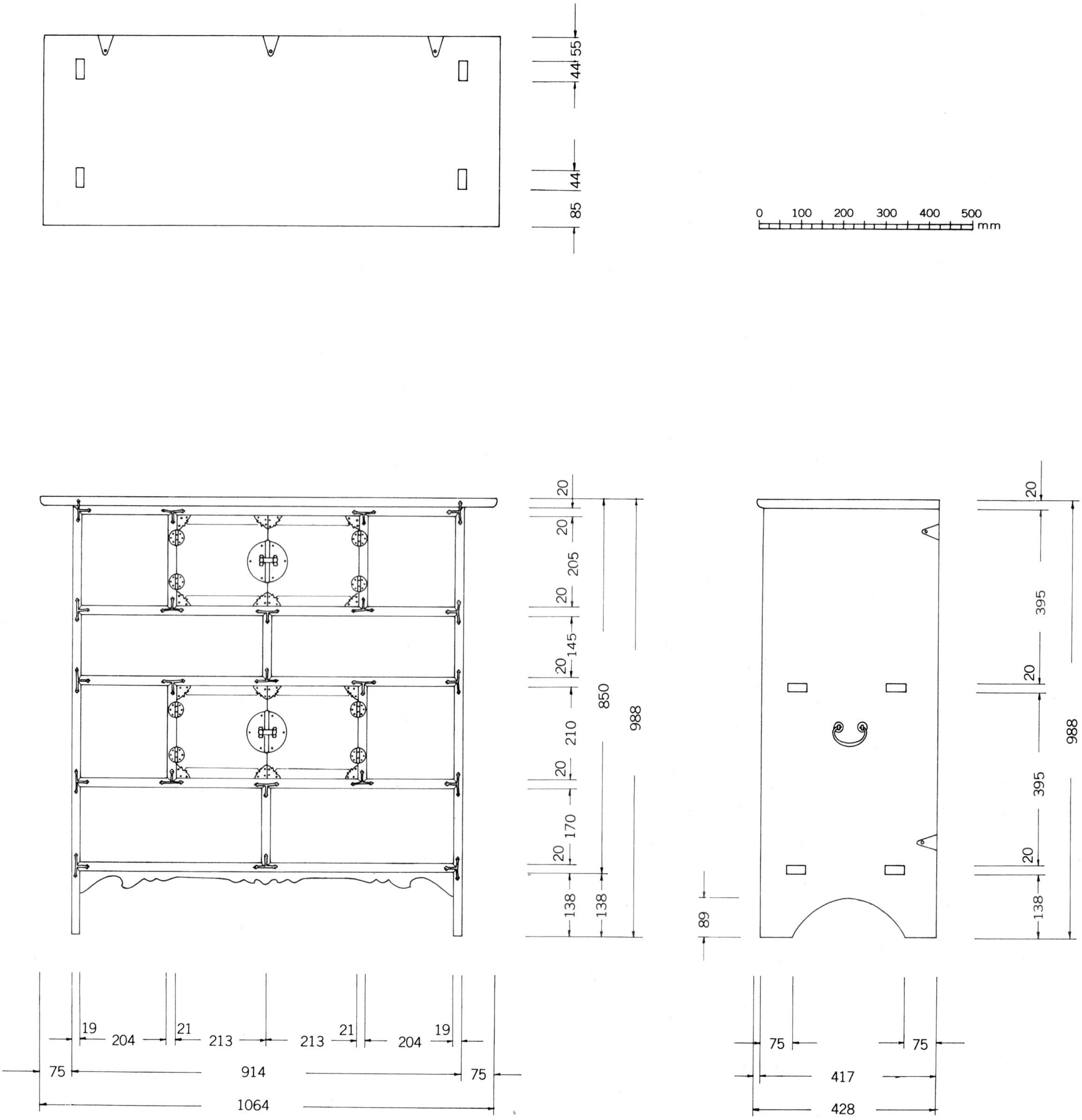

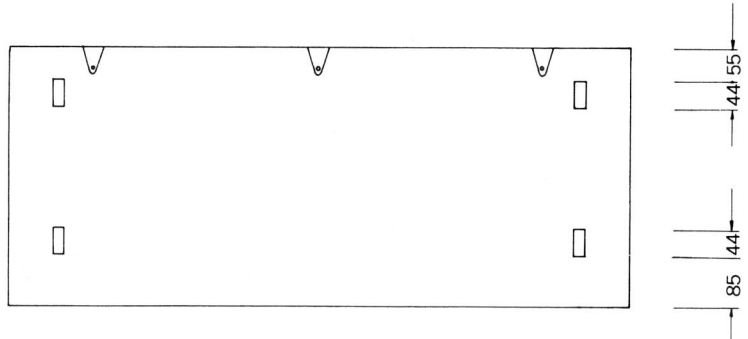

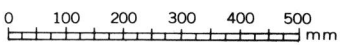

실측도

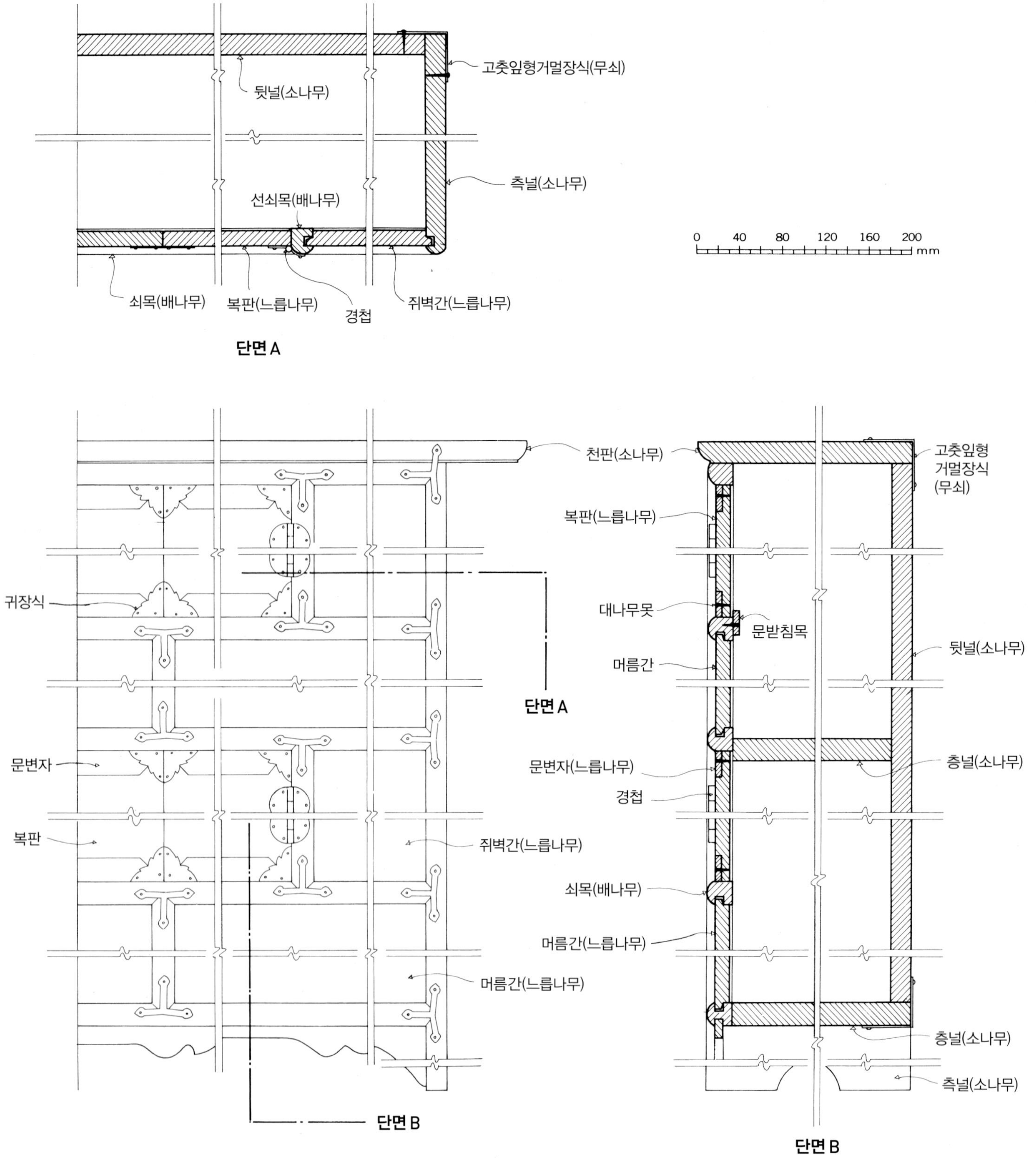

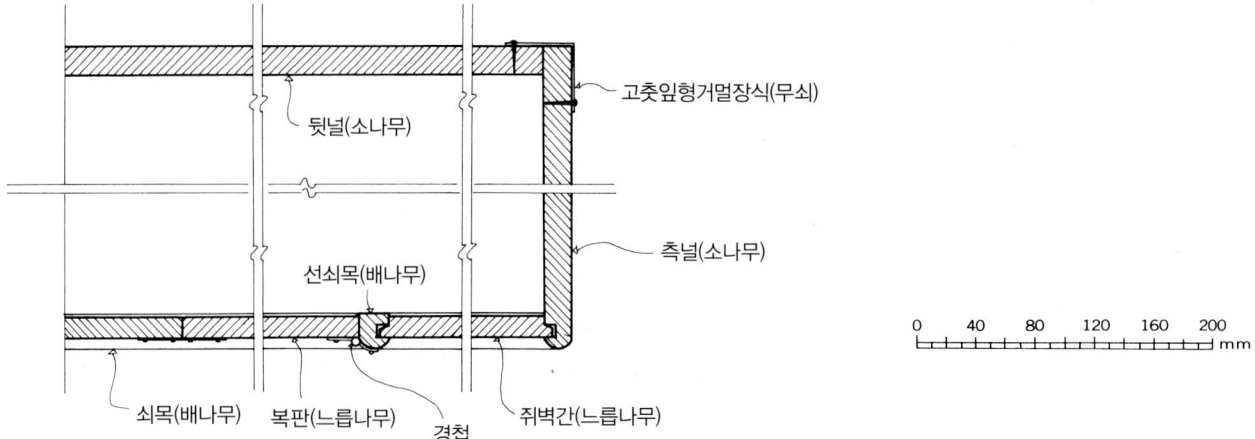

고춧잎형거멀장식(무쇠)

뒷널(소나무)

측널(소나무)

선쇠목(배나무)

쇠목(배나무)　복판(느릅나무)　경첩　쥐벽간(느릅나무)

단면 A

0　40　80　120　160　200
mm

귀장식

문변자

복판

단면 A

천판(소나무)

복판(느릅나무)

대나무못

문받침목

머름간

뒷널(소나무)

문변자(느릅나무)

경첩

층널(소나무)

쥐벽간(느릅나무)

쇠목(배나무)

머름간(느릅나무)

머름간(느릅나무)

고춧잎형
거멀장식
(무쇠)

층널(소나무)

측널(소나무)

단면 B

단면 B

단면도

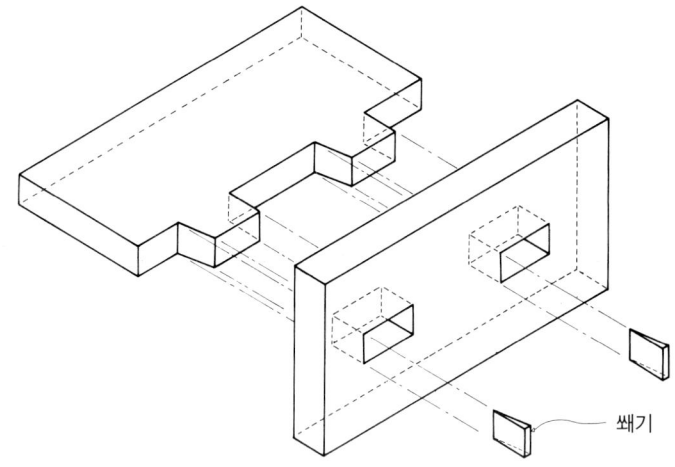

쐐기

상세도면 17-1 ㉮, ㉯ 쌍막장부맞짜임

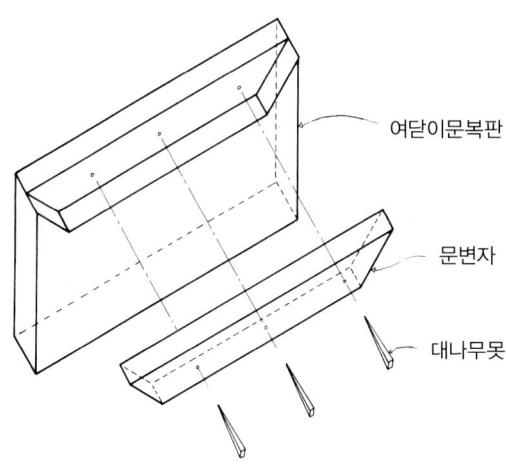

여닫이문복판

문변자

대나무못

상세도면 17-2 ㉰ 반연귀턱짜임

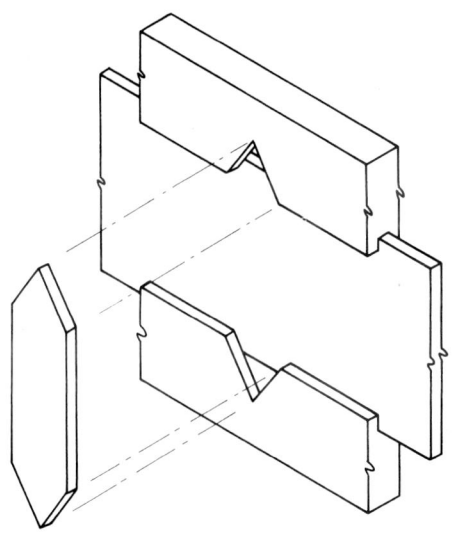

상세도면 17-3 ㉱ 연귀맞짜임

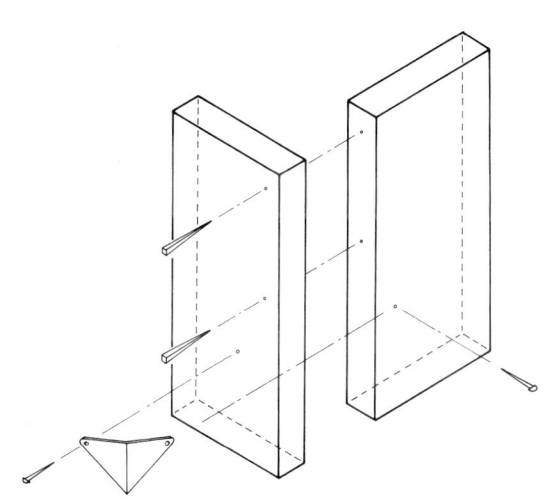

상세도면 17-4 ㉲, ㉳ 맞짜임

상세도면 17-5 풍혈 실측도

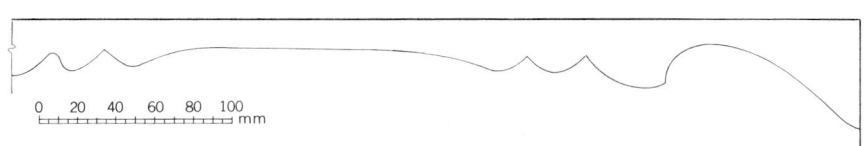

0 20 40 60 80 100
ㅣㅣㅣㅣㅣmm

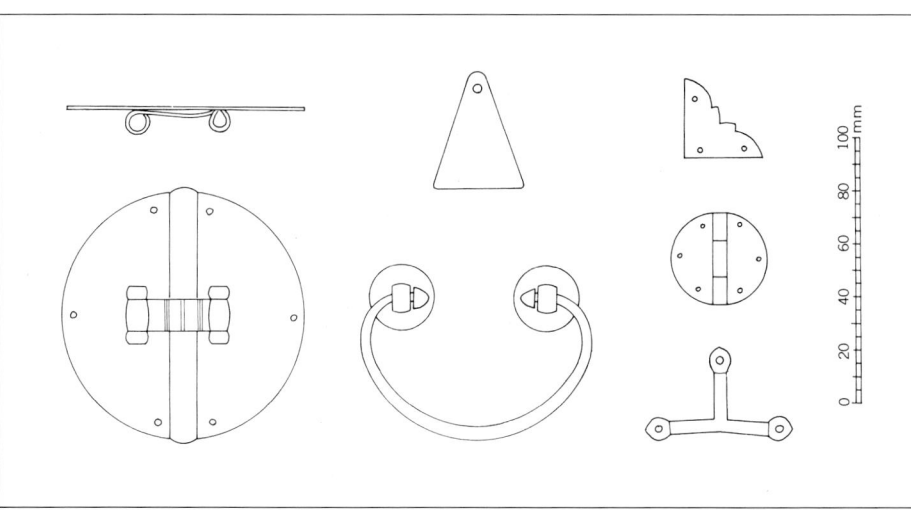

상세도면 17-6 금속장석 실측도

상세사진 17-1 상단

상세사진 17-2 하단 풍혈

상세사진 17-3 쇠목, 동자, 여닫이문

상세사진 17-4 경첩, 귀장석, 새발장석

상세사진 17-5측널

사진 17-1 이층장
18세기, 개인 소장
103.5×49.0×117.0cm

사진 17-2 이층장
18세기, 개인 소장
132.0×45.0×111.0cm

사진 17-3 이층장
19세기, 개인 소장, 115.5×55.0×149.5cm

사진 17-4 이층농
19세기, 개인 소장, 77.0×39.0×129.0cm

사진 17-5 이층농
19세기, 개인 소장, 80.8×40.2×119.0cm

사진 17-6 이층농
19세기, 개인 소장, 84.3×42.3×128.2cm

19세기, 가로 85.0cm, 세로 45.0cm, 높이 174.5cm, 이화여자대학교박물관 소장

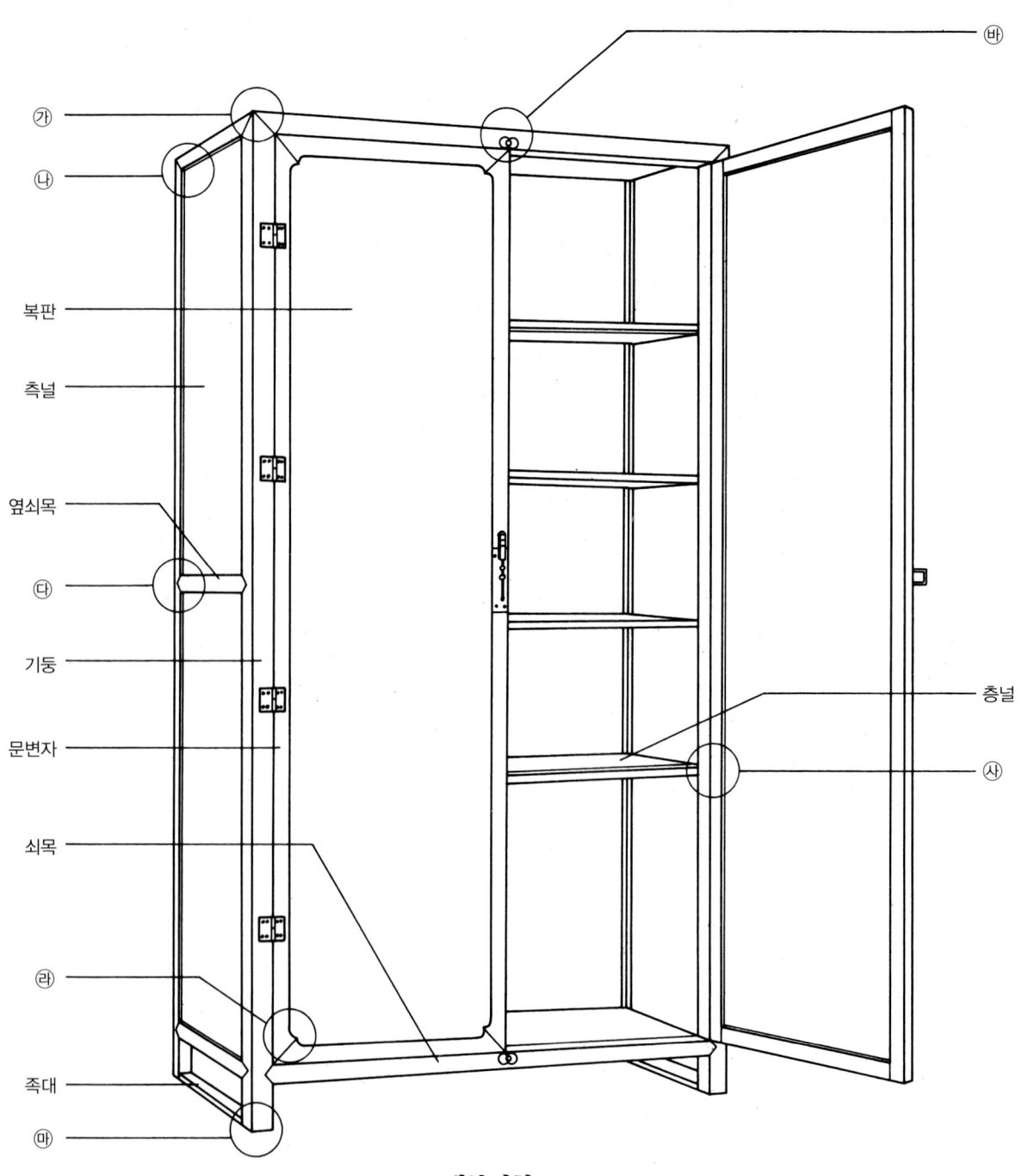

㉕

㉖

복판

측널

옆쇠목

㉤

기둥

문변자

쇠목

㉣

족대

㉡

㉿

층널

㉦

세부명칭도

한국은 사계절이 뚜렷하여 철에 따른 많은 종류의 의복이 필요하게 되고, 이들을 보관하기 위한 장, 농, 함 등이 가구의 주류를 이루고 있다. 이러한 장, 농, 함 등은 모두 옷을 서로 포개어 깊이 보관하므로 구겨지기 쉽고 속에 있는 옷을 꺼내려면 그 위의 옷들을 들어내야 한다. 특히, 치마나 두루마기 등의 긴 옷이나 자주 꺼내 입는 옷은 넣어두기에 불편하다.

의걸이장은 이런 불편을 덜기 위해 내부의 상단에 긴 막대 즉 횃대를 설치하여 옷을 구기지 않고 걸쳐 놓을 수 있게 만든 편리한 장이다. 의걸이장에는 긴 한 장의 판재로 여닫이문을 만든 단층장과 상층은 길게 하여 옷을 걸쳐 놓고 하층은 소품을 넣게 한 이층장의 두 종류가 있다. 여닫이문은 나뭇결을 잘 나타낸 판재이거나, 시문詩文이나 사군자 등을 조각한 것, 창살로 짜인 것 등이 있다.

이 의걸이장은 쇠목이나 동자가 없이 소나무 판재를 불에 그슬린 후 볏짚으로 문질러 단단한 목리를 살린 넓고 긴 판재로만 구성되었다. 가래나무[楸木]로 된 굵은 기둥과 자연 목리가 잘 어울려 담백한 멋을 풍기고 있다.

세부구조를 살펴보면, ㉮의 기둥과 천판 쇠목의 짜임은 상세도면 18-1과 같이 전형적인 삼방반연귀촉짜임이며 장의 뒷면인 ㉯부분은 측면에서 보이는 쪽만 상세도면 18-2와 같이 삼방반연귀촉짜임 하였는데 이는 벽에 붙는 면은 제작에 편리한 방법을 이용하였기 때문이다.

양 측면에서 기둥과 만나는 쇠목 ㉰는 쇠목이나 동자 짜임의 전형적인 연귀짜임이다.

넓고 긴 여닫이문의 복판을 감싸고 있는 문변자 ㉱는 동자나 쇠목이 없이 직선으로 뻗어 매우 단조로우므로 안쪽, 네 귀에 상세도면 18-5와 같이 버선코를 따로 작게 만들어 붙여 변화를 주었다.

일반적인 의걸이장의 족대는 끝 부분이 기둥 밖으로 뻗어 나와 있어 시각적인 안정과 더불어 네 기둥을 받쳐 주고 또 네 귀의 비틀림을 막아 줄 뿐 아니라, 걸레받이 역할도 하고 있다. 그러나 이 장의 족대인 ㉲는 상세도면 18-3 트인장부맞짜임과 같이 기둥에 장부홈을 파고 족대에 장부촉을 만들어 짜 맞추어 족대의 끝 부분이 기둥과 일치되고 있다. 이런 방법은 견고하지 못한 짜임이나 단순함을 강조하기 위함으로 짐작된다.

넓은 주석의 약과형경첩은 벽선이 따로 없이 문변자와 기둥에 직접 달았다. 이는 넓고 긴 여닫이문을 고정함과 동시에 문을 활짝 열어젖힐 수 있어 의걸이장에는 매우 편리한 형태이다.

중심의 붙박이선자물쇠(쥐꼬리자물쇠)는 전형적인 의걸이장의 장석이다. 중심 한 개의 자물쇠로는 긴 여닫이문이 비틀리기 쉬우므로 상하에 고정쇠를 ㉳처럼 달아 보완했다. (상세사진 18-1)

내부에는 5층의 층널이 있고 종이를 발랐는데 이는 의걸이장을 후에 책장으로 고쳐 사용한 때문이다.

이와 같은 형식의 의걸이장 중에는 복판에 비단형겊이나 색종이를 덧발라 화사하고 실내 분위기와 조화되도록 한 것도 있다.

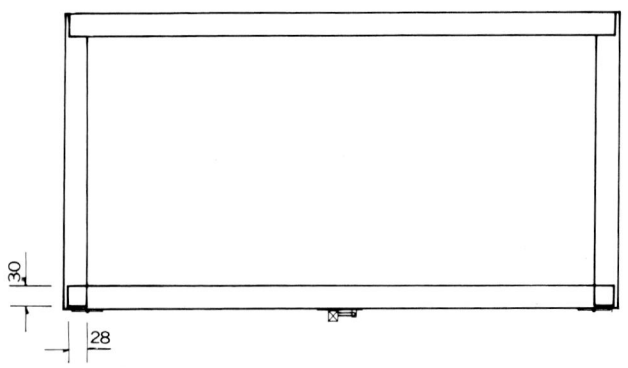

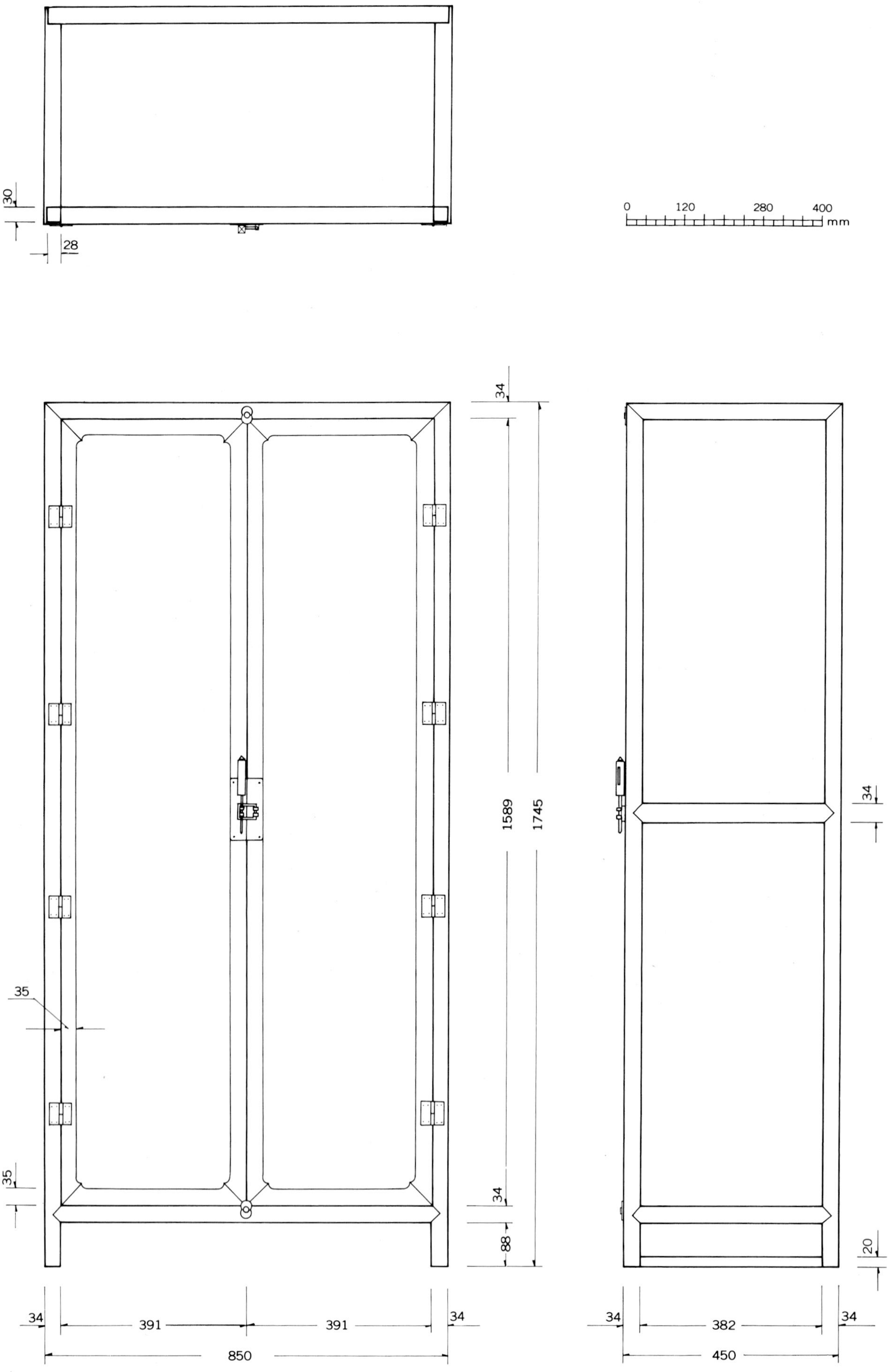

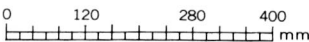

30
28
0
120
280
400
mm
34
1589
1745
35
35
34
88
34
391
391
34
850
34
34
382
34
450
20

실측도

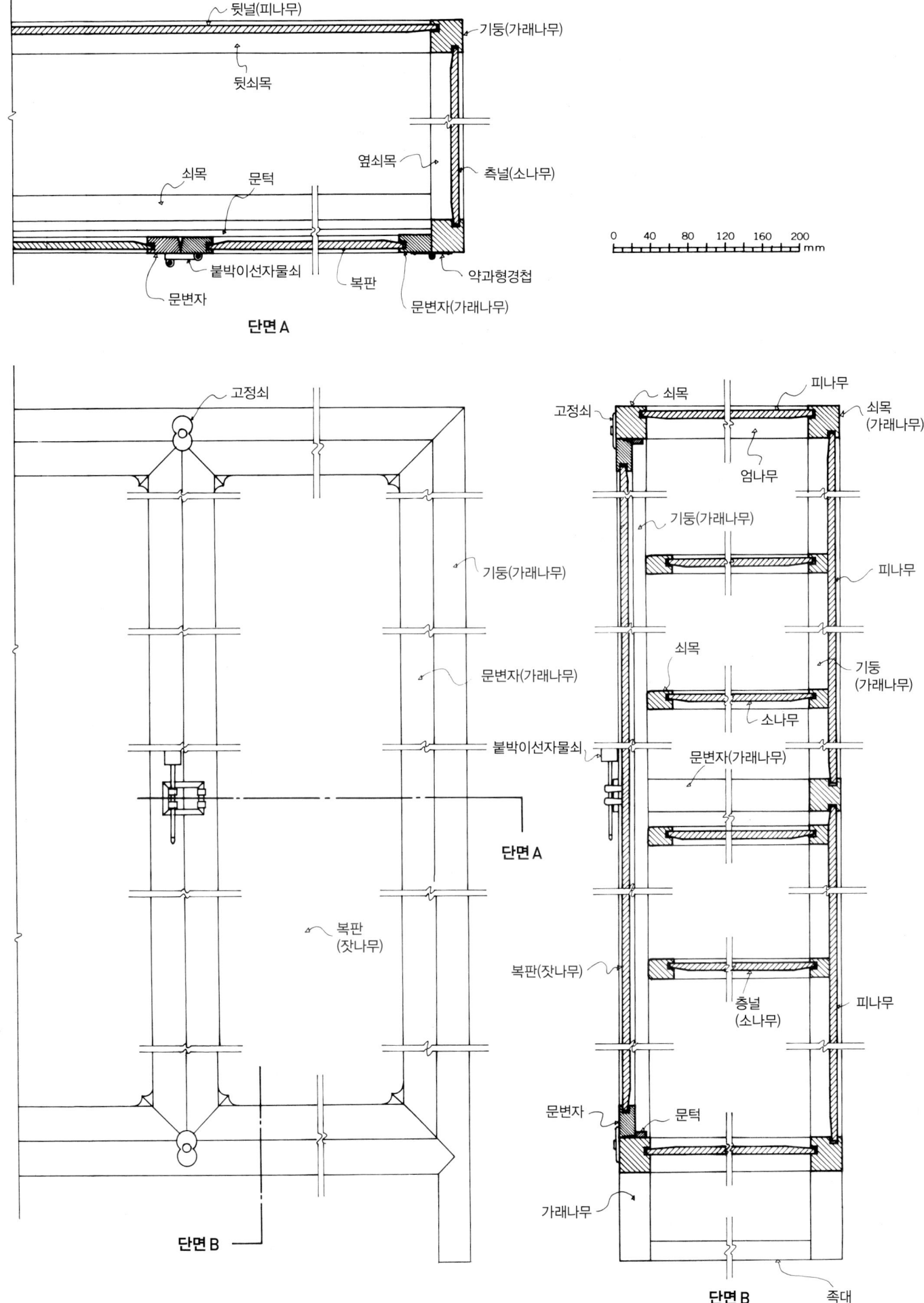

뒷널(피나무)

기둥(가래나무)

뒷쇠목

옆쇠목

측널(소나무)

쇠목   문턱

붙박이선자물쇠   복판   약과형경첩

문변자

문변자(가래나무)

단면 A

0 40 80 120 160 200 mm

고정쇠

쇠목

피나무

고정쇠

쇠목
(가래나무)

엄나무

기둥(가래나무)

기둥(가래나무)

피나무

문변자(가래나무)

쇠목

기둥
(가래나무)

붙박이선자물쇠

소나무

문변자(가래나무)

단면 A

복판
(잣나무)

복판(잣나무)

층널
(소나무)

피나무

문변자   문턱

단면 B

가래나무

단면도

단면 B   족대

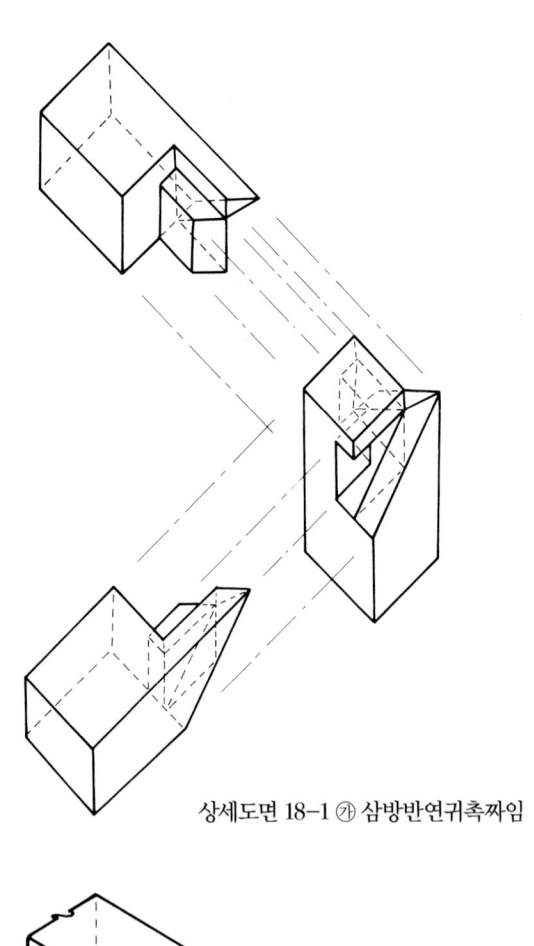

상세도면 18-1 ㉮ 삼방반연귀촉짜임

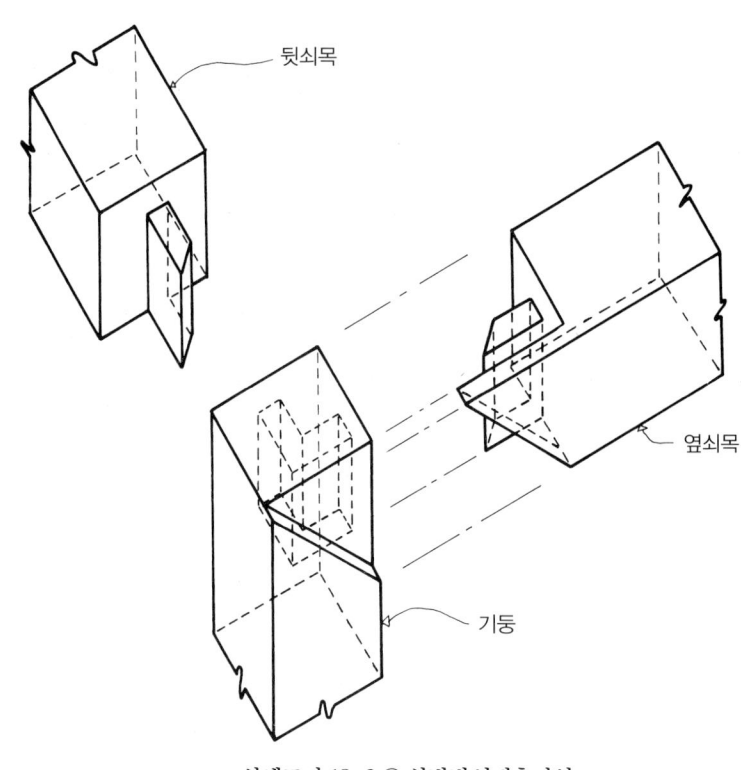

뒷쇠목

옆쇠목

기둥

상세도면 18-2 ㉯ 삼방반연귀촉짜임

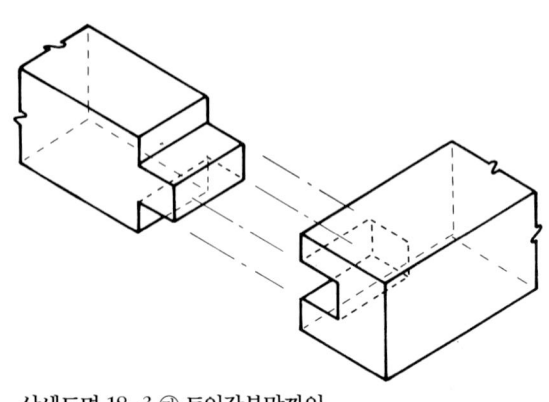

상세도면 18-3 ㉰ 트인장부맞짜임

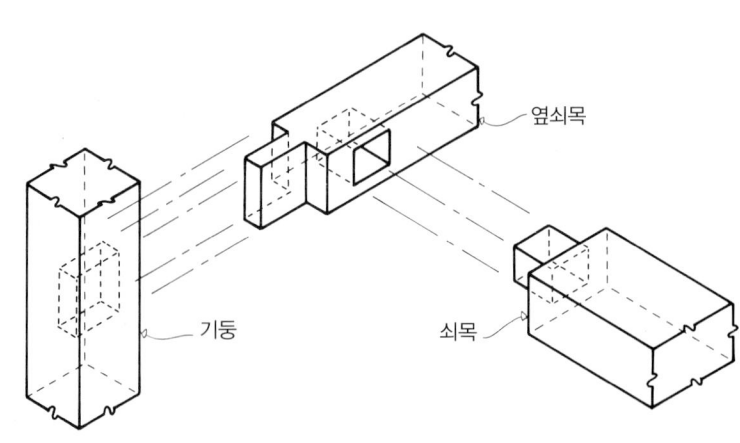

옆쇠목

기둥

쇠목

상세도면 18-4 ㉱ 장부맞짜임

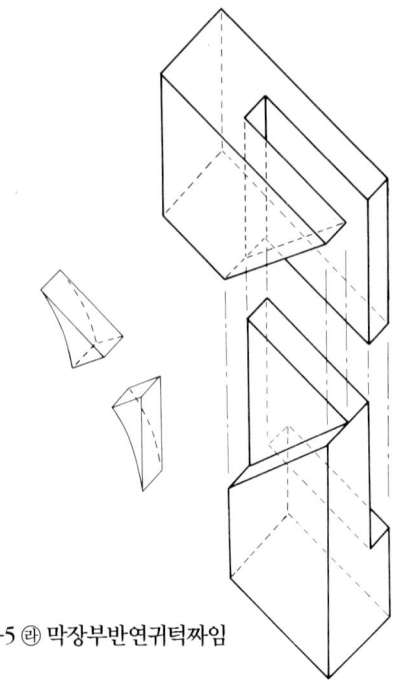

상세도면 18-5 ㉲ 막장부반연귀턱짜임

상세사진 18-1 고정쇠장석

상세사진 18-2 상부

상세사진 18-3 하부

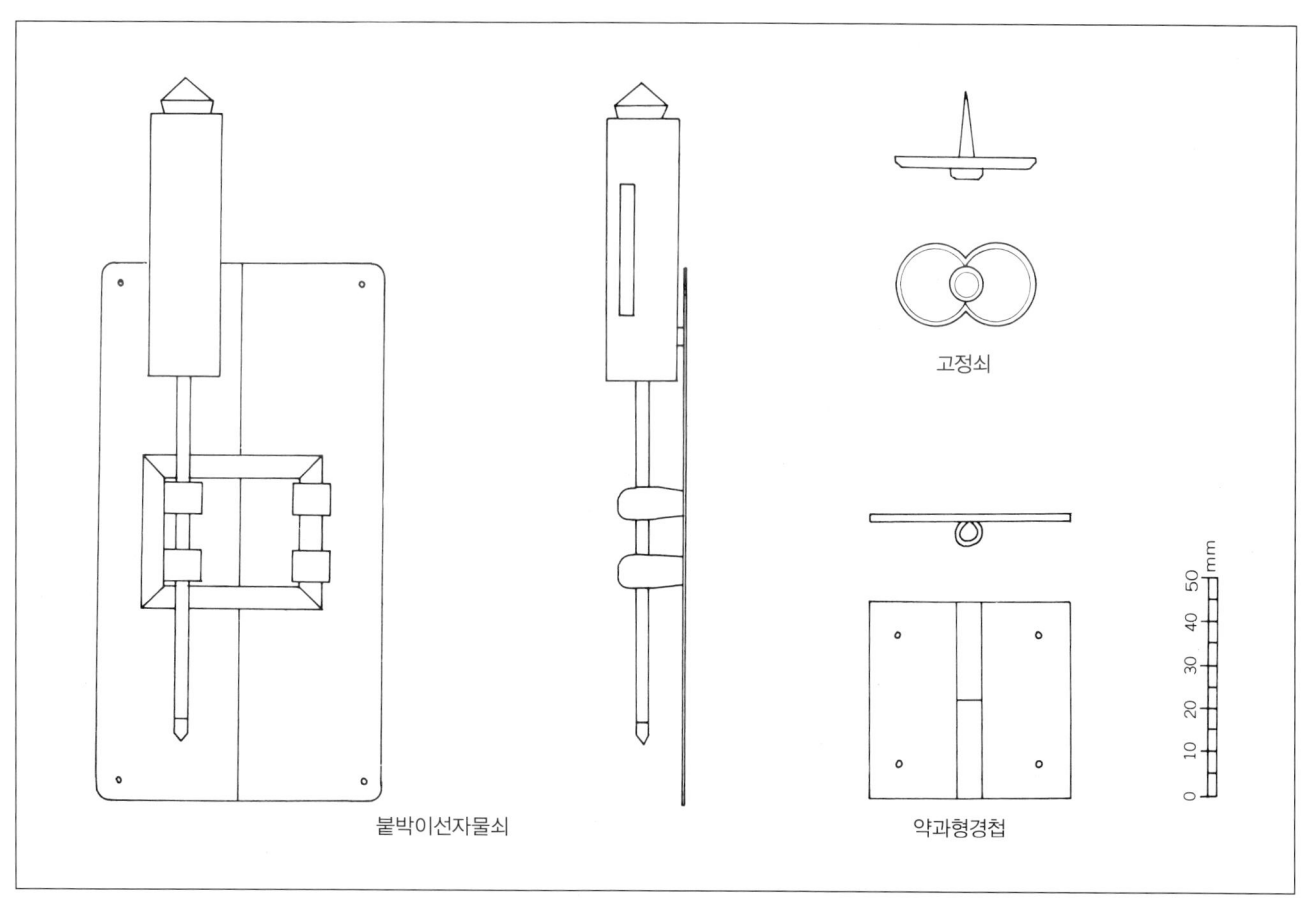

고정쇠

붙박이선자물쇠

약과형경첩

상세도면 18-6 금속장석 실측도

19세기, 가로 84.2cm, 세로 47.6cm, 높이 164.7cm, 이화여자대학교박물관 소장

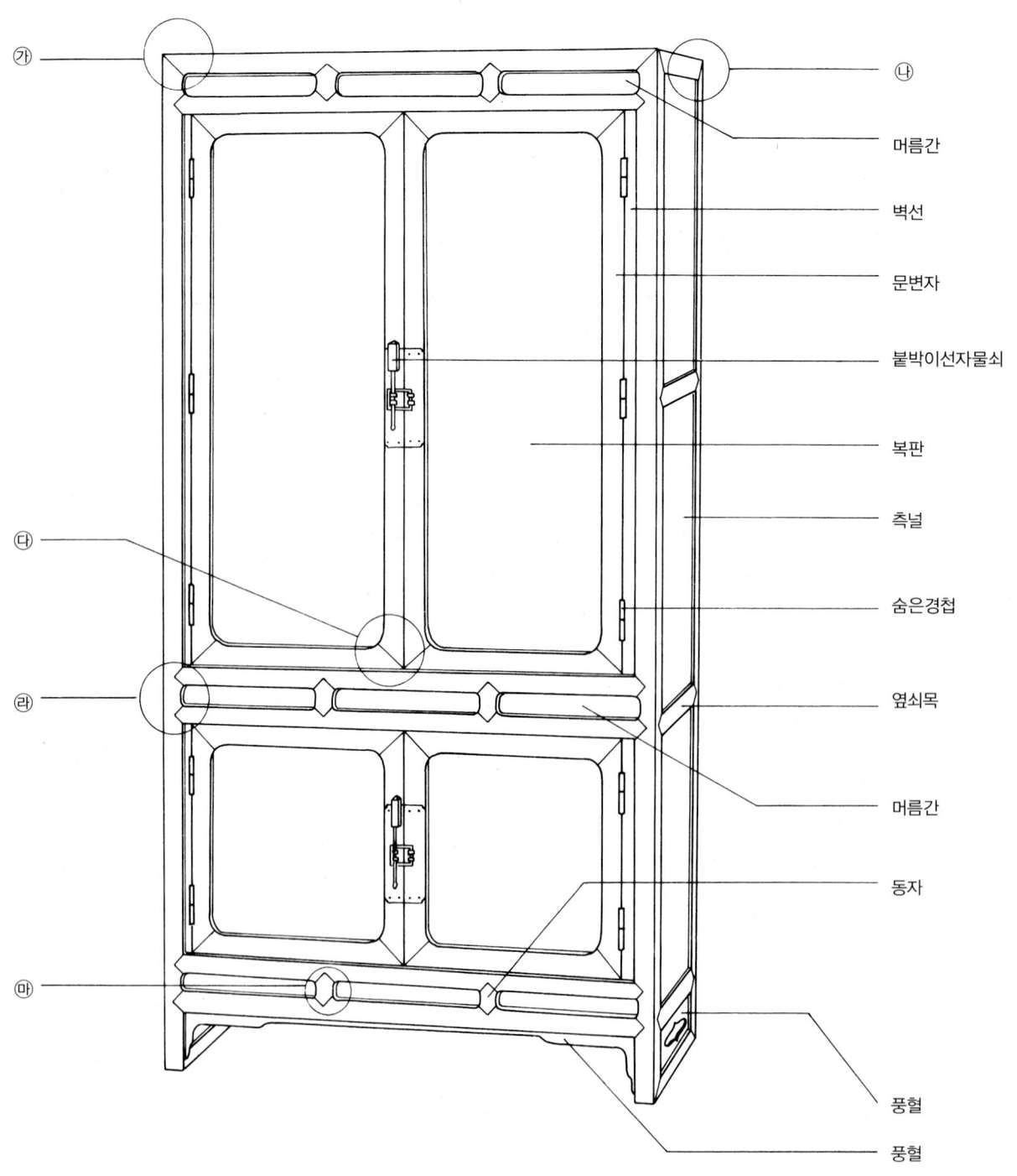

㉮

㉯

머름간

벽선

문변자

붙박이선자물쇠

복판

측널

숨은경첩

옆쇠목

머름간

동자

풍혈

풍혈

㉱

㉲

㉳

세부명칭도

장 내부의 상단에 한 개 또는 두 개의 긴 막대(횃대)를 가로질러 옷을 구기지 않고 걸쳐 놓을 수 있게 제작한 것이 의걸이장이다. 하단에는 작은 공간을 마련하여 일반 장과 농처럼 옷을 포개어 보관하든가 소도구를 넣어 다목적으로 사용할 수 있다.

이 의걸이장은 규격이나 형식이 의걸이장의 표준형으로 기둥, 쇠목, 문변자 등 골재는 배나무이며 판재는 오동나무이다. 이런 형식의 의걸이장은 복판에 오동나무의 자연스러운 결을 살리거나 매난국죽梅蘭菊竹의 사군자를 음각한 후 채색하는 방법이 일반적이다.

이 의걸이장은 오동나무의 표면을 인두로 지진 후 볏짚으로 문지르는 낙동법을 사용하였는데, 이때 나타난 단단한 목리 위에 예서체隸書體로 잠언箴言과 오행고시五行古詩를 음각하고 그 위에 황색안료를 아교와 개어 칠을 해 글씨가 돋보이도록 하였다. 산수와 화조, 매죽보다는 좋은 내용의 글을 적어 인생의 좌우명으로 삼았던 사랑방 주인의 개인적인 취향과 함께 바른 인생관을 이 시구절을 통해 엿볼 수 있다. 참고로 이 시의 내용은 다음과 같다.

積金以遺子孫 不能盡守
積書以遺子孫 不能盡讀
積德於冥中 以爲子孫計
황금을 모아서 자손에게 남겨 주어도 다 지킬 수 없고
책을 모아서 자손에 물려주어도 다 읽을 수 없으니
가만히 덕을 쌓아 자손 위하는 계책을 삼는다.

正其義不謀其利 明其道不計其功
己所不欲 勿施於人 行有不得 返求諸己
그 의리를 바르게 하고 그 이익을 도모하지 않으며,
그 도리를 밝히고 그 공적을 계산하지 않는다.
자기가 하고자 하지 않는 바이면 남에게 베풀지 마라.

행해서 얻지 못하는 것이 있으면 돌이켜 그 허물을 자기에게서 구하라.

草堂春眠足 窓外日遲
大夢誰先覺 平生自我知
초당의 봄잠(낮잠)을 깨어 보니 창밖은 해가 밝구나.
큰 꿈을 누가 먼저 깨었는가 평생 나 자신을 깨닫겠네.

松下問童子 言師採藥去
只在此山中 雲深不知處
소나무 아래서 동자에게 물으니 스승님 약 캐러 가셨다네.
다만, 이 산중 계시겠지만 구름 깊어 곳 모른다오.

세부구조를 살펴보면, 골재는 외형상으로는 배나무로 보이나 소나무 판재에 2㎜ 정도의 얇은 배나무를 붙인 것인데, 이는 비교적 약한 소나무 판재에 흠이 생기는 것을 단단한 배나무로 막아주고, 또한 결이 고와 외형상 깨끗하게 보이기 위함이다.

복판과 측널은 오동나무이고 천판과 뒷널 그리고 속에 있는 두 층널은 소나무로 짰다.

기둥과 천판의 쇠목이 만나는 ㉮부분은 장이나 탁자에 많이 사용되는 짜임으로 이 기법은 상세도면 19-1 삼방반연귀촉짜임과 같이 견고한 것이 특징이다.

천판의 옆쇠목과 뒷기둥이 만나는 ㉯의 짜임새는 ㉮의 변형으로 상세도면 19-2 삼방반연귀촉짜임과 같이 장의 배면이 보이지 않는 점을 고려하여 외형보다는 견고함에 더 큰 비중을 두었다.

문변자 ㉰는 일반적인 짜임으로 상세도면 19-3 막장부반연귀턱짜임인데 두 문변자가 만나는 안쪽 모서리에 버선코를 따로 붙여 직선적인 외형을 부드럽게 보이게 한다.

㉱, ㉲의 짜임새 즉 기둥과 쇠목 또는 쇠목과 동자의 짜임새는

일반적이나, 종선과 횡선이 만나는 부분이 곡선으로 처리되어 있다. 이것은 상세도면 19-4,5에서 보는 바와 같이 처음에는 굵은 재료로 만든 후(점선 부분), 다시 둥글게 깎아내어(실선 부분) 나무의 귀를 붙인 것과 같은 효과를 내고 있는데 이로써 더 부드럽게 보인다.

사진 19-1 이층의걸이장 : 의걸이장의 판재는 옷을 보관하는 데 적합한 오동나무이며, 문변자와 동자는 결이 고운 배나무, 기둥과 가로지른 쇠목에는 소나무에 배나무를 얇게 붙여 사용하는 것이 일반적이다. 이층의걸이장의 높이는 160~172cm 정도가 보편적이나 이 장은 181cm로 높아 천장이 높은 사랑방에 놓았을 것으로 짐작된다. 일반적인 가로 폭 또한 80~90cm인데 반해 71cm로 매우 좁은 특이한 구조로 되어 있다.

사진 19-2 이층의걸이장 : 전형적인 형식으로 배나무 골재에 오동나무 판재이다. 회화로서의 완벽한 구조와 필치로 상단에는 매조梅鳥, 하단에는 괴석과 난을 대련對聯으로 음각한 후 당채唐彩로 채색하였으며, 화제畵題·낙관落款까지 음각하여 마치 한 폭의 그림을 걸어 놓은 듯한 효과를 내고 있다. 여닫이문의 하단에 가로목을 덧댄 것은 20세기 초에 나타나는 한 기법으로 문판을 견고하게 한다.

사진 19-3 이층의걸이장 : 일반적인 의걸이장과는 달리 안고지라 불리는 형식으로 중심부의 미닫이문을 연 후, 다시 바깥 양쪽의 여닫이문을 열어 시원히 젖힐 수 있게 된 특수구조를 하고 있다. 쥐벽간이나 머름간 없이 복판으로만 구성되고 곧은결의 오동널이 단아한 멋을 준다. 골재는 참나무, 측널은 소나무이며 주석장석이다.

사진 19-4 이층의걸이장 : 상부의 아자문亞字文 창살문과 하단의 여닫이문은 벽선 없이 문변자와 기둥에 경첩을 달았는데 문을 활짝 열어젖힐 수 있어 사용에 편리하고 더욱 넓어 보인다. 창살문 상하에 있는 머름간의 여의두문은 사랑방 가구의 경상과 책장에서 나타나는 형식으로, 의걸이장에서는 찾기 어려운 예로서 권위적이고 격이 있어 보인다. 단단한 호두나무 골재에 은행나무판재이며 주석장석이다.

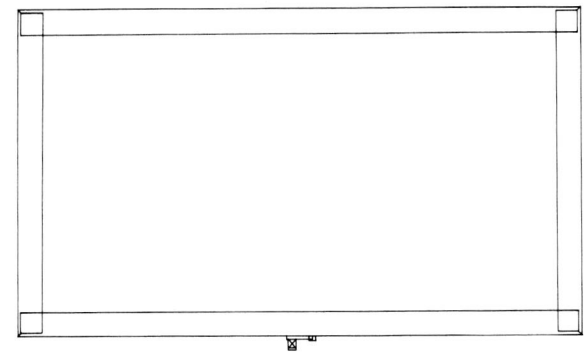

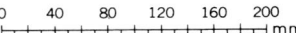

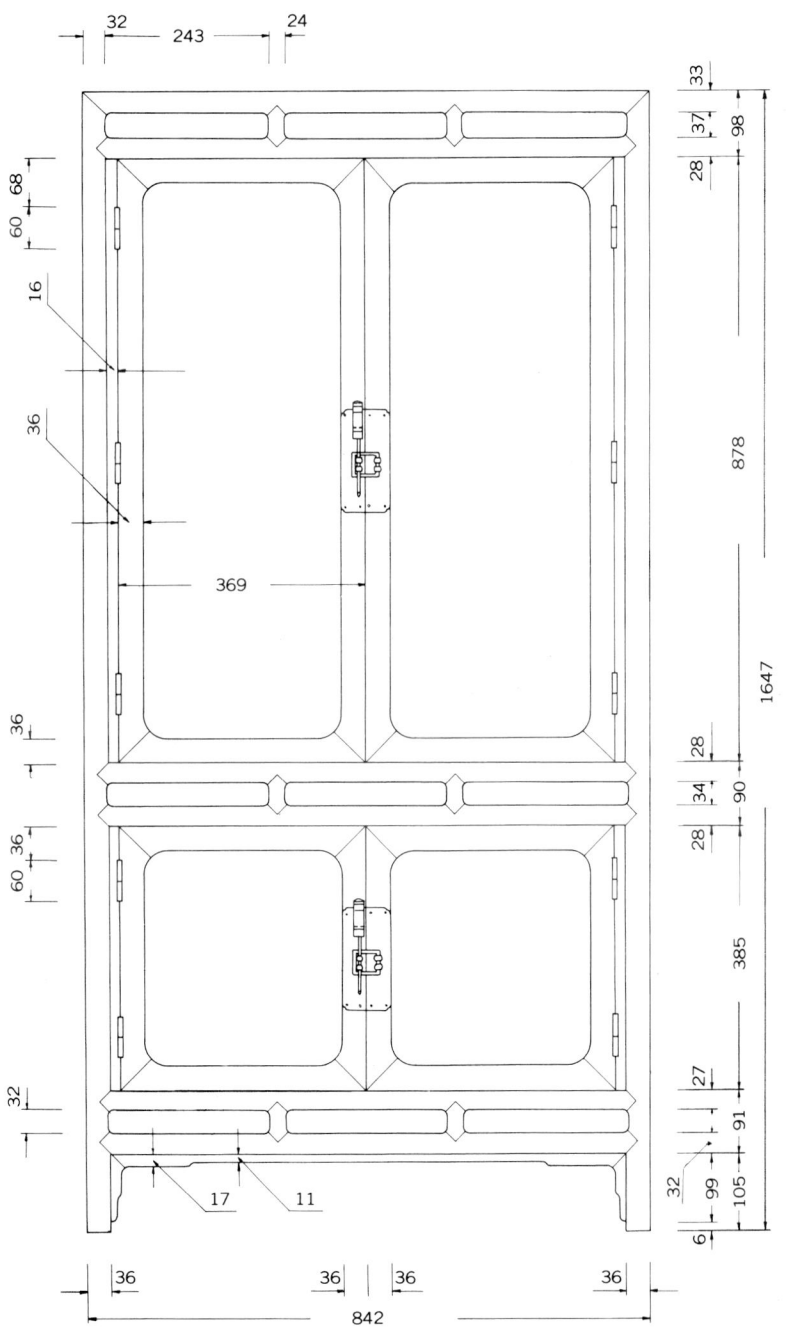

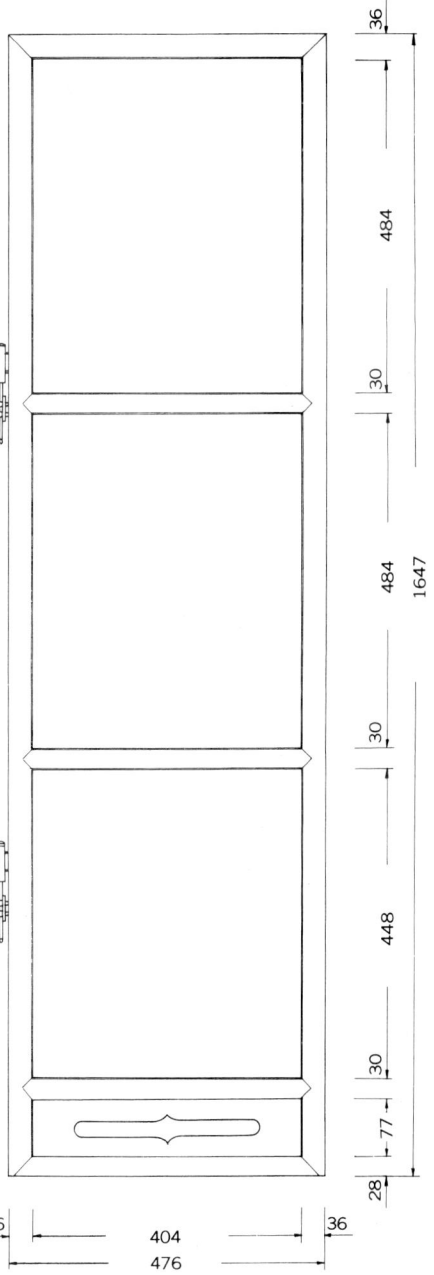

실측도

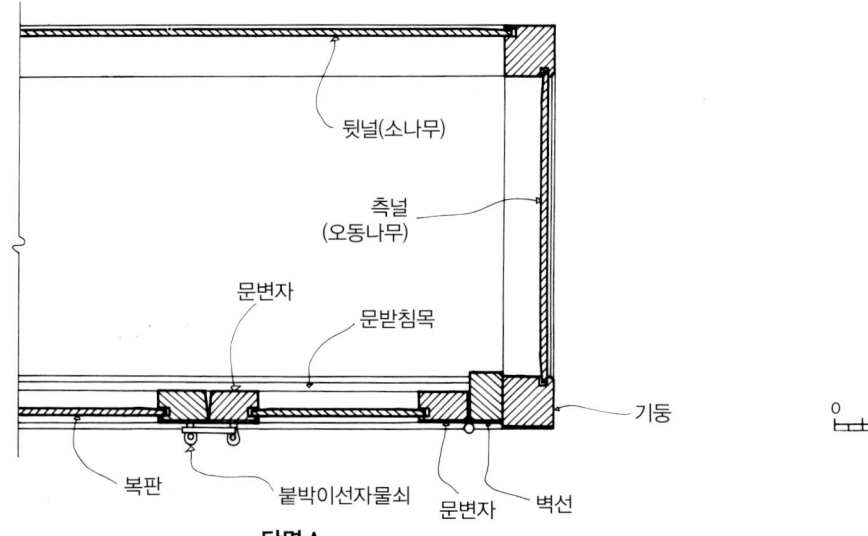

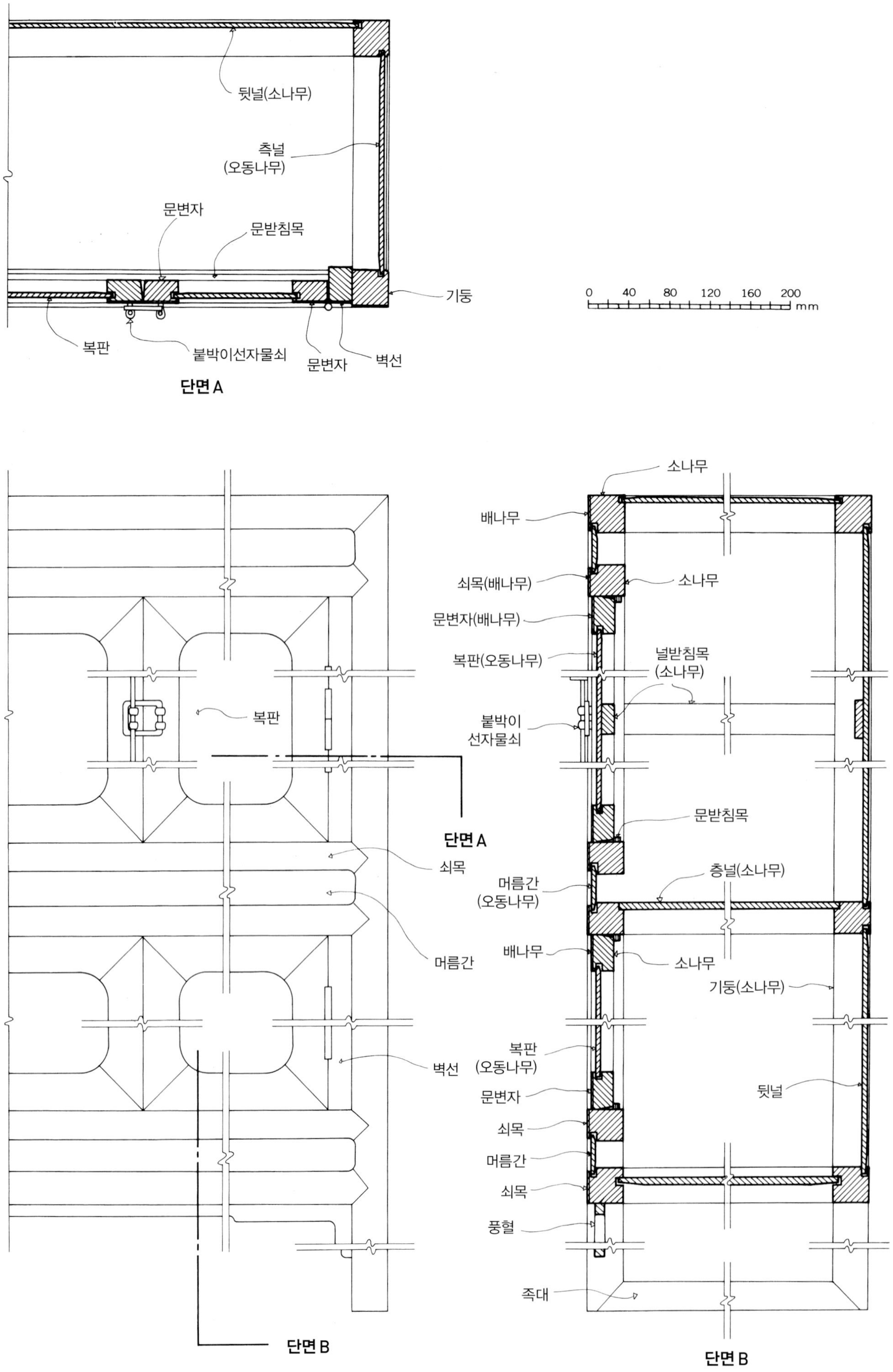

뒷널(소나무)

측널
(오동나무)

문변자

문받침목

기둥

복판

붙박이선자물쇠

문변자

벽선

단면 A

0 40 80 120 160 200
└─┴─┴─┴─┴─┴─┴─┴─┴─┴─┘ mm

복판

단면 A

쇠목

머름간

벽선

단면 B

단면도

소나무

배나무

쇠목(배나무)

소나무

문변자(배나무)

복판(오동나무)

널받침목
(소나무)

붙박이
선자물쇠

문받침목

머름간
(오동나무)

층널(소나무)

배나무

소나무

기둥(소나무)

복판
(오동나무)

뒷널

문변자

쇠목

머름간

쇠목

풍혈

족대

단면 B

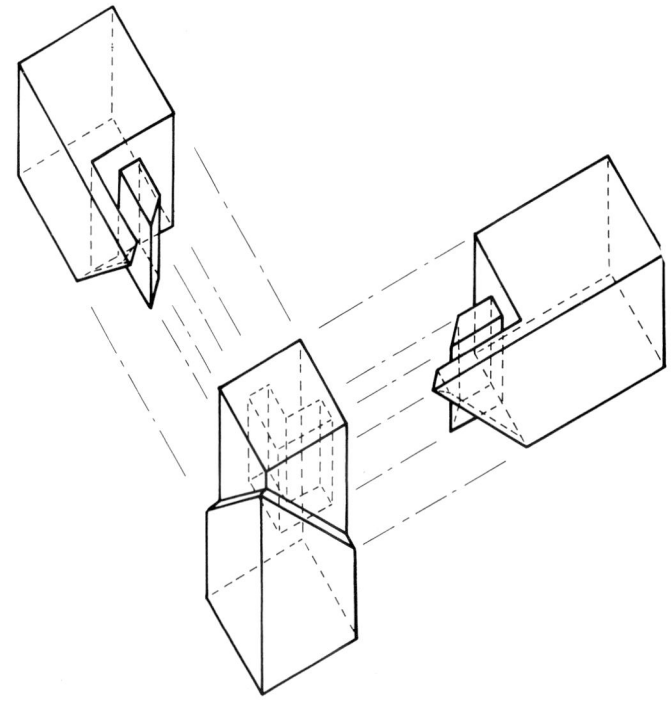

상세도면 19-1 ㉮ 삼방반연귀촉짜임

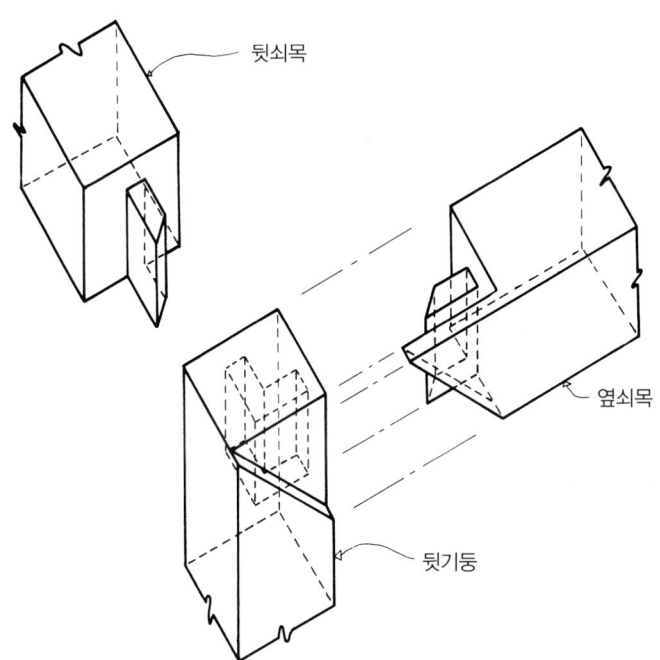

뒷쇠목

옆쇠목

뒷기둥

상세도면 19-2 ㉯ 삼방반연귀촉짜임

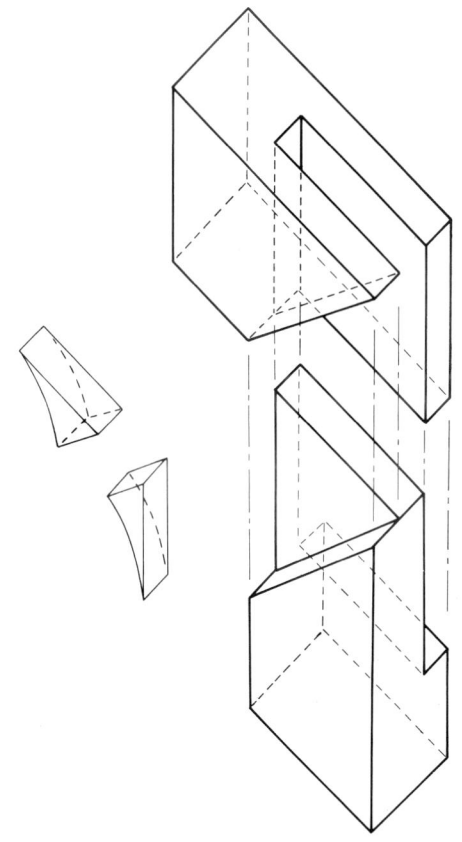

상세도면 19-3 ㉰ 막장부반연귀턱짜임

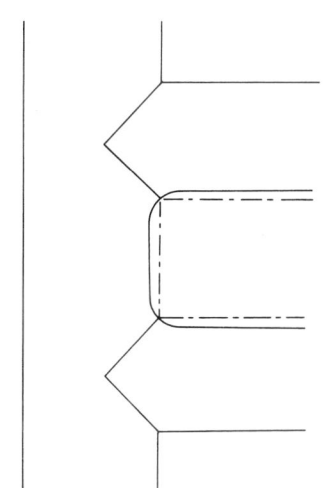

상세도면 19-4 ㉱ 기둥과 쇠목 곡선 상세도

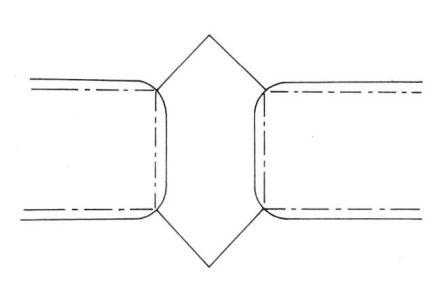

상세도면 19-5 ㉲ 쇠목과 동자 곡선 상세도

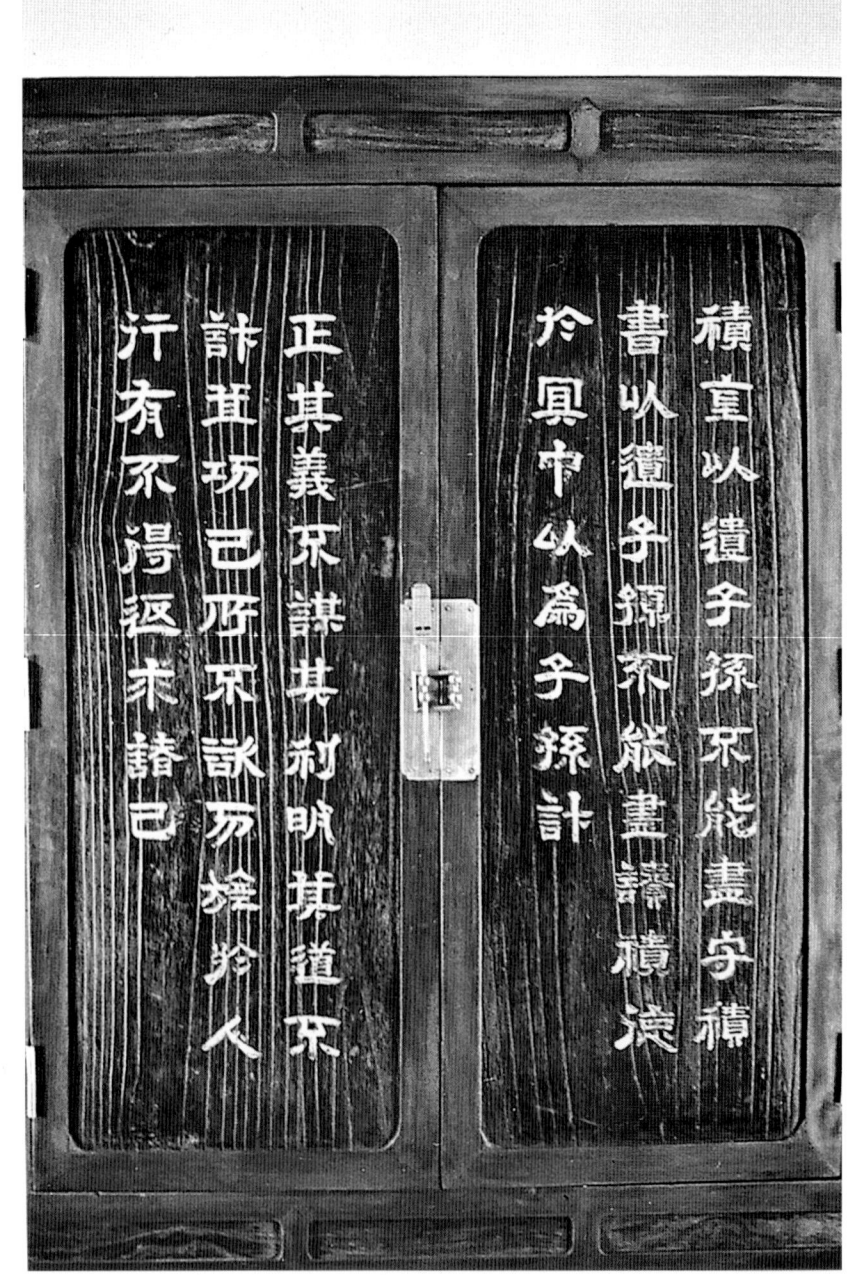

상세사진 19-1 상단 서각

상세사진 19-2 하단 서각

사진 19-1 이층의걸이장
19세기, 개인 소장
71.0×45.2×181.5cm

사진 19-2 이층의걸이장
19세기, 개인 소장
87.2×44.8×160.8cm

사진 19-3 이층의걸이장
19세기. 한국민속촌박물관 소장
90.3×49.8×171.8cm

사진 19-4 이층의걸이장
19세기. 개인 소장
79.6×41.0×164.5cm

20. 이층의걸이장 欌
Wardrobe

19세기, 가로 95.6cm, 세로 37.8cm, 높이 171.3cm, 개인 소장

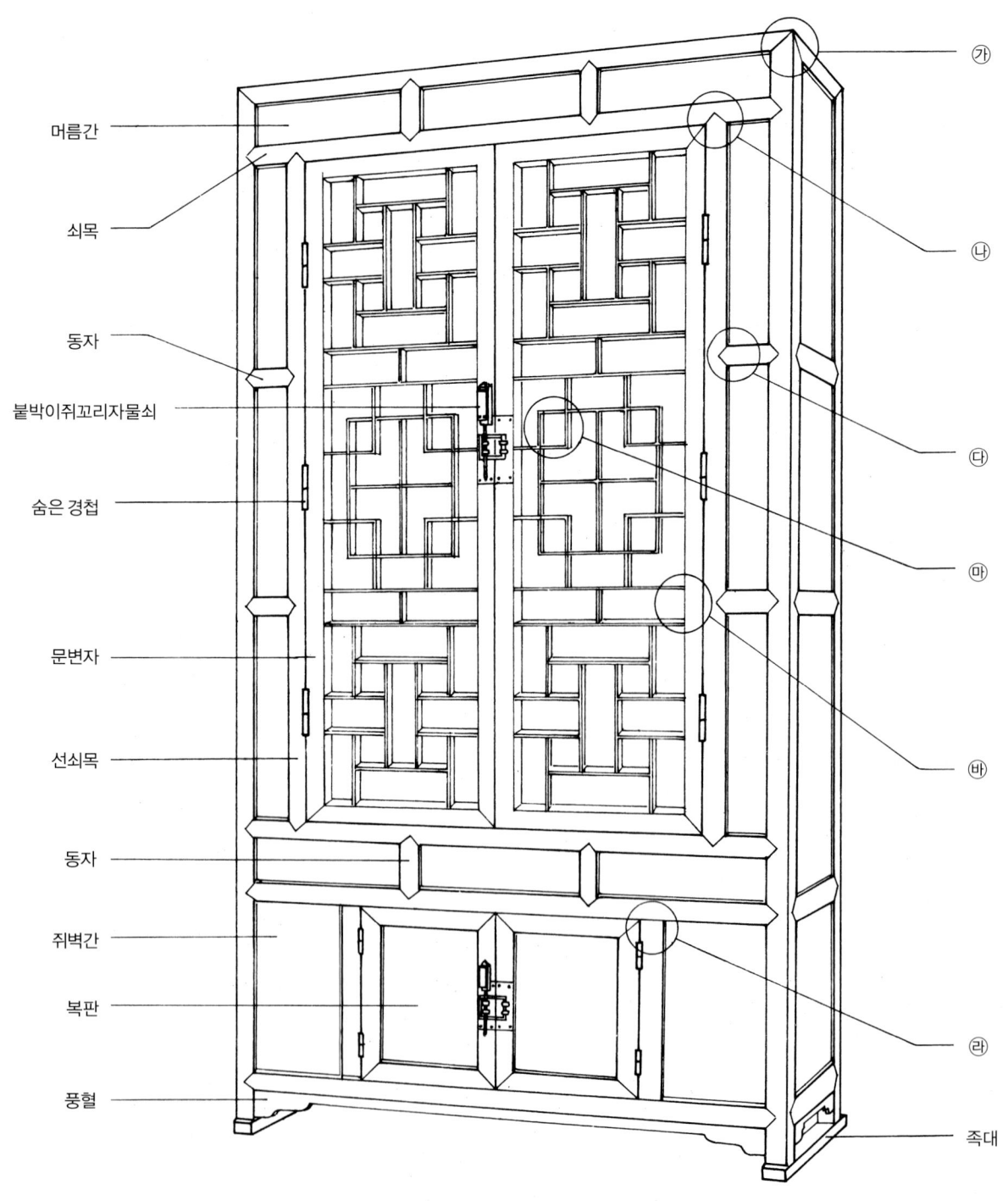

머름간

쇠목

동자

붙박이쥐꼬리자물쇠

숨은 경첩

문변자

선쇠목

동자

쥐벽간

복판

풍혈

㉮

㉯

㉰

㉱

㉲

㉳

족대

세부명칭도

의걸이장은 내부 상단에 긴 막대(楗대)를 설치하여 두루마기나 치마 등의 긴 옷들을 구기지 않게 걸쳐서 보관하는 의장衣欌이다. 한국은 사계절이 뚜렷하여 철에 따른 많은 의복이 필요하나 모든 장롱이 옷을 포개 쌓게 되어 구겨지고 또 꺼내기에 불편하므로 이를 고려한 매우 편리한 구조이다.

이런 의걸이장들은 19세기 후반~20세기 초에 성행하던 것으로 대부분 숨은경첩과 붙박이쥐꼬리자물쇠를 사용하고 있으며, 또 대형이다.

의걸이장은 하층은 낮고 상층이 높은 이층장이 대부분이며, 단층으로 된 것은 문을 길게 한 장의 판재로 한 여닫이문을 만들거나, 문이 위로 올라붙어 있고 아래쪽을 깊게 처리한 것들이 있다.

또한, 의걸이장 복판에는 판재를 오동나무나 소나무의 자연적인 목리를 살린 순수한 것(사진 19-1 p191)이 있는가 하면, 오동나무 표면에 시문詩文·산수문·사군자·송학松鶴 등을 조각하고 채색한 것과 은행나무판에 운학雲鶴·운룡雲龍·송호松虎 등을 투각한 것, 그리고 이처럼 창살로 된 것 등 다양하다.

투각이나 창살로 된 것은 실내 분위기에 따라 배면에 청색, 황색 또는 한지를 붙여 사용하는데 통풍이 잘되며 문이 가벼워 여닫기에 무리가 없고 또 바꾸어 배접褙接할 수도 있다.

창살은 대부분이 만자卍字, 아자亞字로 짜여 있으며 간혹 창살 중심부에 장방형의 여백을 두어 유리판을 끼우고 뒷면에 십장생·문자·사군자·화조 등을 여러 가지 화려한 색으로 그린 후 색종이를 발라 바탕색을 만든 화초장花(華)草欌 형식도 있다.

이 의걸이장은 상부 여닫이문에 아자문 창호를 설치하였는데 이는 한옥의 창살에 주로 사용되는 문양으로 이 의걸이장이 실내에 놓였을 때 방의 문이나 창의 창살과 상호 연결되어 조화를 가져올 수 있다.

하단은 일반적인 형식으로 복판을 판재로 짜 상단의 무게를 받치고 있는 듯 안정돼 보이고 오동나무 질감이 한층 격을 높이고 있다. 기둥·쇠목·창살 등 골재와 상층의 머름칸, 양 측널은 가래나무이다.

세부구조를 살펴보면 기둥과 천판의 쇠목이 짜이는 ㉮부분은 사방탁자나 장에서 일반적으로 사용하는 삼방반연귀촉짜임(p189 상세도면 19-1)이며, 상·하의 쇠목과 연결되고 벽선의 역할까지 담당하는 세로의 선쇠목의 짜임새 ㉯는 상세도면 20-1과 같은 견고한 장부연귀짜임이다.

쇠목에 연결된 동자 ㉰는 일반적인 쇠목과 동자에 홈을 파고 쥐벽간이나 머름인 판재를 끼우는 것과 달리 상세도면 20-2 연귀맞짜임과 같이 동자를 얇게 만들어 끼워 제작에 편리하도록 했다. 이런 기법은 판재가 좁아서 쇠목과 기둥에 짜여도 충분한 힘을 받을 수 있을 때 사용된다.

아래층의 여닫이문 좌우에서 경첩을 달고 쥐벽간을 고정하는 선쇠목 ㉱의 짜임새는 상세도면 20-3과 같이 장부맞짜임으로 되어 있다.

창살들은 상세도면 20-4와 같이 치밀한 설계에 의해 짜였으며 모서리에 대나무못을 박아 짜임을 더욱 견고하게 했다. 창살들이 의지하는 문변자와의 짜임은 상세도면 20-5와 같이 장부촉을 길게 하여 배면까지 나오게 하는 막장부맞짜임으로 배면에서 쐐기를 박아 힘을 보강했다. 이러한 창살과 문변자는 상세도면 20-6과 같이 모서리를 굴려 부드럽게 하고 있다.

주석의 붙박이쥐꼬리자물쇠는 문의 중심부에 다는 것이 통례인데 인체공학적인 면을 고려하여 서서 여닫기 편리하도록 약간 높은 위치에 달았다. 또한, 상하층 여닫이문의 크기와 무관하게 같은 크기의 자물쇠를 다는 것이 통례인데 반해 이 장은 문에 알맞은 크기를 각각 달아 어울리게 하였다.

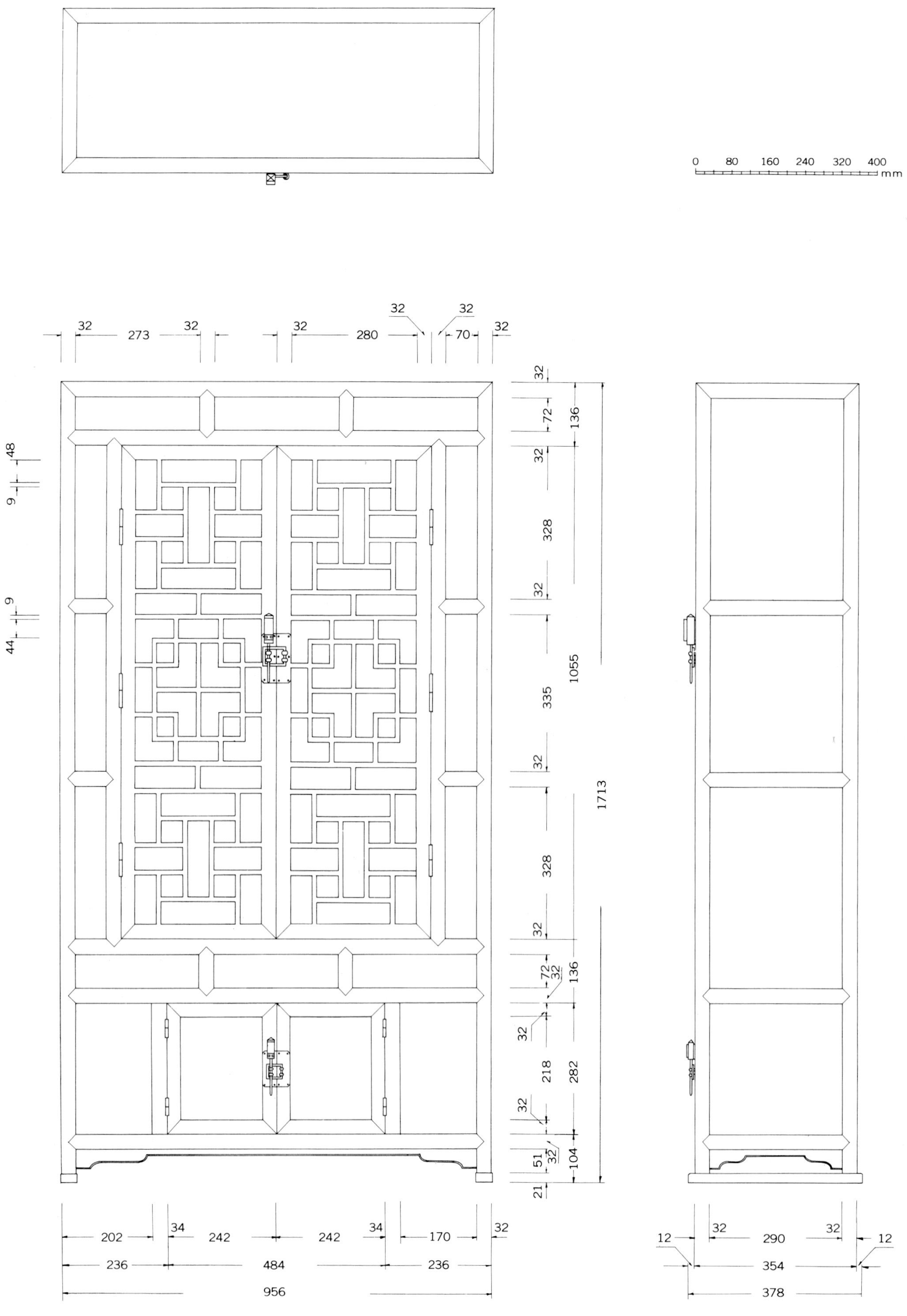

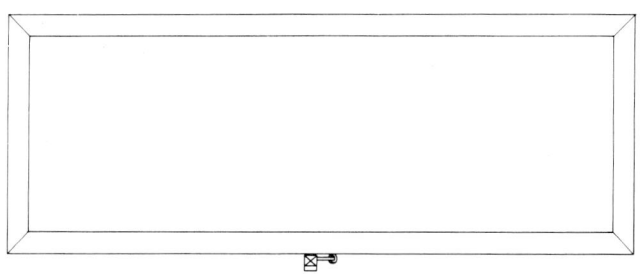

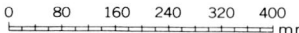

0 80 160 240 320 400
mm

32 273 32 32 280 32 32 70 32

32 32 72 136

48 9

328

44 9 32

1055

335

1713 32

328

32

72 32 136

32

51 218 282

21 32 104

202 34 242 242 34 170 32

236 484 236

956

12 32 290 32 12

354

378

실측도

196

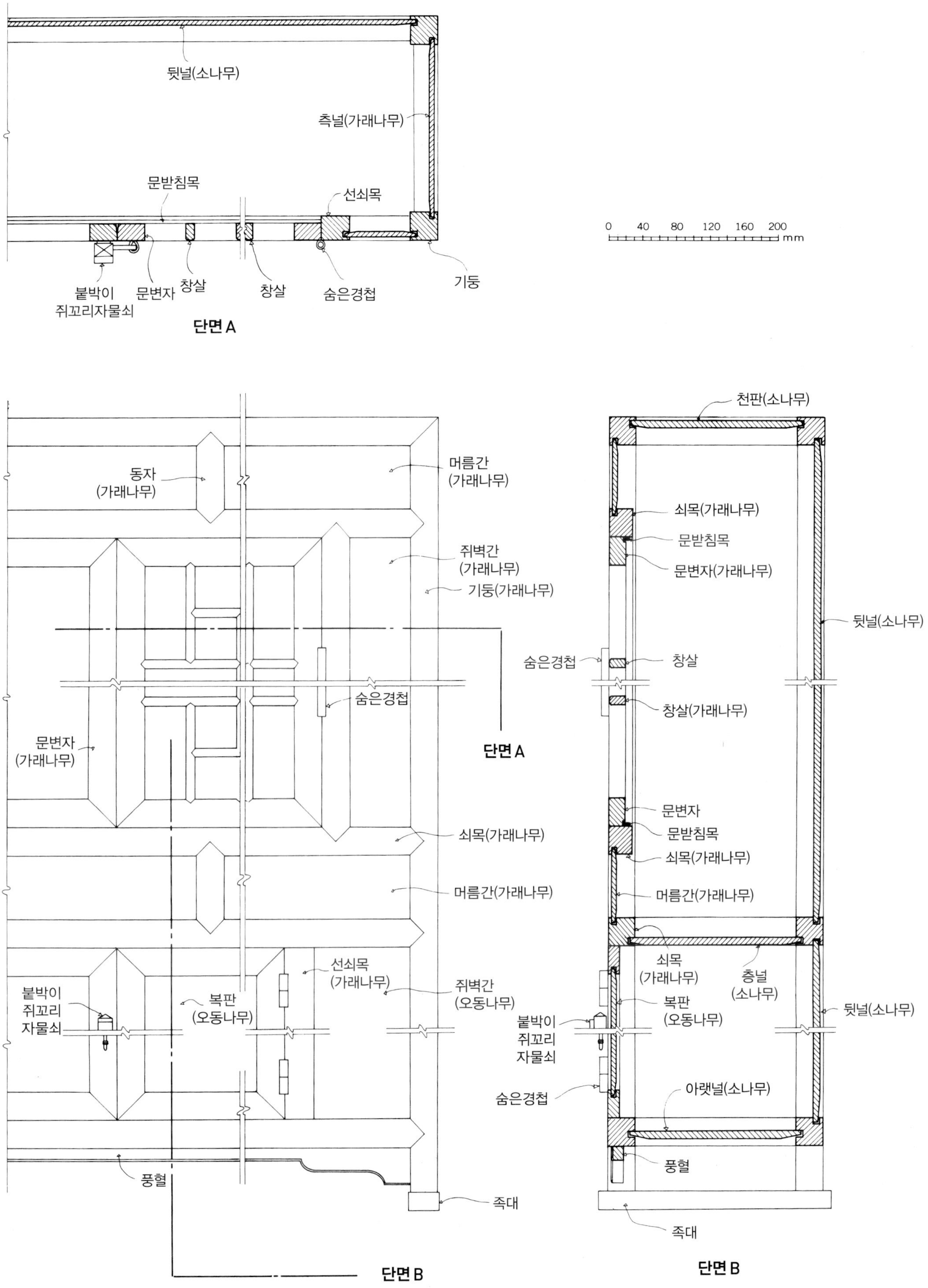

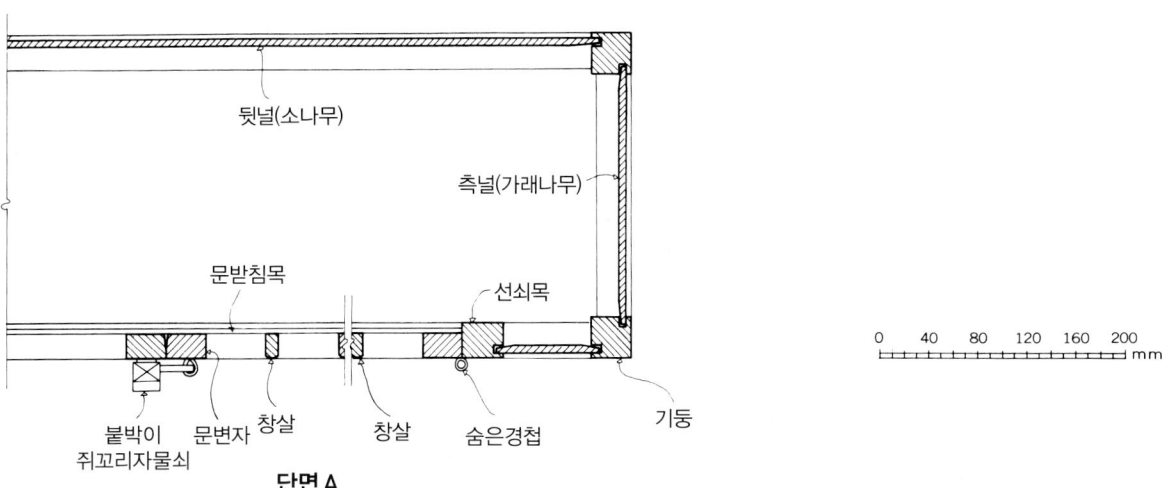

뒷널(소나무)

측널(가래나무)

문받침목

선쇠목

붙박이
쥐꼬리자물쇠
문변자 창살 창살 숨은경첩 기둥

단면 A

0 40 80 120 160 200
mm

동자
(가래나무)

머름간
(가래나무)

쥐벽간
(가래나무)

기둥(가래나무)

숨은경첩

숨은경첩

단면 A

문변자
(가래나무)

쇠목(가래나무)

머름간(가래나무)

쥐벽간
(오동나무)

붙박이
쥐꼬리
자물쇠

복판
(오동나무)

선쇠목
(가래나무)

풍혈

족대

단면 B

천판(소나무)

쇠목(가래나무)
문받침목
문변자(가래나무)

뒷널(소나무)

창살

창살(가래나무)

문변자
문받침목
쇠목(가래나무)

머름간(가래나무)

쇠목
(가래나무)

층널
(소나무)

복판
(오동나무)

뒷널(소나무)

붙박이
쥐꼬리
자물쇠

숨은경첩

아랫널(소나무)

풍혈

족대

단면 B

단면도

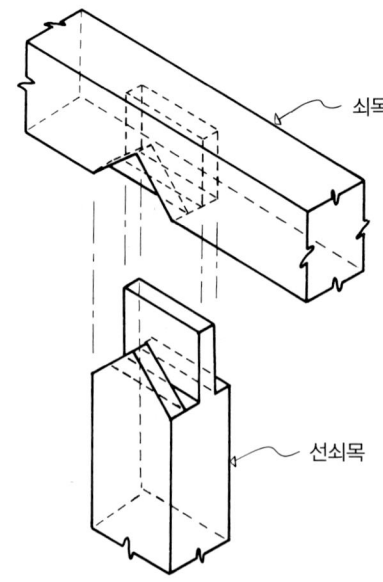

쇠목

선쇠목

상세도면 20-1 ㉯ 장부연귀짜임

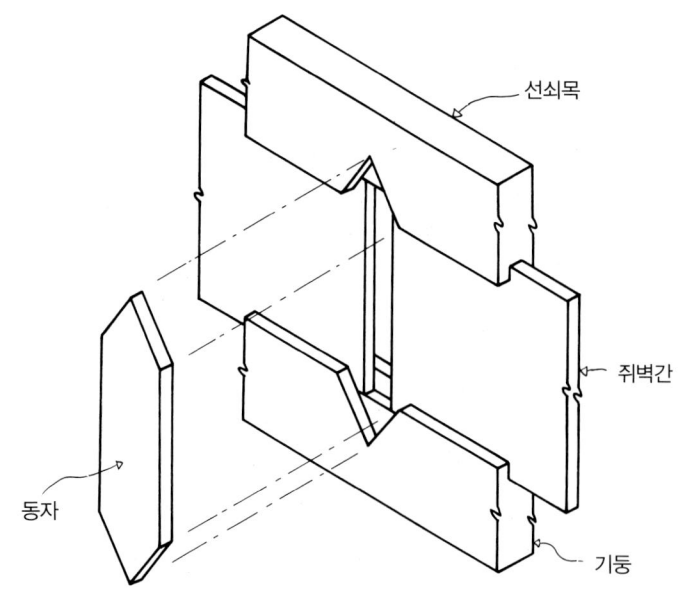

선쇠목

쥐벽간

동자

기둥

상세도면 20-2 ㉰ 연귀맞짜임

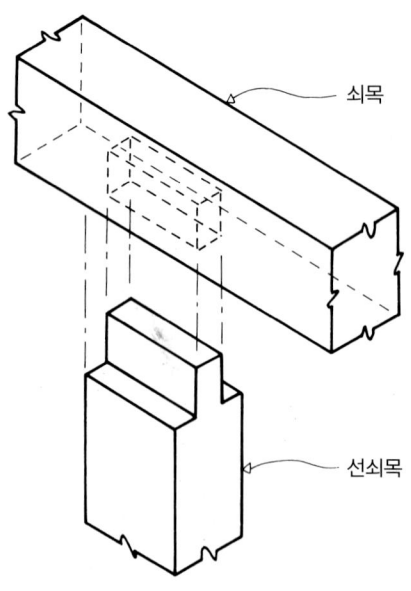

쇠목

선쇠목

상세도면 20-3 ㉱ 장부맞짜임

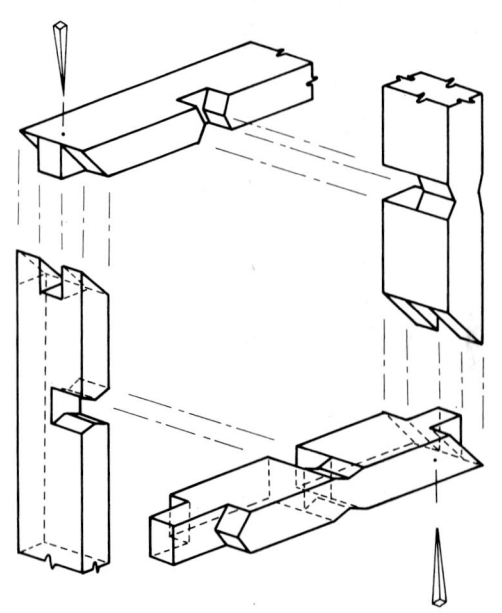

상세도면 20-4 ㉲의 짜임새

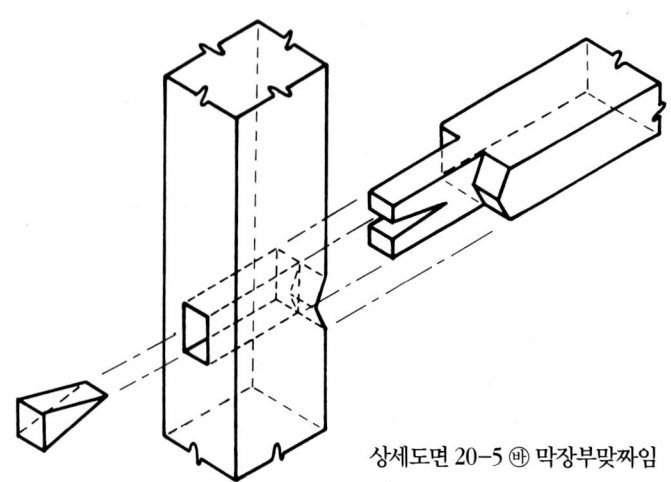

상세도면 20-5 ㉳ 막장부맞짜임

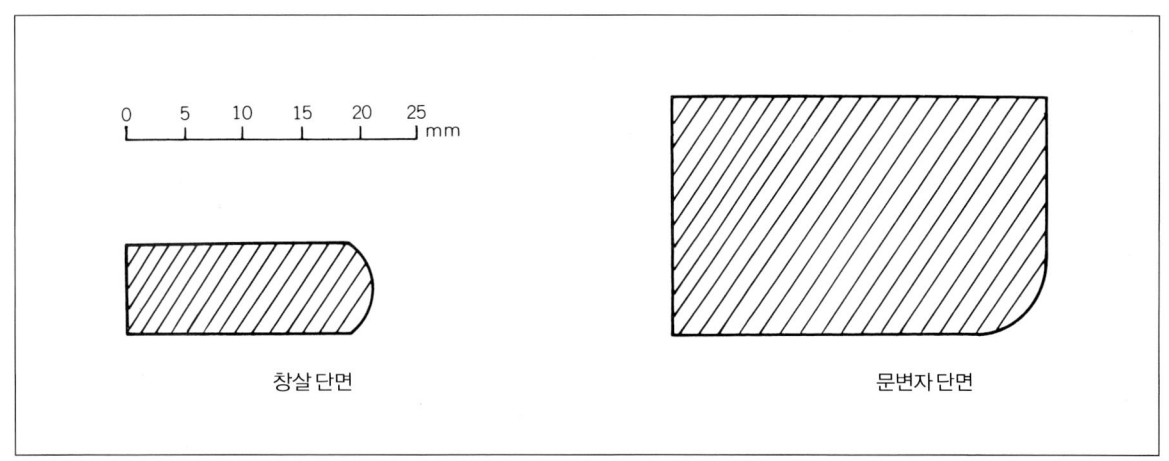

0 5 10 15 20 25
⌐   ⌐ mm

창살 단면   문변자 단면

상세도면 20-6 창살과 문변자의 단면 실측도

상세사진 20-1 머름간과 쥐벽간

상세사진 20-2 창살과 붙박이자물쇠

상세사진 20-3 동자 끼우기

상세사진 20-4 하단 여닫이문

상세사진 20-5 기둥과 쇠목, 풍혈

상세사진 20-6 측면 하단

상세사진 20-7 창살

19세기, 가로 23.2cm, 세로 5.0cm, 높이 61.0cm, 개인 소장

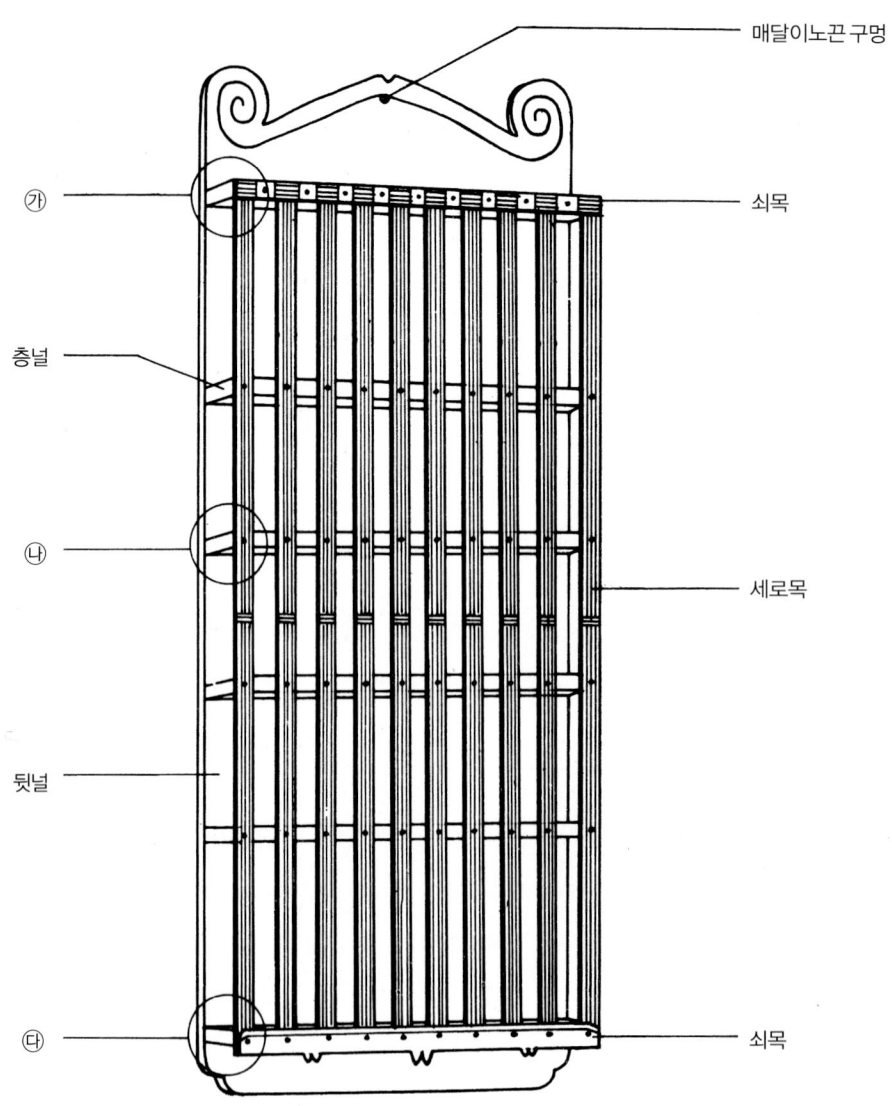

매달이노끈 구멍

⑦

쇠목

층널

⑭

세로목

뒷널

⑭

쇠목

세부명칭도

우리나라의 주택구조는 평좌식생활이므로 자연히 낮은 가구를 사용하게 되고 따라서 넓은 벽면이 여백으로 남게 된다. 이러한 벽면의 공간은 산수山水나 화조花鳥의 그림, 붓걸이, 주련경주聯鏡, 고비 등으로 장식하는데, 벽면을 가득 장식하는 것보다는 여백을 살려 정리된 아름다움을 강조하게 된다.

고비는 서찰이나 시전 등을 끼워 보관하면서 벽면을 장식하는 가구로 고비考備 외에 고비高飛로도 표현된 예가 있으나 그 근원이 확실치 않다. 평좌식平坐式생활로 인해 천장이 낮고 폭이 좁은 실내에서 문갑과 인접한 벽면 공간을 붓걸이 또는 고비로 장식하여 여백을 살린 안정된 분위기를 추구하였다. 실내 분위기는 물론 주위 가구들과의 조화를 고려하고 또 주인의 취향과 안목에 따라 다양한 형태가 있다.

형태로는 불에 그슬린 오동나무를 애용하여 자연스럽고 검소한 질감을 살린 것, 앞판재에 사군자나 화조를 음각한 후 채색하여 마치 한 폭의 그림을 걸어놓은 듯한 효과를 낸 것, 시문詩文을 음각한 것, 화사한 색종이로 화조花鳥를 오려 붙인 것, 대나무의 특성을 이용하여 굵고 가는 대를 휘거나 깎아 그 사이로 편지나 색간지가 투영透映되는 효과를 살린 것 등 다양한 종류가 있다.

일반적으로 여성들이 사용하는 안방용은 화사하고 오밀조밀하며 사랑방용은 단순하고 무게감 있는 것이 많다.

이 고비는 뒷널과 층널은 오동나무이고 앞면은 대나무로 짜였다. 전체가 대나무로 만든 것들은 대를 휘거나 사이사이에 끼워 그 성질을 충분히 발휘하는 것이 대부분인데 반해, 이 고비는 오동나무의 부드럽고 검소하게 느껴지는 면과 대나무의 강직하고 정갈한 면을 합한 이중효과를 나타내고 있다.

형태는 극히 단순하여 한 줄기의 대나무에 세 선을 음각하였고 중심부에는 마디 부분을 감추고 단조로움을 피하고자 상세사진 21-1과 같이 음각선으로 띠를 둘렀다. 이런 음각선들은 조금 떨어져서 보면 잘 나타나 보이지 않으나 전체를 부드럽게 해주는 역할을 한다.

세부구조를 살펴보면, 힘을 많이 받는 상단과 하단부의 층널과 뒷널의 연결부분은 상세도면 21-1, 3과 같은 장부맞짜임으로 뒷널에 홈을 파내고 층널을 끼운 후 뒷면에서 대나무못으로 고정했다. 또 세로로 된 대나무의 상하 양 끝 부분이 단정해 보이도록 죽제쇠목을 따로 덧대어 붙인 후 대나무못을 박았다. 뒷널 상단의 양쪽 귀부분에 연결된 두루마리 선은 부드러운 곡선으로 음각하여 소박한 장식효과를 나타냈다.

사진 21-1 고비 : 낙동기법을 활용한 극히 단순한 오동판재에 번영을 뜻하는 한줄기의 포도를 음양각하여 마치 회화를 감상하는 격이며, 뒷널의 상부에 여의두문을 투각하여 벽에 걸어 놓는 역할과 장식적인 효과를 함께 하고 있다.

사진 21-2 고비 : 중심부에 만卍자를 투각하고, 상·하에는 우주의 근원이며 진리를 표상하는 태극문을 양각하여 변화를 주었다. 세 단으로 된 널판이 여섯 칸, 다섯 칸, 세 칸으로 나누어져 편지나 색간지를 효과 있게 진열토록 하였다. 가로와 세로의 비율이 적당하여 안정된 비례감을 주고 있다. 오동판재이다.

사진 21-3 고비 : 중앙에 만자문卍字文 정자正字를 그 상·하에는 45° 돌린 만자문을 배치했다. 삼각모로 날카롭게 투각하여 그 사이로 편지지나 색간지가 투영되는 효과를 노렸다. 전면 판재와 가로지른 측널과의 짜임은 전면에 주석못을 사용하여 장식효과를 높이고 뒷면에서는 대나무못으로 고정했다. 뒷널의 상하 끝 부분에 둥근 골재를 끼워 걸고리 부착 기능과 함께 중후함을 주고 있다. 은행나무이다.

사진 21-4 죽제고비 : 고비는 나무로 짜인 것이 대부분으로 죽제竹製는 흔치 않다. 그러나 가느다란 대나무 사이로 종이가 투영되는 효과는 장식적인 고비의 성격을 잘 살리고 있다. 이 고비는 굵거나 가는 선, 각지거나 둥근 면, 직선과 곡선으로 대나무의 특성을 잘 살려 가로선과 세로선의 비례 그리고 면분할을 신중히 고려해 구성하였다. 높은 선비의 안목과 숙련된 죽장竹匠의 합작으로 제작되었을 것으로 짐작된다.

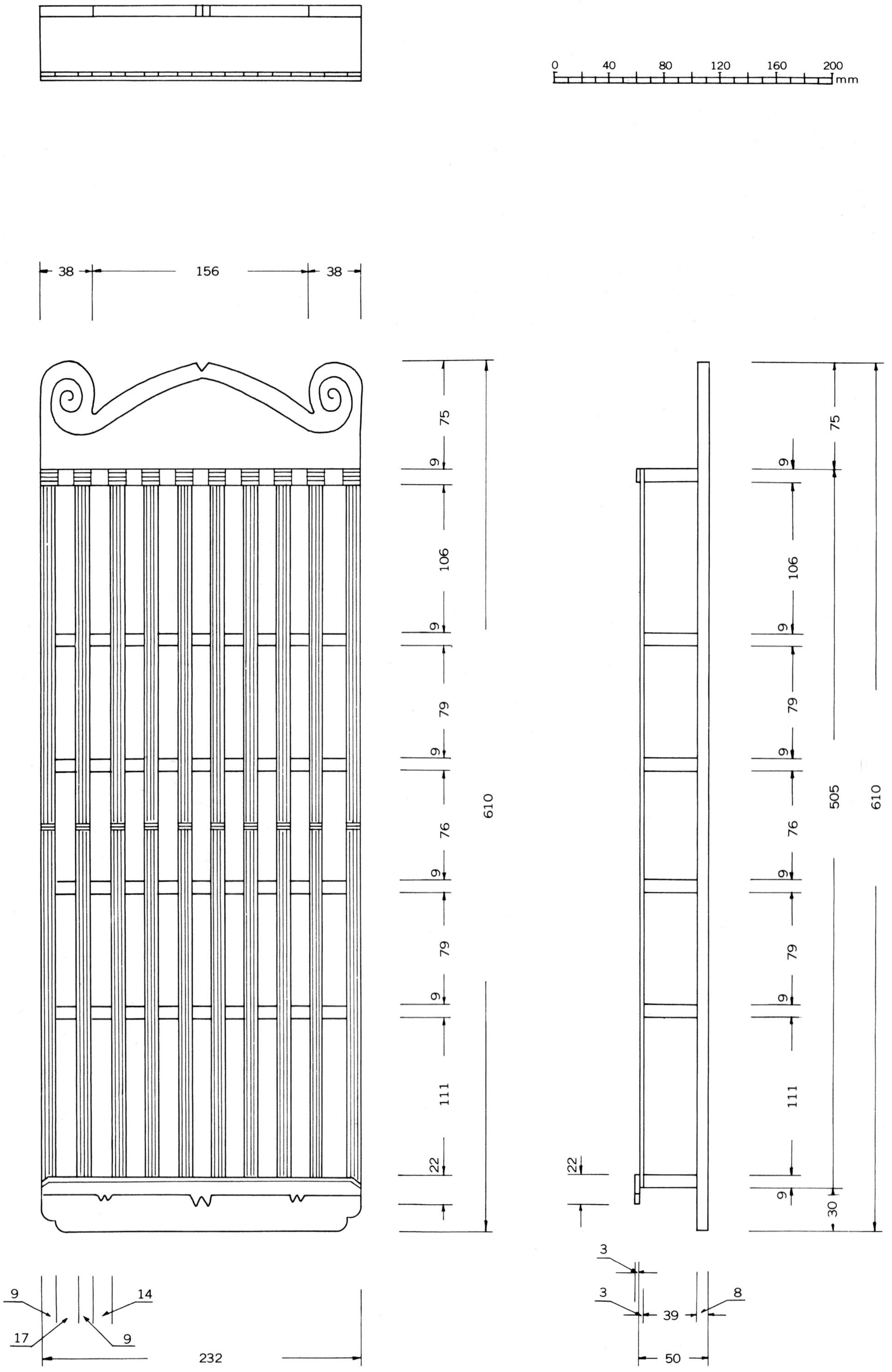

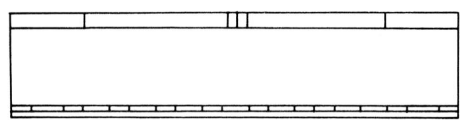

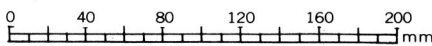

38 | 156 | 38

75
9
106
9
79
9
76
9
79
9
111
22
610

75
9
106
9
79
9
76
9
79
111
9
30
505
610

9
14
17
9
232

3
3
39
8
50

실측도

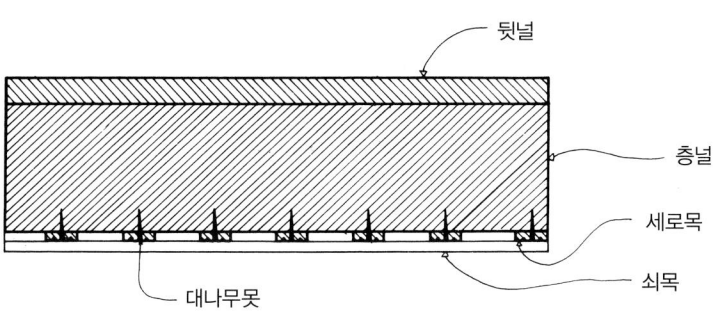

뒷널

층널

세로목

쇠목

대나무못

단면 A

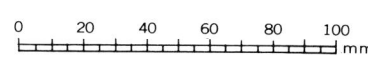

0 20 40 60 80 100
━━━━━━━━━━━━━━━━ mm

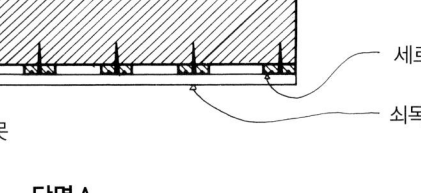

뒷널(오동나무)

쇠목(대나무)

층널(오동나무)

단면 A

대나무못

쇠목(대나무)

단면 B

단면도

뒷널(오동나무)

층널(오동나무)

세로목(대나무)

대나무못

쇠목

단면 B

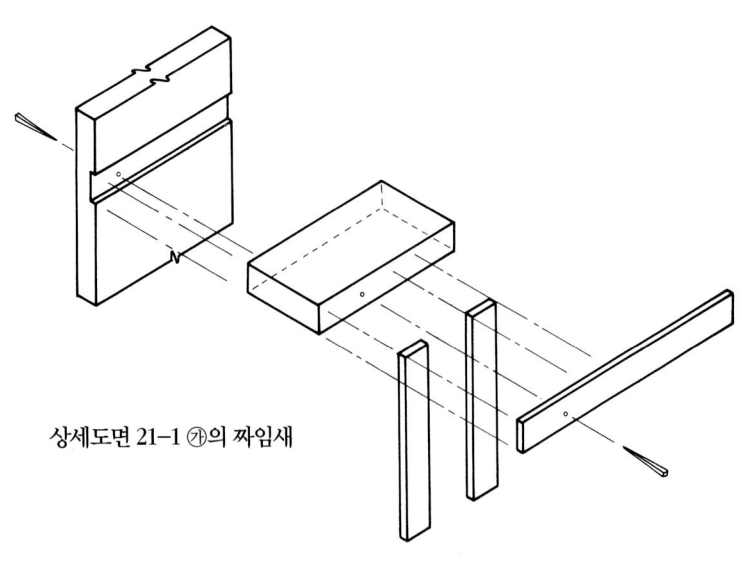

상세도면 21-1 ㉮의 짜임새

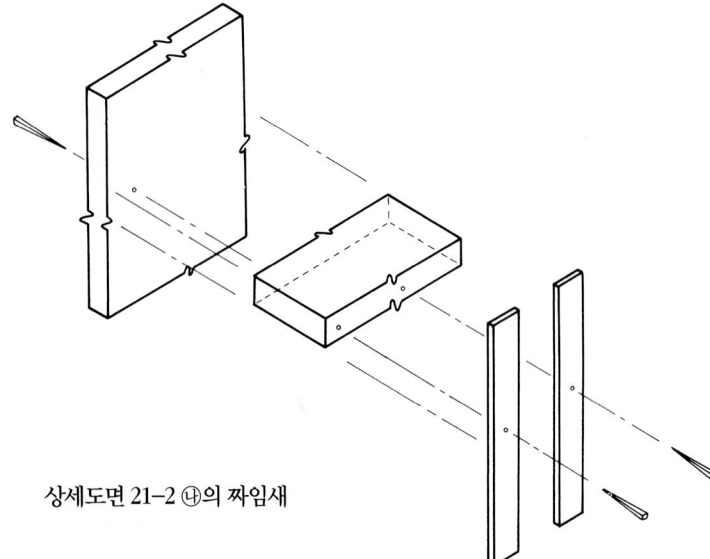

상세도면 21-2 ㉯의 짜임새

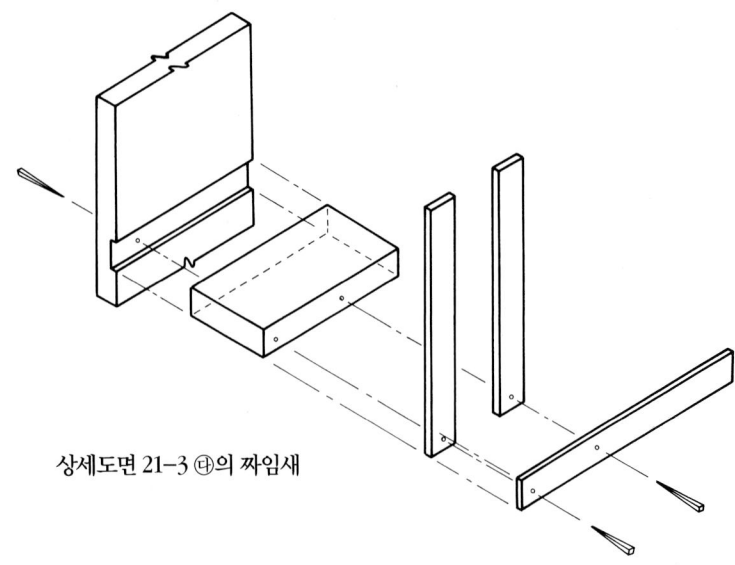

상세도면 21-3 ㉰의 짜임새

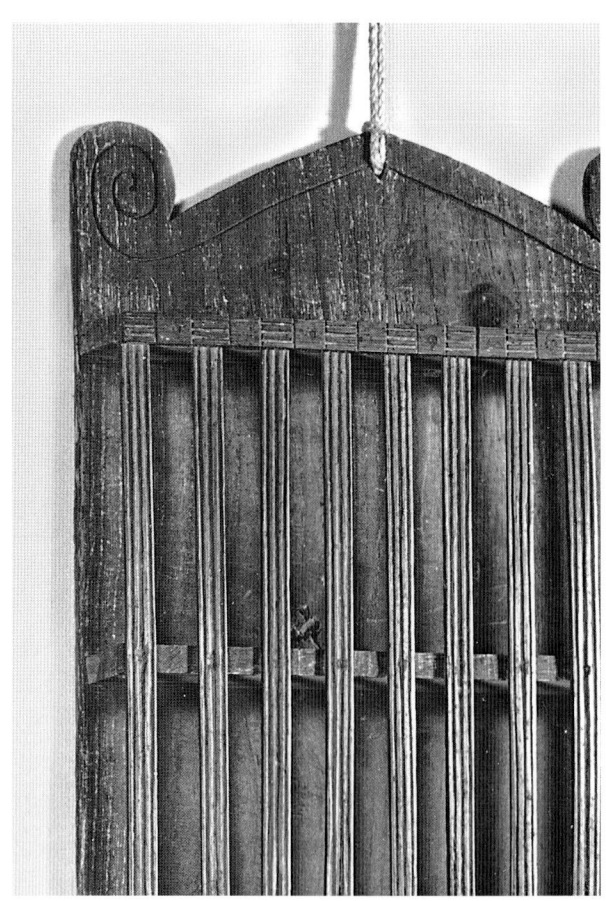

상세사진 21-1 상부

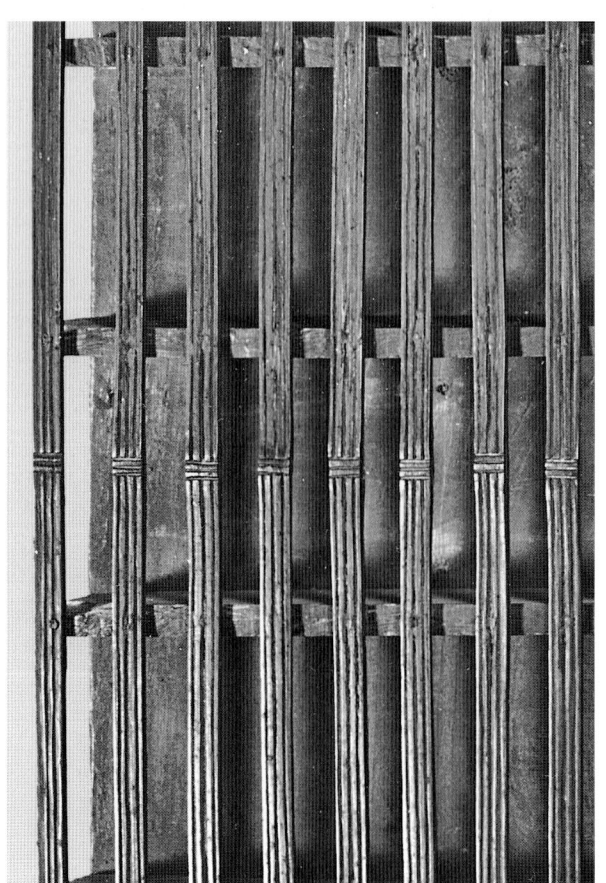

상세사진 21-2 중심부

사진 21-1 고비
19세기. 이화여자대학교박물관 소장
20.0×9.7×66.5cm

사진 21-2 고비
19세기. 개인 소장
17.0×13.0×54.0cm

사진 21-3 고비
19세기. 개인 소장
18.2×7.0×72.0cm

사진 21-4 죽제고비
19세기. 국립중앙박물관 소장
21.3×11.7×82.7cm

19세기, 가로 32.0cm, 세로 18.0cm, 높이 17.1cm, 개인 소장

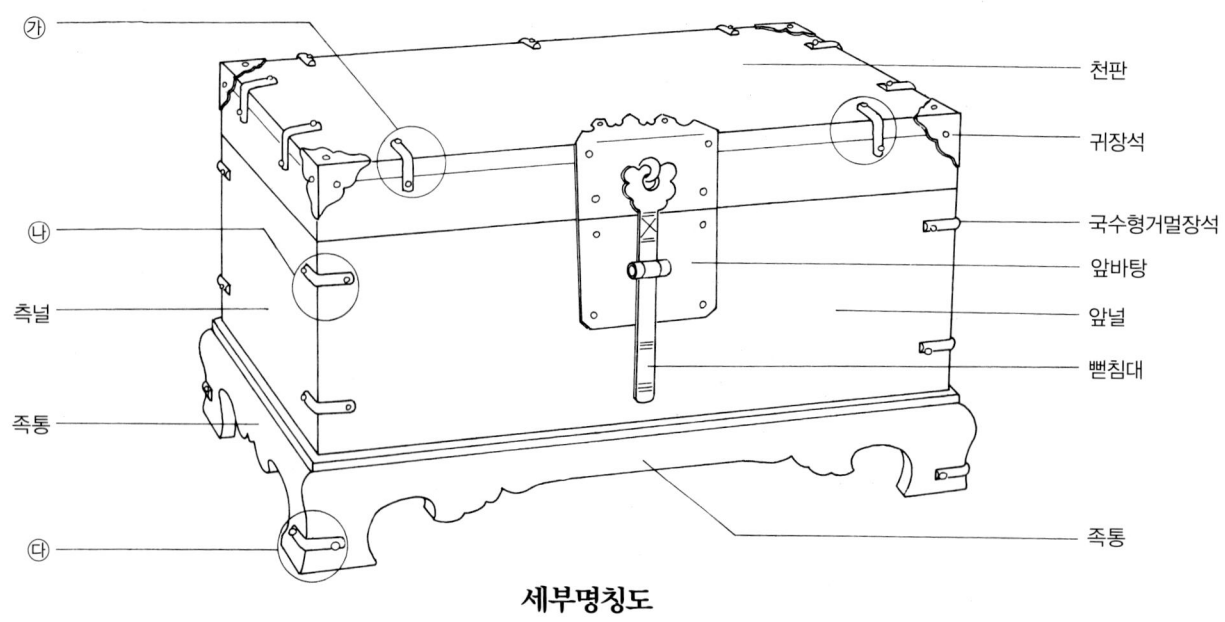

가 ─────── 천판

나 ─────── 귀장석

측널 ─────── 국수형거멀장석

족통 ─────── 앞바탕

다 ─────── 앞널

─────── 뻗침대

─────── 족통

세부명칭도

　한국의 목가구 중 함과 상자처럼 다양한 형태와 용도를 가진 것도 드물다. 적게는 도장이나 패물을 넣는 것부터 크게는 의복을 보관하는 용도까지 많은 종류가 있다. 함과 상자의 구분은, 뚜껑에 경첩을 달아 여닫기에 편리하고 앞쪽에 자물쇠장치가 달린 것이 함이며, 장석 없이 뚜껑을 덮게 한 것이 상자이다.

　이 전형적인 서류함은 각 면이 만나는 모서리를 국수형거멀잡이장석으로 잡고 네 귀는 귀싸개장석으로 견고하게 하여 서류함의 중요성을 잘 나타내었다.

　자물쇠앞바탕 위의 긴 뻗침대는 상자의 중심을 잡기도 하지만 뚜껑을 뒤로 젖힐 때 받침쇠의 역할을 하여 뒤쪽의 긴 약과형경첩에 무리한 힘이 가해지는 것을 덜어 준다. 함의 내부에는 네 귀퉁이에 받침대를 세우고 목판형 선반을 올려놓아 유용하게 하였다.

　세부구조를 살펴보면, 뚜껑의 천판과 사방의 널판이 만나는 ㉮부분은 상세도면 22-1, 2와 같이 맞짜임 한 후 대나무못을 박고 그 위에 국수형거멀잡이로써 견고하게 잡았다. 또 사방의 널판이 서로 짜이는 ㉯와 족통의 ㉰부분은 상세도면 22-3과 같이 반연귀맞짜임 하고 역시 국수형거멀잡이를 이용했다.

　목판형 선반은 오동나무이며 그 외는 은행나무에 얇게 옻칠하였다.

사진 22-1 필갑 : 필갑은 작은 붓과 벼루를 넣어 다니는 휴대용 벼루집으로 여행을 하는 선비들에게는 필수적인 문방용품이다. 뚜껑과 몸체에 경첩이 붙어 뚜껑을 여닫는 것은 함函, 덮어씌우는 것은 상자箱子, 얇은 판재를 닫아두는 것은 갑匣이라 부르는데 경첩이 달려 있어 필함이라 부르는 것이 원칙이나 얇은 판재를 닫아두는 것이므로 필갑이라 칭함이 적당하다.

　뚜껑이 편편한 판재로 구성된 납작한 갑으로 단단하고 비교적 가벼운 은행나무 판재로 제작되었다. 벼루를 고정하고 붓과 분리하기 위해 내부를 골재로 분할했을 것으로 짐작되나 현재는 비어 있다. 붙박이형자물쇠는 중심부를 좌측으로 밀어 여는 형식인데 이는 주로 고식 서류함에 사용되는 것으로 단순하면서도 장식성이 강하다. 망두형경첩과 망두형자물쇠앞바탕 또 각 면이 만나는 곳에 망두형거멀잡이장석을 달아 장식성을 강조하고 있다.

사진 22-2 서류함 : 크기와 비교하면 높이가 낮은 납작한 형태로 상판 뚜껑이 2/3가량 열리는 고식이며 경기도 일원 제품으로 추정된다. 이런 납작한 형태의 서류함은 주머니에 넣어 말안장에 걸쳐 놓거나 옆에 끼고 다니기에 편리하여 서류 운반용으로 적격이며, 문갑 밑이나 기타 장소에도 보관이 쉽다.

　밑판과 상판을 함께 거머잡은 커다란 반원국수형거멀잡이장석은 견고하면서도 신뢰감을 준다. 뚜껑 네 모서리의 귀싸개장석과 네 모서리의 가늘고 긴 감잡이장석이 전체의 단순한 분위기와 잘 어울리고 있다. 전면의 붙박이형 잠금장치는 안전장치라기보다는 뚜껑이 열리지 않으면서 장식을 겸한 모양으로 주로 소형 함에 사용된다. 판재는 무늬가 좋은 물푸레나무이다.

사진 22-3 서류함 : 높이와 비교하면 가로로 긴 서류함으로 문서나 긴 두루마리 종이를 넣을 수 있는 크기의 구조이다. 소나무판 짜임 부분에는 망두형거멀잡이장석으로 견고히 보강했고 드문 형식인 폭이 좁은 망두형자물쇠앞바탕을 사용하여 일반적인 폭이 넓은 것에 비해 단아한 느낌이 든다. 뒷면의 경첩 또한 망두형으로 튼튼하게 받치고 있다. 굵고 촘촘한 소나무의 나뭇결과 간략한 무쇠장석이 잘 어울려 건강미를 보이고 있다.

사진 22-4 서류함 : 각 면의 판재를 견고하게 서로 잡아주는 거멀잡이가 없이 오동판재로 간결하게 처리되었고, 주석 원형경첩 또한 소박한 분위기를 강조하고 있다. 밑바닥 면에는 반구형의 배꼽형 받침이 있어 상체를 성큼하게 받쳐주고 있다.

사진 22-5 서류함 : 비교적 대형 서류함으로 무늬가 아름다운 오동판재를 인두로 지져 태운 후 볏짚으로 문질러 부드러운 부분을 털어내고 단단한 결을 강조하는 낙동법을 사용했다. 판재가 사개물림으로 견고하게 짜여 있어 별도의 거멀잡이장석은 사용하지 않았다. 낙동기법으로 처리된 묵직한 오동판재에 필수적인 두꺼운 무쇠 장석만을 두어 간결하고 검소하게 보인다. 사랑방 주인의 취향과 같이 사용되었던 주변 가구의 성격이 짐작된다.

사진 22-6 함 : 책이나 문방제구들을 넣어 보관하는 대형 함으로 장欌 위에 올려놓는다. 함의 뚜껑을 열어젖히면 그 무게를 경첩이 감당하지 못해 못이 빠지거나 떨어져 나가게 되므로, 앞판에서 보이는 긴 뻗침대를 사용하여 뚜껑을 받쳐놓게 된다. 화형자물쇠앞바탕은 경상도 지방의 이층농에 나타나는 형식이지만 간혹 전라도 지방에서도 보인다.

판재와 판재는 맞짜임 하여 대나무못을 박고 국수형거멀잡이

장석으로 다시 튼튼하게 했다. 뒤쪽에는 단순한 약과형경첩을 달고 측면에 들쇠가 있다. 낙동법을 사용한 오동나무와 무쇠장석의 사용으로 묵직한 멋이 있다.

사진 22-7 인궤 : 전형적인 소형 인궤 형식을 갖추고 있다. 양측의 굵은 둥근 고리는 끈을 꿰어 매달아 두는 용도로도 쓰인다. 네모난 자물쇠 앞바탕은 자물쇠를 견고히 받쳐주고 있으며 천판의 사각진 봉오리형 손잡이는 장식성이 강하다. 각 모서리의 맞짜임 부분에는 국수형거멀잡이장석으로 거머쥐었는데 이는 견고성과 함께 인궤의 중요함을 상징적으로 표현하고 있다. 은행나무이다.

사진 22-8 인궤 : 상징적이고 권위적인 형태의 인궤(사진 22-7)와는 달리 작고 부드럽게 보인다. 무늿결이 좋은 느티나무 뿌리 근처의 판재로 짜 맞추었으며 모서리 부분에는 몸체에 비해 커다란 백동고춧잎형거멀잡이를 부착하였는데 이는 도장함의 안전과 중요성을 강조한 의도적인 작업이다. 양 측면에 환고리를 달아 끈목으로 묶을 수 있게 하고 전면의 둥근자물쇠앞바탕장석에도 자그마한 자물쇠가 있었을 것이다. 천판의 길게 뚫어진 구멍은 청동이나 유기로 제작된 봉인이나 인장의 끝인 손잡이 부분이 내부에서 움직이지 않도록 잡아주는 역할을 한다.

사진 22-9 영정함 : 높이와 비교하면 길이가 긴 함으로는 서류함, 교지함, 영정함이 있는데 이 중 영정함은 화상畫像을 담아 보관한다. 이 함은 다른 영정함에 비하여 좁고 길며 중심에 단아한 약과형자물쇠앞바탕이 붙어 있을 뿐 모서리마다 견고하게 받쳐주고 장식적인 거멀잡이쇠는 생략되었다.

은행나무 판재로 네 귀를 사괘물림으로 견고히 짜 맞추고 뚜껑의 천판 모서리 부분에 약간의 경사를 두어 전체를 부드럽게 처리했다. 외부에는 흑칠, 내부에는 옻칠을 묽게 칠했다. 자물쇠앞바탕에는 수복자壽福字를 음각하고 주변을 작은 둥근 점으로 장식한 단아한 형태이다. 뒷면의 뚜껑을 여닫는 양쪽 경첩에는 수와 복 한자씩과 연봉, 연잎을 음각하고 주변 바탕은 작은 둥근 점으로 장식하였다. 이런 양식은 경기도 일원에서 제작, 사용되었다.

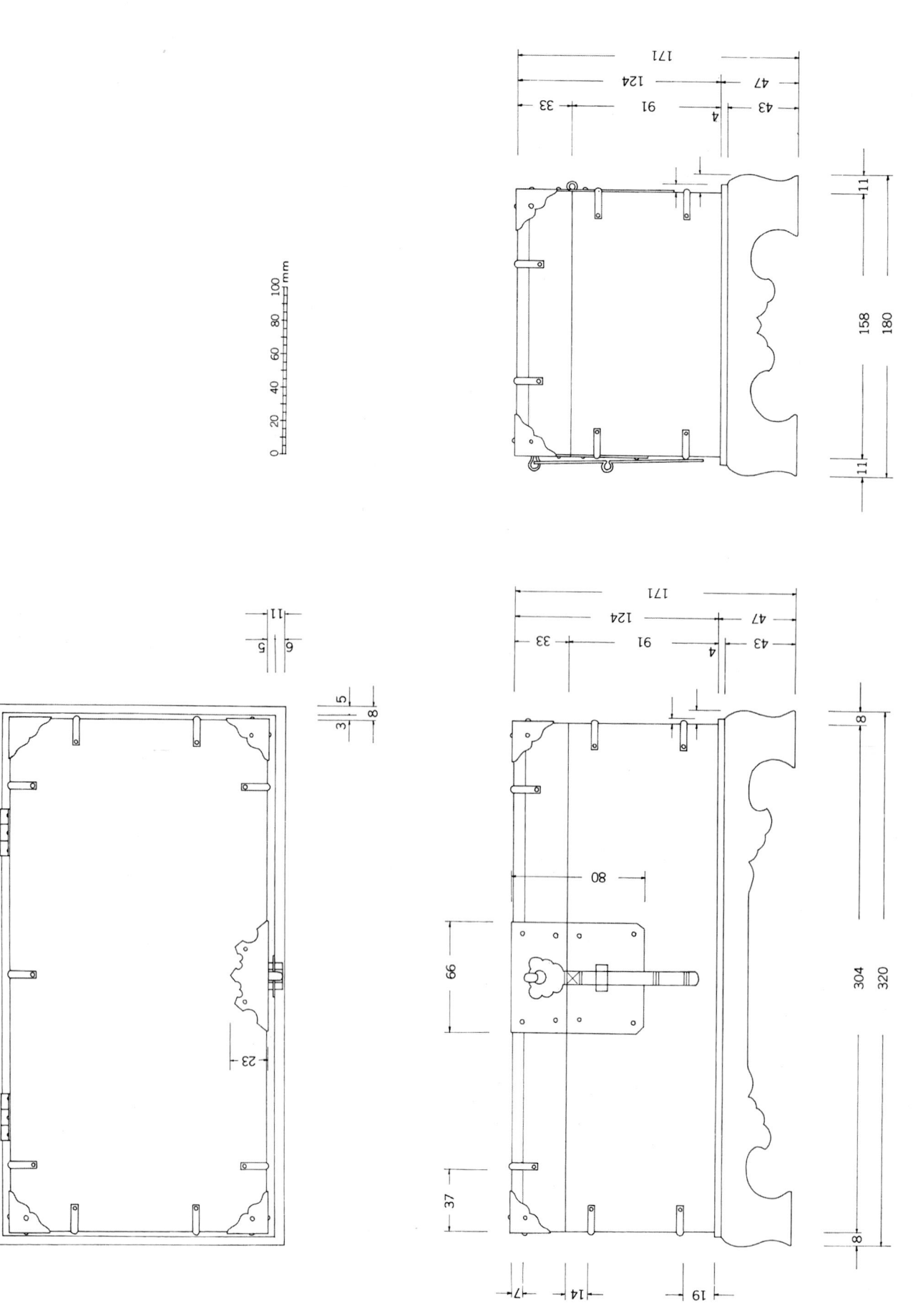

실측도

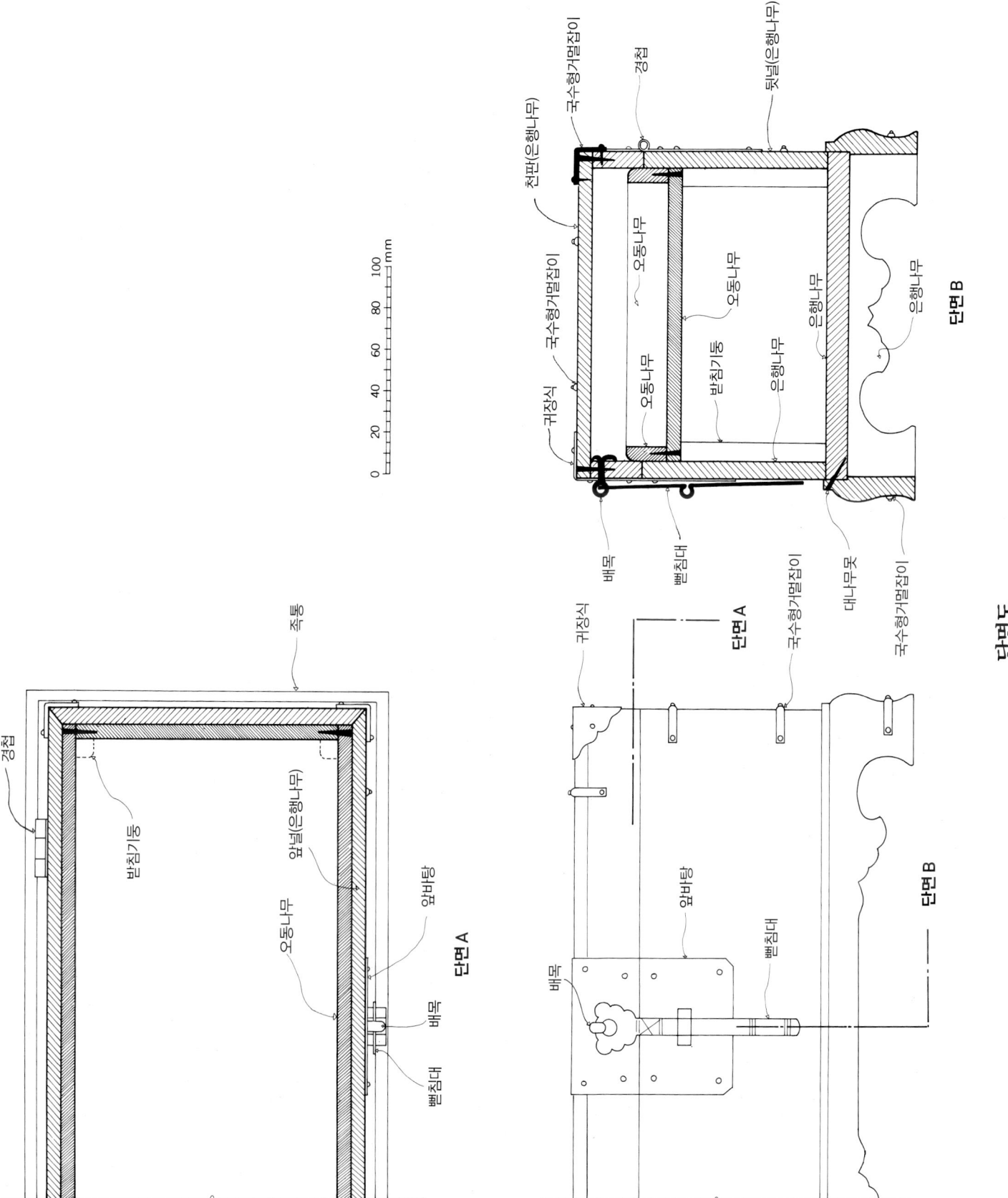

경첩

촉통

받침기둥

오동나무

앞널(은행나무)

앞바탕

빼침대

배목

단면 A

귀장식

국수형거멀잡이

경첩

앞널(은행나무)

천판(은행나무)

국수형거멀잡이

오동나무

오동나무

받침기둥

오동나무

은행나무

은행나무

은행나무

배목

빼침대

국수형거멀잡이

대나무못

국수형거멀잡이

단면 B

귀장식

국수형거멀잡이

단면 A

앞바탕

배목

빼침대

단면 B

단면도

0 20 40 60 80 100
mm

213

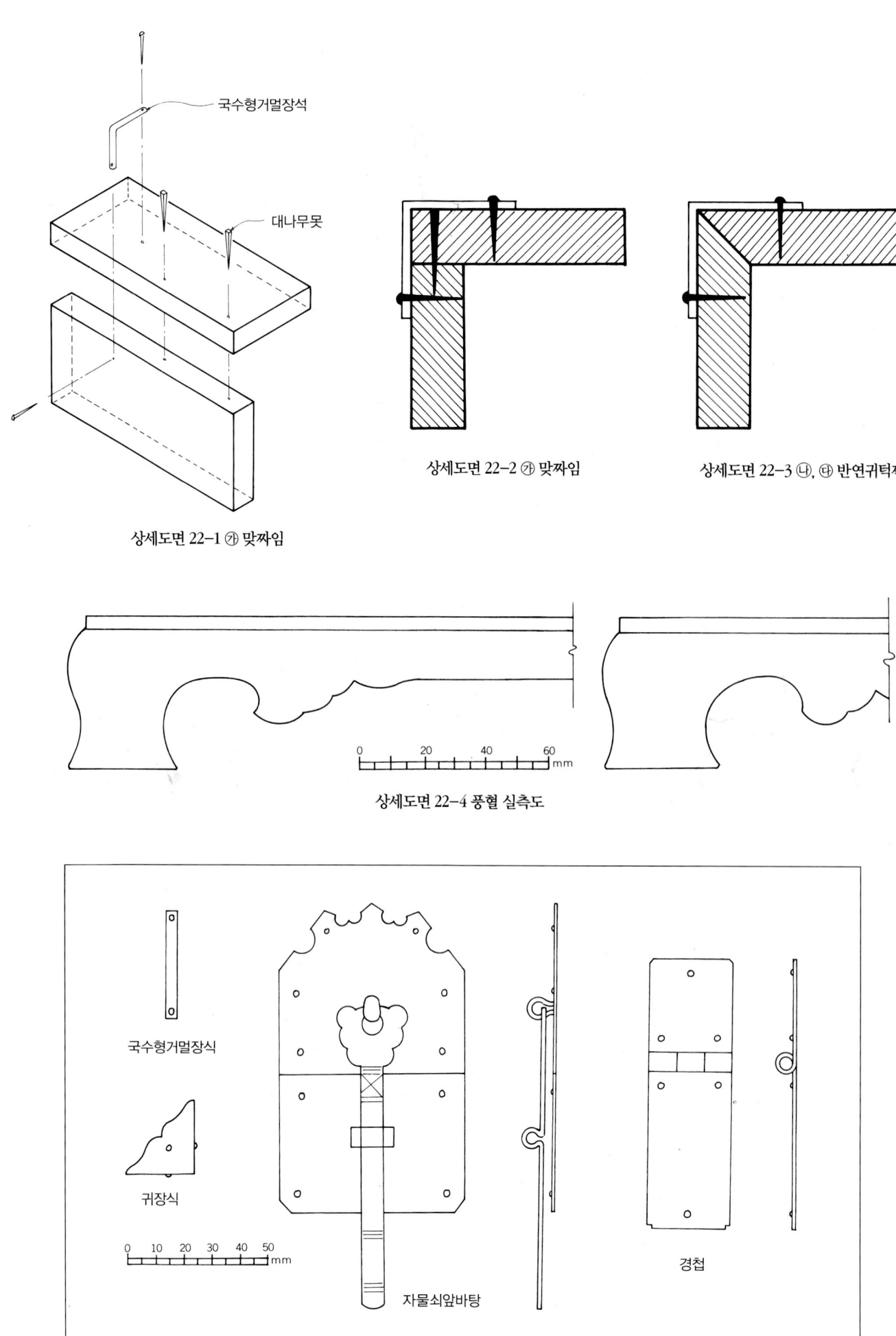

국수형거멀장석

대나무못

상세도면 22-1 ㉮ 맞짜임

상세도면 22-2 ㉮ 맞짜임

상세도면 22-3 ㉯, ㉱ 반연귀턱짜임

0　20　40　60 mm

상세도면 22-4 풍혈 실측도

국수형거멀장식

귀장식

0　10　20　30　40　50 mm

자물쇠앞바탕

경첩

상세도면 22-5 금속장석 실측도

상세사진 22-1 뒷면

상세사진 22-2 풍혈

상세사진 22-3 족통

상세사진 22-4 족통 내부

상세사진 22-5 내부 서랍받침목

상세사진 22-6 자물쇠앞바탕

상세사진 22-7 거멀잡이장석

사진 22−1 필갑
18세기, 개인 소장
27.4×11.0×4.7cm

사진 22−2 서류함
18세기, 개인 소장
32.5×21.3×6.8cm

사진 22−3 서류함
19세기, 개인 소장
53.3×12.8×14.2cm

사진 22-4 서류함
19세기, 개인 소장
48.0×13.0×14.2cm

사진 22-5 서류함
18세기, 개인 소장
44.3×22.0×25.0cm

사진 22-6 함
19세기, 개인 소장
73.0×36.0×43.0cm

사진 22-7 인궤(인함)
19세기, 호림박물관 소장
13.2×13.2×15.6cm

사진 22-8 인궤(인함)
19세기, 개인 소장
12.0×12.0×8.0cm

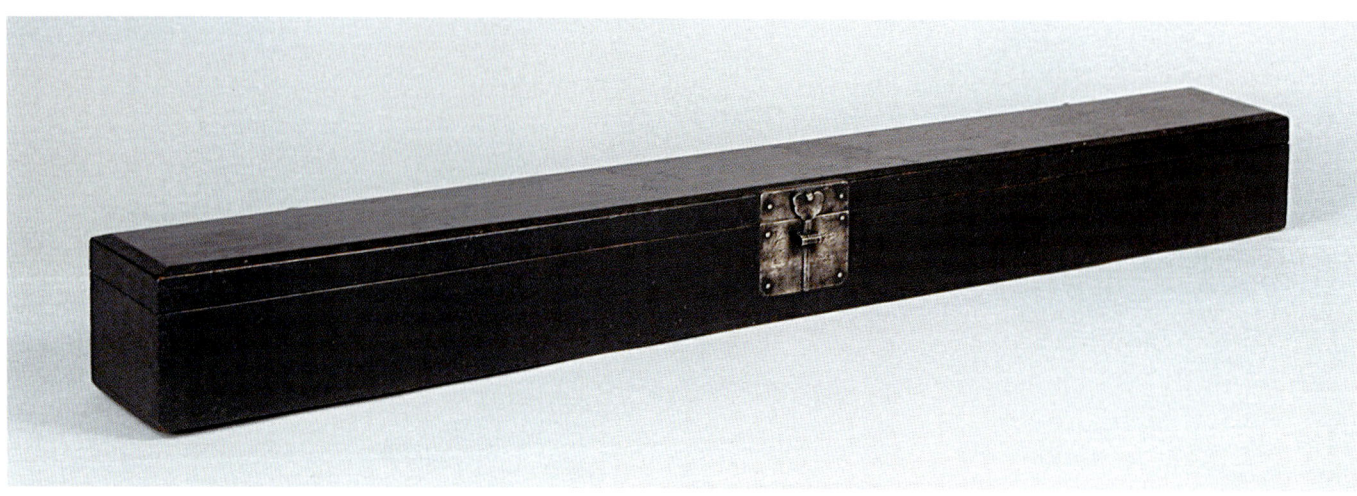

사진 22-9 영정함 19세기, 개인 소장, 110.5×12.5×11.3cm

19세기, 가로 27.2cm, 세로 27.2cm, 높이 73.0cm, 이화여자대학교박물관 소장

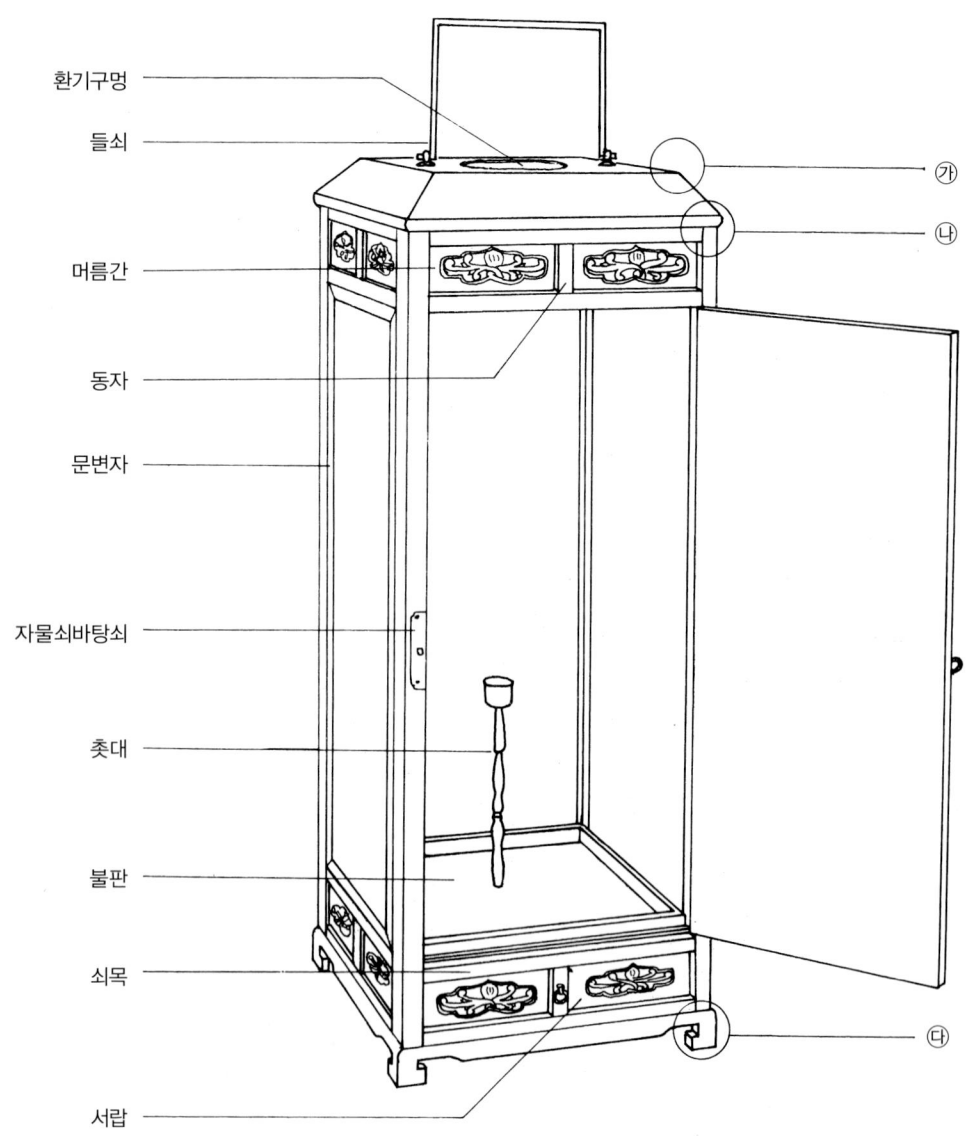

환기구멍

들쇠

머름간

동자

문변자

자물쇠바탕쇠

촛대

불판

쇠목

서랍

㉮

㉯

㉰

세부명칭도

실내를 밝히는 조명기구로는 촛대, 등잔, 등가燈架, 좌등 등의 여러 종류가 있다. 이들 중 촛대, 등가, 유경 등은 글을 읽거나 바느질할 때처럼 부분적인 곳을 집중적으로 밝히는 역할을 한다.

좌등은 실내의 한쪽 옆에 놓여 전체를 은은하게 밝혀 준다. 좀 더 넓고 멀리 비추기 위해 등燈의 창을 높이고 길게 함에 따라 견고한 기둥과 천판天板 그리고 머름간이 필요하게 된다. 좌등의 대부분이 등잔이나 초를 사용하며, 여닫이문과 창에는 청사青絲, 황사黃絲 또는 한지를 발라 간접조명의 아늑한 분위기를 살리고 있다. 지붕 모양의 천판에 환기 구멍과 옮기기 위한 들쇠가 있고, 창문 위의 머름간에는 투각된 창이 있어 열기를 통풍시키는 외에 창 사이로 투영投映되는 독특한 빛의 효과를 즐길 수 있게 했다. 아래 머름간에는 서랍을 설치하여 불을 켜는데 필요한 소도구를 넣게 되어 있다.

세부구조를 살펴보면, 지붕 윗쪽에 주석의 들쇠가 있어 커다란 등을 옮기기 편하고 윗면에 열기를 통풍시키기 위한 구멍이 있다.

마치 지붕과 같은 천판 부분 ㉮, ㉯의 연결 구조는 단면도와 같이 맞짜임 하고 대나무못을 박아 고정했다.

위쪽의 머름간에는 당초문唐草文을 투각하여 그 사이로 열기를 통풍시키고 빛이 밖으로 투영되는 효과로써 독특한 아름다움을 나타내고 있다.

쇠목과 기둥의 짜임인 ㉯는 상세도면 23-1과 같이 일반적인 장부맞짜임이다.

아래쪽 머름간에는 서랍을 설치하고 환들쇠고리를 달았다. 동자의 환들쇠고리를 당기면 불을 밝히는데 필요한 소도구를 넣게 되어 있으며, 위쪽 머름간과 같은 문양을 양각하여 전체에 균형을 주고 있다.

중심부보다 다리 부분이 밖으로 뻗어 나와 위쪽의 지붕 무게를 시각적으로 충분히 받쳐 주고 있으며, 그 짜임새는 상세도면 23-2 반연귀맞짜임이다.

내부에는 주석으로 만든 죽절형竹節形 촛대가 있고 불판에 철판을 씌워 촛농이 떨어지거나 넘어져도 안전하고 또 이를 밖으로 꺼낼 수 있도록 하였다.

나무는 천판과 조각이 있는 머름간은 탄력 있고 조각이 잘되는 은행나무이며, 그 밖의 기둥이나 동자 등 골재는 단단한 가래나무이다.

불을 켰을 때의 효과는 물론 장식적인 면까지 고려하여 실내의 다른 가구들과 조화를 이룰 수 있는 품위 있는 좌등이다.

사진 23-1 좌등 : 좌등은 좀 더 넓고 멀리 비추기 위해 창을 넓고 높게 구성하는데 이에 따라 견고한 기둥과 천판 그리고 머름간이 필요하게 된다. 좌등의 대부분이 초나 호롱을 넣어 사용하므로 이를 받치기 위한 기둥과 불판이 내부에 만들어져 있다. 천판에는 환기 구멍과 옮기기 위한 들쇠가 있으며, 창 상부에는 연속 여의두문을 투각하여 통풍을 고려하고, 하단의 서랍 부분에는 양각된 여의두문을 시문하여 안정감을 주고 있다. 네 기둥 중심부에 의지하여 초꽂이 장치를 설치하였다.

사진 23-2 주칠좌등 : 넓은 면과 골재는 흑칠, 하단과 창호 무늬들은 붉은칠을 한 품위 있는 전형적인 궁중용 좌등이다. 천판에는 만자문, 경사진 면에는 여의두에 당초문, 둘레에는 연당초문을 투각하여 그을음과 환기를 고려하였다. 하단의 윗부분에는 칠보무늬를, 아랫부분에는 국화무늬를 양각하였다. 전면의 창호는 경첩을 달아 불을 켜고 끄는데 편리하고, 나머지 세 면의 창호는 연봉형 꼭지를 당겨 떼어내도록 짜여 있다. 하단의 서랍은 불을 켜는데 필요한 소도구들을 넣는다.

넓게 비추기 위한 높은 다리, 각 다리 사이에 견고하게 연결된 가락지 등이 매우 견실해 보인다. 경사지고 약간 외반된 지붕 부분과 측면의 아자형 창과 하단의 견고하고 넓은 받침 등이 전통주택 구조를 연상시킨다.

사진 23-3 등가燈架 : 닭의 볏처럼 뻗친 상부와 불판인 묵직한 받침대 사이에 긴 두 가닥의 선이 간결하면서도 경쾌하게 서 있다. 등잔의 높이 조절은 고정하기 위해 턱이 진 곳은 없으나 두 개의 긴 막대 사이에서 경사진 받침대로 등잔의 무게가 쏠려 저절로 고정되는 원리를 이용했다.

불판은 부시와 부싯돌 등 등불을 켜는 소품을 올려놓거나 등가가 넘어지지 않도록 무게를 감당하고 있는데, 두꺼운 판재의 윗면을 파내고 하단 또한 4면을 경사지게 파내어 풍혈을 구성하였다.

사진 23-4 등가 : 등잔의 높낮이를 조절하여 사용하는 전형적인 등가의 기본 형태이다. 일반적으로 서 있는 기둥 뒤쪽에 톱니처럼 층을 만들어 등잔 받침대를 적당한 높이로 걸어 조절한다. 이 등가는 기둥의 앞뒷면에 초문 형태의 곡선을 주어 받침대가 자연스레 걸리도록 하였다. 두꺼운 판재를 파내어 불판을 구성하고 하단도 파내어 풍혈을 달았다. 묵직한 불판, 긴 기둥의 유연한 곡선, 힘차게 뻗은 받침대가 서로 어울려 조화를 이루고 있다.

사진 23-5 촛대 : 초는 촉燭에서 시작된 말로 옛날에는 벌통에서 꿀을 뜨고 난 밀봉으로 만들었기 때문에 가격이 비싸 주로 상류층에서 사용하였다.

이 촛대는 초를 꽂고 받치는 부위는 연꽃을 사실적으로 조각했고 꼿꼿이 뻗은 연 줄기는 잔털이나 수염이 돋은 나뭇가지의 표면을 우툴두툴하게 다듬어 실물처럼 나타냈다. 간혹 이와 유사한 촛대의 기둥에서 종이를 바르고 작고 모나게 잘라 붙인 후에 얇은 종이를 덧바르고 그 위에 칠을 해 위와 같은 효과로 강조한 것도 보인다.

줄기와 엎어놓은 연잎의 끝이 말린 형상까지 상세하게 묘사했으며, 넓고 묵직한 받침은 상부를 안전하게 받쳐주고 있다.

연蓮은 여성들에게는 다산과 풍요를 상징하고 남성들에게는 등용과 출세를 뜻한다.

사진 23-6 등가 : 기둥의 상하 양 끝을 네 가닥으로 투각하고 중심부에는 사선斜線을 양각하여 마치 네 가닥의 선이 꼬인 것과 같이 처리했다. 목판형의 불판이 상체를 안전하게 받쳐 주고, 하단에 서랍을 설치하여 불을 켜는데 필요한 소도구를 넣게 하였다. 앞면의 양 끝을 45° 연귀짜임 하여 마치 한 덩어리의 목재처럼 보이도록 단순하게 처리했으며, 연결된 느티나무 목리가 부담 없고 또 아름답다.

사진 23-7 등가 : 목재를 갈이틀에 고정해 회전하며 깎아내는 갈이질 작업으로써 3단 즉 상부의 등 받침, 기둥, 하부의 넓은 불판으로 분리 제작 후 조립한 부드럽고 안정되게 보이는 등가이다.

기둥의 굵은 중심부에 세 줄의 띠, 가는 상하부에 두 줄의 띠, 둥글게 움푹 팬 불판의 곡선 그리고 사뿐히 얹힌 잔 형태의 등잔 받침 등이 서로 잘 어울리고 있다.

갈이틀로 제작된 등기류는 두 개가 한 조를 이루는 제례용 촛대가 대부분이나 가정용 등기류는 흔치 않은 형식으로 조형미를 잘 살렸다.

사진 23-8 초롱 : 초를 넣어 불을 밝히는 기구로 길을 비추거나 든 이의 위치를 알리는 휴대용 등이다. 사각, 육각, 팔각 등 여러 형이 있으며 기둥 사이의 창에는 한지나 황사, 청사 등을 발라 독특한 운치를 살리고 있다.

둥근 환기구멍이 있는 8각형 천판은 단단한 배나무이고 그 외는 가벼운 오동나무이다. 바닥과 닿는 족통 부분은 약간 외반되어 안정감 있어 보인다. 손잡이는 가늘고 마디가 촘촘한 대나무의 뿌리 부분을 이용하였다.

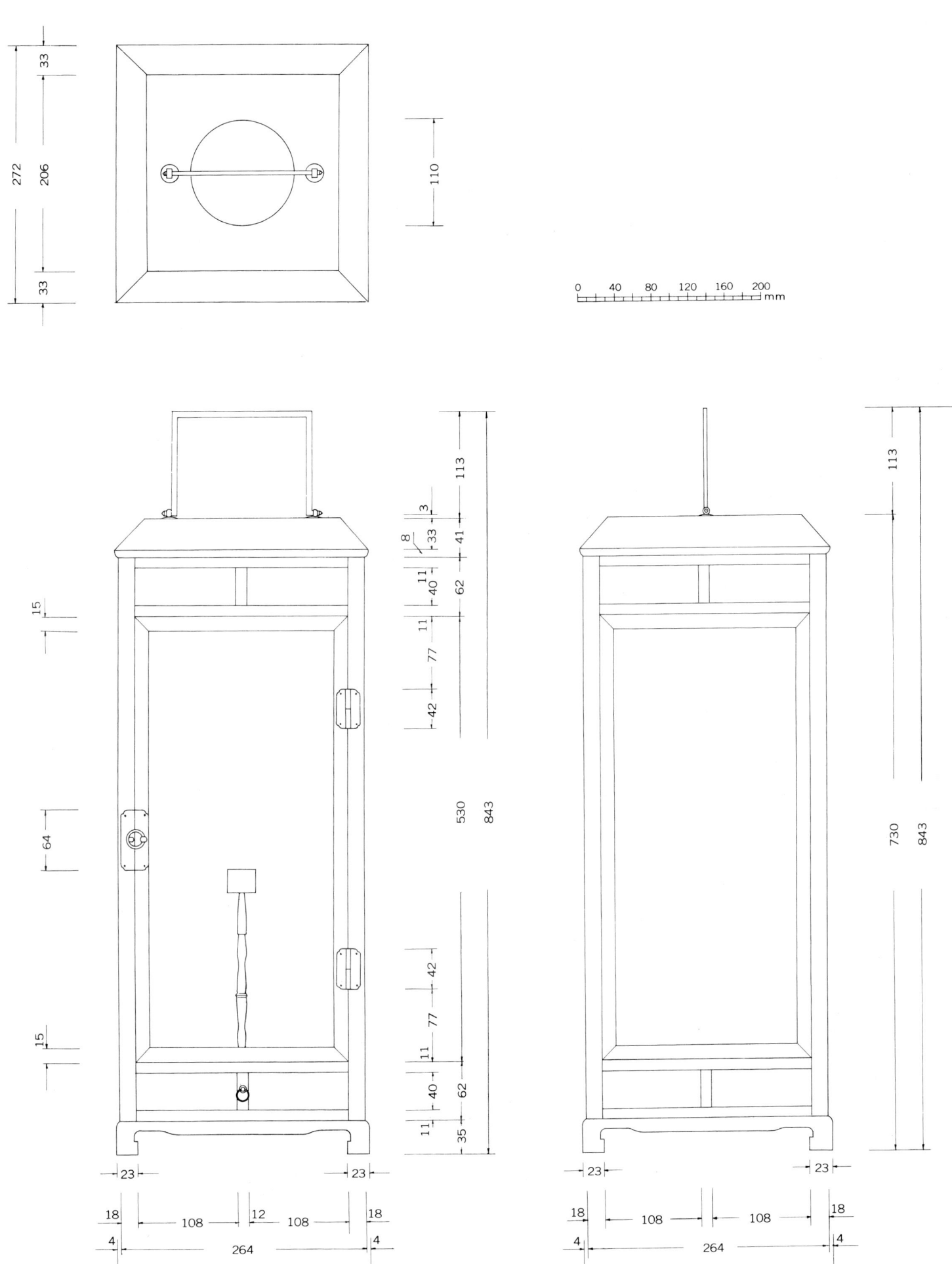

실측도

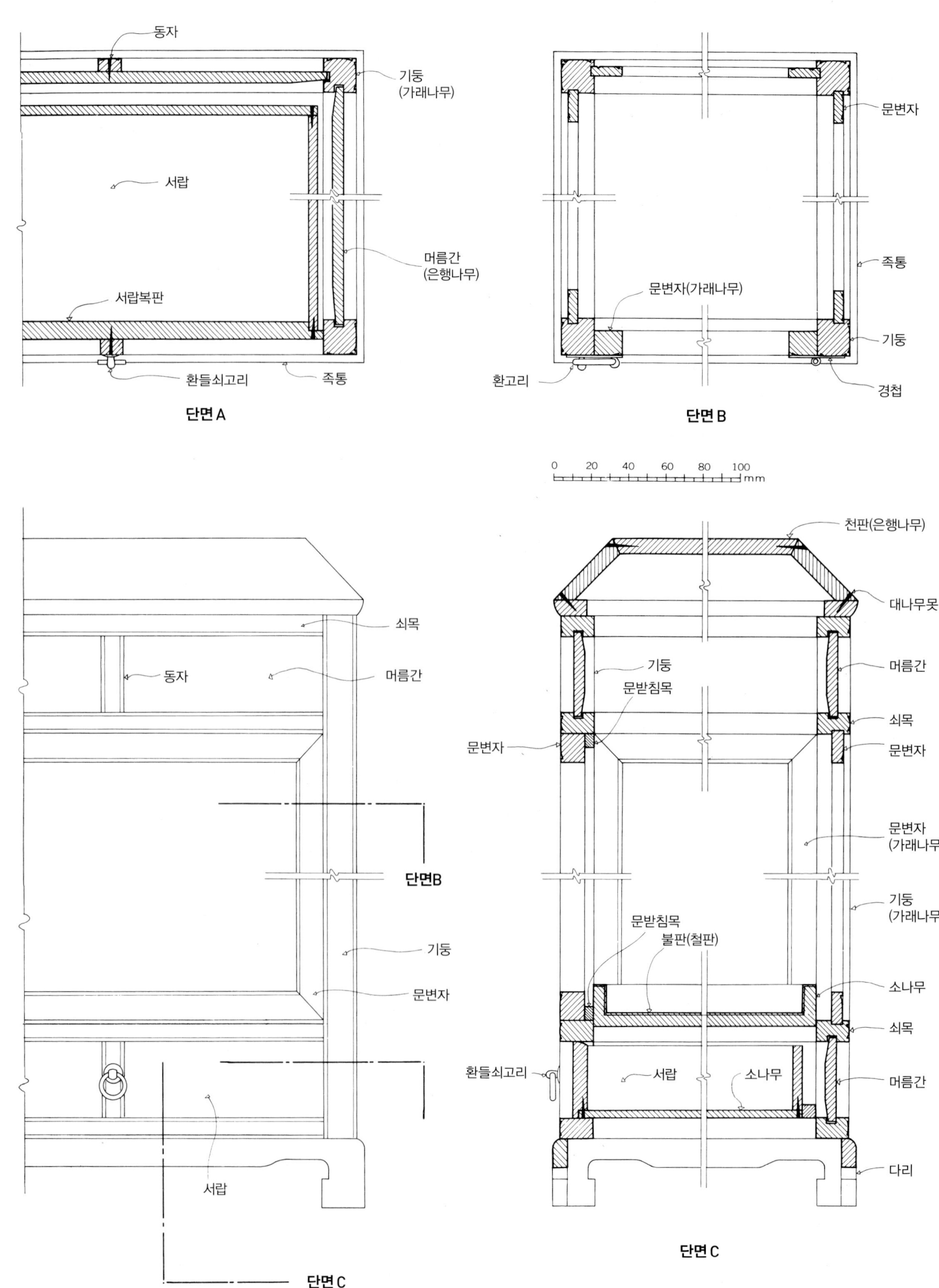

동자

기둥
(가래나무)

서랍

머름간
(은행나무)

서랍복판

환들쇠고리

족통

단면 A

문변자

족통

문변자(가래나무)

기둥

환고리

경첩

단면 B

0 20 40 60 80 100
‾‾‾‾‾‾‾‾‾‾‾‾‾‾‾ mm

천판(은행나무)

대나무못

기둥

머름간

문받침목

쇠목

문변자

문변자
(가래나무)

기둥
(가래나무)

소나무

쇠목

머름간

다리

문받침목
불판(철판)

환들쇠고리

서랍

소나무

단면 C

쇠목

동자

머름간

단면B

기둥

문변자

서랍

단면 C

서랍

단면도

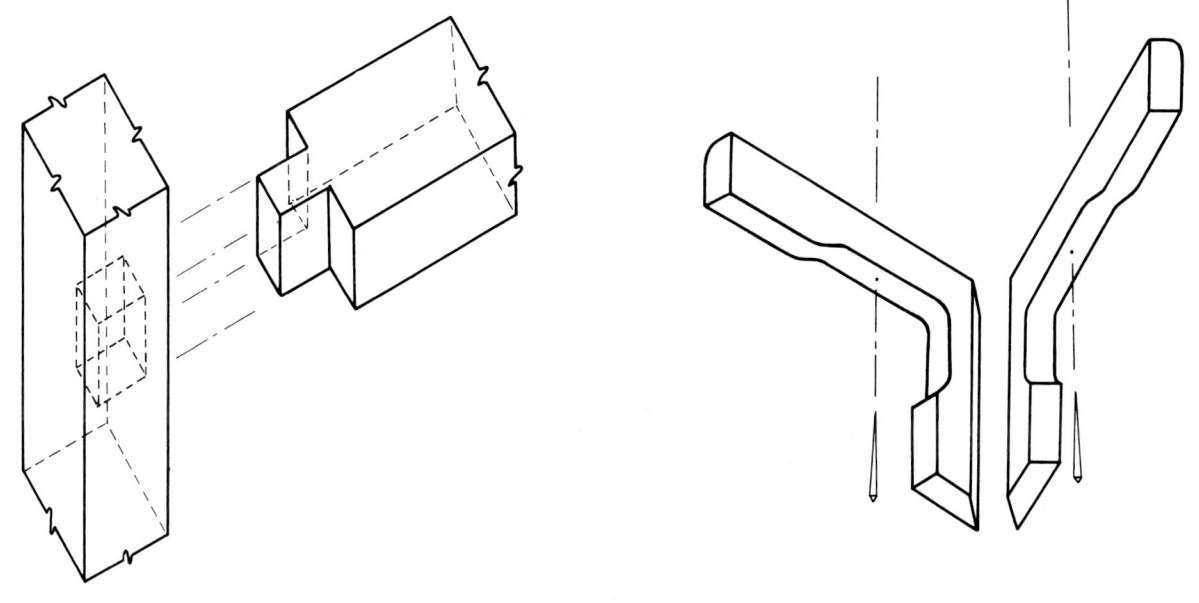

상세도면 23-1 ㉯ 장부맞짜임

상세도면 23-2 ㉱ 반연귀맞짜임

서랍 또는 머름간 조각

촛대　　　　들쇠　　　앞바탕　　　경첩　　환들쇠고리

0 10 20 30 40 50
mm

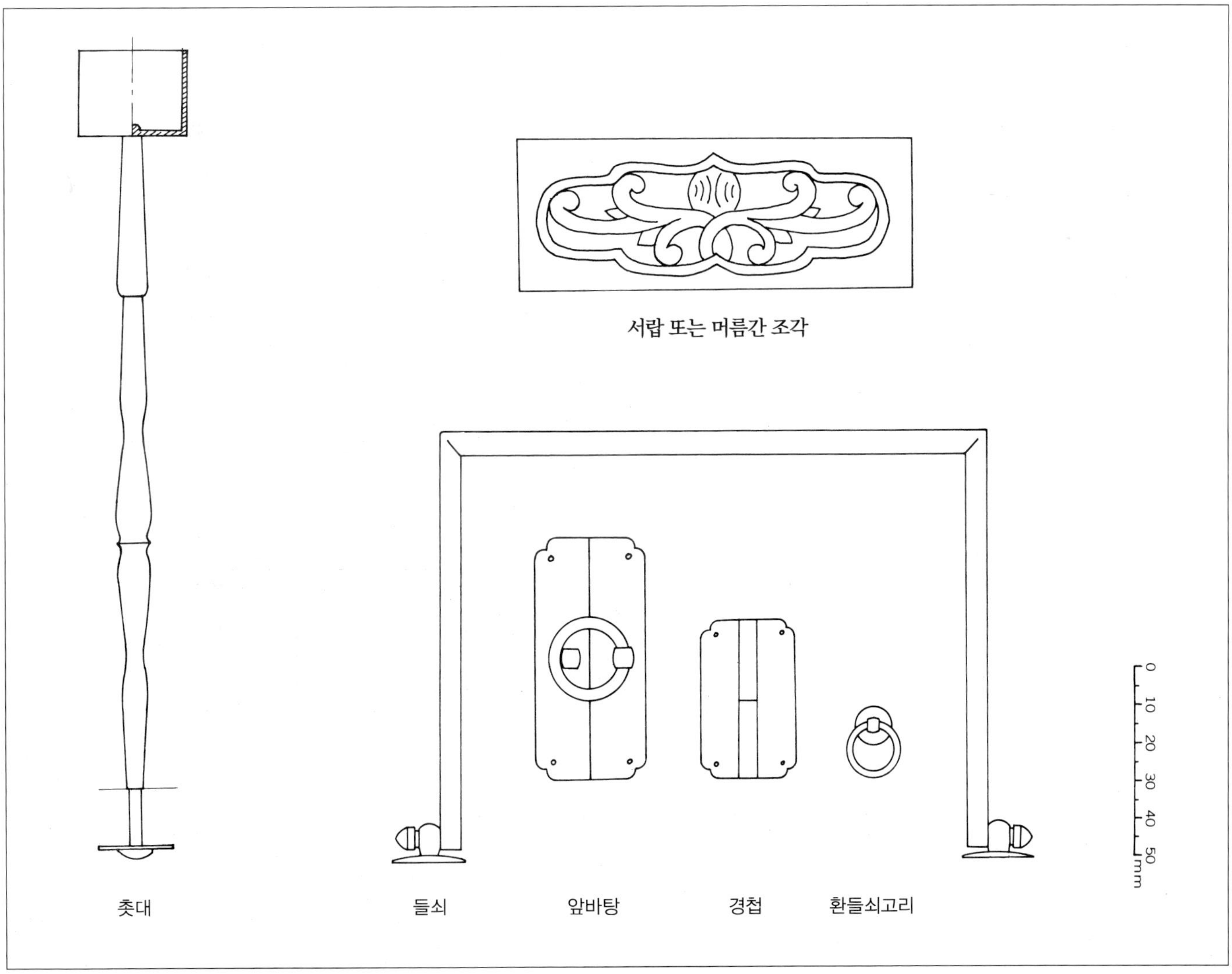

상세도면 23-3 금속장석과 머름간 실측도

상세사진 23-1 내부 구조와 촛대

상세사진 23-2 정면

상세사진 23-3 상부 정면

상세사진 23-4 하부 정면

사진 **23-1 좌등** 19세기. 국립중앙박물관 소장, 24.4×24.4×76.7cm

사진 **23-3 등가** 19세기. 개인 소장, 24.0×20.7×67.0cm

사진 **23-2 좌등** 19세기. 국립중앙박물관 소장, 32.5×32.5×106.5cm

사진 **23-4 등가** 19세기. 개인 소장, 22.0×22.0×72.0cm

사진 23-5 촛대 19세기, 일암관 소장, 밑지름22.0×높이47.0cm

사진 23-7 등가 19세기, 개인 소장, 윗지름11.0×밑지름26.0×높이48.5cm

사진 23-6 등가 19세기, 개인 소장, 19.3×19.3×38.3cm

사진 23-8 초롱 19세기, 개인 소장, 지름, 13.5, 높이 21.0cm

19세기. 가로 48.8cm, 세로 38.2cm, 높이 30.0cm, 개인 소장

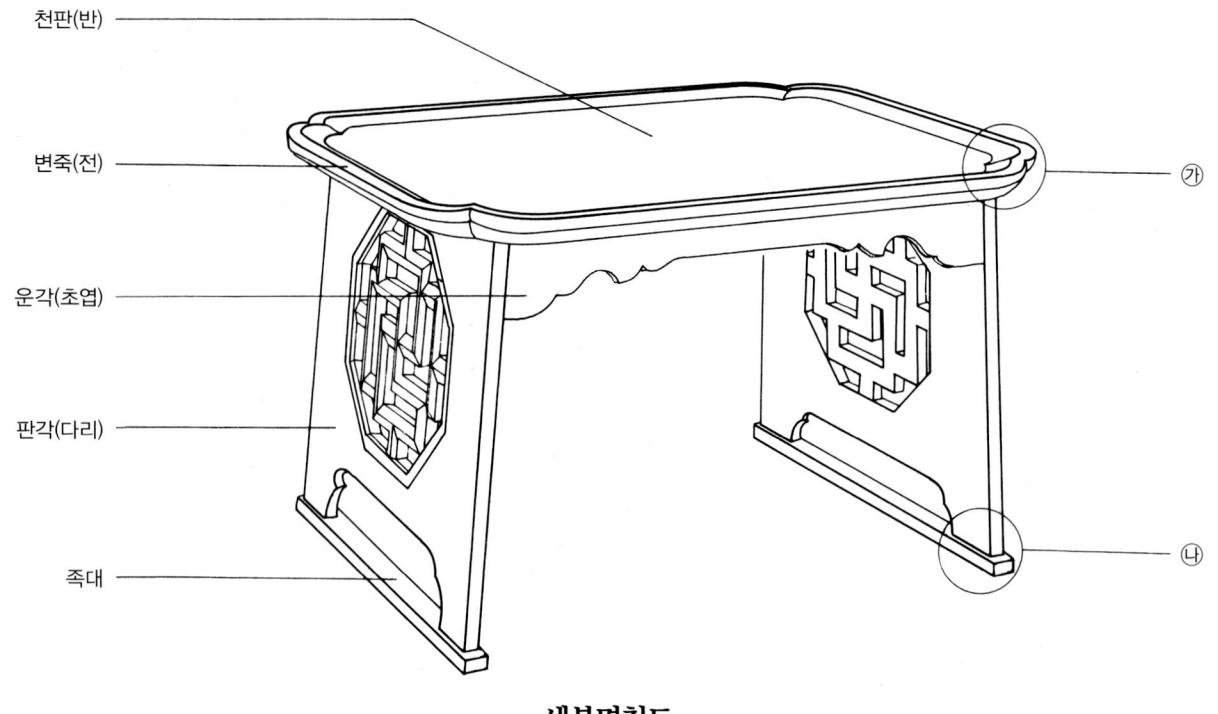

천판(반)

변죽(전)

⑦

운각(초엽)

판각(다리)

족대

⑭

세부명칭도

한국은 독특한 주택구조로 말미암아 음식을 부엌에서 마당, 대청을 거쳐 실내로 옮겨야 했고 또 남녀유별, 장유유서長幼有序 등의 풍습에 따라 독상이 주로 사용되었다. 따라서 소반은 무거운 유기나 자기그릇들을 고려한 가벼운 재질과 함께 인체 구조상 들고 나르기에 편리한 작은 크기가 요구되었다.

이에 따라 넓은 판재를 구할 수 있고 얇아도 터지거나 휘지 않는 피나무·호두나무·가래나무·은행나무 등이 이용되었다. 특히 은행나무는 음식 냄새에도 좀이나 벌레가 쓸지 않으며 탄력이 있어 깊은 흠이 잘생기지 않아 널리 애용되었다.

칠漆료로는 식물성 자연유自然油를 사용하기도 했지만, 항상 윤기가 나며 물이 잘 묻지 않는 생옻칠을 입혀 습기와 충격에 강하도록 하였다. 옻칠에 행자목杏子木 소반이면 상품으로 인정되었다.

이 소반은 해주 지방이 원산原産인 해주반海州盤의 전형적인 형태로, 네 개의 기둥으로 받쳐진 일반적인 소반과는 달리 두 개의 넓은 판각板刻이 밖으로 약간 외반되어 있다. 이는 수직 구성보다 힘을 많이 받으며 시각적인 안정감도 준다.

판각에는 한 가지의 국화에 나비를 투각하여 판재를 경쾌하게 구성하고, 판각을 고정하고 천판의 힘을 보완해 주는 운각雲脚에

는 당초문을 투각하였다.

세부구조를 살펴보면, 천판과 판재의 연결인 ⑦부분은 상세도면 24-1 장부맞짜임과 같이 판각의 윗부분을 홈이 패인 띠열형으로 깎아 천판에 끼워 밀어 넣은 후 쐐기를 박아 고정하고, 운각은 양쪽 판각에서 대나무못으로 고정했다.

판각과 족대의 연결인 ⑭는 상세도면 24-2 막장부맞짜임과 같이 판재의 반半 두께로 장부를 만든 후 족대에 장부구멍을 만들어 아래쪽에서 쐐기를 박았다.

전체가 은행나무이며 생옻칠을 얇게 입혔다.

소반은 크게 지방에 따라, 다리의 형태에 따라, 용도에 따라 분류할 수 있고, 그 외에도 식食·주酒·차茶·과果·관혼상제冠婚喪祭 등 일상생활에 따라 다양한 종류가 널리 쓰였다.

사진 24-1 해주반海州盤 : 해주반은 황해도 해주 지방산産으로 천판天板의 대부분이 두꺼운 판을 파낸 통판으로 되어 있고 천판의 네 귀는 능형菱形으로 굴려져 있다. 네 개의 다리로 구성된 일반적인 소반과는 달리 만자卍字·희자囍字·꽃·나비 등이 투각된 두 개의 넓은 판각이 힘을 받도록 약간 외반되어 있다. 그 사이에 앞뒤로 두 판각을 견고하게 받쳐주고 천판의 힘을 보완해 주는 운각雲脚이 있다.

사진 24-2 **강원반**江原盤 : 강원도 지방에서 생산되었으며 두꺼운 판재로 매끄럽지 않고 성글고 투박하게 제작되었으나 순박한 정감이 느껴지는 지방적 특성을 보이고 있다.

이 소반은 비교적 두꺼운 소나무 판재를 깊고 거칠게 파내어 천판을 구성하고 네 귀는 일반적인 원만하고 둥근 형태보다 사각에 가까운 좁은 곡선으로 처리하여 더욱 강하게 보인다. 양측 판각의 크고 네모난 단순한 구멍은 투박한 형태와 재질에 경쾌함을 주고 있으며, 족대는 판각 하단에 풍혈 없이 촉짜임으로 끼워져 있어 천판과 시각적으로 통일감이 있다. 거칠게 대패질한 천판과 두꺼운 측널판 사이의 직선적 운각은 강원도 목가구의 건강함을 잘 나타내고 있다.

사진 24-3 **충주반**忠州盤 : 충주반은 해주반과 같이 판각으로 구성된 것이 특징이나 만자卍字나 꽃 등의 투각이 없이 능형 구멍만 뚫려 있는 것이 대부분이다. 또 판각과 족대 사이에 풍혈이 없이 아주 얇은 족대가 붙어 있을 뿐이다. 천판은 나주반과 같이 모서리가 각진 형식이며 양다리를 고정해 주는 운각도 단순하다. 해주반의 족대는 판각보다 두껍고 길게 뻗어 있으나 충주반은 판각의 두께와 별 차이가 없고 높이도 낮으며 끝 부분을 곡면으로 둥글게 처리하는 것이 특징이다. 충주반으로서 보기 드물게 단아한 격이 있는 소반이다.

사진 24-4 **통영반**統營盤 : 천판의 네 귀가 능형으로 굴려져 있고, 굵은 네 기둥이 천판을 받치고 그 사이를 직선의 가락지가 잡아 주고 있는 전형적인 경상남도 통영 지방산이다. 천판 하단의 초엽 부분에는 나비를 중심으로 양옆에 초문을 투각하여 죽절형 다리와 함께 화사함을 보여주고 있다. 은행나무 판재에 옻칠이다.

사진 24-5 **나주반**羅州盤 : 전라남도 나주 지방산으로 굵은 변죽에 얇은 천판이 끼워져 있고 네 귀가 각지게 귀접이 되었다. 그 아래 굵은 기둥이 운각에 끼워져 있는데 네 기둥 사이에 나주반 특유의 ∏형 가락지[중대中帶]가 견고하게 물려 있어 큰 힘을 받을 수 있다. 굵은 기둥과 선들로 말미암아 깔끔하면서도 강한 인상을 주는 소반이다. 은행나무 판재이다.

사진 24-6 **호족반**虎足盤 : 소반의 다리가 호랑이 다리같이 날렵하게 생겼다 하여 호족반虎足盤이라 부른다. 이 소반은 12각 천판과 그 아래 운각, 이에 끼워진 호족과 두 다리의 힘을 받쳐주는 족대 등 전형적인 호족반 형식을 갖추고 있다. 다리의 높이가 일반적이면서 반盤이 넓은 것은 식사용이지만 이처럼 반이 넓으면서 다리가 훤칠하게 높은 것은 식사용보다는 집안의 혼례나 고사 등 각종 예식에 사용되었다. 떡이 담긴 시루를 올려놓고 고사를 지낸다 하여 시루반이라고도 부른다. 은행나무에 옻칠한 이 호족반은 넓은 천판과 높고 길게 뻗은 호족이 날렵하며 당당해 보인다.

사진 24-7 **구족반**狗足盤 : 소반의 다리가 개[犬]다리 같다 하여 개다리소반 또는 구족반이라 부른다. 이런 형식의 소반이 충주 지방 일원에서 주로 생산된다 하여 충주반이라고도 한다. 각이 진 힘찬 다리는 실제 개의 다리 모양은 아니며 조선시대의 교자상이나 장과 농의 다리 부분에도 이런 형식이 나타난다. 천판은 8각, 12각이 대부분이며 천판 둘레에 변죽을 따로 대지 않고 천판과 함께 통판으로 깎은 것이 상례이다.

이 소반은 원형 천판으로 물레갈이틀로 회전시켜 깎았는데 천판 하단의 다리와 연결되는 운각 또한 한 덩어리의 목재로 제작하고 다리를 끼워 연결하였다. 부드러운 곡선의 원형 천판이 하단의 힘찬 다리를 부각해 더욱 안정되게 보인다.

사진 24-8 **원반**圓盤 : 강원도 지방에서 생산된 원반으로 목재의 중심에 갈이틀인 수동식 회전물레의 축을 맞춘 후 돌려 파내는데 이 작업을 '갈이질 한다'라고 부른다. 발의 힘으로 회전시켜 깎기 때문에 느린 속도로서 정교하고 매끄럽게 깎을 수가 없는데 20세기 초 전기를 사용하여 제작된 것보다 오히려 후박한 질감을 주어 더 정감이 간다. 피나무로 제작된 이 원반은 안으로 깊게 파인 골 선이 힘차고 생동적이다. 외형을 깎아 무게를 줄이고 또 변형되거나 터지는 현상을 방지하기 위해 하단의 내부를 파내었다.

사진 24-9 **공고상**公故床 : 야외에서나 관청에서 식사할 때 머리에 이고 나르는 소반으로 번상番床이라고도 한다. 앞을 내다보기 위한 능형菱形의 커다란 창이 앞뒤로 두 개 있으며 양 측면에는 손잡이 구멍이 뚫려 있다. 아자문을 네 곳에 설치하여 무게도 줄이고 미적 효과도 고려하였다. 가볍고 단단한 은행나무 판재이다.

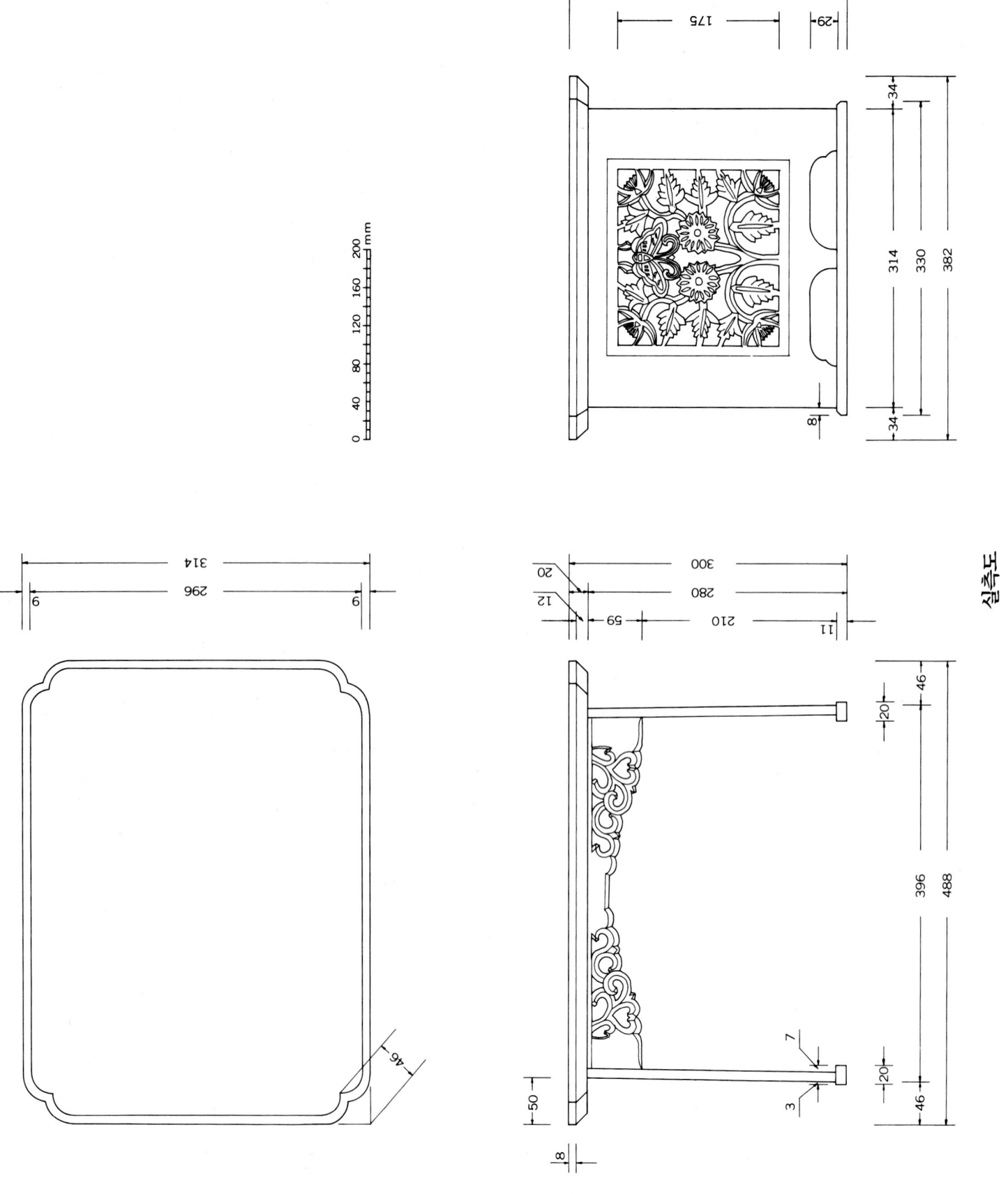

300

175
29

34
314
330
382
34
8

0 40 80 120 160 200 mm

314
296
9
9

46

실측도

20
12
300
280
59
210
11
20
46
396
488
7
3
20
46
50
8

232

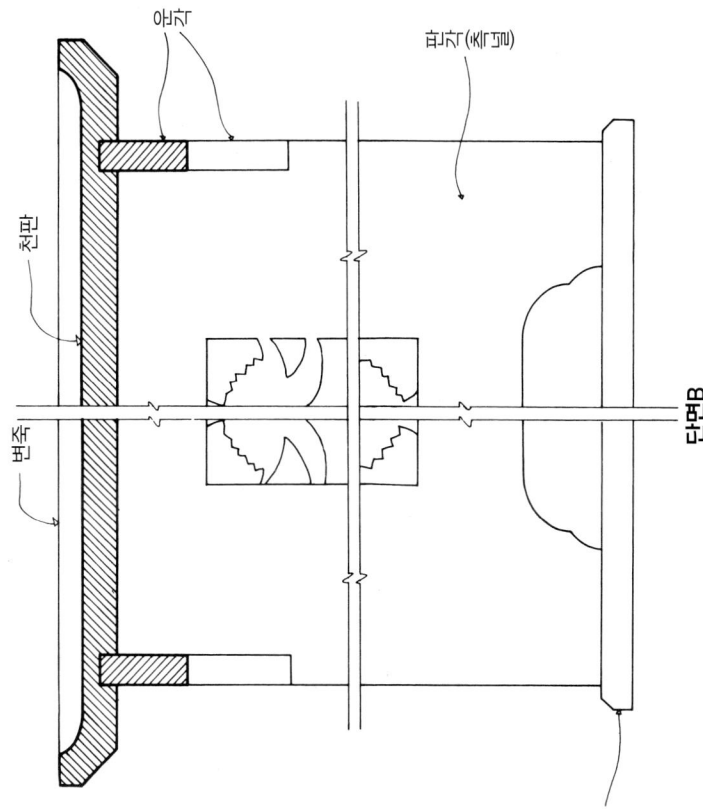

앙각

한각(채널)

천판

변죽

단면B

0 20 40 60 80 100 mm

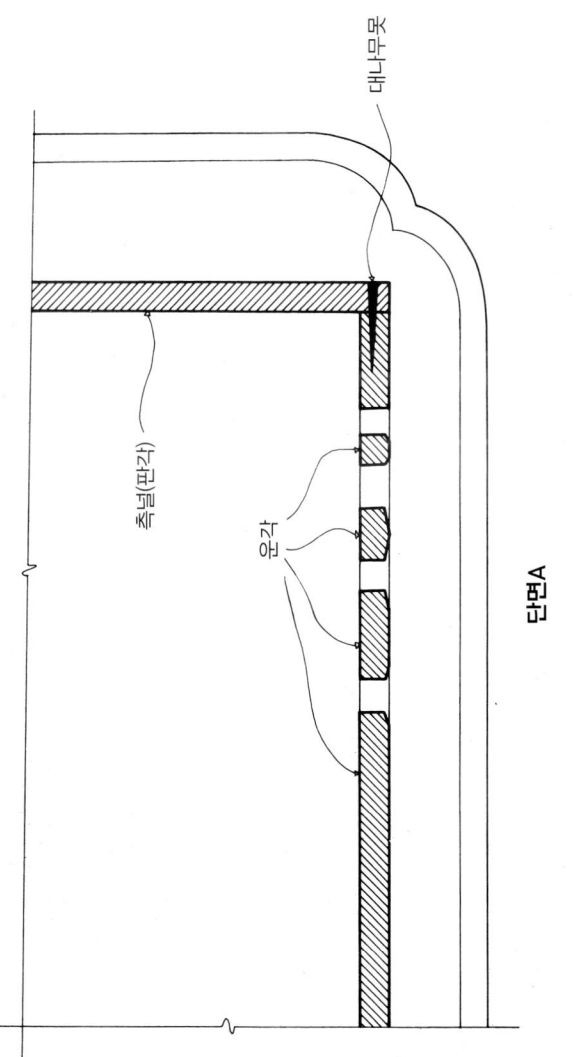

대나무못

족널(판각)

운각

단면A

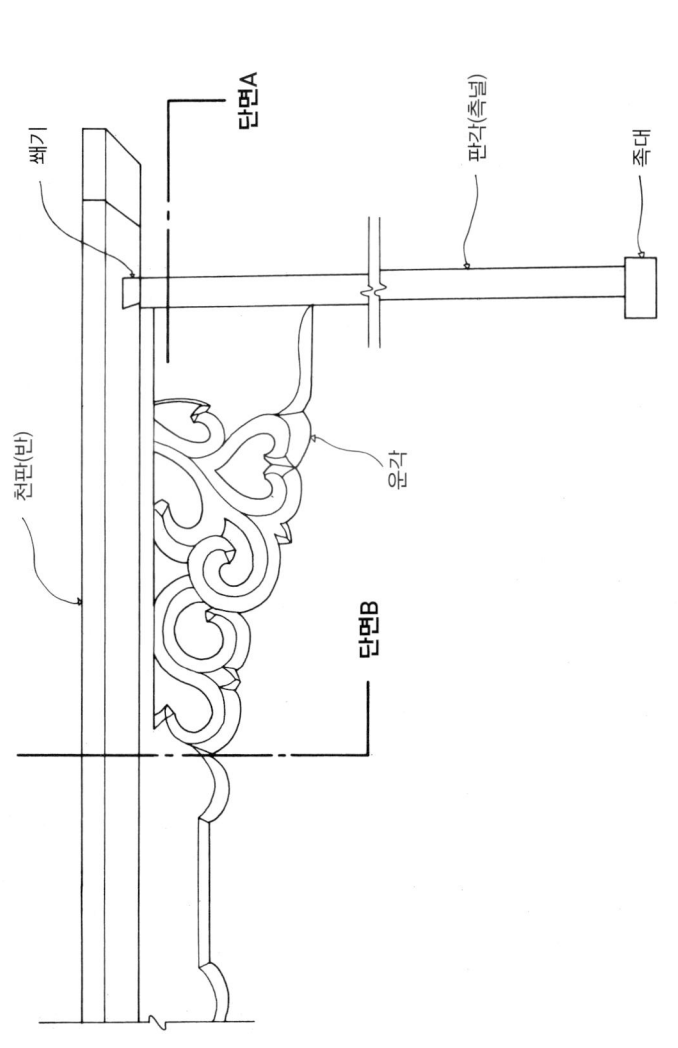

쐐기

단면A

판각(족널)

족대

천판(반)

운각

단면B

단면도

233

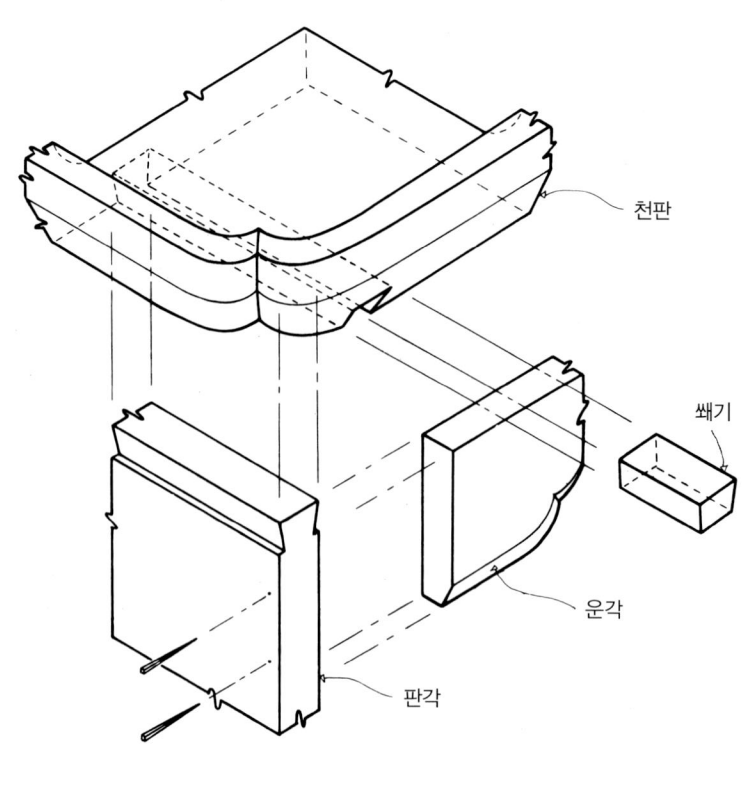

천판

쐐기

운각

판각

상세도면 24-1 ㉮ 장부맞짜임

상세도면 24-2 ㉯ 막장부맞짜임

0 10 20 30 40 50 mm

상세도면 24-3 판각과 운각의 실측도

상세사진 24-1 투각 꽃과 나비문 판각(측널)

상세사진 24-2 투각 당초문 운각

상세사진 24-3 족대 바닥면 막장부짜임과 쐐기

상세사진 24-4 천판 변죽 모서리 곡선

상세사진 24-5 변죽 뒷널, 측널 홈막이

사진 24-1 해주반
19세기, 개인 소장
46.0×36.7×29.3cm

사진 24-2 강원반
19세기, 개인 소장
35.5×46.7×28.2cm

사진 24-3 충주반
19세기, 개인 소장
45.7×36.0×27.5cm

사진 24-4 통영반
19세기, 개인 소장
43.0×33.0×25.0cm

사진 24-5 나주반
19세기, 개인 소장
47.7×36.7×32.5cm

사진 24-6 호족반
19세기, 개인 소장
지름 52.5 높이 37.0cm

사진 24-7 구족반
19세기, 개인 소장
지름42.0 높이33.5cm

사진 24-8 원반
19세기, 개인 소장
윗지름44.0 밑지름34.8 높이24.3cm

사진 24-9 공고상
19세기, 개인 소장
윗지름44.0 밑지름43.0 높이28.0cm

25. 나주반 羅州盤
Dining Table

19세기, 가로 89.5cm, 세로 43.5cm, 높이 29.8cm, 개인 소장

239

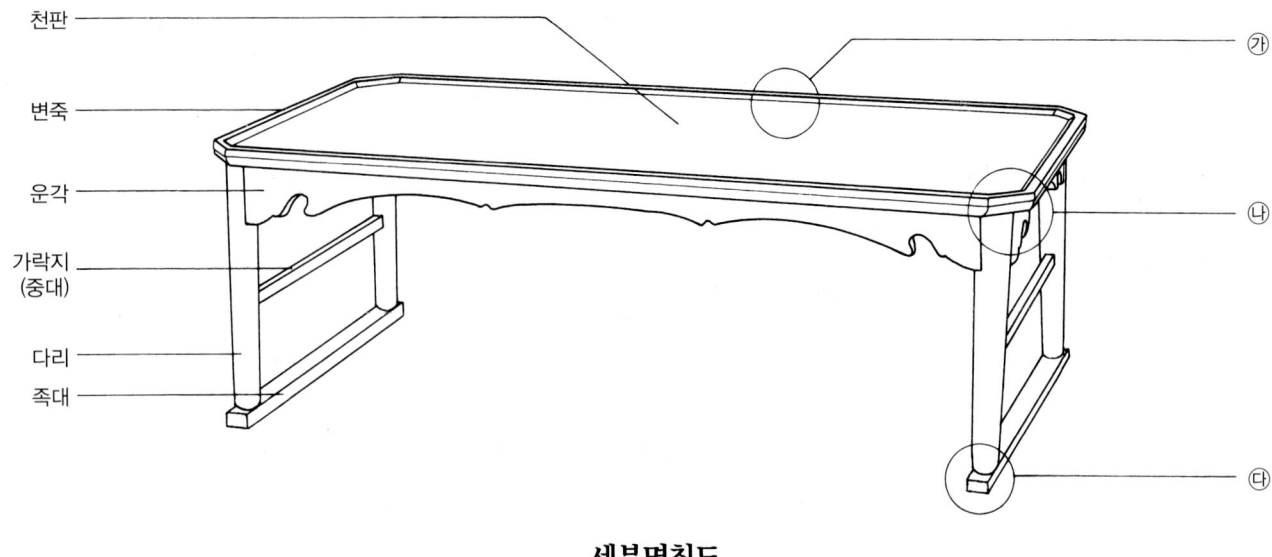

천판
변죽
운각
가락지
(중대)
다리
족대

㉮
㉯
㉰

세부명칭도

소반에는 일상용의 자그마한 것, 두 사람이나 그 이상이 마주 앉게 된 것, 잔치 때 사용하는 교자상交子床처럼 넓고 큰 것 등 여러 형태가 있다. 크고 넓은 상들은 두 사람 이상이 들고 나르기 때문에 상의 무게를 깊이 고려하지 않아도 되므로 반盤을 두껍게 짜거나 또는 목리는 아름다우나 무거워서 잘 이용하지 않는 느티나무를 택하기도 한다. 이때는 다리의 중간에 네 다리를 묶는 가락지를 설치하여 반의 무게를 감당할 수 있도록 짜게 된다.

이 소반은 전형적인 나주반(상세사진 25-3, 4) 형식이나 앞뒤쪽에 가락지가 없는 것이 특징이다. 그러나 견고한 느티나무 통판으로 천판과 변죽이 짜여 있고 운각雲脚과 튼튼한 다리가 받치고 있어 힘을 받기에는 충분하다.

일반적인 나주반의 천판 크기가 47.5×36.5cm정도인데 반해 이 상은 가로변의 길이가 두 배나 되므로 집안의 잔치나 행사 때에 여러 가지 음식들을 올려놓기 위해 사용된 것으로 짐작된다. 겸상으로 보는 이도 있으나 세로 폭이 43.5cm로서 마주 앉아 식사를 하기에는 좁으며, 조선시대의 음식문화는 겸상 없이 독상이 차려졌다. 또한, 한의원에서 처방전을 쓰거나 한약을 포장할 때 사용했었다고 하나 천판의 변죽이 반盤보다 높아 불편했을 듯싶다.

세부구조를 살펴보면, 이처럼 넓은 반은 얇은 판재에 변죽을 따로 대는 것이 통례이나 이것은 두꺼운 느티나무 통판을 파내어 변죽을 만든 것으로 큰 힘을 받을 수 있고 자연스럽게 느끼게 한다.

변죽인 ㉮부분은 바깥쪽에 상세도면 25-1 장부맞짜임과 같이 홈을 파고 선을 둘러 판이 더욱 단단하고 두꺼우면서도 자연스레 보이도록 하였고, 긴 천판은 중심부가 힘을 받아 휘어지는 것을 막기 위해 천판 밑 부분에 운각雲脚을 끼워 받쳤다. 초엽형草葉形 운각의 중심부는 좁고 양 끝 다리 쪽으로 갈수록 넓게 처리하였는데 이는 교량에서 보이는 역학적 구조로서 힘을 분산시키고 안정감을 주기 위함이다. 기둥 또한 굵은 원통형으로 천판에 끼워 넣고 가락지와 족대足臺로 고정해 견고하게 하였다.

운각과 네 기둥이 연결되는 ㉯부분은 매우 특이한 구조인데, 상세도면 25-2와 같이 톱으로 두께의 ¾가량을 파서 4~5개의 홈을 내고 마치 주름잡는 것같이 조금씩 접어 휘게 한 후 기둥에 연결했다. 이는 여러 쪽의 깎아 널을 붙이는 수법보다 힘을 많이 받을 수 있고 또 깨끗하게 끝맺음이 되기 때문이다.

족대와 다리의 연길인 ㉰부분은 상세도면 25-3 막장부촉맞짜임과 같이 원통형 기둥 끝에 촉을 깎아 만들고 족대에 구멍을 뚫어 끼운 후 밑바닥에서 대나무못을 박아 고정했다.

느티나무의 단단하고 아름다운 무늿결과 장방형長方形의 넓고 시원한 천판, 강직한 굵은 기둥, 유연한 선의 운각 등이 어울려 안정되고 건강한 공예미가 오늘에 이르기까지 아름다움을 느끼게 한다.

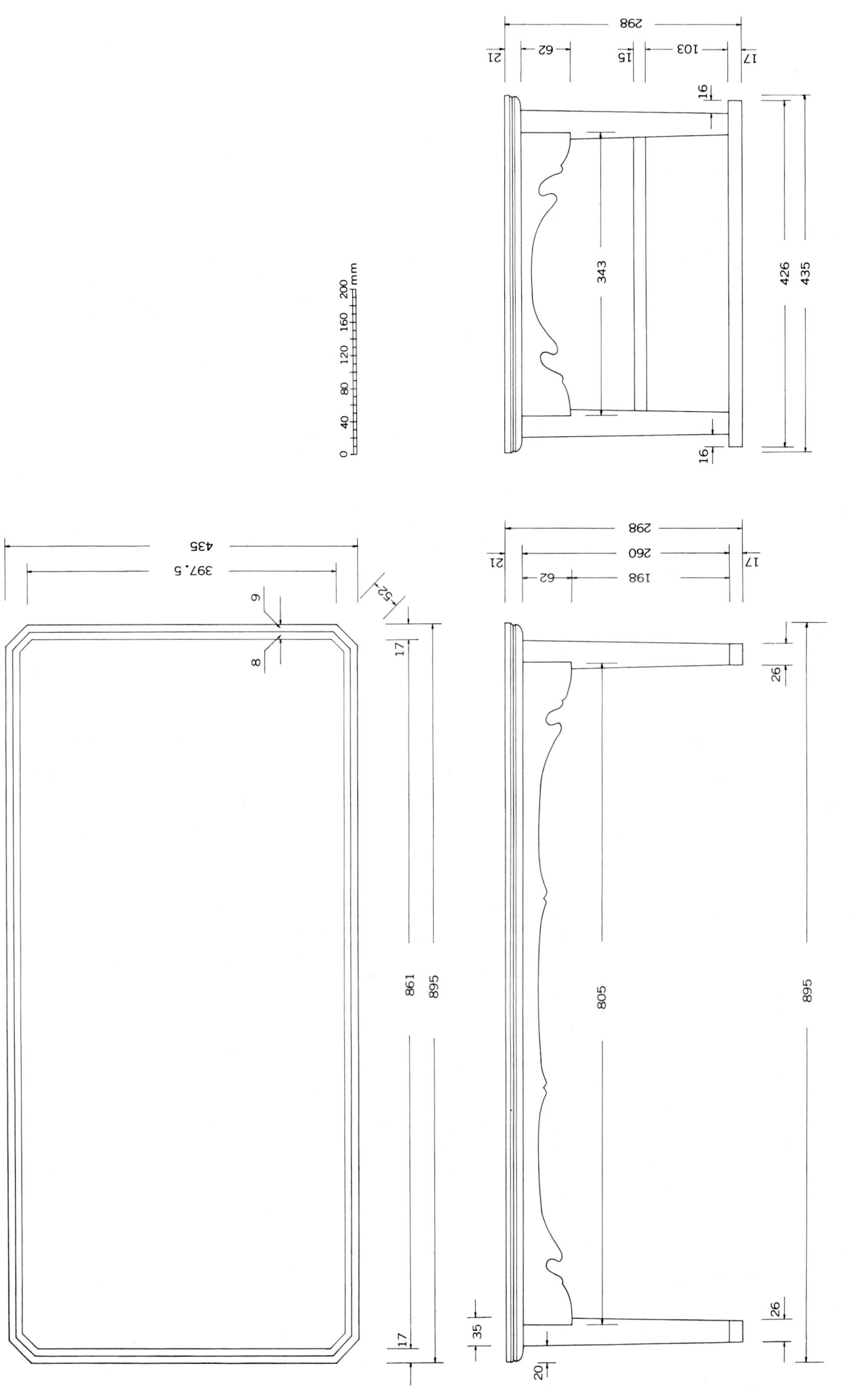

실측도

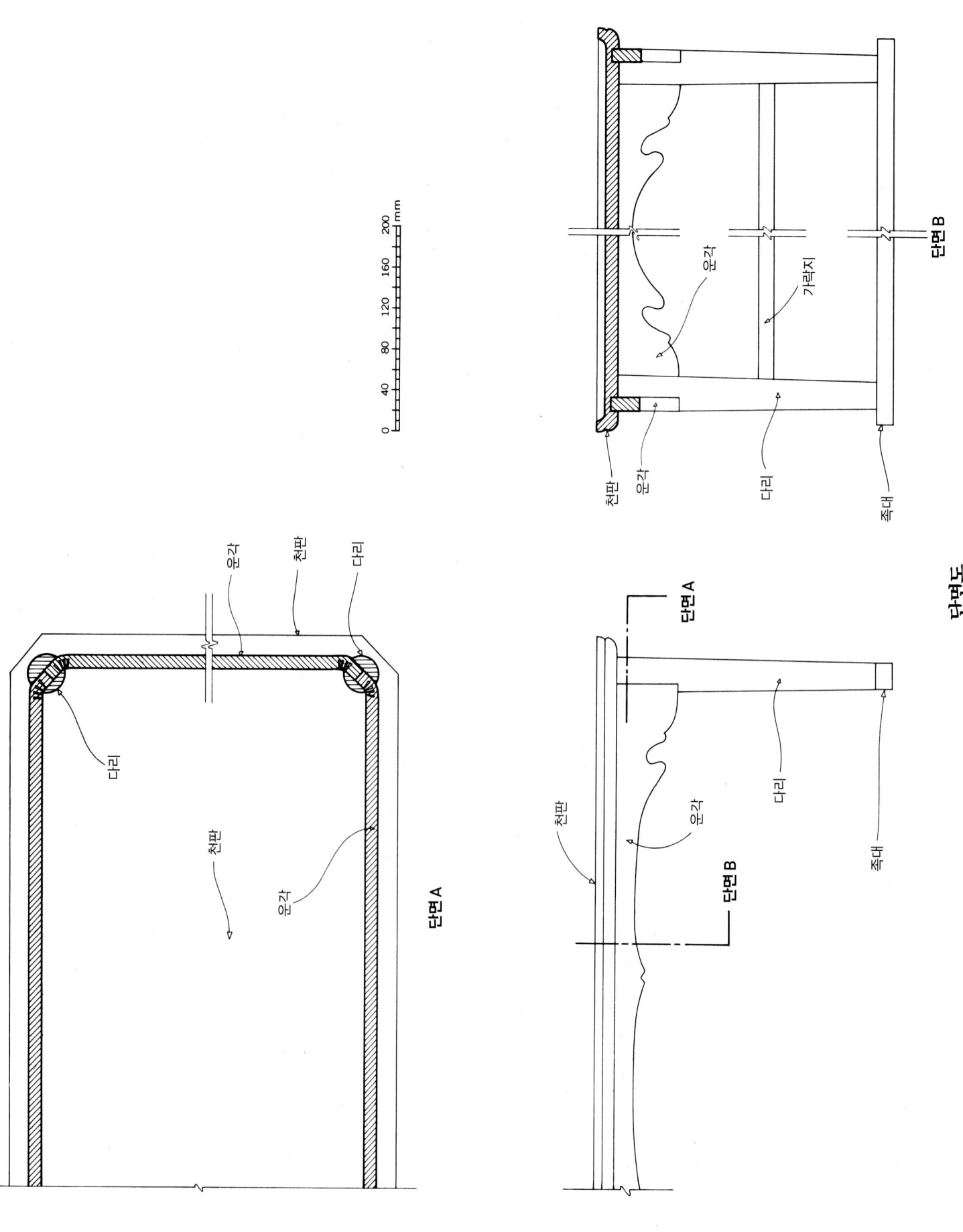

단면 A

단면도

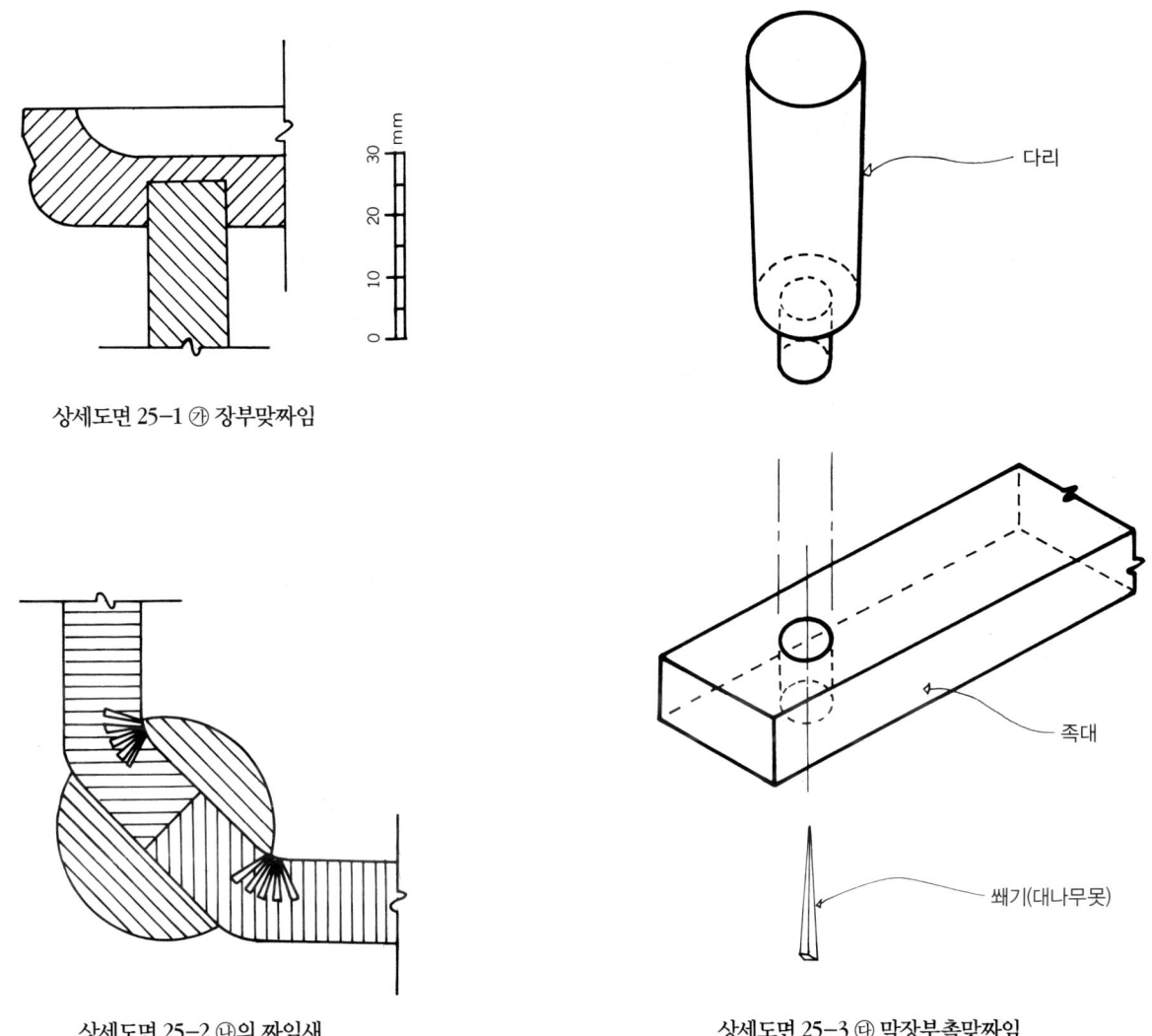

상세도면 25-1 ㉮ 장부맞짜임

다리

상세도면 25-2 ㉯의 짜임새

족대

쐐기(대나무못)

상세도면 25-3 ㉰ 막장부촉맞짜임

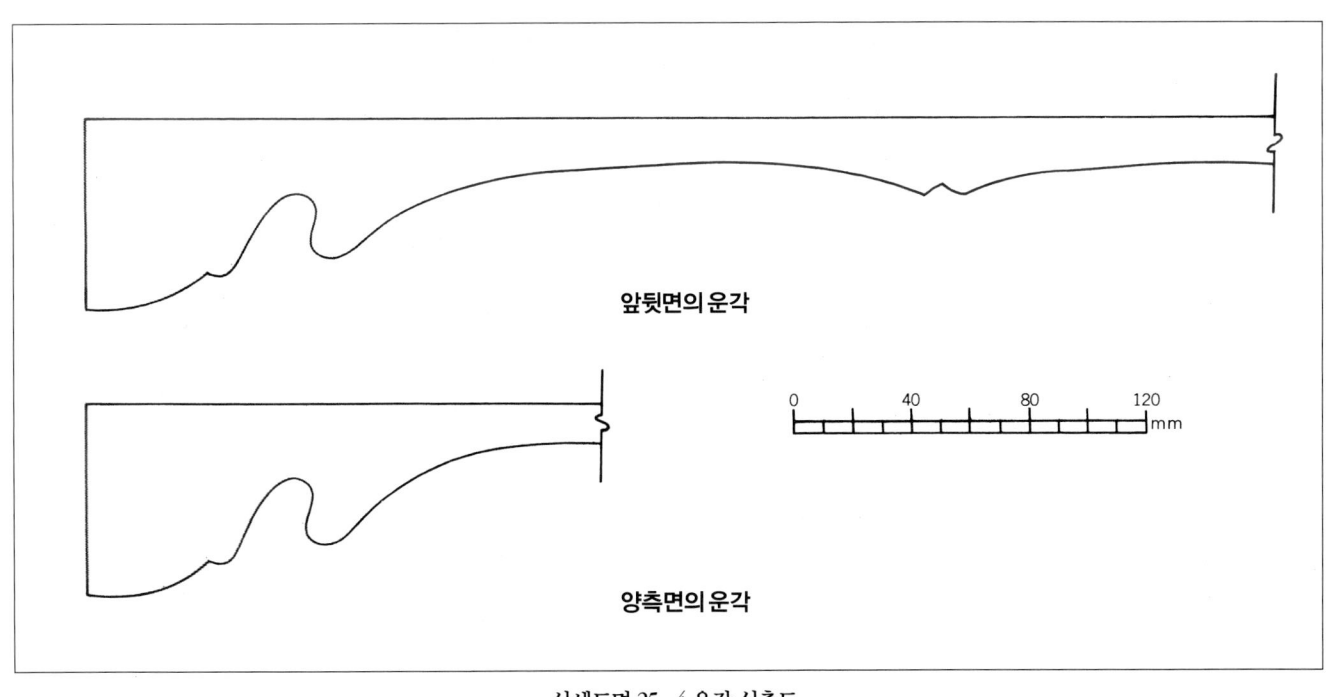

앞뒷면의 운각

양측면의 운각

상세도면 25-4 운각 실측도

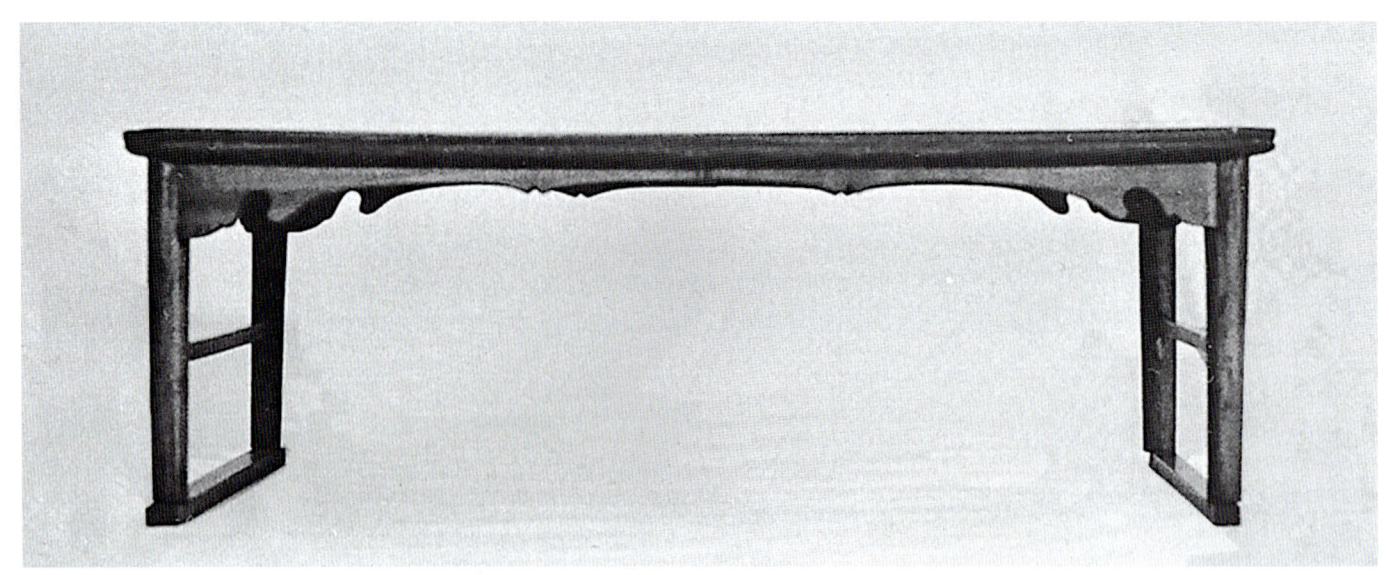

상세사진 25-1 정면

상세사진 25-2 우측 풍혈

상세사진 25-3 나주반

상세사진 25-4 나주반

19세기, 가로 96.0cm, 세로 31.5cm, 높이 149.6cm, 국립중앙박물관 소장

이마받이

㉮

㉯

㉠

쇠목

㉰

풍혈

㉡

기둥

풍혈

층널

㉢

족대

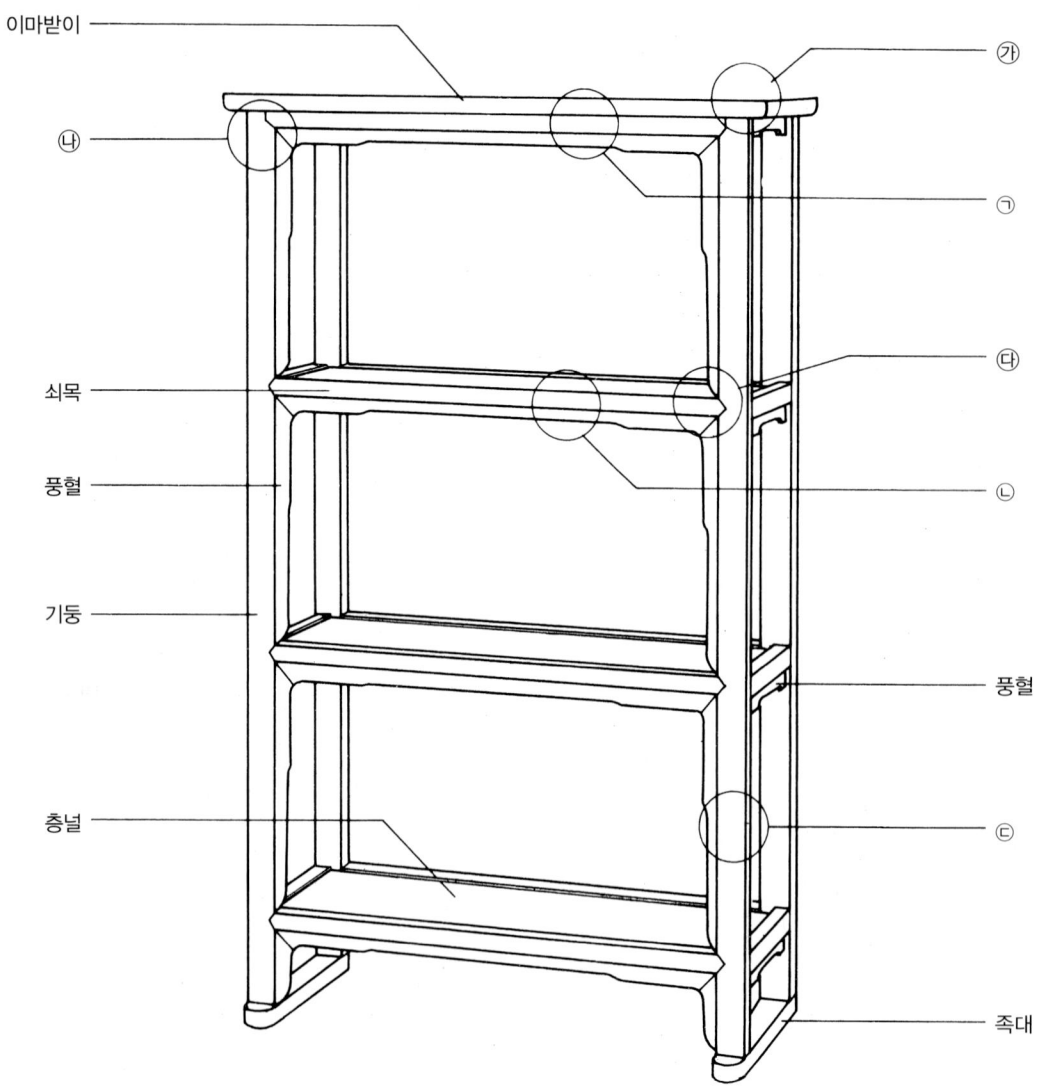

세부명칭도

찬탁은 그릇이나 음식을 올려놓고 사용하는 주방가구이다. 그릇의 대부분이 무거운 자기나 유기로 만들어져 많은 양을 쌓아 두고 사용하려면 그 하중荷重을 충분히 감당할 수 있는 굵은 기둥과 두꺼운 판재 그리고 견고한 짜임새를 고려한 설계가 필요하다.

이 찬탁은 화려함보다는 간결한 선이 강조되는 한국 목가구 중에서도 굵고 묵직한 선들이 연결되어 장중한 맛과 함께 쾌적함이 한결 두드러져 보이는 찬탁이다.

일반적인 찬탁은 각 층널의 쇠목이 따로 없이 긴 통판으로만 구성되어 있다. 그러나 이 찬탁은 굵은 쇠목에 얇은 널판을 끼워 각 층을 구성하고 있는데, 대청의 마루처럼 여러 쪽의 널판을 세로결로 끼워 튼튼하게 하였다. 이는 얇고 긴 가로결의 판이 휘어져 큰 힘을 받을 수 없는 점을 고려한 때문이다.

또한, 한국 목가구에서는 풍혈이 있어 시각적인 안정을 주고 있는데 이 찬탁의 풍혈과 같이 길게 전면前面을 장식한 것은 드물다. 이것은 사방에 벽면이 없이 층널로만 구성되어 느끼는 시각적인 불안정을 보완해 주며, 굵고 두꺼운 통판이 주는 안정된 효과와 함께 직선의 골재를 부드럽게 보이도록 한다.

세부구조를 살펴보면, 기둥과 연결되는 이마받이 ㉮부분은 상세도면 26-1과 같이 견고한 막장부반연귀촉짜임 하였고, 천판은 층널과 같이 쪽판으로 끼워져 있다.

일반적으로 탁자의 층널은 널판의 끝 부분을 경사지게 깎아내어 쇠목에 끼우는데, 이때 층널 윗면은 평면으로 하고 아랫면은 모서리를 경사지게 깎아 홈에 끼운다. 그러나 이 찬탁의 천판은 상세도면 26-4 단면도와 같이 윗면의 모서리를 깎고 아랫면을 평면으로 하여 아래에서 볼 때 매끈하게 보이도록 하였다.

이마받이 아래의 쇠목과 기둥이 연결되는 ㉯는 일반적인 연귀촉짜임이 아니라 상세도면 26-2와 같이 반연귀장부짜임으로 하였다. 이는 쇠목과 기둥의 굵기가 달라 연귀짜임의 끝 부분이 어색하게 보임을 막고 각 층널의 짜임처럼 짧게 보이도록 하기 위함이다.

기둥과 쇠목의 귀 부분에는 상세도면 26-4와 같이 쌍사雙絲모를 둘러 탁자를 부드럽게 보이게 하고 있다.

사진 26-1 이층사방찬탁 : 높이 60cm의 키가 낮은 찬탁으로 각 층에 비교적 작은 그릇들을 몇 단 쌓아두고 사용한다. 부뚜막 또는 그 정도의 높이가 되는 곳에 놓으면 사람 키에 알맞아 사용에 편리한 규격이다. 사랑방가구인 사방탁자와 같이 천판 양 끝에 귀가 없고 기둥과 층널이 연귀장촉짜임이며, 쾌적한 비례를 보이고 있다. 소나무이다.

사진 26-2 삼층사방찬탁 : 높이와 비교하면 폭이 좁은 찬탁이다. 물기가 남아 있는 무거운 유기나 사기그릇들을 쌓아 놓고 자연건조 시키기 위해 물과 하중에 잘 견디는 두꺼운 소나무 판재로 각 층을 구성하고 있다. 층널 하단에 간결한 풍혈을 붙여 시각적으로 판재를 두껍게 보이게 하고 각 층의 공간에 장식적인 효과도 준다.

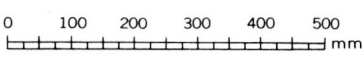

8

17

55

52

35

0 100 200 300 400 500
mm

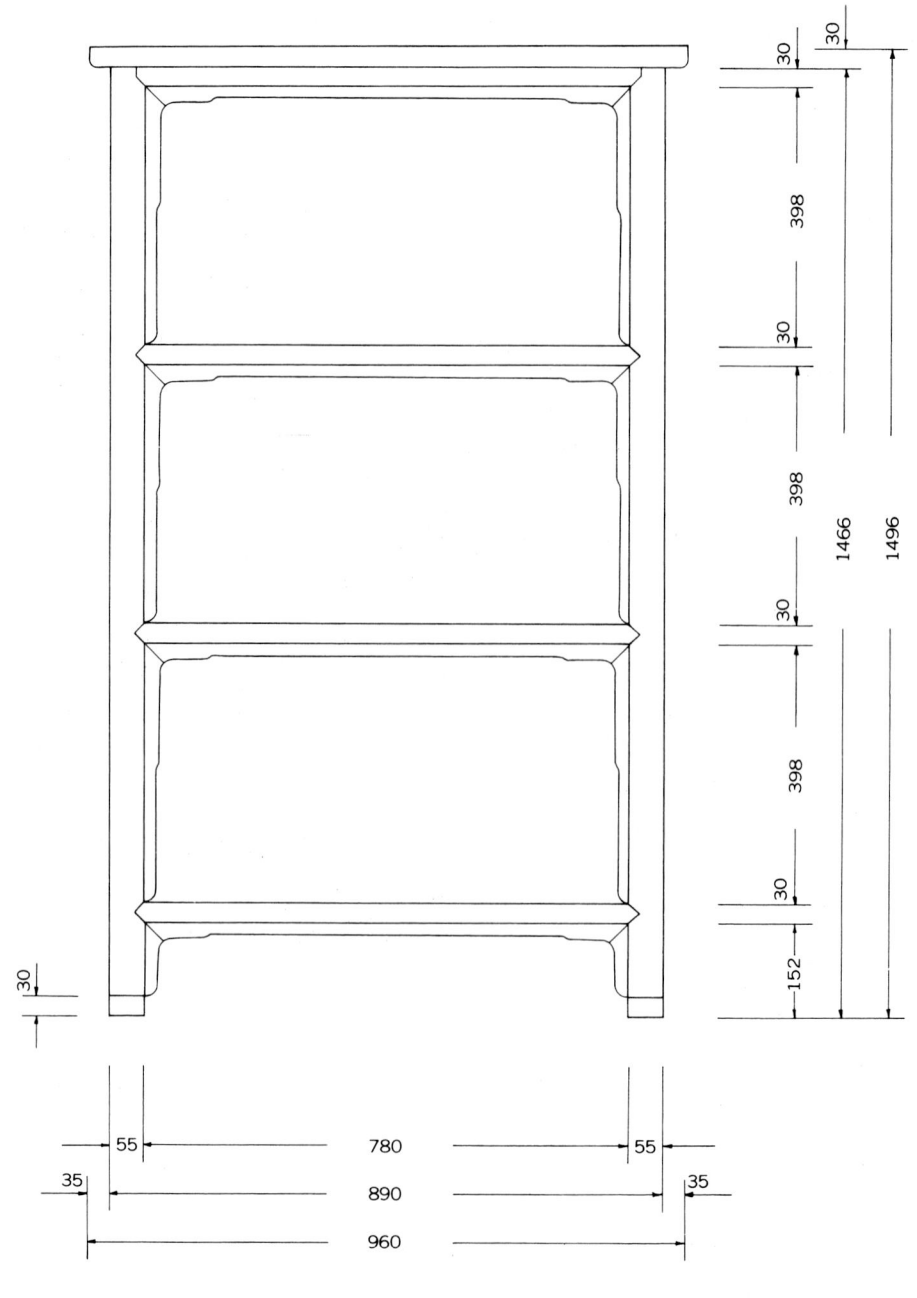

30

30

398

30

398

1466

1496

30

398

30

398

30

152

30

55

780

55

35

890

35

960

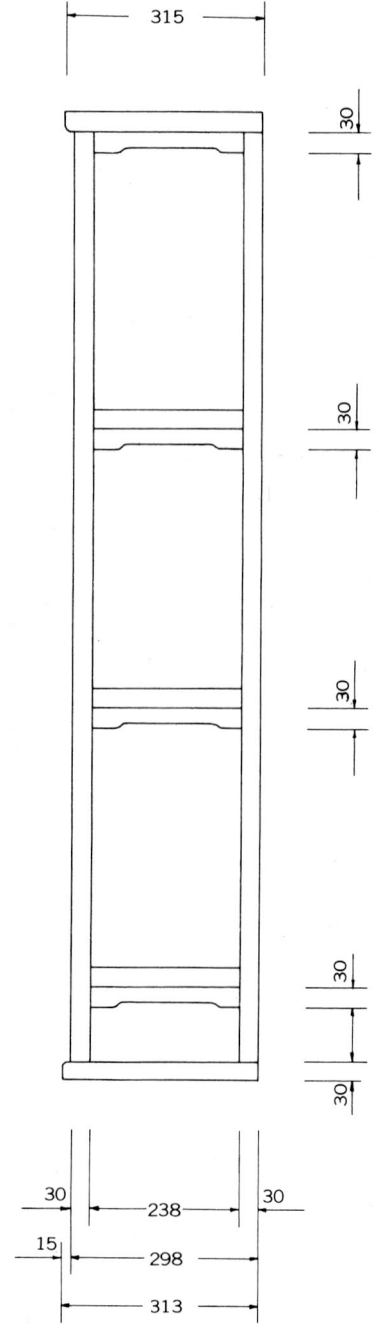

315

30

30

30

30

30

30

238

30

15

298

313

실측도

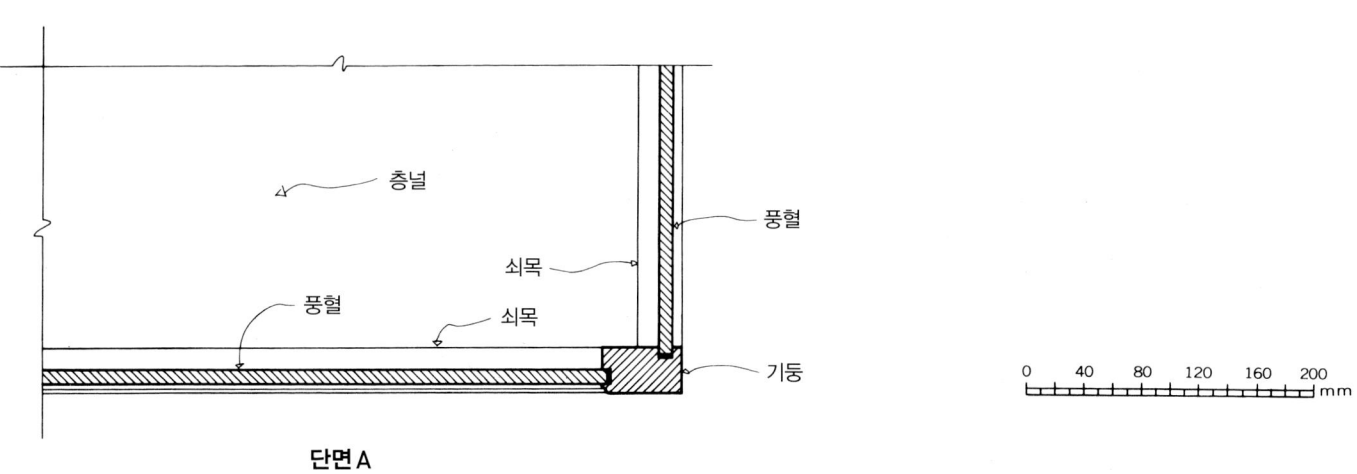

층널

풍혈

쇠목

쇠목

풍혈

기둥

0   40   80   120 160 200
                              mm

단면 A

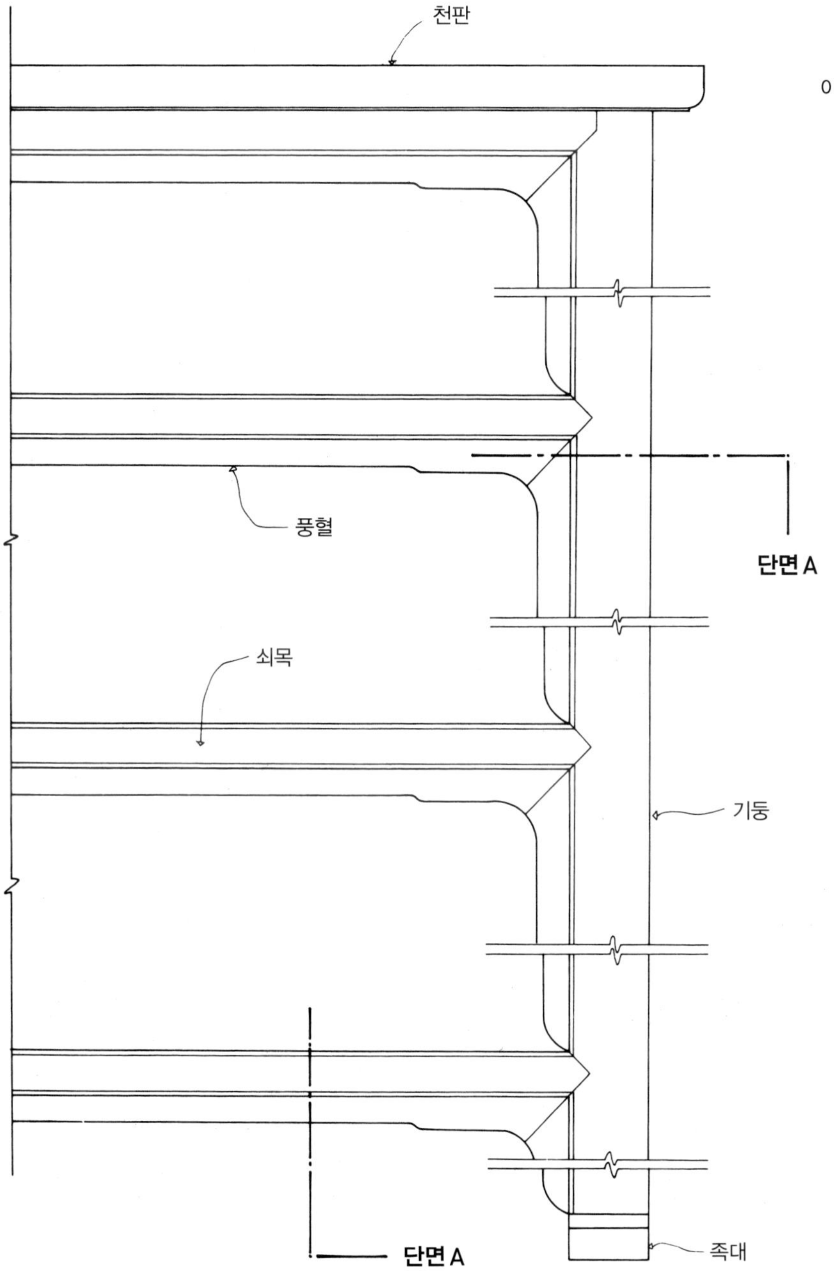

천판

풍혈

쇠목

기둥

단면 A

단면 A

족대

단면도

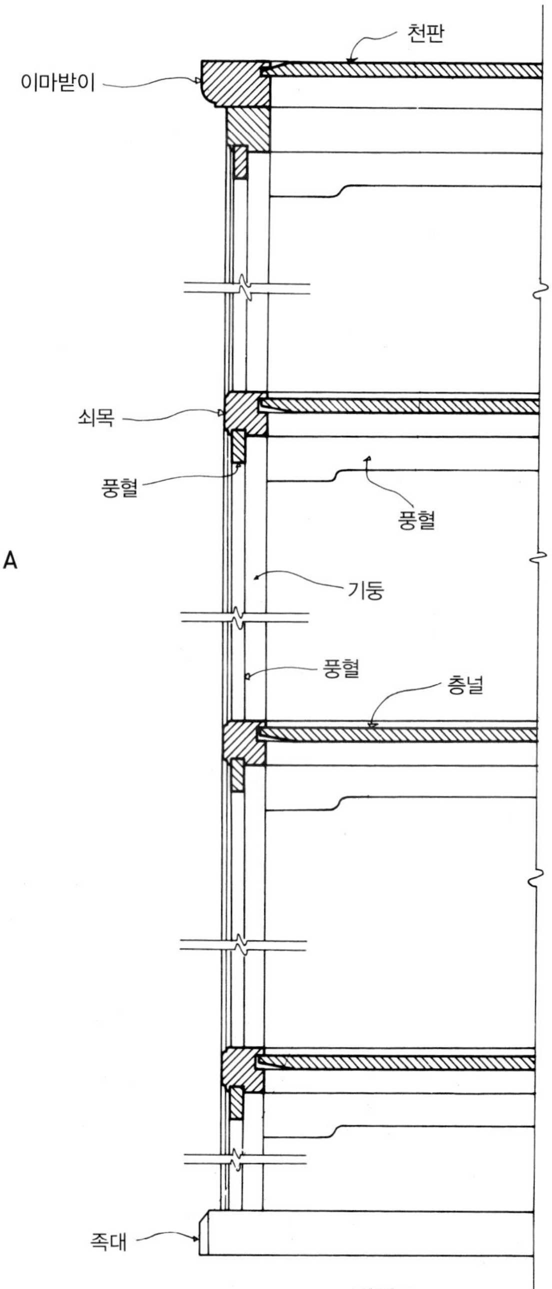

천판

이마받이

쇠목

풍혈

풍혈

기둥

풍혈

층널

족대

단면 B

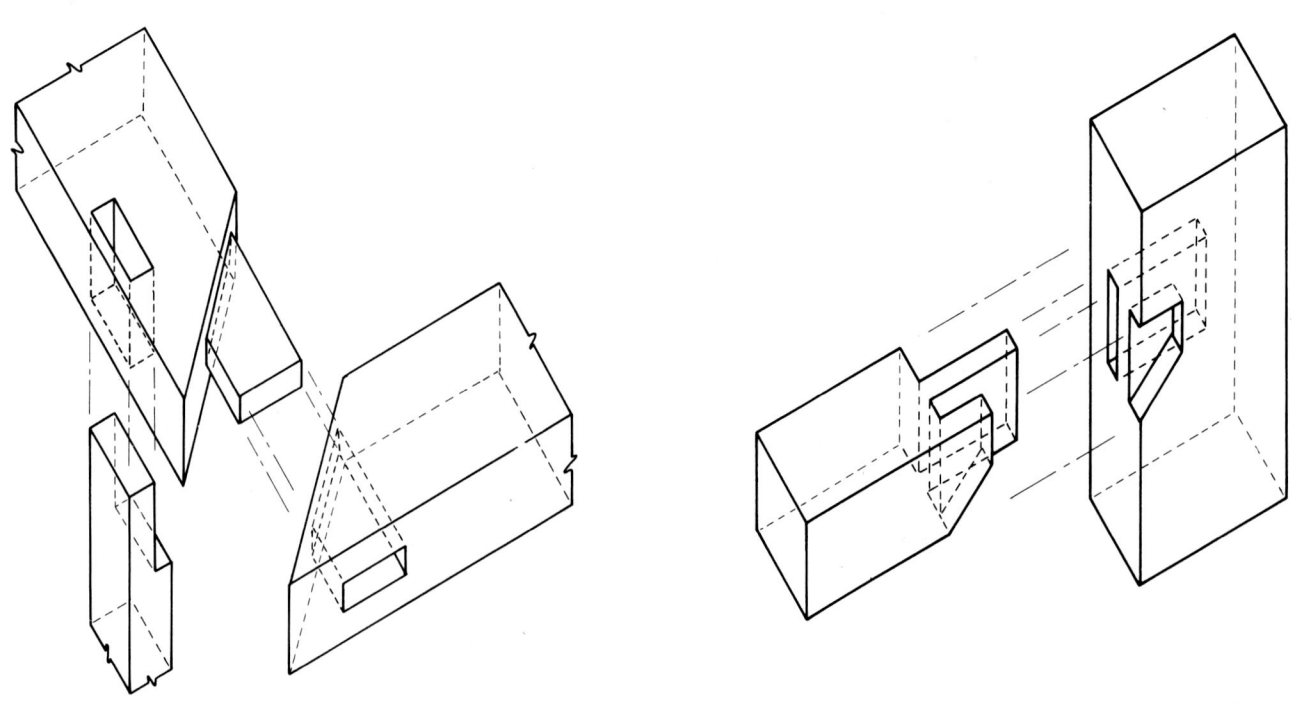

상세도면 26-1 ㉮ 막장부반연귀촉짜임, 막장부반턱짜임

상세도면 26-2 ㉯ 반연귀장부짜임

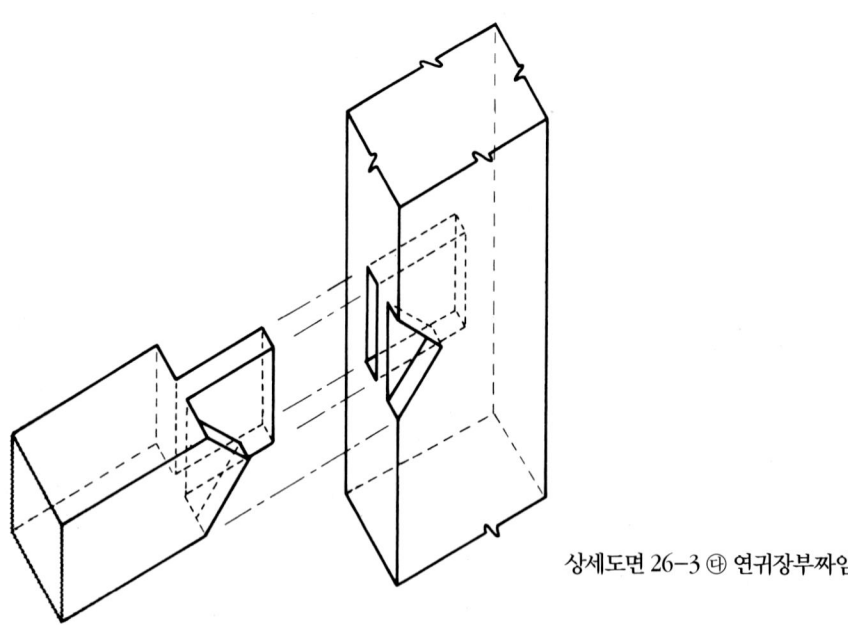

상세도면 26-3 ㉰ 연귀장부짜임

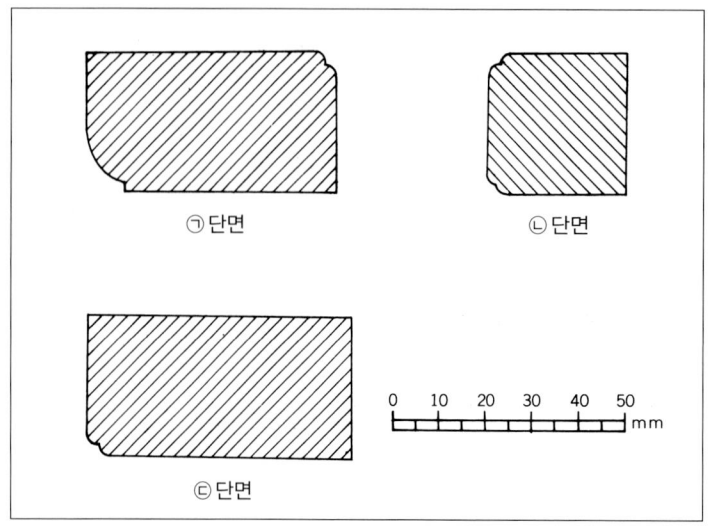

㉠ 단면

㉡ 단면

㉢ 단면

0 10 20 30 40 50 mm

상세도면 26-4 부분 단면 실측도

상세사진 26-1 정면

상세사진 26-2 정면 상부 풍혈

상세사진 26-3 측면 상부

상세사진 26-4 정면 상부, 풍혈

상세사진 26-5 쇠목과 층널

사진 26-1 이층사방찬탁
19세기, 개인 소장
44.0×21.0×60.0cm

사진 26-2 삼층사방찬탁
19세기, 개인 소장
89.0×37.0×161.8cm

19세기, 가로 95.5cm, 세로 36.5cm, 높이 151.3cm, 수원컨트리클럽 소장

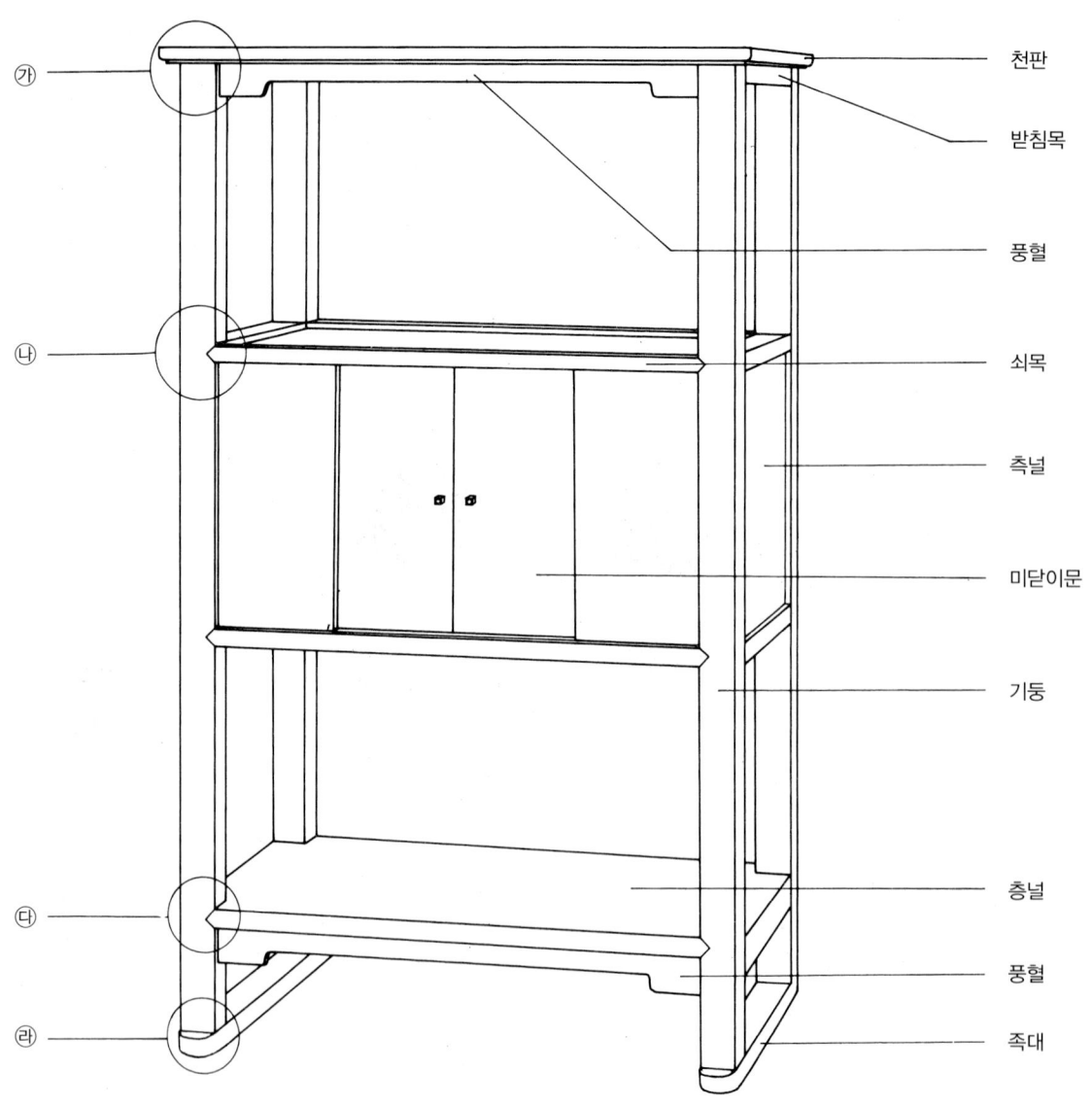

㉮

㉯

㉰

㉱

천판

받침목

풍혈

쇠목

측널

미닫이문

기둥

층널

풍혈

족대

세부명칭도

찬탁은 식기류를 얹어 놓는 주방가구廚房家具이다.

그릇의 대부분이 무거운 유기나 자기로 만들어졌고 또 많은 양을 쌓아 두고 사용하므로 그 무게를 충분히 감당할 수 있는 굵은 기둥과 두꺼운 판재, 그리고 이러한 점을 고려한 짜임과 이음새가 필수적이다. 그러나 이러한 굵고 투박한 재료가 오히려 시각적으로 시원함과 신뢰감을 주기도 한다.

골재로 연결되는 책탁冊卓이나 찬탁은 너무 단조로운 감을 줄 수 있어 다른 가구보다 신중한 설계와 제작이 요구되는데 그 쾌적한 공간의 비례는 한국 목공예의 으뜸이다.

이 찬탁은 그릇을 올려놓는 찬탁과 음식을 보관하는 찬장饌欌이 합쳐진 다목적용이다. 탁자류는 대개 각목에 얇은 판을 끼우는 것이 통례인데 이것은 천판과 아래 널을 통판으로 하여 그릇을 많이 쌓아도 무게를 지탱할 수 있게 하였다.

중간층의 미닫이문은 목리가 좋은 참죽나무를 사용하여 곧은 결과 직선으로 구성된 탁자에 변화와 장식 효과가 있다. 또 세로 결이며 동자, 벽선, 문변자 등 골재가 없이 통판으로 된 문에는 단면도의 단면 B와 같이 뒷면에 기다란 띠열을 두 단으로 가로질러 문이 휘는 것을 방지하였다. 이러한 띠열은 주로 여러 장의 판재를 이을 때 안쪽에 띠 나무를 붙여 잇는 띠열장붙임 기법을 응용한 것이다.

천판과 기둥이 연결되는 짜임 ㉮는 상세도면 27-1과 같이 쌍막 장부맞짜임으로 깊고 견고하게 짜여 있다.

쇠목과 기둥의 연결 부분인 ㉯, ㉰는 일반적인 연귀촉짜임이나 상세도면 27-2, 3과 같이 기둥 반대편에까지 나올 정도로 촉을 길게 내민 막장부연귀짜임이고 측면에서는 대나무못을 박았다.

족대의 짜임 또한 일반적이나 상세도면 27-4 막장부맞짜임과 같이 족대 측면에서 대나무못을 박아 견고하게 했는데 이런 수법은 다른 가구들보다 큰 힘을 지탱해야 하는 찬탁에서는 필수적이다.

천판, 쇠목, 기둥에는 상세도면 27-5와 같이 약간의 곡선 처리를 하였고, 굵은 기둥과 중심 층에 비해 약하게 보이는 천판과 아래 널에는 각기 풍혈風穴을 달아 시각적인 안정을 도모했다.

참죽나무로 된 미닫이문을 제외하고는 모두 소나무이다.

사진 27-1 삼층찬탁 : 이 탁자는 전면에 문판이 없이 개방된 상태로 음식을 보관하는데 쥐나 해충에 노출되어 있으므로 일 층에 수장 공간을 두지 않고 2, 3층만을 사용하는 탁자이다. 골재로 짠 2층에는 3면에 창호지를 발라 통풍을 고려하였다.

천판의 가로목과 세로목은 뒤주와 건축 구조에서 볼 수 있는 화통맞춤기법으로 견고하게 짜 맞추었으며, 그 외는 비교적 가는 각목으로 짠 실용적 구조를 갖추고 있는 소박한 형태이며 창호지와 잘 어울리고 있다. 소나무이다.

사진 27-2 삼층찬탁 : 중간층에는 음식을 보관하고 1, 3층에는 그릇을 보관할 수 있는 구조이다. 높이와 비교하면 폭이 좁고 각 층 공간의 비례가 쾌적하며 짜임새 있는 구조를 갖추어 마치 사랑방의 탁자처럼 보이는 격이 있는 삼층찬탁이다.

기둥과 가로지른 쇠목, 문변자 등의 굵은 골재들과 함께 하단의 측널과 뒷널을 판재로 막아 더욱 안정되고 묵직하게 보인다. 느티나무 판재와 소나무 골재이다.

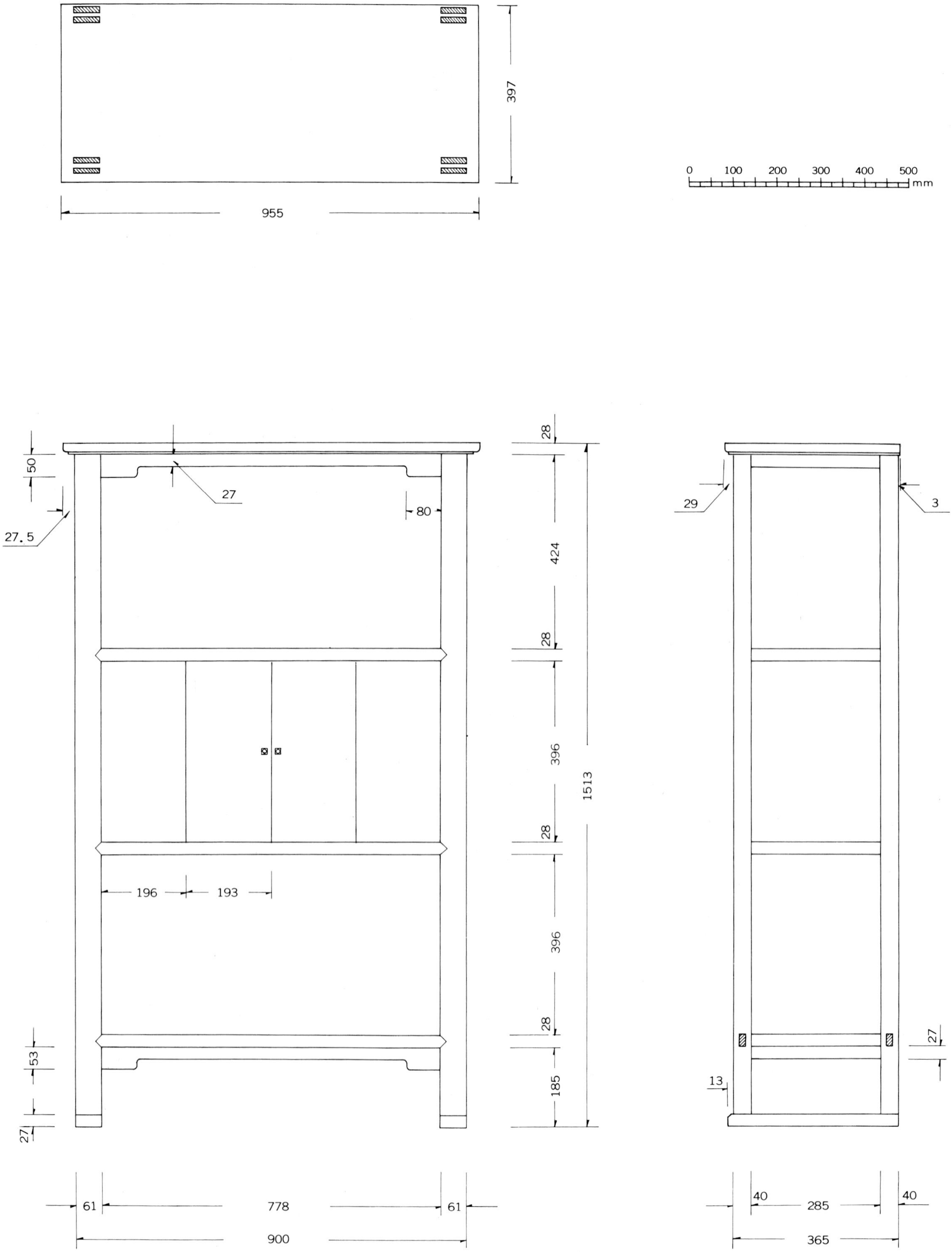

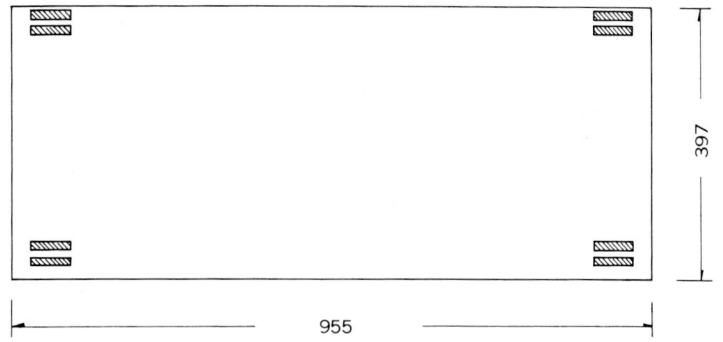

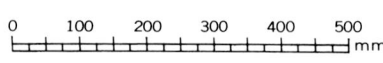

955
397
0 100 200 300 400 500 mm
28
50
27
27.5
80
424
28
396
1513
28
196
193
396
28
53
185
27
61
778
61
900
29
3
27
13
40
285
40
365

실측도

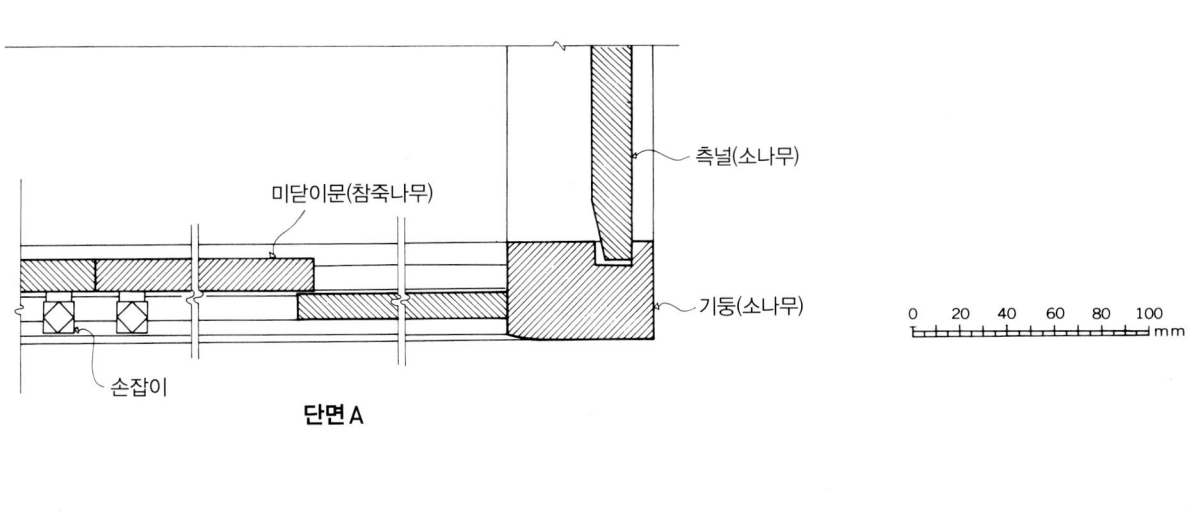

측널(소나무)

미닫이문(참죽나무)

기둥(소나무)

손잡이

단면 A

0 20 40 60 80 100 mm

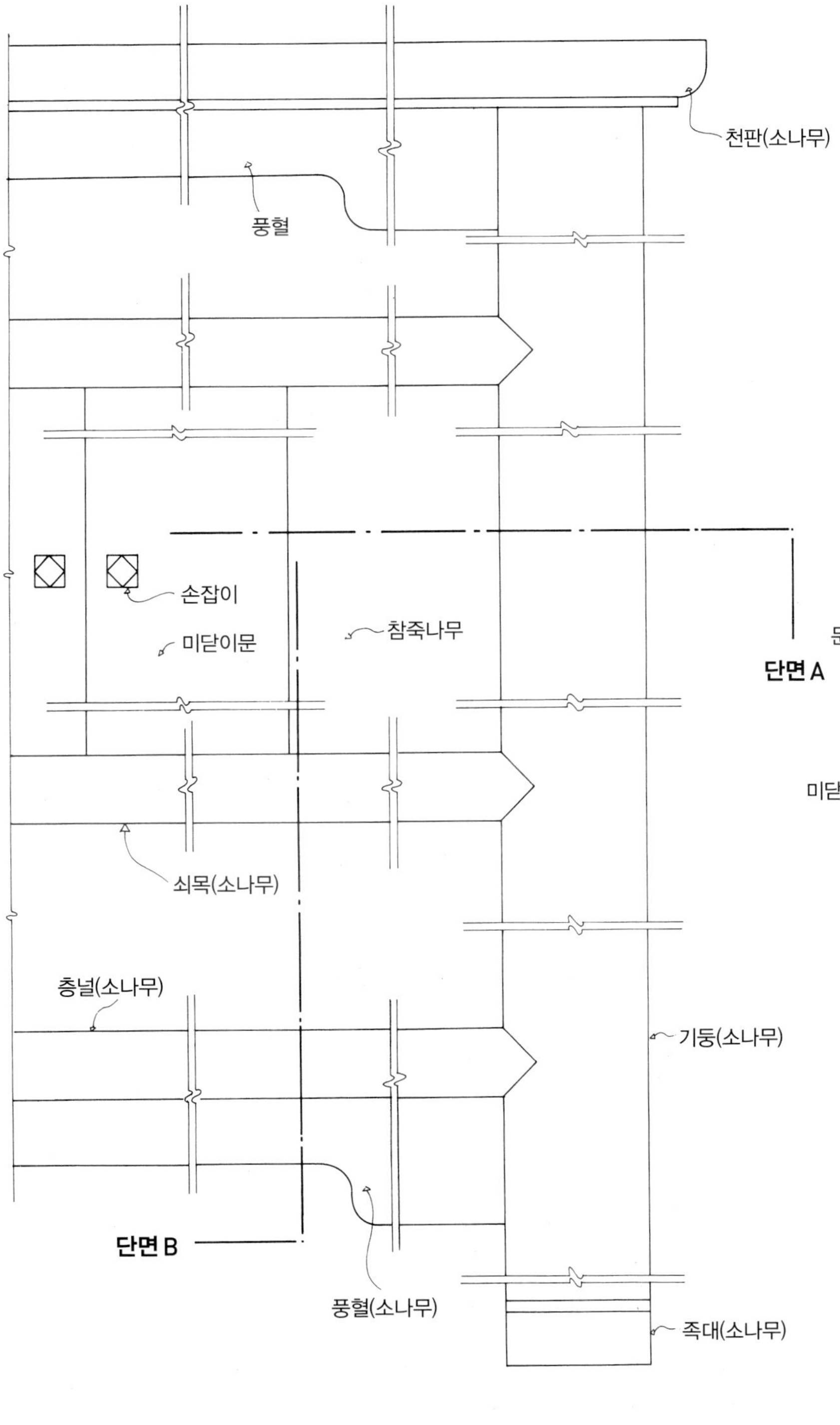

천판(소나무)

풍혈

손잡이

미닫이문

참죽나무

쇠목(소나무)

층널(소나무)

풍혈(소나무)

족대(소나무)

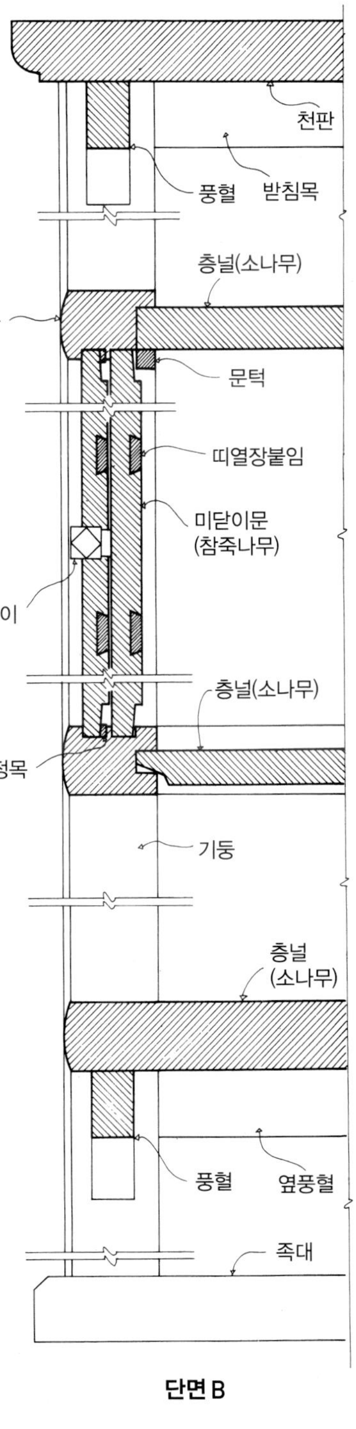

기둥(소나무)

단면 B

단면도

천판

풍혈 받침목

층널(소나무)

쇠목

문턱

띠열장붙임

미닫이문
(참죽나무)

문손잡이

층널(소나무)

미닫이고정목

기둥

층널
(소나무)

풍혈 옆풍혈

족대

단면 B

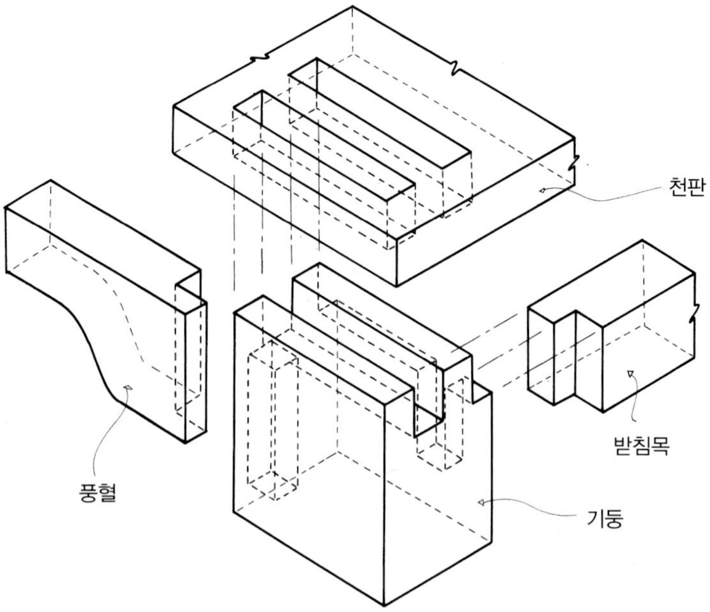

상세도면 27-1 ㉮ 쌍막장부맞짜임

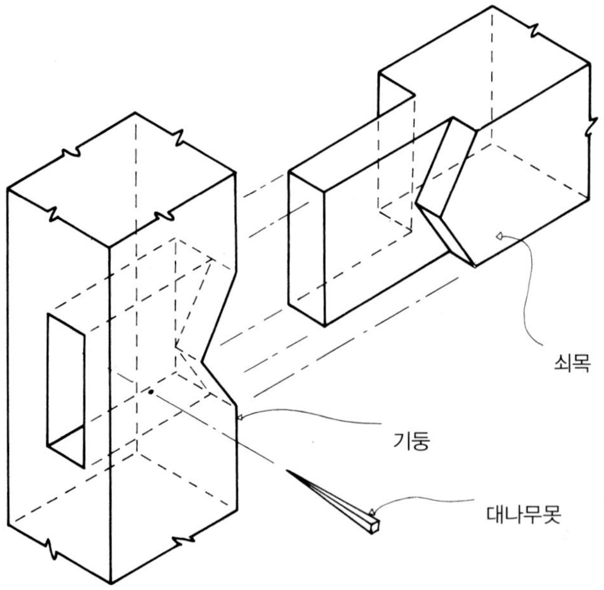

천판

풍혈

받침목

기둥

상세도면 27-2 ㉯ 막장부연귀짜임

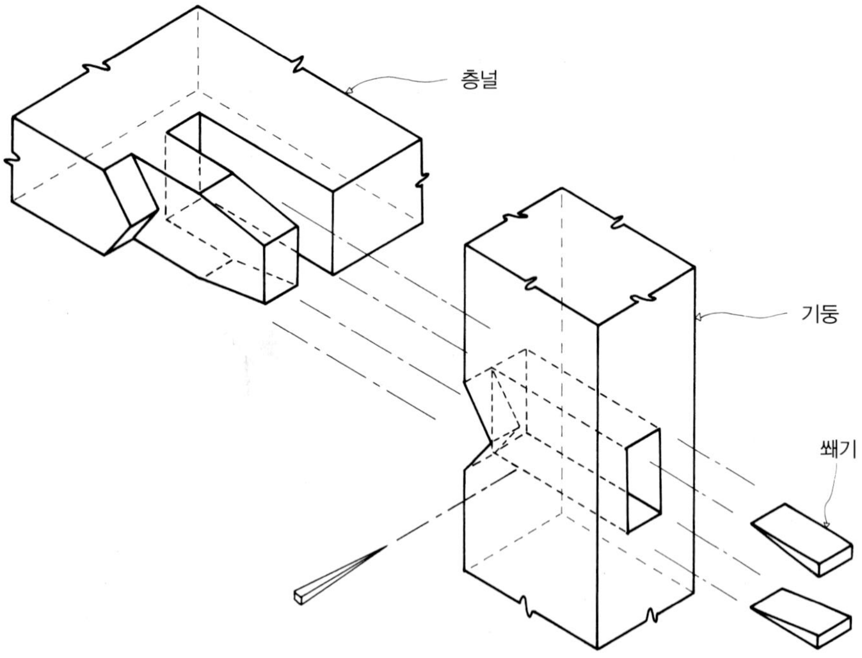

쇠목

기둥

대나무못

상세도면 27-3 ㉰ 막장부연귀짜임

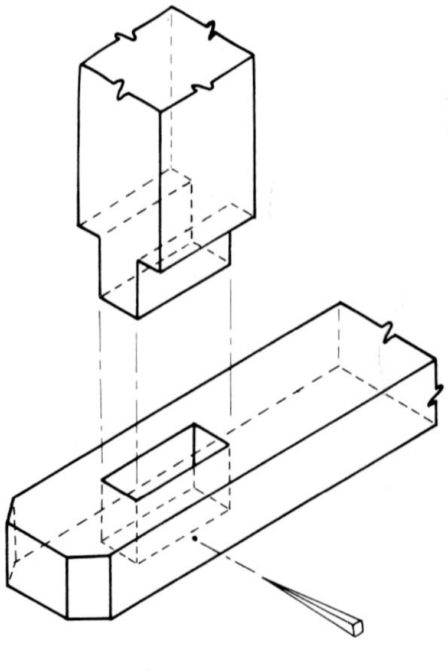

층널

기둥

쐐기

상세도면 27-4 ㉱ 막장부맞짜임

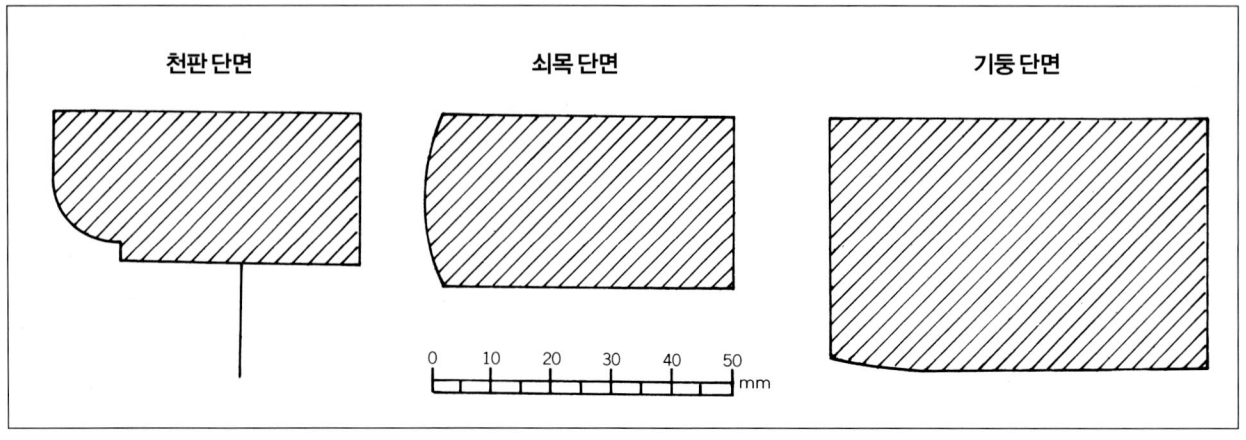

천판 단면 쇠목 단면 기둥 단면

0 10 20 30 40 50 mm

상세도면 27-5 부분 단면 실측도

상세사진 27-1 기둥과 천판 쌍촉짜임

상세사진 27-2 기둥, 천판, 풍혈

상세사진 27-3 기둥과 층널 연귀짜임

상세사진 27-4 미닫이문과 홈

상세사진 27-5 미닫이문 손잡이

상세사진 27-6 측면 하단 층널과 족대

사진 27-1 삼층찬탁
19세기. 개인 소장
69.0×29.0×124.8cm

사진 27-2 삼층찬탁
19세기. 김종학 소장
71.7×44.8×160.0cm

19세기, 가로 147.8cm, 세로 40.7cm, 높이 149.2cm, 개인 소장

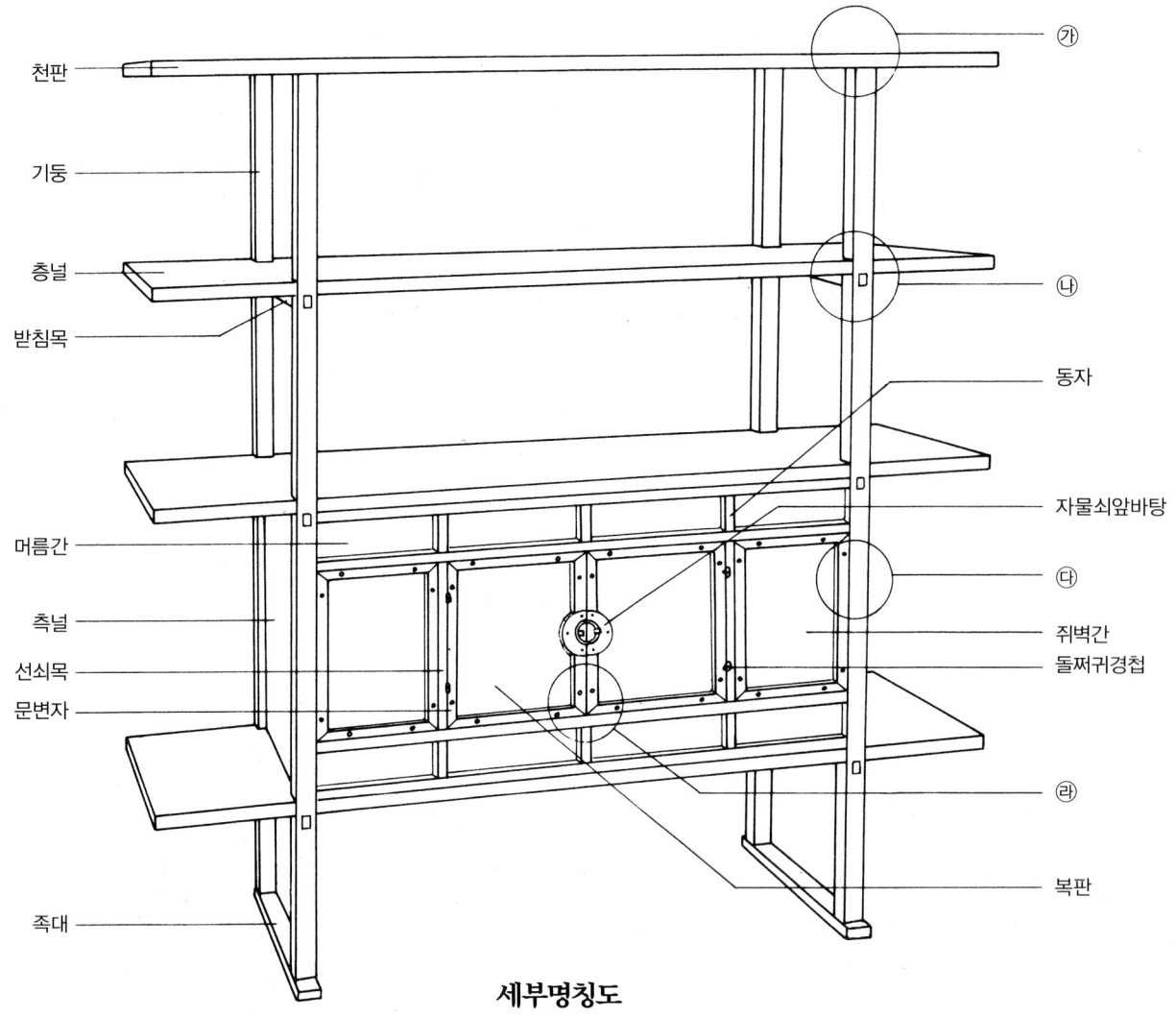

천판

기둥

층널

받침목

머름간

측널

선쇠목

문변자

족대

㉮

㉯

동자

자물쇠앞바탕

㉰

쥐벽간

돌쩌귀경첩

㉱

복판

세부명칭도

층널이 기둥 안쪽에 있는 찬탁(p245, 253)과는 대조적으로 층널이 기둥 밖으로 길게 뻗어 나온 매우 특이한 형태이다. 이런 예는 층널로만 구성된 이층찬탁에서는 간혹 보이나 하단이 찬장의 구조를 가진 것에서는 드문 짜임이다. 이는 그릇을 삼각형으로 쌓아 두거나 엎어서 물기를 뺄 때 좀 더 넓은 면적을 활용하려는 의도로 짐작된다. 이런 형식은 그 하중을 고려한 특수한 짜임새가 필수적인데 이 찬탁은 이 조건이 잘 고려되었음을 보여 주고 있다.

세부구조를 살펴보면, 천판과 기둥의 짜임인 ㉮는 상세도면 28-1 장부턱맞짜임과 같이 일반적인 형식이고, ㉯는 상세도면 28-2 쌍턱맞짜임과 같이 기둥과 층널을 조금씩 파낸 후 서로 맞춘 십자턱짜임으로 그 아래 받침목을 대어 견고히 했다.

찬장의 역할인 1층의 여닫이문에는 무쇠 돌쩌귀경첩을 달아 그릇 또는 음식을 꺼낼 때 문을 활짝 열거나 따로 떼어 놓고 사용할 수 있도록 하였다.

자물쇠앞바탕은 좁은 문변자 위에 붙일 수가 없으므로 낮은 복판에 앞바탕 크기의 판재를 덧붙여 문변자 높이로 만든 후 고정했다.

쥐벽간과 기둥의 연결인 ㉯는 상세도면 28-3과 같이 일반적인 짜임에 변자를 덧대어 시각적으로 문변자와 같이 보이도록 하였다.

복판은 문변자에 얇은 판을 끼우는 것이 통례인데 상세도면 28-4 턱맞짜임과 같이 비교적 두꺼운 판을 문변자와 엇턱으로 하여 무쇠못을 박았다. 이런 무쇠못은 견고함은 물론 장식의 효과까지 겸하고 있다.

다리를 성큼 높여 하단의 찬장이 사용에 편리하도록 인체공학적인 면을 고려하였고 쥐나 기타 해충도 방지했다. 전체가 소나무인데 앞면을 인두로 지진 후 볏짚으로 문질러 자연적인 목리木理를 살려 부드러움을 주고 있다.

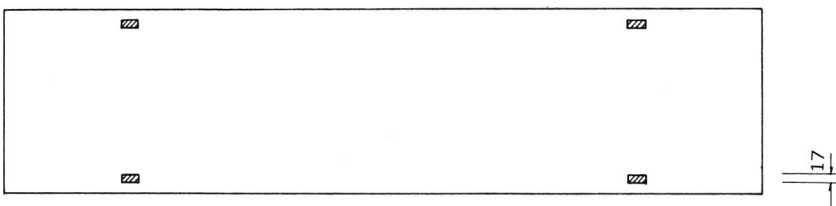

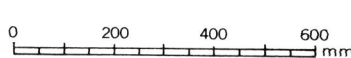

17

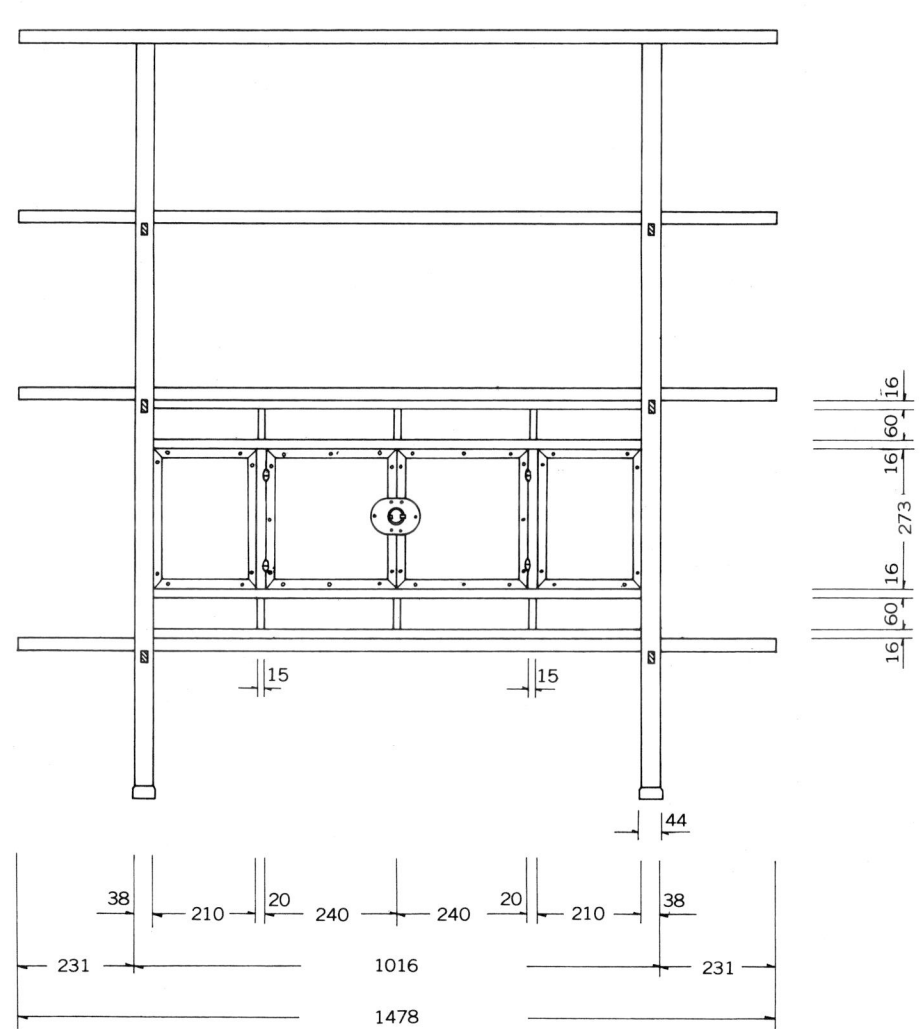

16
60
16
273
16
60
16

15 15

44

38 210 20 240 240 20 210 38

231 1016 231

1478

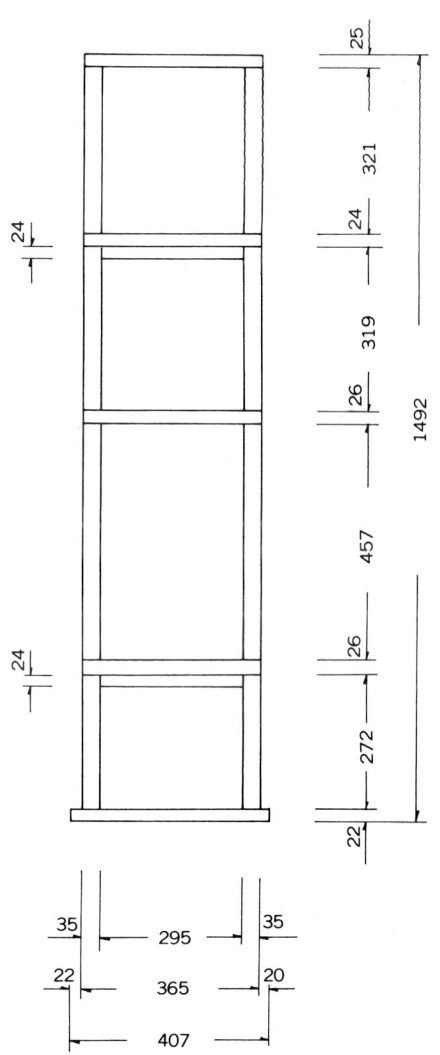

25
321
24
319
26
1492
457
26
272
22

24

24

35 295 35

22 365 20

407

실측도

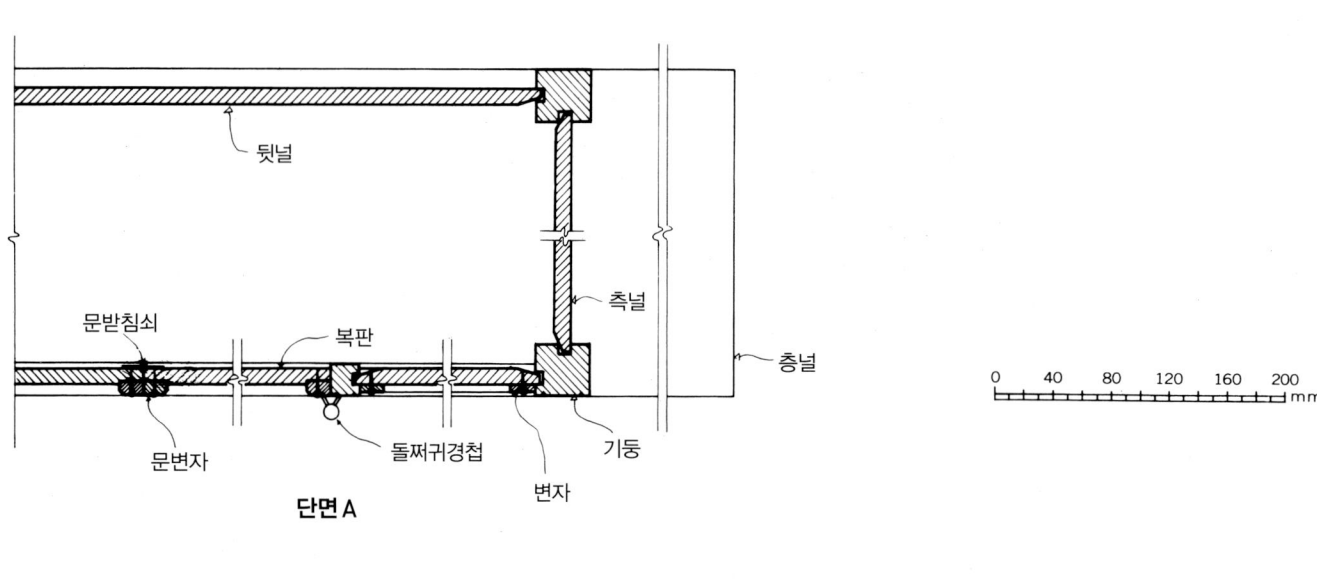

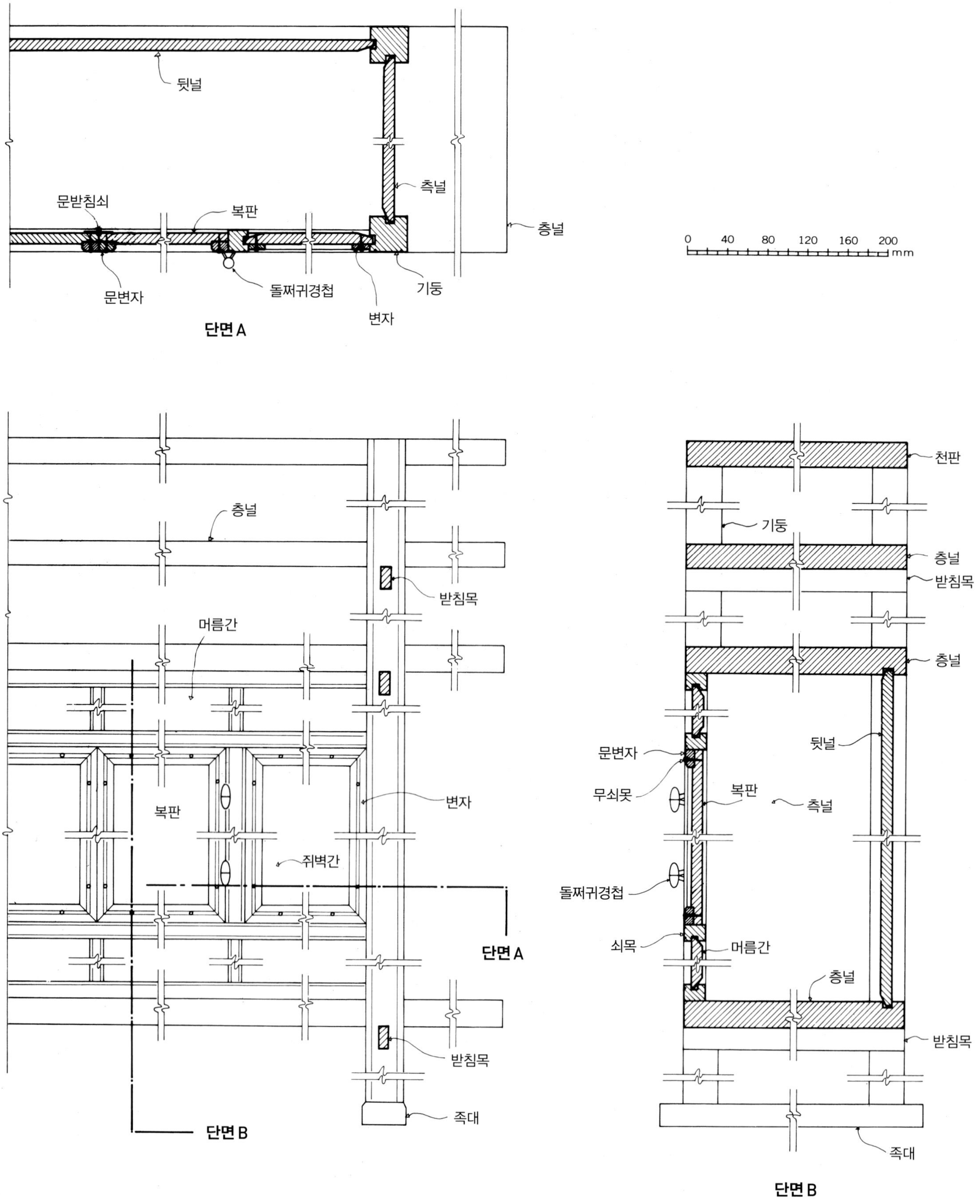

단면 A

뒷널

측널

층널

문받침쇠

복판

돌쩌귀경첩

문변자

변자

기둥

0 40 80 120 160 200 mm

층널

머름간

받침목

복판

변자

쥐벽간

단면 A

받침목

족대

단면 B

단면도

천판

기둥

층널

받침목

층널

문변자

뒷널

무쇠못

복판

측널

돌쩌귀경첩

쇠목

머름간

층널

받침목

족대

단면 B

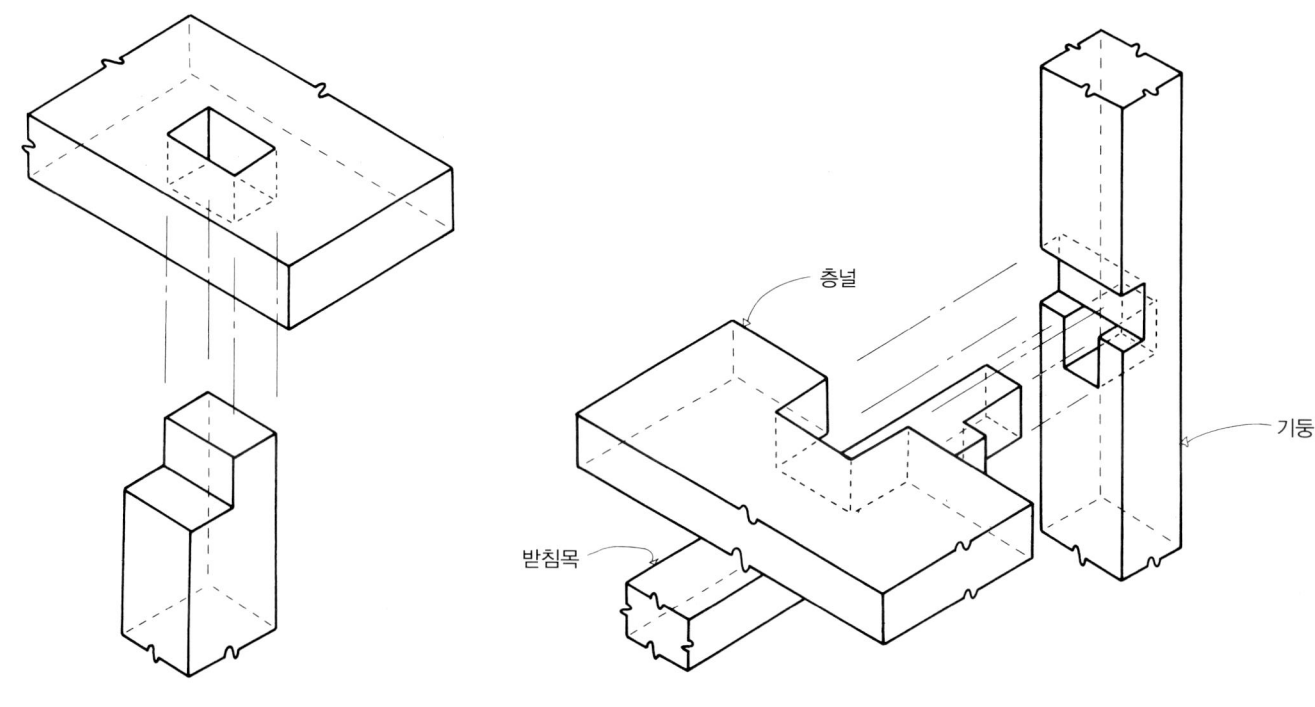

상세도면 28-1 ㉮ 장부턱맞짜임

충널

기둥

받침목

상세도면 28-2 ㉯ 쌍턱맞짜임

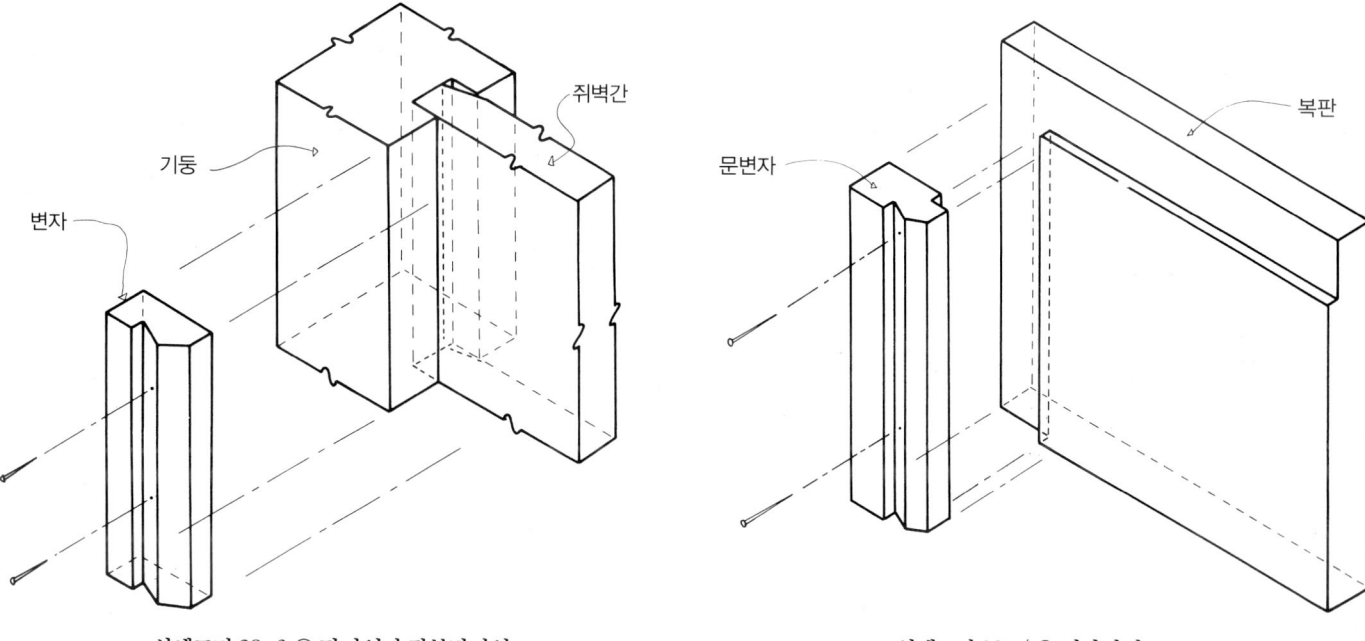

쥐벽간

기둥

변자

상세도면 28-3 ㉰ 맞짜임과 장부맞짜임

복판

문변자

상세도면 28-4 ㉱ 턱맞짜임

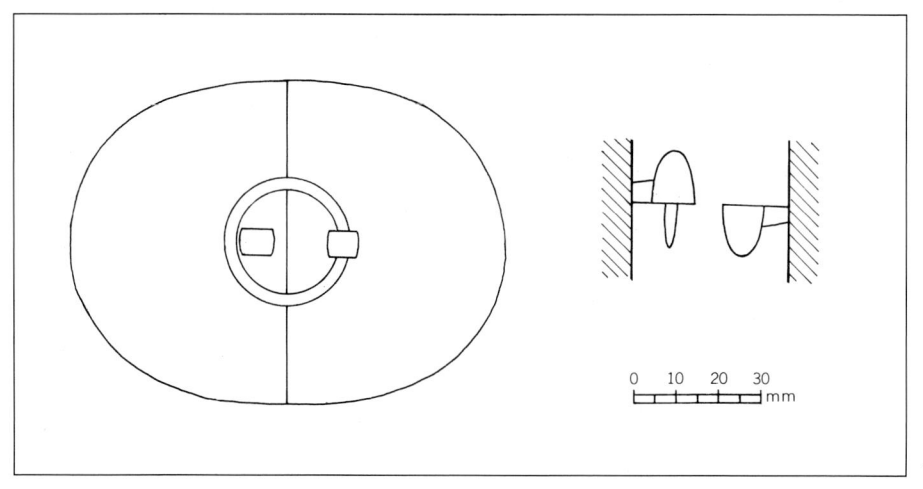

0 10 20 30
⊢──┼──┼──┼──┤mm

상세도면 28-5 금속장석 실측도

상세사진 28-1 1층 정면

상세사진 28-2 1층 우측 2층 층널

상세사진 28-3 1층 우측 하단

상세사진 28-4 기둥과 층널 촉짜임

29. 이층찬장 二層饌欌

Pantry Cabinet

19세기, 가로 153.2cm, 세로 59.7cm, 높이 136.0cm 개인 소장

천판

문변자

복판

쇠목

선쇠목

쥐벽간

기둥

㉮

㉯

㉰

㉱

㉲

㉳

세부명칭도

찬장은 그릇을 넣거나 음식을 담아 보관하는 주방가구이다. 우리나라는 그릇이 유기鍮器 또는 자기磁器로 되어 무겁고, 음식 때문에 냄새가 나무에 배게 되어 쥐나 좀이 쏠기 쉬우므로 튼튼하고 안전한 구조가 필수적이다.

여닫이문이 창살로 형성되어 종이나 얇은 사絲로 발라져 통풍이 잘되는 찬장과는 달리 판재로 만든 여닫이문을 단 찬장은 젖은 음식을 넣어두기도 하나 건어물이나 곡물들을 자루에 담아 보관하기도 한다.

이 찬장은 폭이 넓고 안으로 깊어 많은 양을 보관할 수 있으며 키가 낮고 천판이 평면으로 구성되어 부엌의 기물들을 올려 이용하기에 편리하게 짜여 있다. 또한, 낮은 키에 다리를 성큼 높여 기물을 넣고 꺼낼 때의 인체공학적인 면을 고려하였으며, 이처럼 높은 아래 공간은 쥐나 벌레로부터 음식을 보호할 수 있다.

세부구조를 살펴보면, 천판을 받쳐 주는 쇠목과 기둥의 짜임새인 ㉠는 상세도면 29-1 내외주먹장촉짜임과 같이 건축의 화통맞춤으로 세 골재가 짜이는 견고한 짜임이다. 이것은 뒤주에 주로 이용되고 찬장에서는 보이지 않는데, 이 찬장은 크고 육중해서 견고한 짜임이 필요할 뿐 아니라 또 같이 놓이는 뒤주와의 조화도 고려하여 이런 짜임을 한 것 같다.

쇠목과 기둥의 짜임인 ㉡부분은 상세도면 29-2와 같이 삼방장부촉맞짜임을 한 후 반대편에서 쐐기를 박아 견고히 했다.

기둥 ㉡와 쇠목 ㉢는 상세도면 29-3에서 보는 바와 같이 쌍사雙絲를 둘러 투박한 굵은 골재에 변화를 주고 짜임새 있게 하였다.

문변자인 ㉣는 상세도면 29-3과 같이 복판과 맞닿는 안쪽에 사각斜角을 주어 투박한 골재를 견고하면서도 복판이 넓고 시원하게 보이도록 했다.

무쇠돌쩌귀장석은 문을 떼어 낼 수 있어 편리하며, 장식을 간략하게 하여 굵고 두꺼운 소나무와 잘 어울리게 처리한 점은 한국 목가구의 건강한 공예 미를 느끼게 한다. 전체가 소나무이다.

사진 29-1 이층찬장 : 천판과 층널을 제외하고는 판재를 사용하지 않고 소나무 골재로만 짜인 찬장으로 내외부에 창호지를 발라 통풍을 고려하고 음식 보관에 빈틈없이 한 형태이다.

현재의 모습은 내부에만 창호지를 발랐는데 칠이 되지 않은 소나무 각재의 격자문 질감이 창호지 재질과 어울려 부드럽고 소박한 조형감각을 보이는데 이는 현대적 실내공간에서 즐기려는 의도이다. 무쇠장석이다.

사진 29-2 삼층찬장 : 의복을 보관하는 삼층장의 기본형식을 따른 전형적인 삼층찬장의 형식과 규격을 갖고 있다. 이런 종류의 찬장은 부엌보다는 대청에 놓이는데 주로 건어물과 마른반찬, 곡물들을 자루에 넣어 보관하기도 한다.

높은 삼층은 사용에 편리하도록 여닫이문 아래 쥐벽간의 높이를 낮추고 문판을 크게 하였다. 또 아래층 문판과의 비례를 고려하여 여닫이문 중간에 좌우 쥐벽간의 가로동자와 일직선이 되게 가로동자를 덧댄 새로운 면분할 방식을 택하고 있다. 전면에 보이는 판재들은 느티나무의 아름답고 굵은 결을 대칭으로 사용했으며 소나무 골재와 잘 어울려 부드러우면서도 당당해 보인다.

경기도 일원에서 제작되었다.

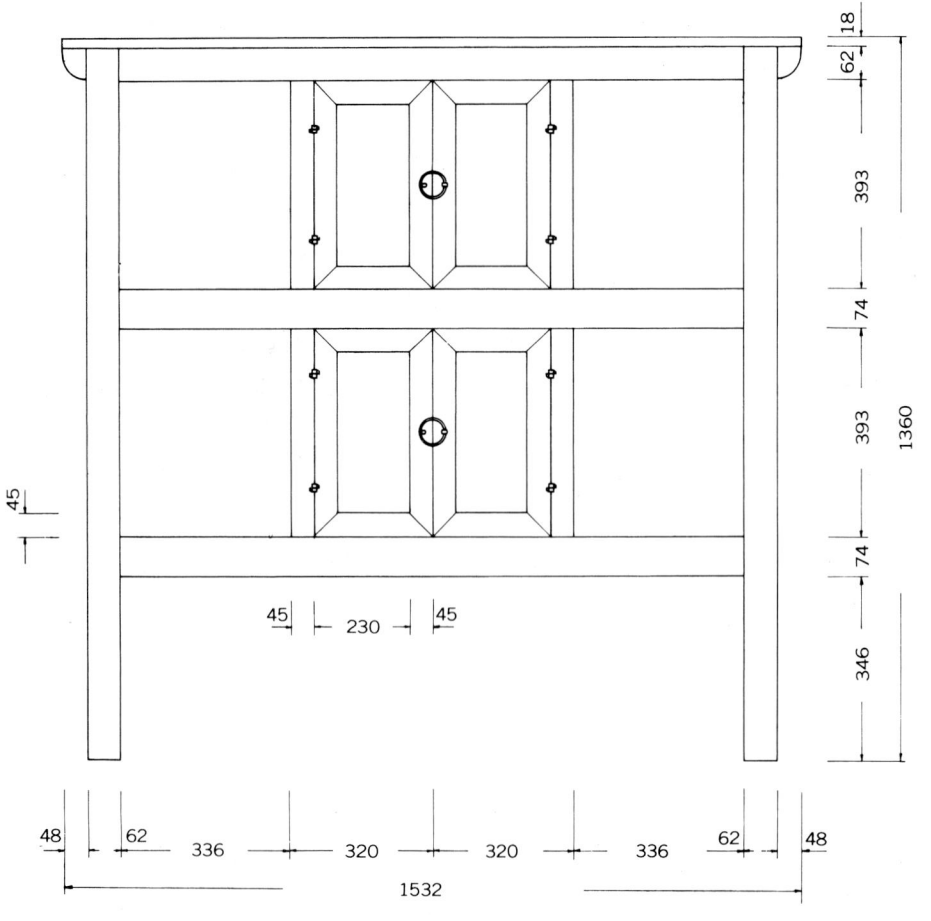

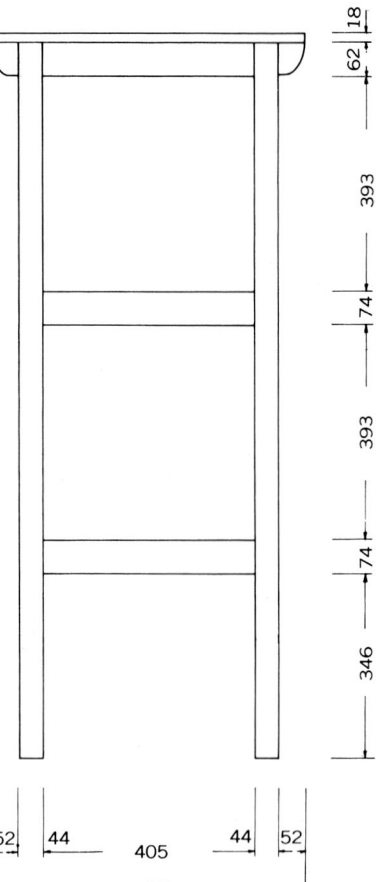

실측도

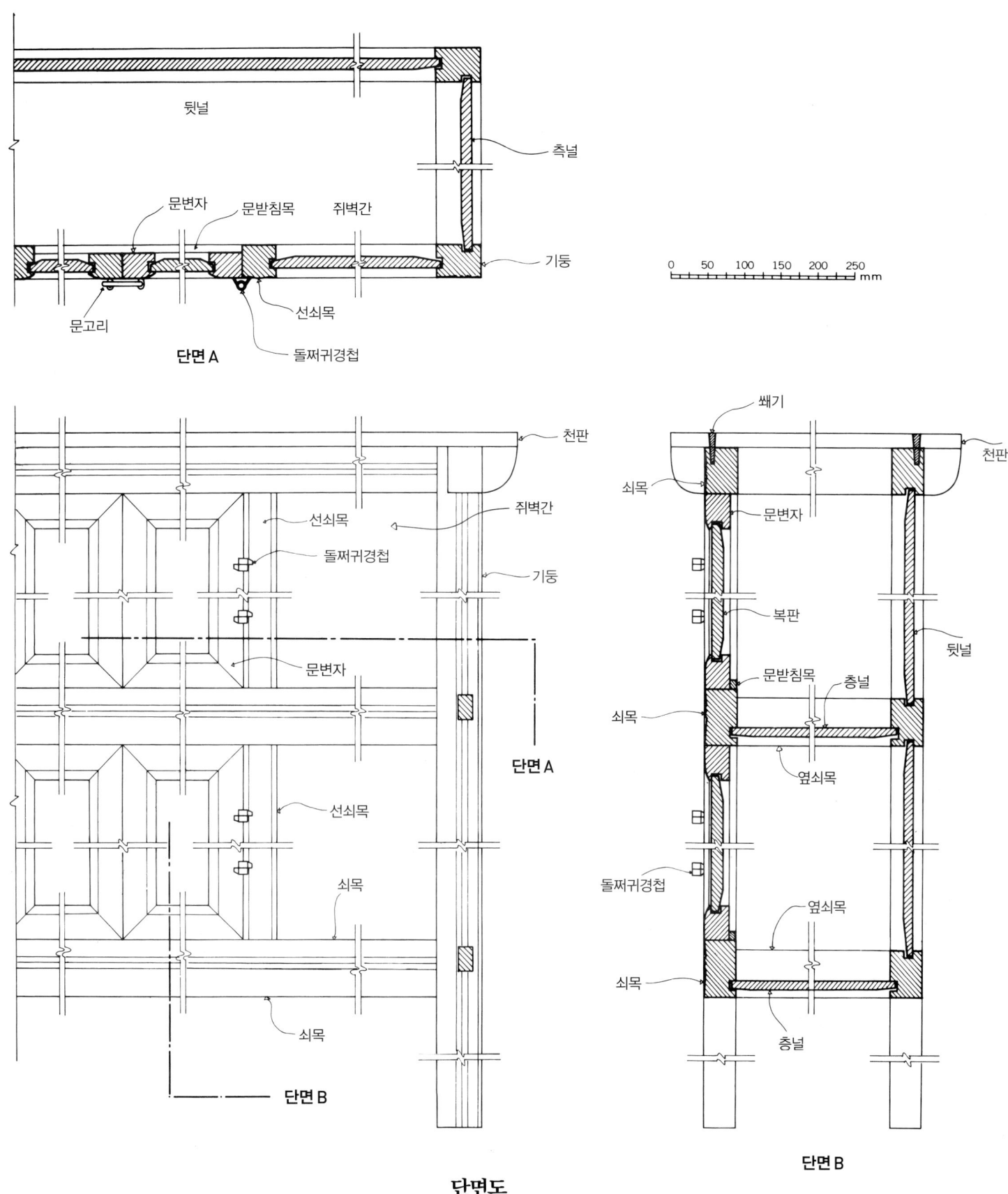

뒷널

측널

문변자　문받침목　쥐벽간

기둥

문고리

선쇠목

돌쩌귀경첩

단면 A

0　50　100　150　200　250
mm

천판

선쇠목

돌쩌귀경첩

쥐벽간

기둥

문변자

단면 A

선쇠목

쇠목

쇠목

단면 B

단면도

쐐기

쇠목

문변자

복판

문받침목　층널

쇠목

옆쇠목

돌쩌귀경첩

옆쇠목

쇠목

층널

천판

뒷널

단면 B

271

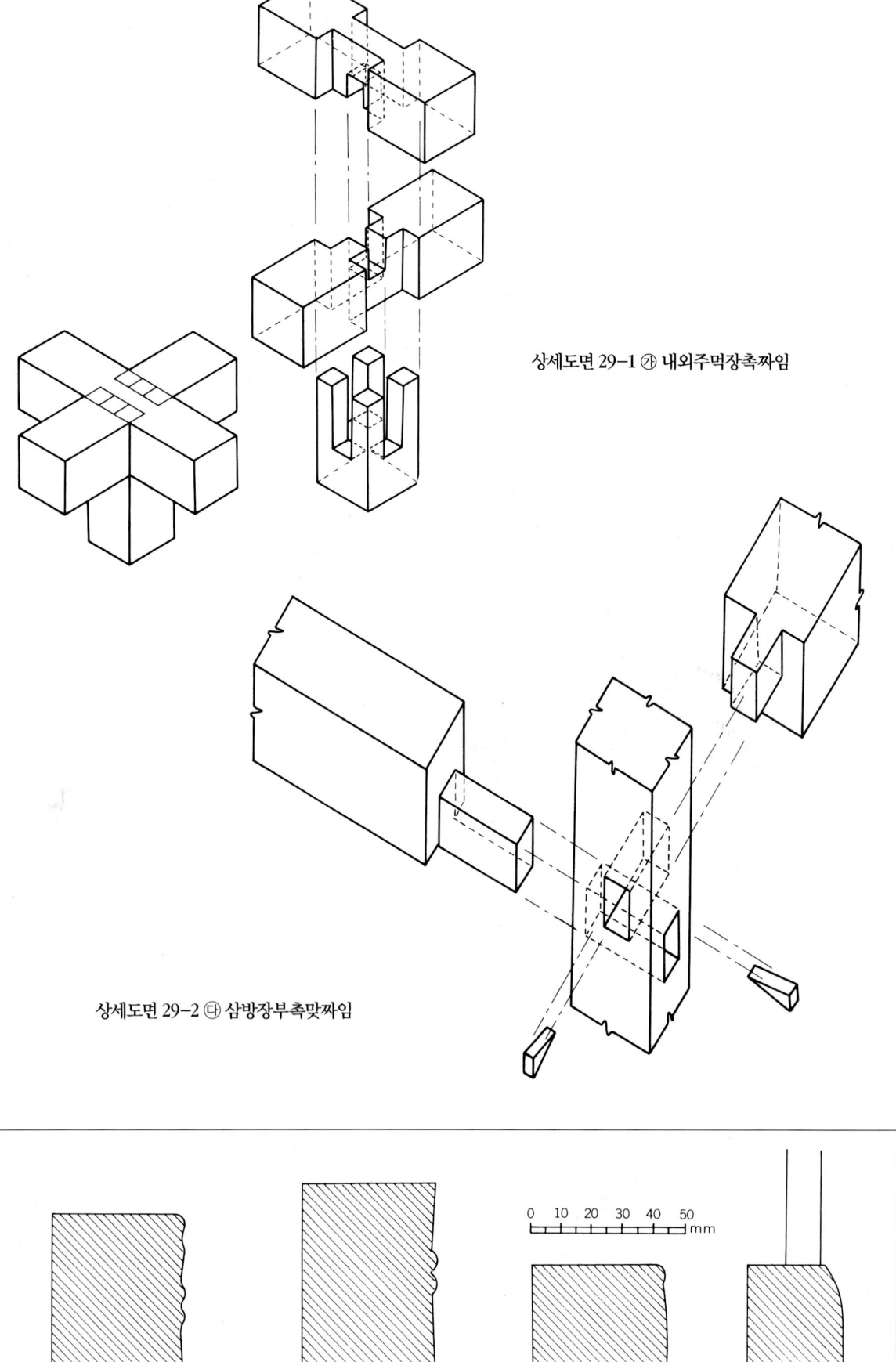

상세도면 29-1 ㉮ 내외주먹장촉짜임

상세도면 29-2 ㉯ 삼방장부촉맞짜임

0 10 20 30 40 50
mm

㉯의 단면　　　　㉰의 단면　　　　㉱의 단면　　　　㉲의 단면

상세도면 29-3 부분 단면 실측도

상세사진 29-1 화통맞춤(건축용어)

상세사진 29-2 쇠목과 기둥의 촉짜임

상세사진 29-3 여닫이문

상세사진 29-4 쇠목과 여닫이문, 돌쩌귀경첩

상세사진 29-5 돌쩌귀경첩

상세사진 29-6 여닫이문과 문턱

사진 29-1 이층찬장
19세기, 개인 소장
93.5×48.0×101.0cm

사진 29-2 삼층찬장
19세기, 개인 소장
115.0×50.0×171.0cm

19세기 전기, 가로 95.4cm, 세로 51.6cm, 높이 81.5cm, 개인 소장

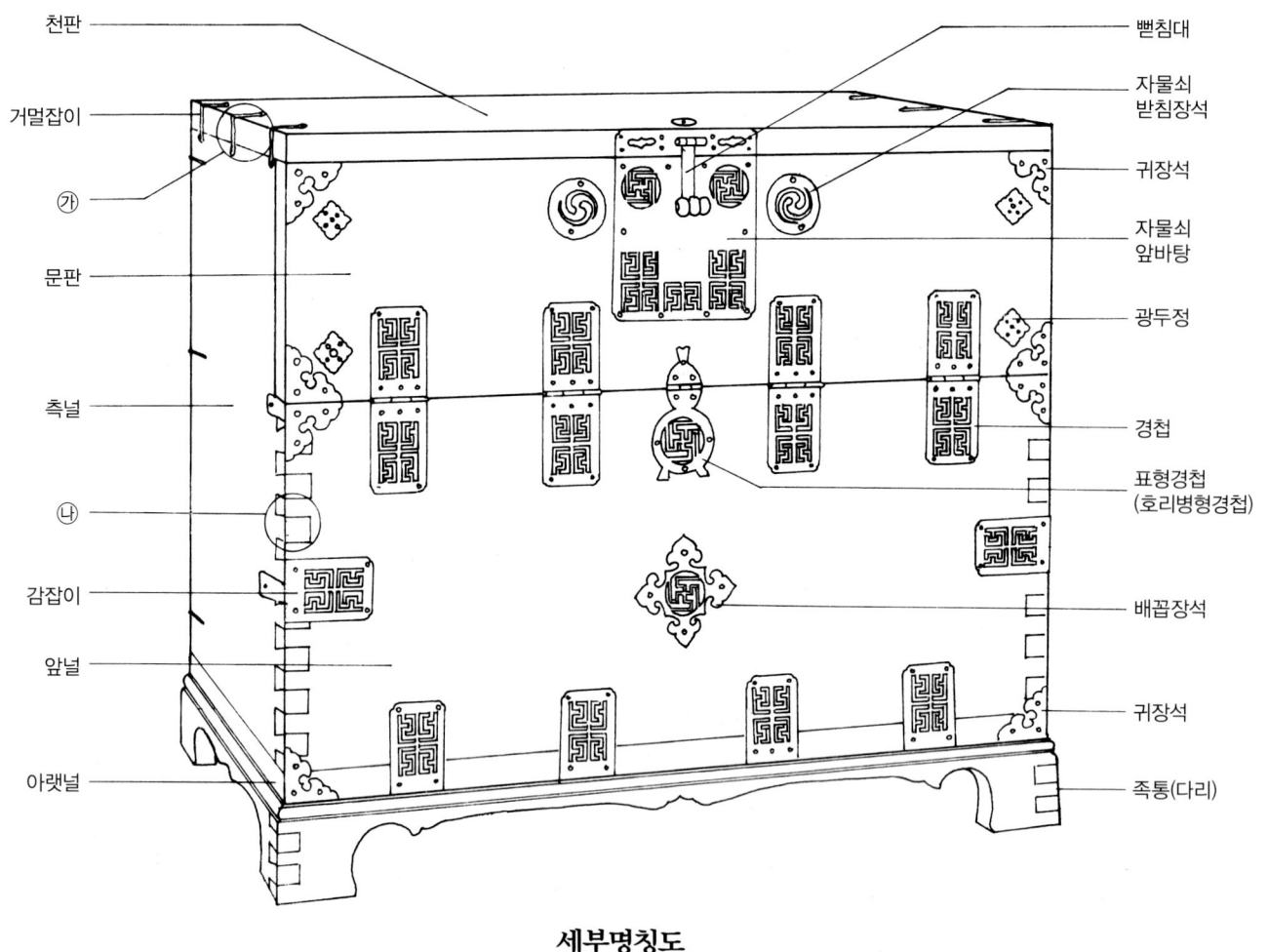

천판

거멀잡이

㉮

문판

측널

㉯

감잡이

앞널

아랫널

뻗침대

자물쇠
받침장석

귀장석

자물쇠
앞바탕

광두정

경첩

표형경첩
(호리병형경첩)

배꼽장석

귀장석

족통(다리)

세부명칭도

반닫이는 반쪽을 여닫는다 하여 붙여진 이름인데, 의복, 책, 두루마리, 제기祭器 등 다양한 종류의 기물을 보관하고, 천판에는 항아리나 기타 소품을 올려놓거나 이불을 쌓기도 하는 다목적 가구이다. 목리가 좋은 넓고 두꺼운 판에 무쇠로 된 큼직한 장석들이 어울려 단순, 후박한 멋을 주는 건강미를 갖고 있다.

반닫이는 우리나라 전역에 걸쳐 사용되었고 지방마다 독특한 개성을 갖고 있다. 크게는 평안平安·경기京畿·충청忠淸·전라全羅·경상慶尙 반닫이로 나누고, 박천博川·평양平壤·강화江華·밀양密陽·진주晋州·고흥高興 반닫이 등으로 세분한다.

이 반닫이는 여러 반닫이 중에서도 손꼽히는 강화반닫이다. 강화반닫이는 대체로 묵직하면서도 깔끔한 편으로 특징을 살펴보면, 첫째, 소박한 재질인 소나무를 사용하고, 둘째, 폭과 비교하면 높이가 높아 시원하고, 셋째, 두꺼운 무쇠장석에 만자卍字·아자亞字 등을 투각하여 장식성을 높이고, 넷째, 중심에 표형瓢形 경첩과 그 아래에 배꼽장석이 있으며, 자물쇠앞바탕 좌우에 조그마한 원형장석을 박아 자물쇠를 열고 닫을 때 앞판재가 상하는 것을 막고 있다.

세부구조를 살펴보면, 천판과 측널, 천판과 뒷널의 짜임은 상세도면 30-1과 같이 맞짜임 형식으로 긴 무쇠못을 천판 쪽에서 깊이 내리박고 그 위에 굵은 거멀잡이로 견고히 잡았다.

측널과 앞널, 측널과 뒷널의 짜임새 ⊕는 상세도면 30-2와 같이 주먹장사개짜임으로 튼튼히 짜 맞추었다. 자물쇠를 잠그는 뻗침대는 천판에서 ㄱ자로 꺾여 내려오지 않고 직선으로 되어 있어 천판 윗면에 기물을 올려놓을 때 걸리지 않게 되어 있다.

앞면의 문판을 열면 내부 상단에 세 개의 서랍이 있어 중요한 서류나 기물을 넣을 수 있다. 족통 부분의 네 모서리는 사개물림으로 견고히 짜고 풍혈風穴 부분은 일반적인 것보다 가늘고 유연한 곡선으로 처리하여 위쪽의 반닫이를 강조하였다.

반닫이들의 지역적인 특징을 살펴보면 다음과 같다.

사진 30-1 박천반닫이 : 한국 목가구는 자연적인 나무의 질감을 강조하는 데 반해 평안도 박천 지방 반닫이는 독특한 금속장석의 효과를 높이고 있다. 무쇠판에 날카로운 징으로 만자卍字, 아자亞字, 수자壽字, 화문花紋과 기타 기하학적인 연속문양을 정교하게 투각하여 전면을 가득 채워 기능적이면서도 장식성을 강조하고 있다. 장석에 구멍이 숭숭 뚫렸다 하여 숭숭이반닫이라고도 부른다. 장식적인 금속장석이 돋보이도록 나뭇결이 없는 피나무 판재를 주로 이용한다.

사진 30-2 개성반닫이 : 반닫이는 검고 두꺼운 무쇠장석과 목리가 좋은 통판이 어울려 묵직함 속에서도 조형감각이 돋보이는 것이 특징이다. 그러나 개성 지방 반닫이는 광택이 나는 주석장석을 사용하고 장과 농처럼 면분할된 골재에 판재를 끼워 넣는 특별한 구조로써 의류와 여러 기물을 보관하며, 상단 천판에는 이불을 쌓아두는 안방용 반닫이다.

실패형자물쇠앞바탕, 모서리 부분의 귀장석, 수복강녕과 부귀영화 등의 문자와 초문이 조이질로 음각된 경첩, 박쥐형들쇠 등이 어울려 화사함을 더하고 있다.

느티나무 판재에 배나무 골재이며 옻칠을 두껍게 하였다.

사진 30-3 남해반닫이 : 가로 폭과 비교하면 높이가 낮고, 무쇠장석의 자물쇠앞바탕과 경첩 양 끝 부분이 둥근 초문 형태이며, 넓은 경첩과 거멀잡이장석의 卍자 투각 등이 전형적인 경상도 남해 지방에서 제작된 것이다. 중앙의 마름모형 들쇠받침장석은 진주 지방에서도 나타난다. 작은 앞바탕 면적에 비하여 많은 장석을 부착하여 장식성이 강조된 반닫이다. 소나무 판재이다.

사진 30-4 충무반닫이 : 충무는 경상남도 통영의 옛 이름으로 통영 장롱, 나전칠기 등 공예의 명품 제작으로 이름난 고장이다. 충무반닫이는 타지방 반닫이와 비교하면 높이가 낮고 초엽형의 자물쇠앞바탕과 경첩의 하단부가 약간 벌어져 있고 卍자와 여의두문이 투각되어 장식적이고 화사하게 보인다. 일반적으로 느티나무 판재가 사용되었는데 이는 주칠이 된 특이한 반닫이다.

사진 30-5 남원반닫이 : 무쇠로 된 두꺼운 여의두문 화형앞바탕장석에 호리병형 경첩, 단순한 귀장석과 거멀잡이장석 등의 형태로 보아 전라도 남원 지방산이다. 가로 폭과 높이보다 세로 폭이 좁아 실내 공간을 너르게 사용할 수 있는 특이한 형태이다. 전면 넓이에 비해 크지 않은 장석들이 배치되어 느티나무 판재의 아름다운 목리가 돋보이며 단아해 보인다.

사진 30-6 나주반닫이 : 일반적인 반닫이가 나뭇결이 좋은 느티나무 판재를 선호하는 데 반하여 나주반닫이는 소나무와 피나무 등으로 제작하고, 크고 많은 금속장석보다는 간단한 직선형 장석을 사용하여 타지방과 비교하면 가장 단순하고 소박한 형태를 지니고 있다.

하단의 앞널과 측널이 짜인 부위와 두껍고 손가락처럼 가느다란 무쇠경첩에 일렬로 큰 머리못을 박아 짜임새 있고 장식적인 효과를 가져왔다. 작은 크기의 반닫이로 머리맡 가까이 놓고 중요 기물들을 넣어두며 긴요하게 사용하던 것으로 짐작된다. 소나무 판재이다.

사진 30-7 고흥반닫이 : 남원南原, 고흥高興, 영광靈光 등 전라도 지방에서 제작된 것으로 일반적인 것보다 세로 폭과 비교하면 키가 높으며 화형花形자물쇠앞바탕과 박쥐형들쇠앞바탕, 제비초리형경첩 그리고 중앙의 마름모형 배꼽장석이 특징이다.

전면의 판재는 넓은 세 쪽의 먹감나무를 배치하여 마치 추상적인 산수화를 보는 듯한 아름다운 목리를 연출하였는데 정교한 조각이나 화려한 칠보다는 자연 목리를 즐겨 사용한 한국 목가구의 특징을 잘 반영하고 있다.

사진 30-8 제주반닫이 : 전형적인 제주도 지방 반닫이다. 두꺼운 느티나무 판재에 마름모꼴의 광두정, 배가 부른 듯이 약간 굽어 있는 커다란 실패형 자물쇠앞바탕과 경첩, 하단의 석류형 긴 팽감잡이, 앞널·측널·밑널의 짜임에는 봉오리형 거멀잡이장석 등이 전면을 꽉 메우고 있다. 대부분의 섬 지방 반닫이는 크기가 작고 판재와 장식이 얇고 협소하나 제주반닫이는 느티나무 판재의 좋은 무늿결과 함께 두껍고 강한 장석을 강조하여 남성적인 강렬함이 엿보이고 있다.

사진 30-9 반닫이 : 상부 여닫이 문판의 길이가 아래 널판 길이에 비하여 좁은 형태의 반닫이를 책반닫이라고 부른다. 이 반닫이는 매우 좁은 문판으로 보아 책을 보관하는 것보다는 사랑방의 머리맡에 두고 중요 문서나 기물들을 깊숙이 보관하고, 천판에는 소품들을 올려놓는 용도로 사용되었을 것이다.

일반적인 반닫이 짜임과는 달리 천판과 양 측널 그리고 밑널을 사개물림으로 짜 맞추고 그 안에 앞널과 뒷널을 막은 형식으로 더 단순하고 안정적으로 보인다. 간결한 사각형 자물쇠바탕과 경첩 외에는 장석을 사용하지 않았으며 목재질 또한 검소한 소나무를 사용하였다.

사진 30-10 나주궤 : 일반적으로 돈궤로 불리는 궤櫃는 위판을 여닫는다 하여 윗닫이라고 부른다. 이러한 형식은 돈을 보관하는 궤 이외에 곡식이나 제기, 책, 기타 기물을 넣는 다양한 종류의 궤가 있다. 주화鑄貨를 보관하려면 그 무게를 감당할 수 있어야 하고 사용에도 편리해야 하므로 두껍고 단단한 판재를 사개물림으로 견고히 짜 맞추고 경첩과 자물쇠바탕은 강한 무쇠장석이 제격이다.

이 궤는 부드러운 소나무 판재를 사개물림 하여 견고히 짜 맞추었다. 단순한 사각 자물쇠바탕과 가늘고 두꺼운 긴 직선 경첩에 유두형의 굵은 못을 일렬로 박았고 거멀잡이장석을 없앴다. 판재의 외부와 내부 표면에 옻칠을 입힌 나주궤이다.

사진 30-11 양산궤 : 사면을 무늬가 좋은 두꺼운 느티나무 판재로 견고하게 짜 맞추고 커다란 국화형거멀잡이장석으로 거머잡고 있다. 자물쇠앞바탕과 배목 그리고 경첩의 무쇠장석은 경상남도 양산 지방 돈궤의 특징이며 열리는 문판의 넓이가 고정된 면에 비하여 넓은 것도 역시 이 지방의 특징이다.

제비초리형 자물쇠앞바탕장석에 돌출된 모양과 단순한 경첩 등이 전라도 남원 지방의 특성을 보이고 있다. 은행나무로 만들었으며 과장된 견고한 거멀잡이장석과 광두정이 돈궤임을 말해 준다.

사진 30-12 궤 : 간결한 국수형거멀잡이장석을 달아 전면 널을 시원스럽게 남겨두고 커다란 화형자물쇠앞바탕장석으로 장식성을 강조하였는데 격조 있어 보인다. 자물쇠를 끼우는 길게 뻗은 뻗침대는 서류함에서 볼 수 있는 형태로 매우 이례적이다. 지방별 특색이 분명치 않으나 전체 분위기로 보아 전라도산으로 추정된다. 느티나무 판재이다.

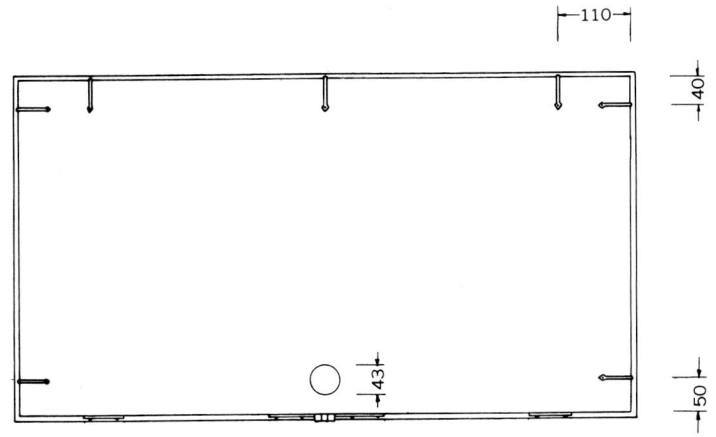

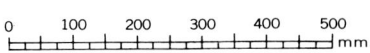

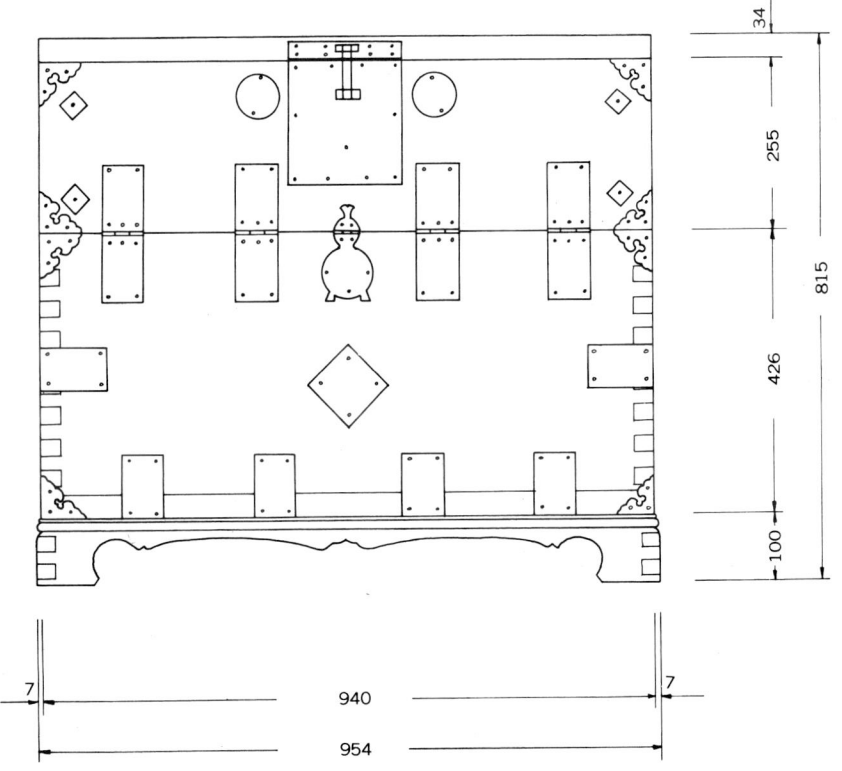

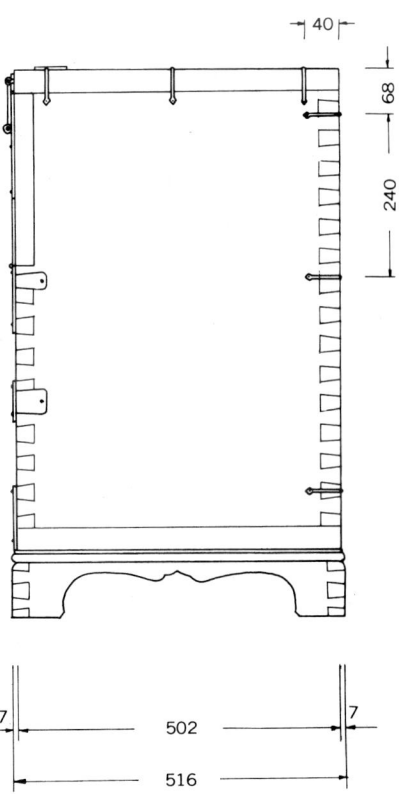

실측도

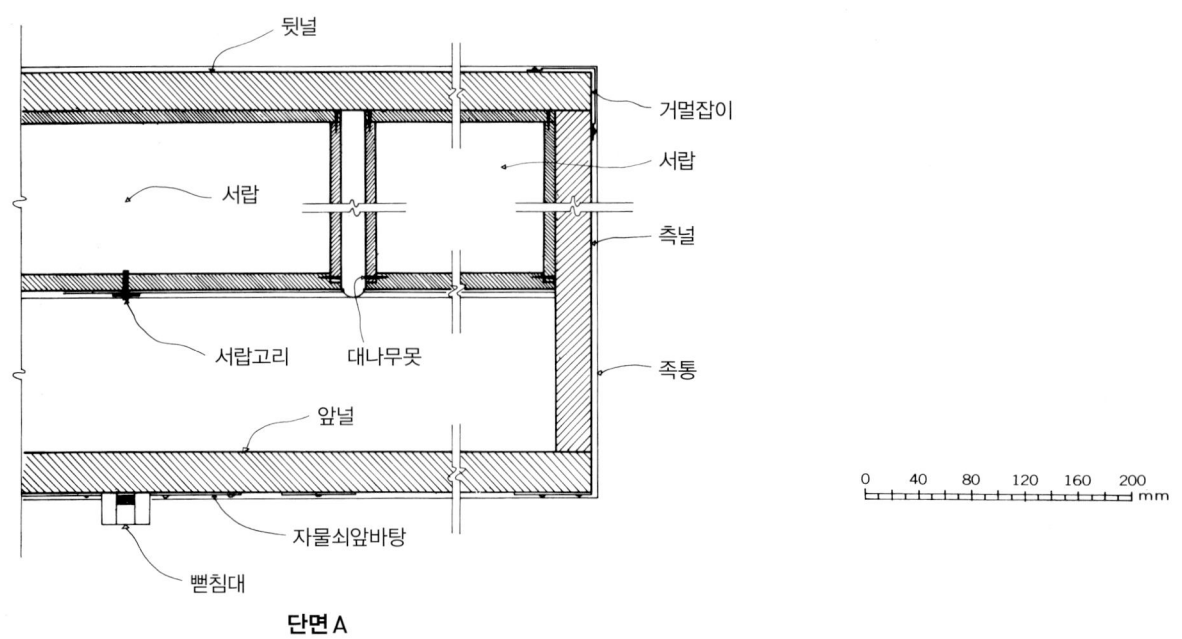

뒷널

거멀잡이

서랍

서랍

측널

족통

서랍고리   대나무못

앞널

자물쇠앞바탕

뻗침대

단면 A

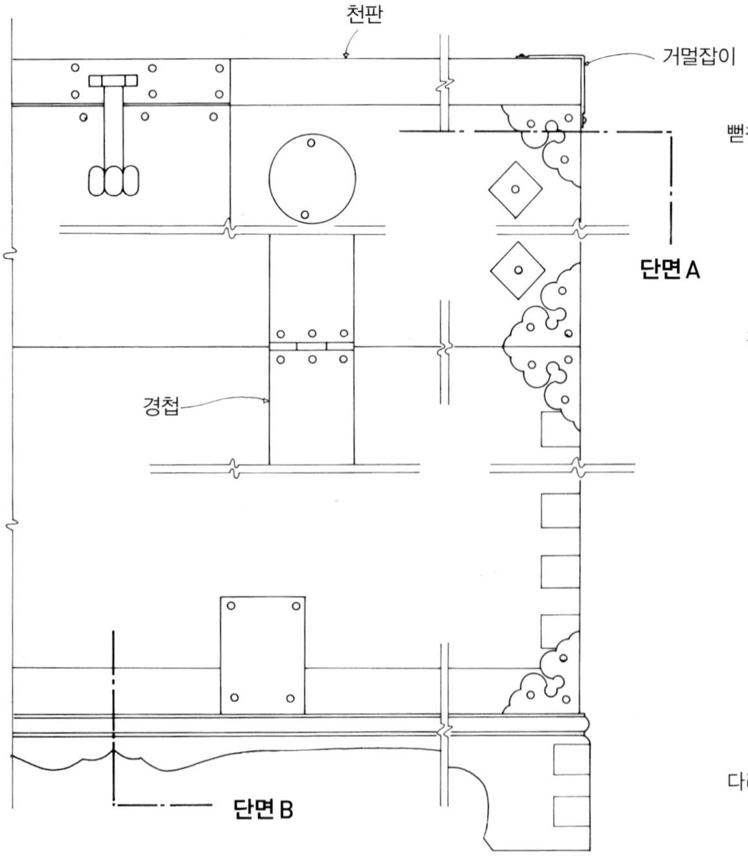

천판

거멀잡이

단면 A

경첩

단면 B

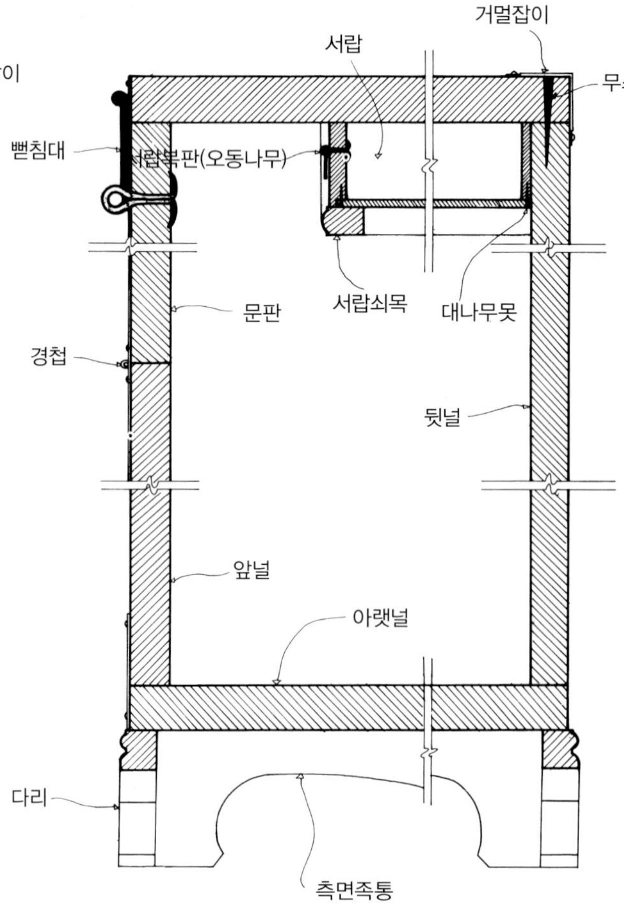

서랍

거멀잡이

무쇠못

뻗침대

서랍뒷판(오동나무)

문판

서랍쇠목

대나무못

경첩

뒷널

앞널

아랫널

다리

측면족통

단면 B

0 40 80 120 160 200
mm

단면도

280

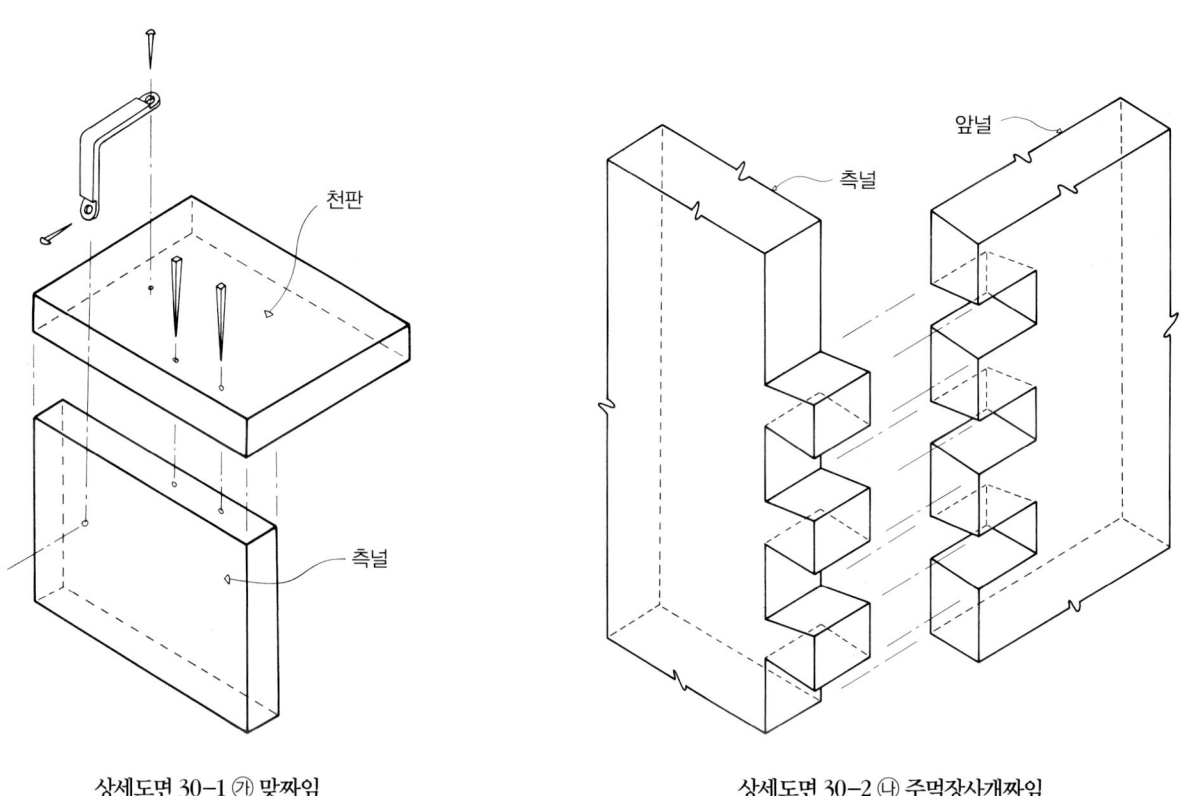

상세도면 30-1 ㉮ 맞짜임　　　　　　　　상세도면 30-2 ㉯ 주먹장사개짜임

상세도면 30-3 금속장석 실측도

상세사진 30-1 정면 상세사진 30-2 장석

상세사진 30-3 자물쇠 앞바탕 상세사진 30-4 경첩 상세사진 30-5 경첩

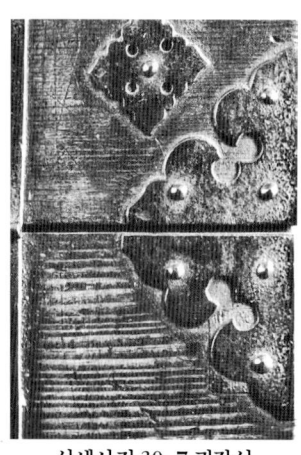

상세사진 30-6 배꼽장석 상세사진 30-7 귀장석 상세사진 30-8 자물쇠 받침장석

30-1 박천반닫이
19세기, 개인소장
85.0×41.5×82.5cm

사진 30-2 개성반닫이
19세기, 개인 소장
101.5×45.0×86.0cm

사진 30-3 남해반닫이
19세기, 개인 소장
93.5×39.3×55.0cm

사진 30-4 충무반닫이
19세기, 개인 소장
90.5×42.3×75.5cm

사진 30-5 남원반닫이
19세기, 개인 소장
98.0×33.0×75.5cm

사진 30-6 나주반닫이
19세기, 개인 소장
48.0×26.7×32.5cm

사진 30-7 고흥반닫이
19세기, 개인 소장
119.7×40.2×98.0cm

사진 30-8 제주반닫이
19세기, 개인 소장
98.7×45.4×79.8cm

사진 30-9 반닫이
19세기, 개인 소장
61.0×32.6×42.5cm

사진 30-10 나주궤
19세기 개인 소장
102.7×42.5×46.0cm

사진 30-11 양산궤
19세기, 개인 소장
116.0×52.5×46.5cm

사진 30-12 궤
19세기, 개인 소장
109.0×51.3×42.0cm

제3장 한국 전통목가구의 구성요소
韓國 傳統木家具 構成要素
Elements of Traditional Korean Wooden Furniture

1. 짜임새·이음새 木家具 結構

Basic Joints

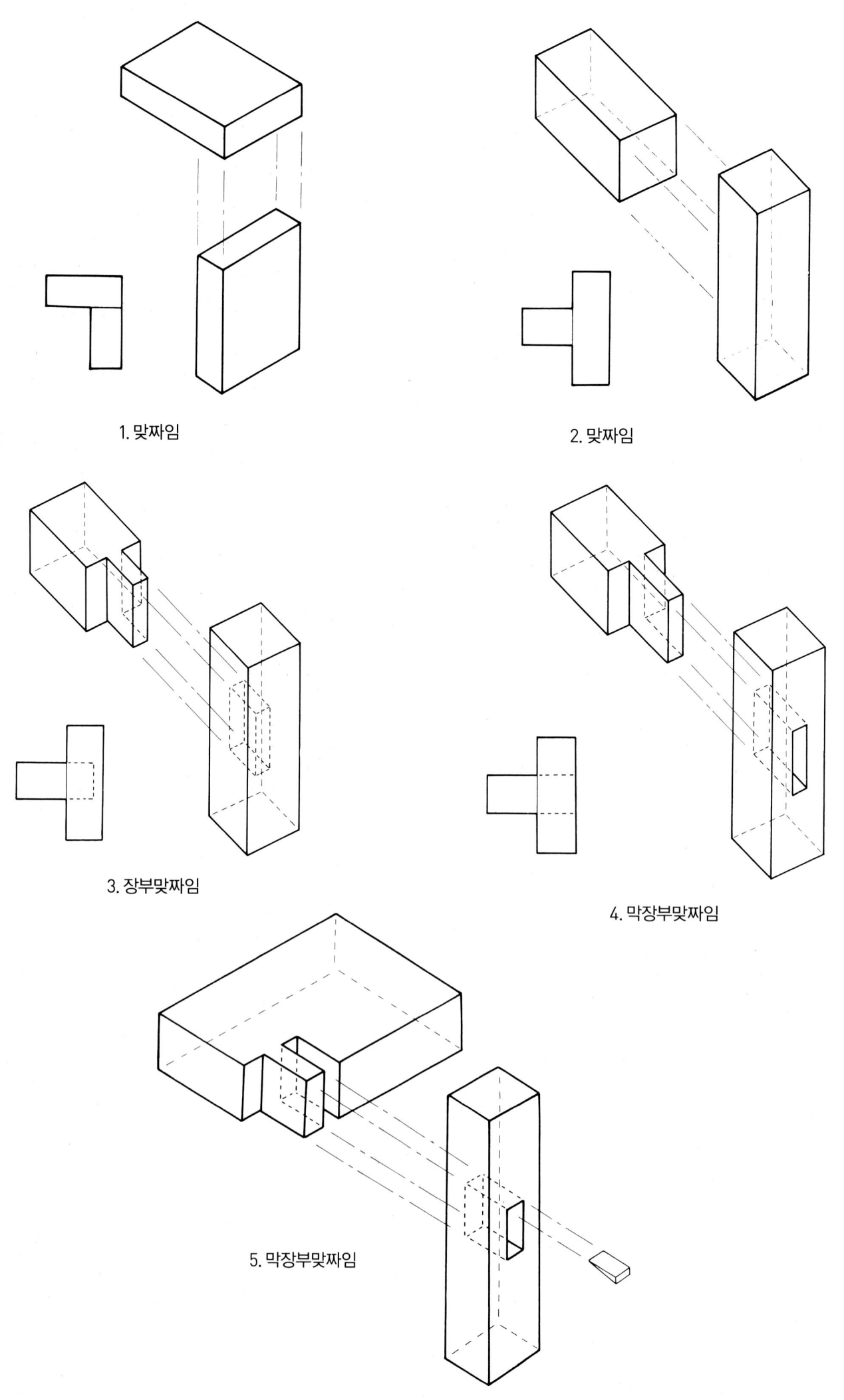

1. 맞짜임

2. 맞짜임

3. 장부맞짜임

4. 막장부맞짜임

5. 막장부맞짜임

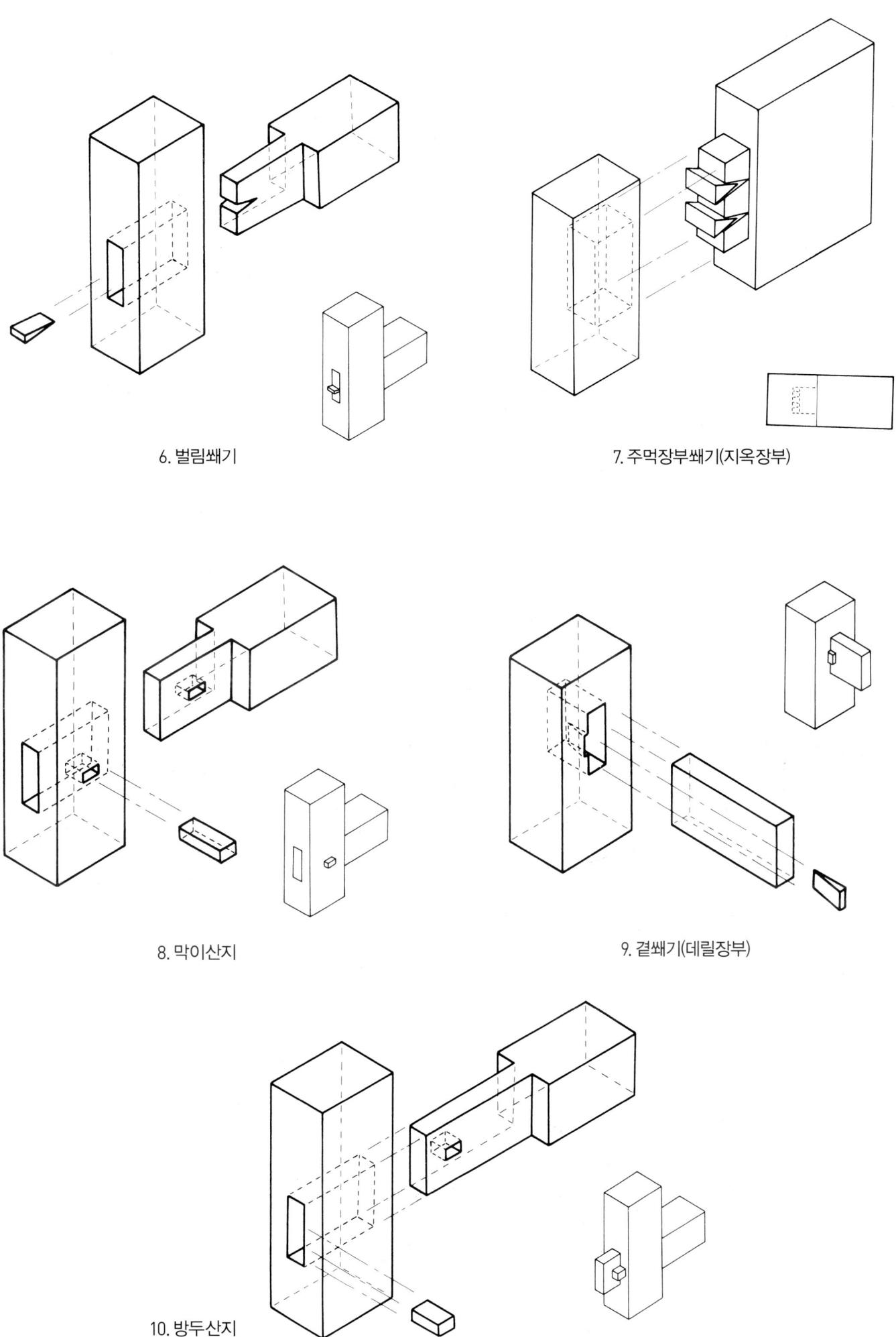

6. 벌림쐐기

7. 주먹장부쐐기(지옥장부)

8. 막이산지

9. 곁쐐기(데릴장부)

10. 방두산지

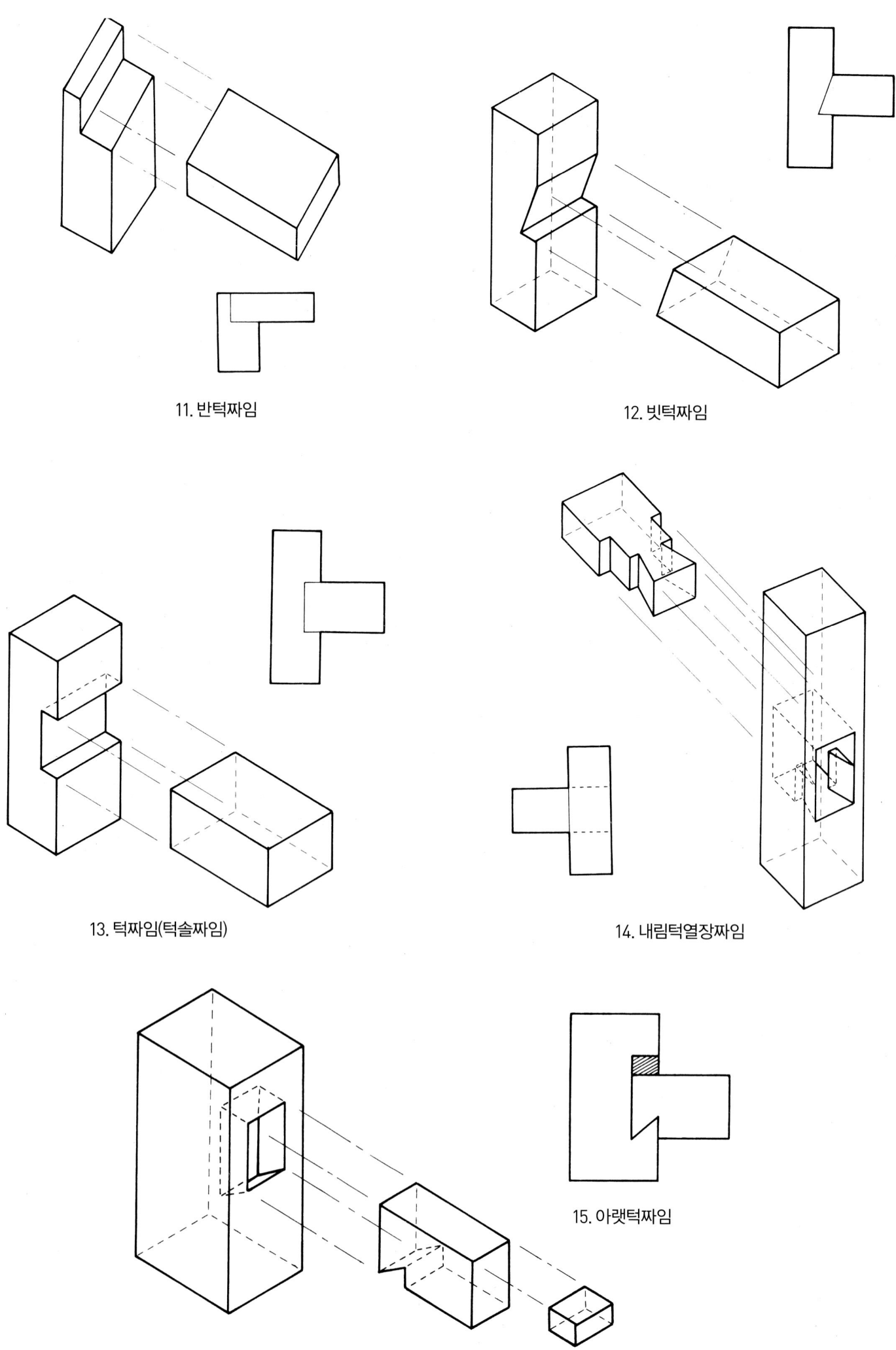

11. 반턱짜임

12. 빗턱짜임

13. 턱짜임(턱솔짜임)

14. 내림턱열장짜임

15. 아랫턱짜임

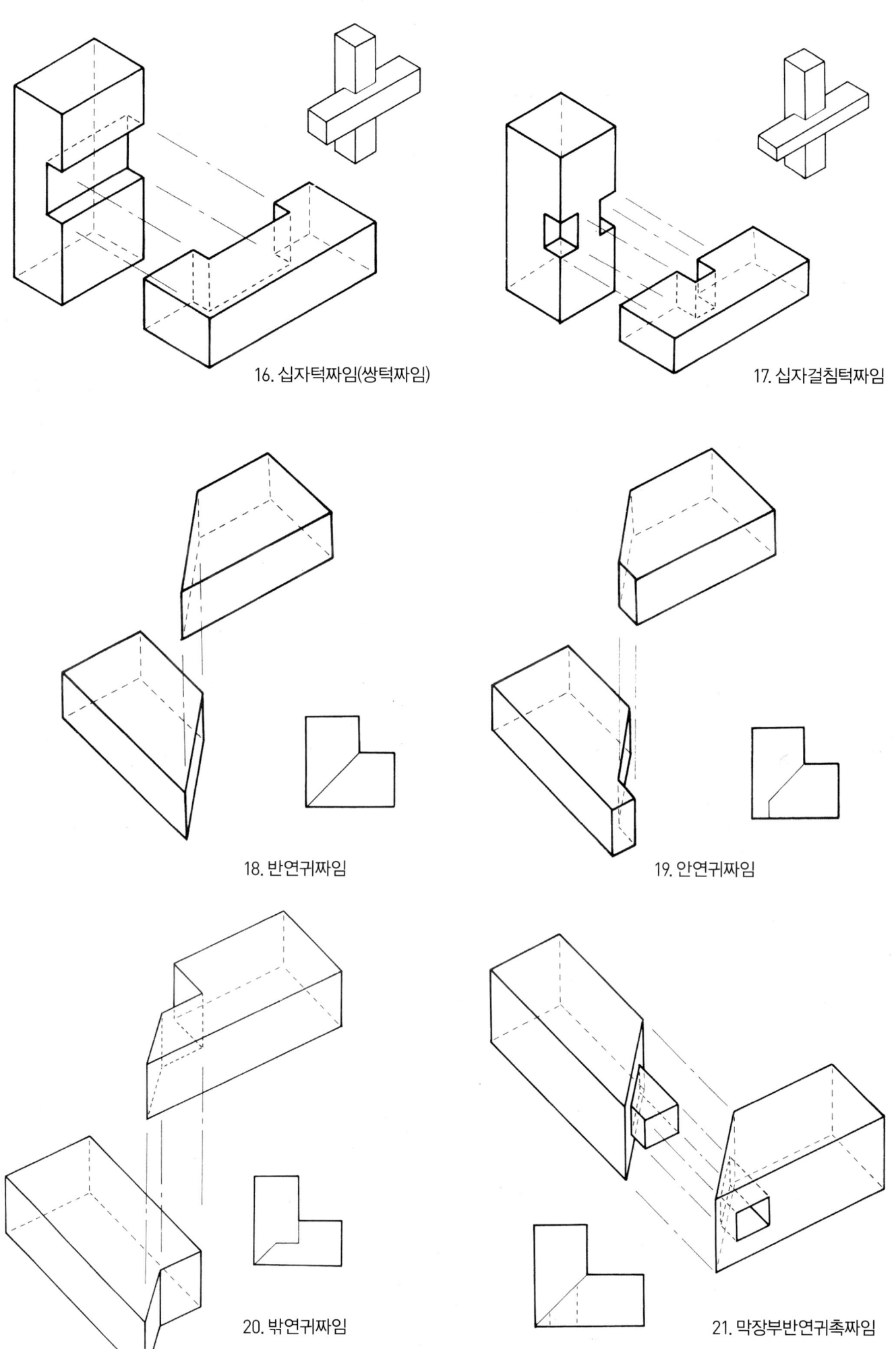

16. 십자턱짜임(쌍턱짜임)

17. 십자걸침턱짜임

18. 반연귀짜임

19. 안연귀짜임

20. 밖연귀짜임

21. 막장부반연귀촉짜임

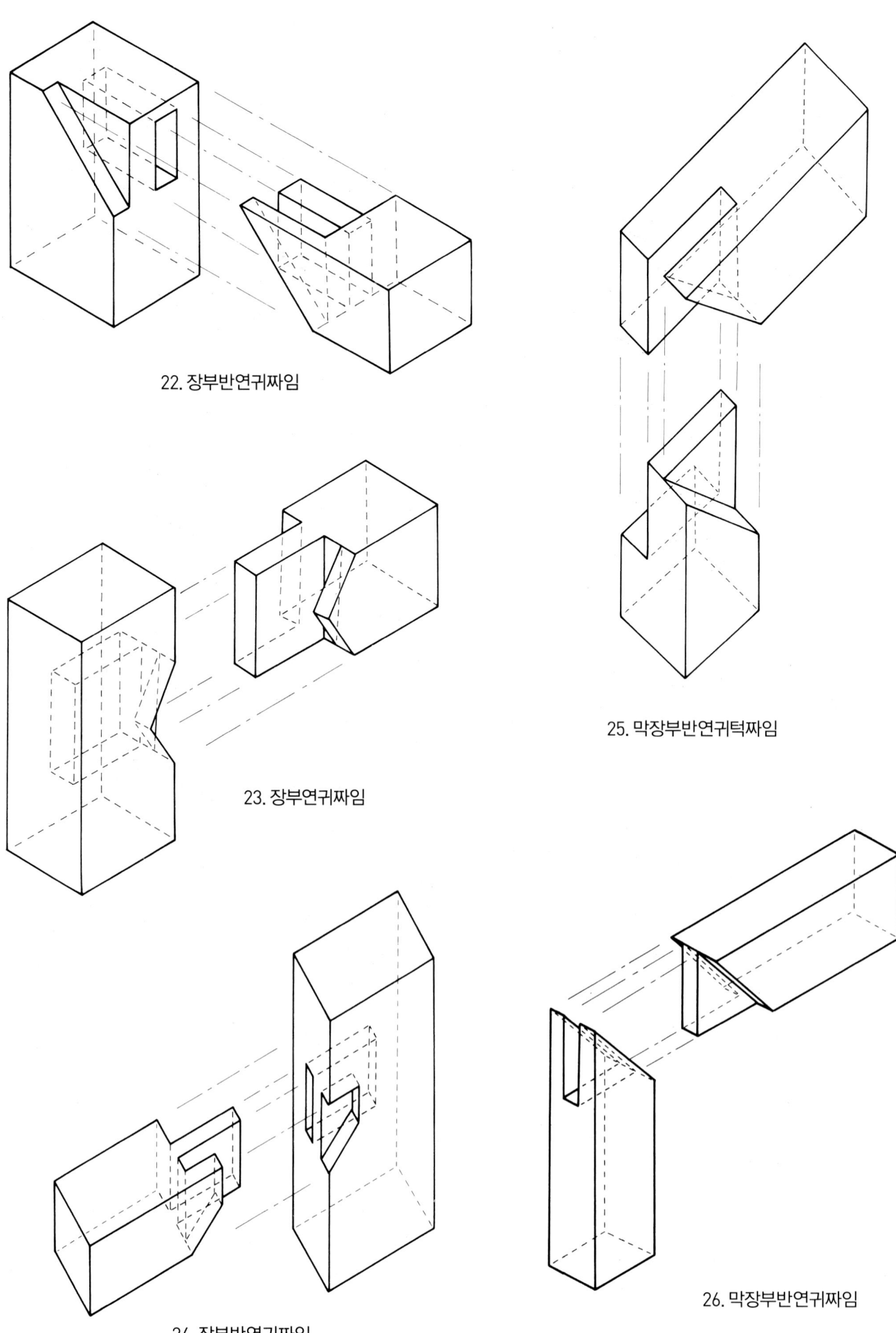

22. 장부반연귀짜임

23. 장부연귀짜임

24. 장부반연귀짜임

25. 막장부반연귀턱짜임

26. 막장부반연귀짜임

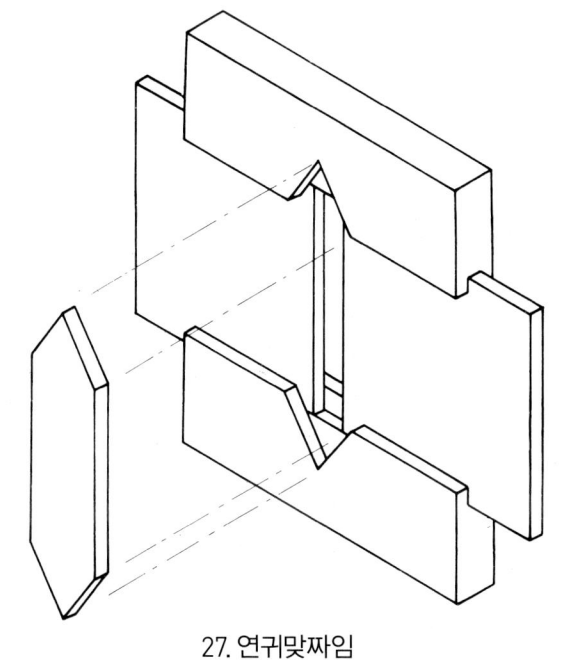

27. 연귀맞짜임

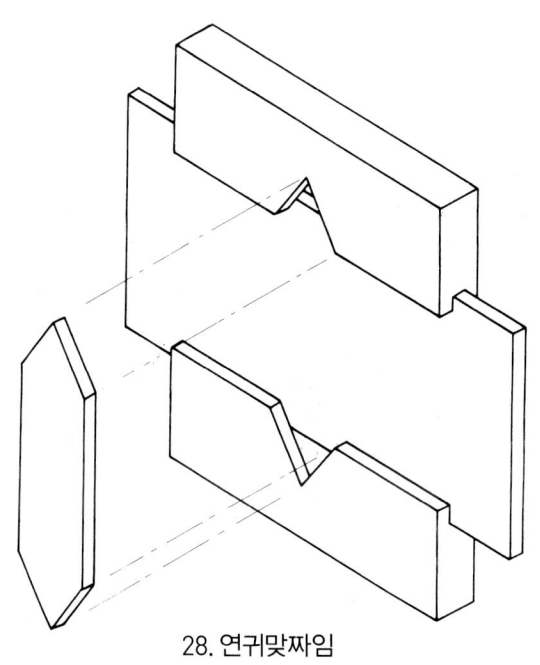

28. 연귀맞짜임

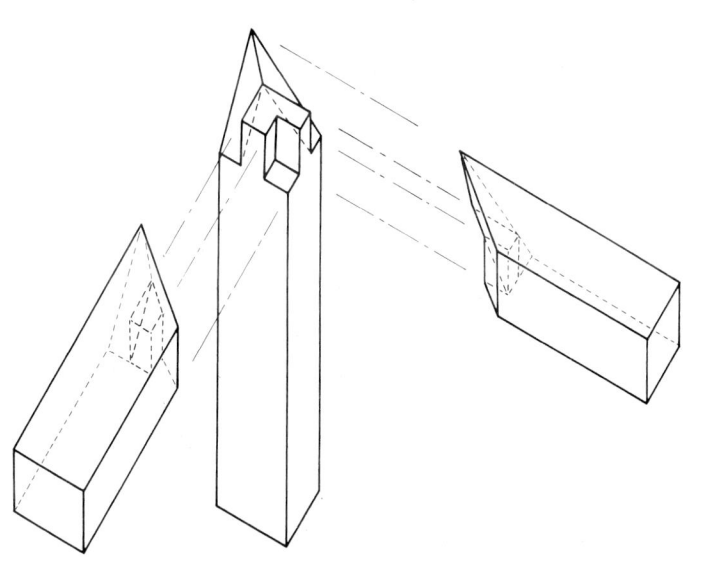

29. 삼방반연귀촉짜임

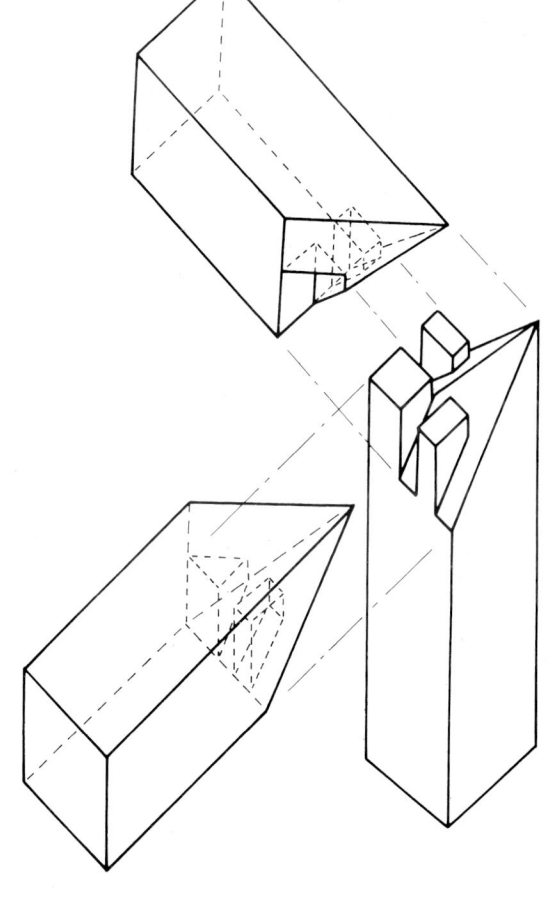

31. 삼방반연귀촉짜임

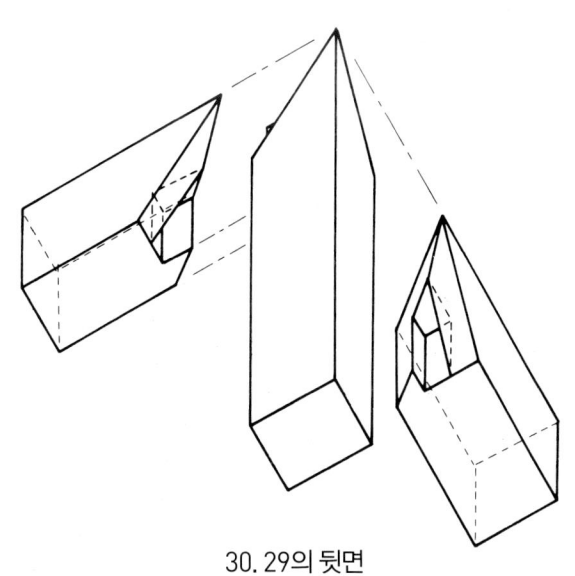

30. 29의 뒷면

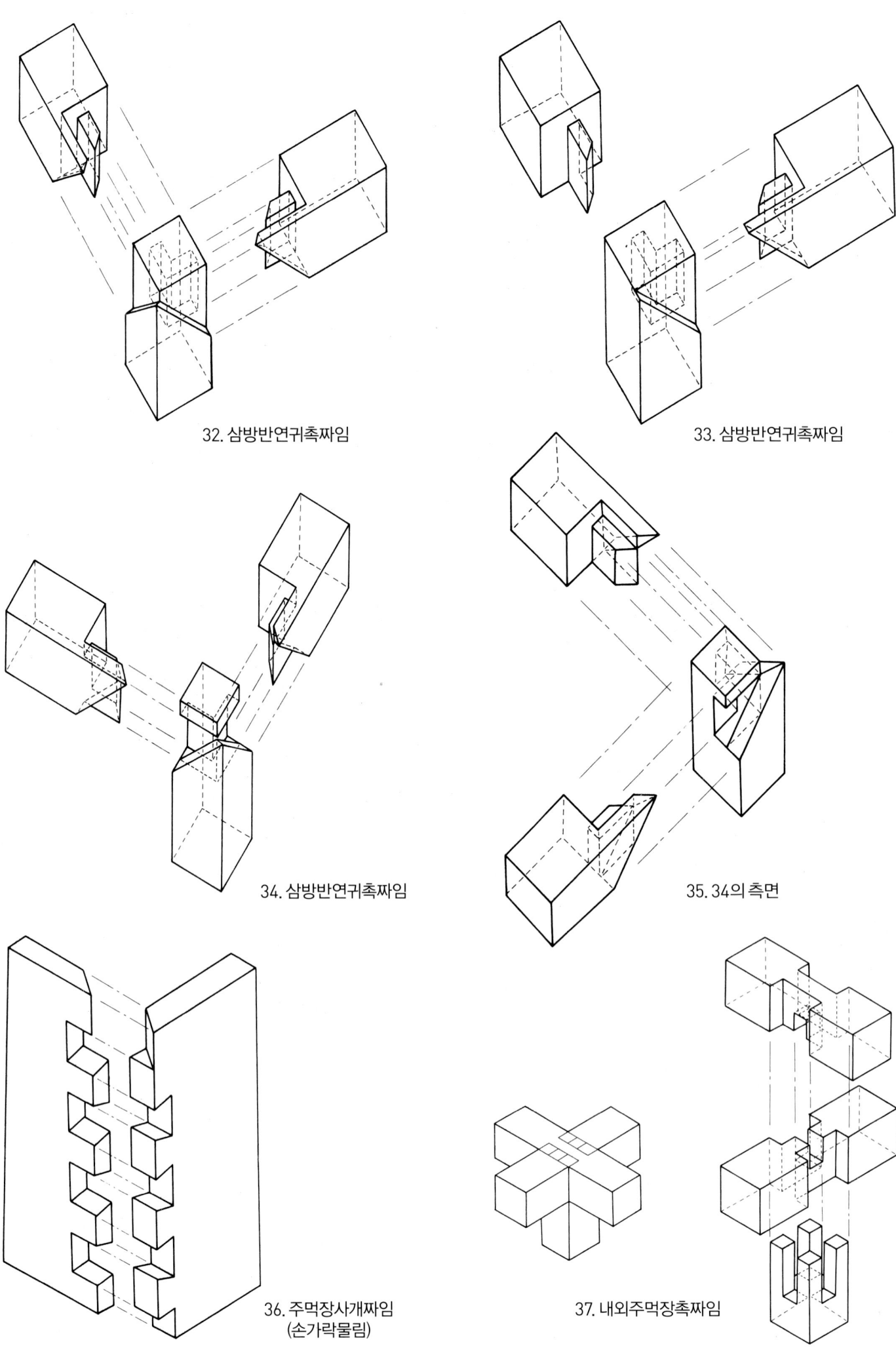

32. 삼방반연귀촉짜임

33. 삼방반연귀촉짜임

34. 삼방반연귀촉짜임

35. 34의 측면

36. 주먹장사개짜임
(손가락물림)

37. 내외주먹장촉짜임

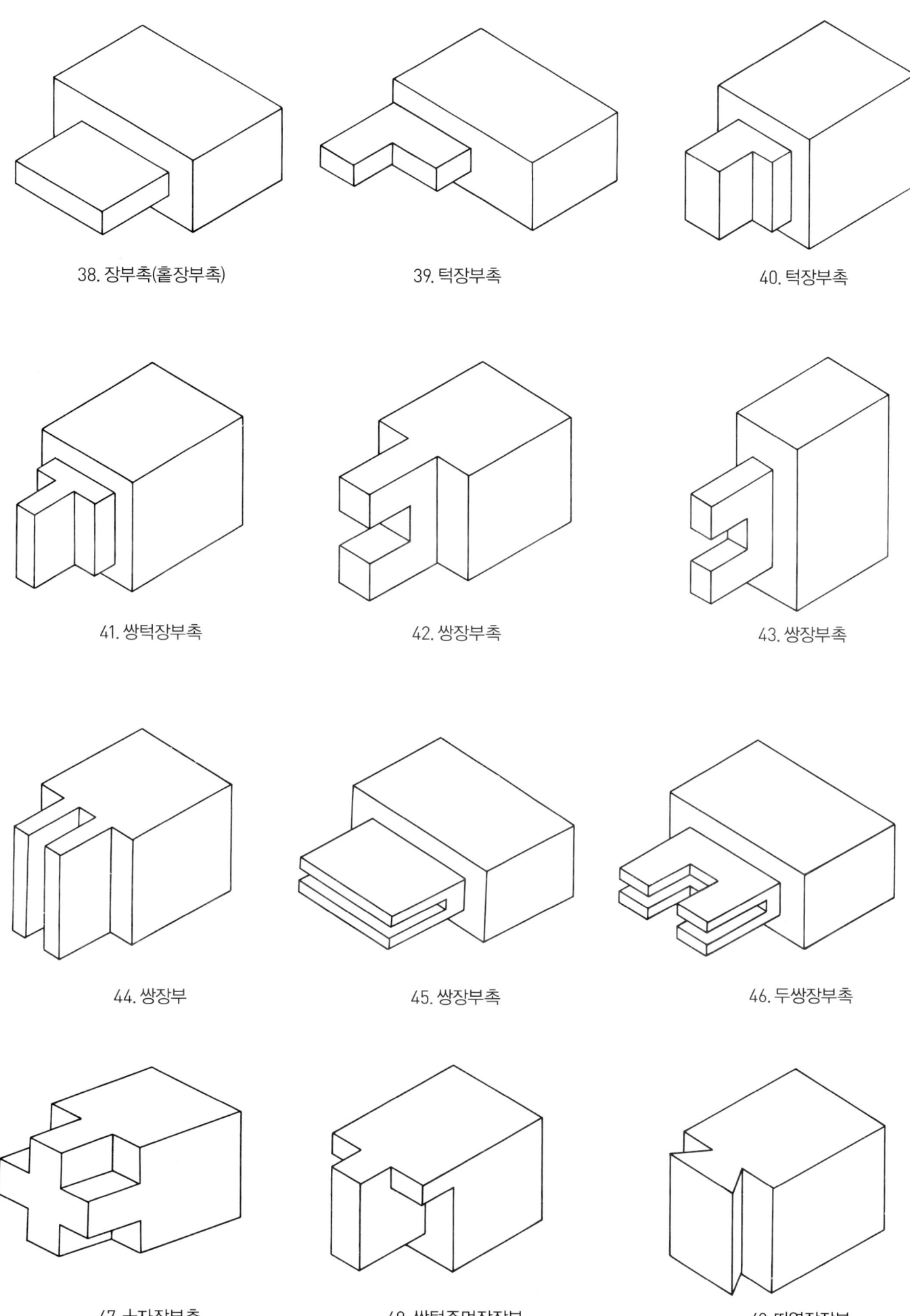

38. 장부촉(홑장부촉)

39. 턱장부촉

40. 턱장부촉

41. 쌍턱장부촉

42. 쌍장부촉

43. 쌍장부촉

44. 쌍장부

45. 쌍장부촉

46. 두쌍장부촉

47. 十자장부촉

48. 쌍턱주먹장장부

49. 띠열장장부

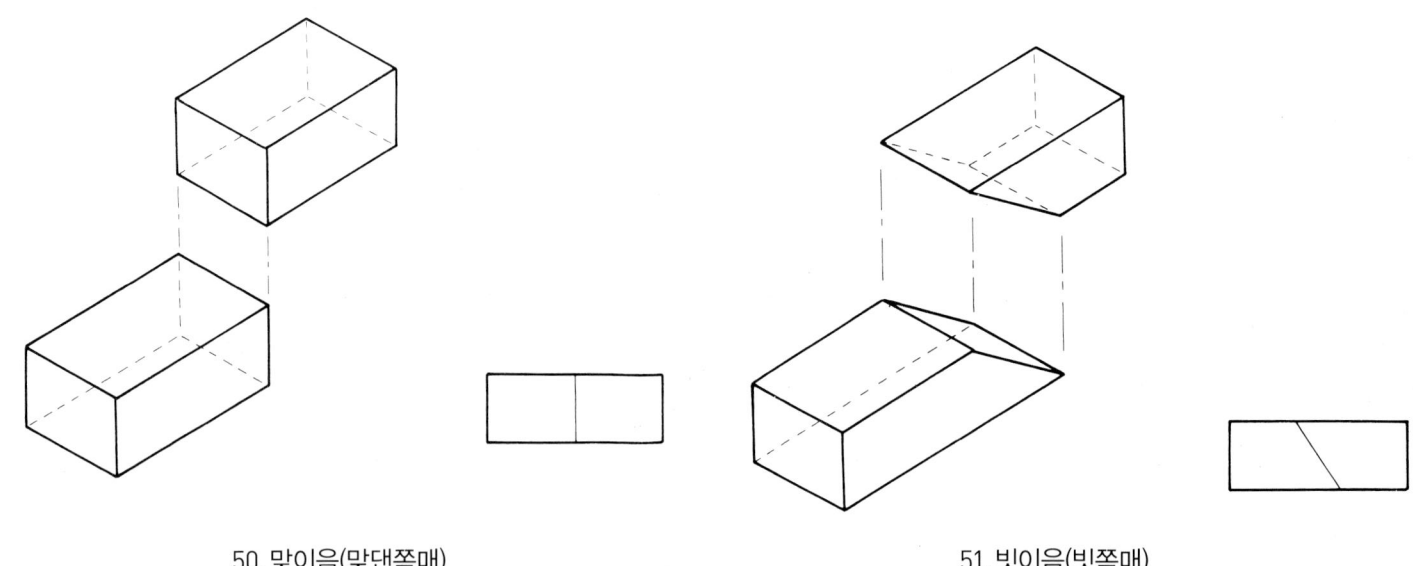

50. 맞이음(맞댄쪽매)					51. 빗이음(빗쪽매)

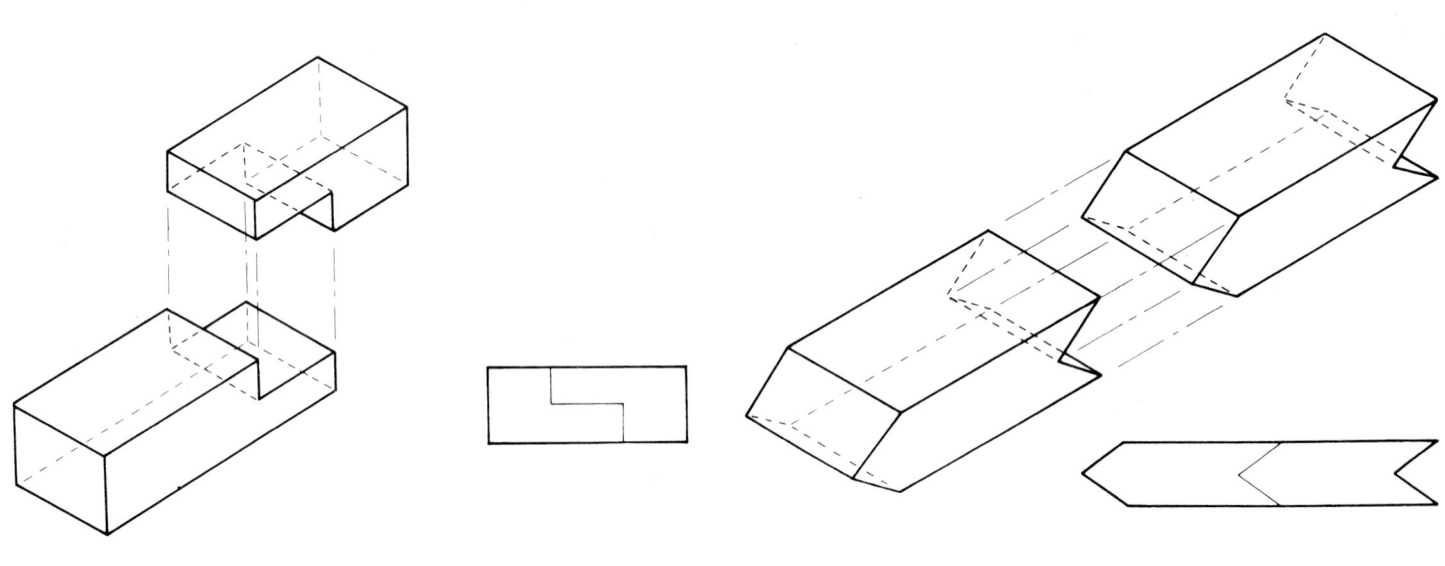

52. 반턱맞이음(엇턱이음)					53. 오늬쪽매

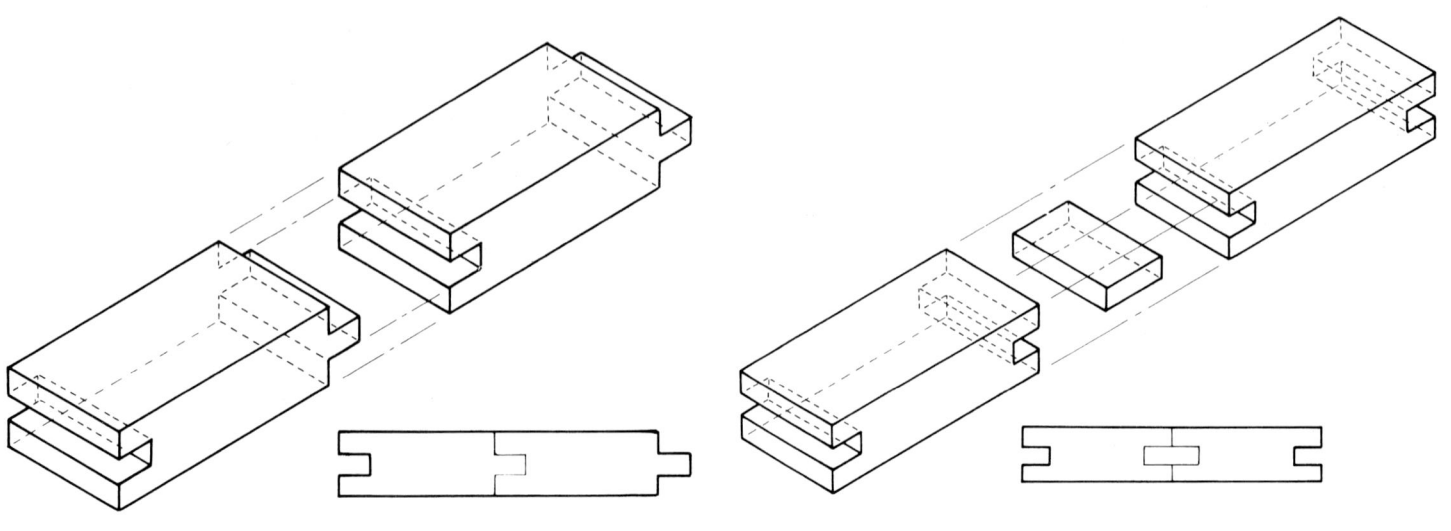

54. 제혀쪽매(은촉붙임/개탕붙임)					55. 딴혀쪽매(은살대붙임)

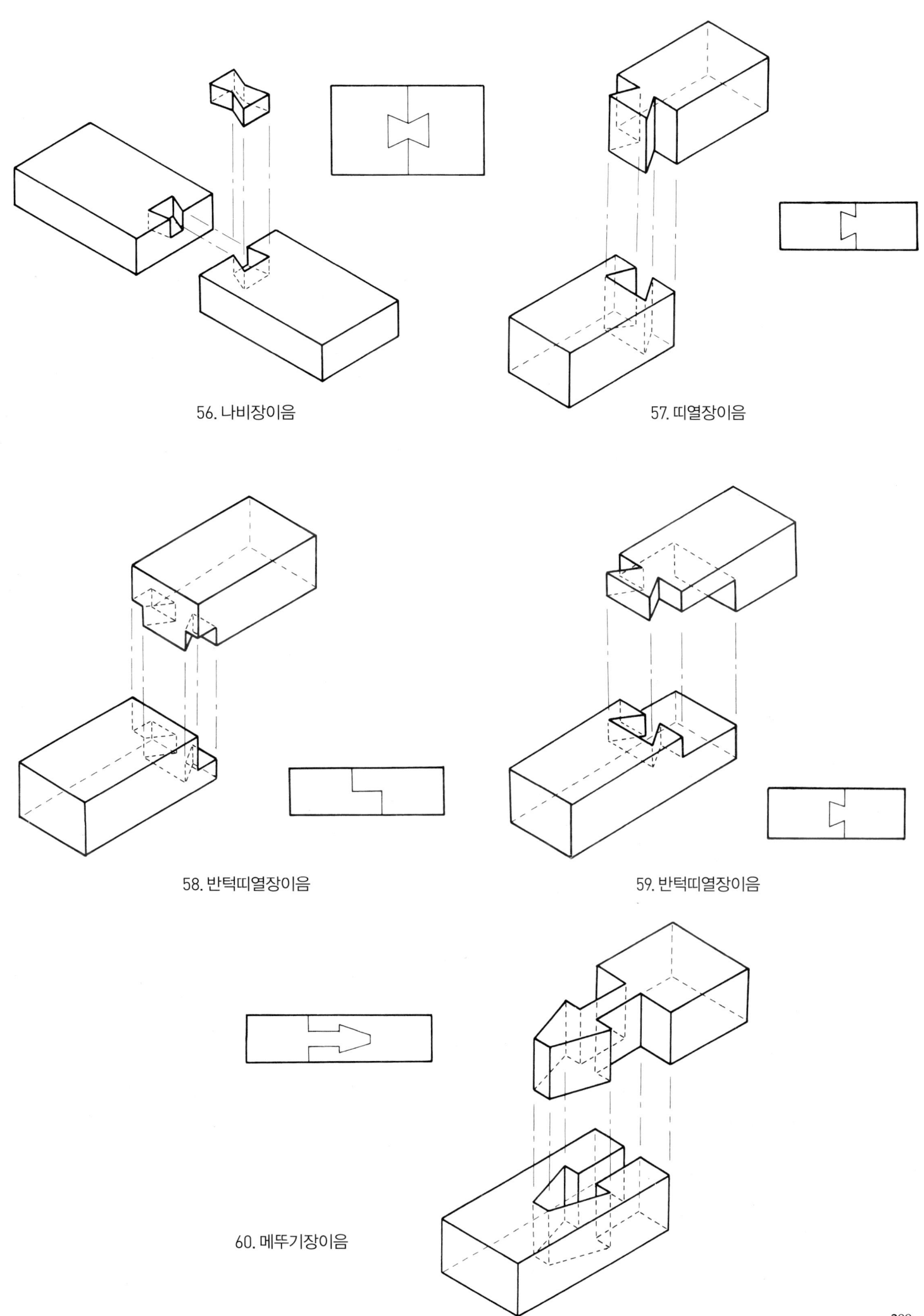

56. 나비장이음

57. 띠열장이음

58. 반턱띠열장이음

59. 반턱띠열장이음

60. 메뚜기장이음

2. 금속장석 金屬裝錫
Metal Ornaments

한국 전통 목가구에 사용된 금속장석들은 장과 농, 반닫이, 함, 좌경 등에서 문을 여닫거나 모서리 판재의 보호, 장식성, 힘을 보강하려는 목적으로 부착하였다. 자연 목리와 함께 아름답고 화사한 색감을 보이거나 또는 묵직한 분위기를 풍기는 각종 장석들을 기능과 짜임새에 맞춰 사용하였다.

서로 짜 맞춘 부위에는 거멀잡이와 귀싸개, 여닫는 부위에는 실용적인 경첩, 잠그는 부위에는 자물쇠앞바탕, 들어 옮기기 위한 들쇠 등 기능적이고 효율적인 다양한 장석들이 있다.

조선시대 초기의 장과 농에는 무쇠장석을 부착하였으나 점차 장식적인 면이 강조되면서 화사한 주석장석이 주류를 이루었다. 후기에 와서는 백동장석과 주석장석이 함께 사용되었다.

무쇠장석은 힘을 많이 받는 반닫이, 책장, 찬장 등에서 두껍고 커다란 형태로 사용되었는데, 소나무와 오동나무에 잘 어울리며 검소한 질감으로 인해 사랑방가구에 널리 이용되었다.

주석장석은 고려시대 이전부터 현대에 이르기까지 광범위하게 사용되고 있으며 구리·주석·백동·시우쇠를 합하여 만든다. 배합 비율에 따라 성질과 색깔이 달라지며 비교적 연질이어서 자유롭게 오려낼 수 있고 음각, 양각, 투각이 용이하다. 여성용 가구에 애용되었으며 단순한 형태로 제작해 사랑방가구에도 이용했다.

백동장석은 나뭇결보다 금속장석에 치우치던 20세기 초의 가구에 성행했으며, 음각·양각·투각 등의 다양한 형태로 제작했는데 깨끗하고 단아한 멋을 낸다.

또 각 지방마다 특성을 보이는데, 경기도 지방 목가구에는 둥글거나 네모난 단순한 형태의 기능적인 장석이 사용되고, 경상도 지방에서는 꽃과 새, 동물 문양으로 장식적인 면이 강조되며, 전라도 지방에서는 묵직하고 안정된 장석들이 사용되었다.

무쇠장석

주석장석

백동장석

1. 앞바탕

1-1 원형앞바탕

1-2 돋을문원형앞바탕

1-3 원형앞바탕

1-4 원형앞바탕

1-5 돋을문원형앞바탕

1-6 원형앞바탕

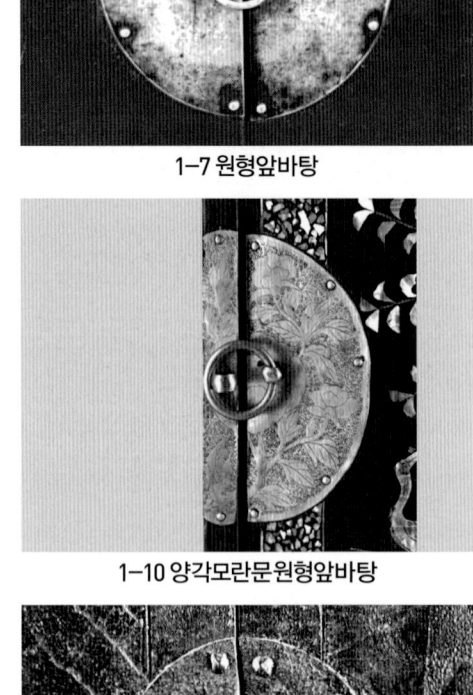

1-7 원형앞바탕

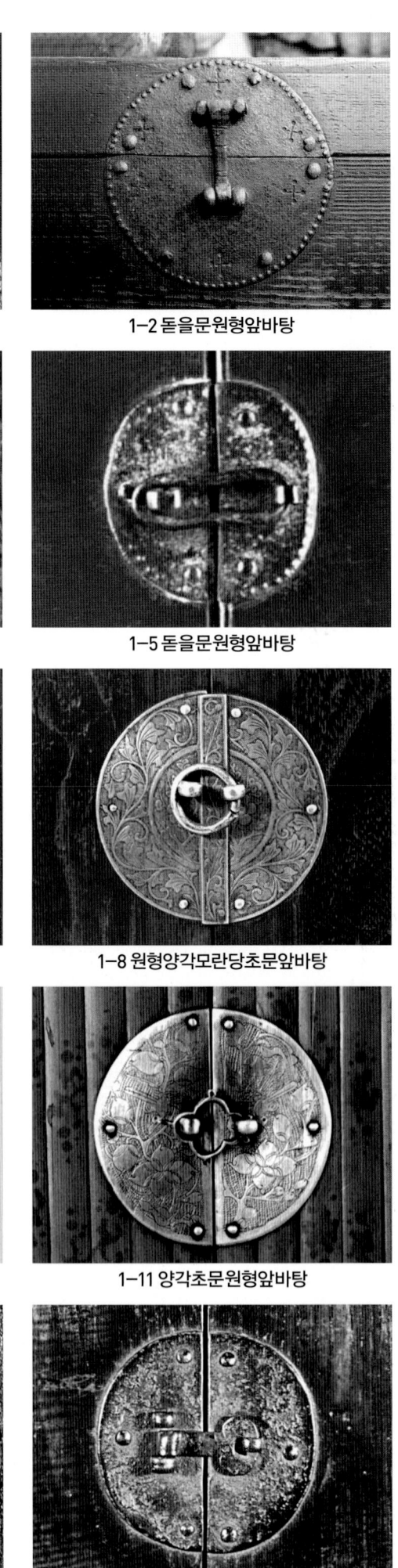

1-8 원형양각모란당초문앞바탕

1-9 투각팔괘문원형앞바탕

1-10 양각모란문원형앞바탕

1-11 양각초문원형앞바탕

1-12 원형앞바탕

1-13 원형앞바탕

1-14 원형앞바탕

1-15 원형앞바탕

1-16 투각당초문원형앞바탕

1-17 투각당초문원형앞바탕

1-18 원형앞바탕

1-19 원형앞바탕

1-20 원형앞바탕

1-21 원형앞바탕

1-22 투각팔괘문원형앞바탕

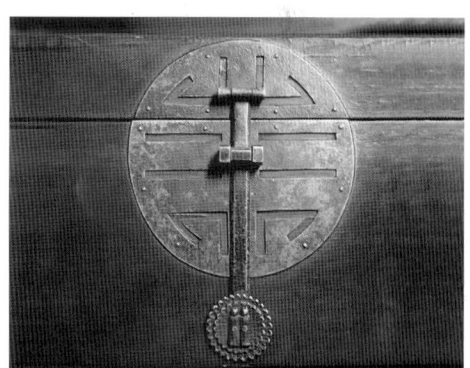

1-23 원형앞바탕

1-24 투각뢰문원형앞바탕

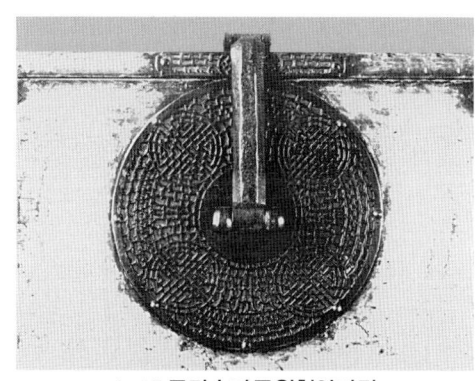

1-25 투각수자문원형앞바탕

1-26 투각수자문원형앞바탕

1-27 투각팔괘문팔각앞바탕

1-28 초문원형앞바탕

1-29 약과형앞바탕

1-30 약과형藥菓形앞바탕

1-31 약과형앞바탕

1-32 약과형앞바탕

1-33 약과형앞바탕

1-34 투각卍자문사각초엽형앞바탕

1-35 투각卍자문사각초엽형앞바탕

1-36 약과형앞바탕

1-37 약과형앞바탕

1-38 약과형앞바탕

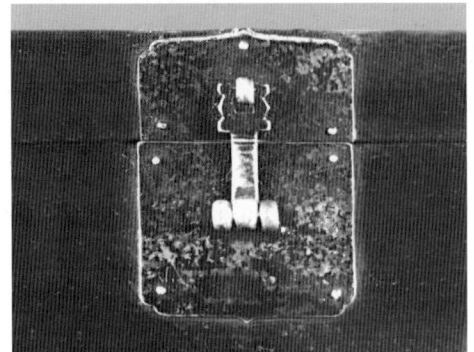
1-39 사각초엽형앞바탕

1-40 양각연당초문사각앞바탕

1-41 양각초문사각앞바탕

1-42 양각초문사각앞바탕

1-43 양각매화원문사각앞바탕

1-44 양각매화원문사각앞바탕

1-45 음각초문사각앞바탕

1-46 투각초문사각앞바탕

1-47 사각앞바탕

1-48 사각앞바탕

1-49 투각초문사각앞바탕

1-50 은상감黃榜문사각앞바탕

1-51 투각화문약과형앞바탕

1-52 투각초문사각앞바탕

1-53 투각초문사각앞바탕

1-54 투각亞자 · 卍자문사각앞바탕

1-55 투각卍자화문사각앞바탕

1-56 투각기하문사각앞바탕

1-57 초형앞바탕

1-58 보상寶相화형앞바탕

1-59 보상화형앞바탕

1-60 투각보상화형앞바탕

1-61 보상화형앞바탕

1-62 보상화형앞바탕

1-63 보상화형앞바탕

1-64 보상화형앞바탕

1-65 투각권자문보상화형앞바탕

1-66 양각칠보문보상화형앞바탕

1-67 보상화형앞바탕

1-68 투각팔괘문보상화형앞바탕

1-69 보상화형앞바탕

1-70 보상화형앞바탕

1-71 투각권자문보상화형앞바탕

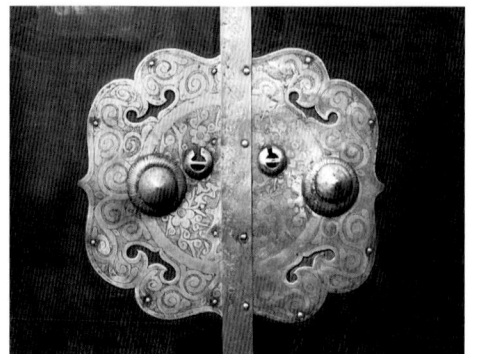

1-72 음각초문화형앞바탕

1-73 화형앞바탕

1-74 부채형앞바탕

1-75 양각수자당초문실패형앞바탕

1-76 투각귄자실패형앞바탕

1-77 실패형앞바탕

1-78 투각귄자문실패형앞바탕

1-79 투각귄자문실패형앞바탕

1-80 투각칠보문초엽형앞바탕

1-81 투각귄자문초엽형앞바탕

1-82 투각귄자문초엽형앞바탕

1-83 보상화형앞바탕

1-84 보상화형앞바탕

1-85 투각귄자문여의두형앞바탕

1-86 화형앞바탕

1-87 여의두형앞바탕

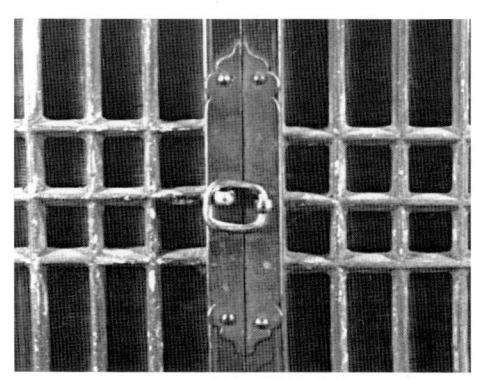

1-88 여의두형앞바탕

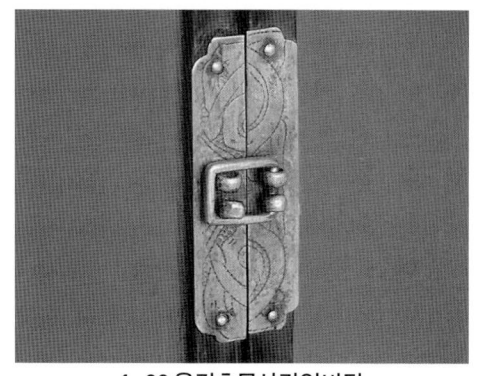

1-89 음각초문사각앞바탕

1-90 양각초문여의두형앞바탕

1-91 나비형앞바탕

1-92 투각나비형앞바탕

1-93 투각나비형앞바탕

1-94 투각나비형앞바탕

1-95 투각나비형앞바탕

1-96 선뻗침대원형앞바탕

1-97 선뻗침대보상화형앞바탕

1-98 선뻗침대원형앞바탕

1-99 선뻗침대화형앞바탕

1-100 선뻗침대사각앞바탕

1-101 선뻗침대여의두형앞바탕

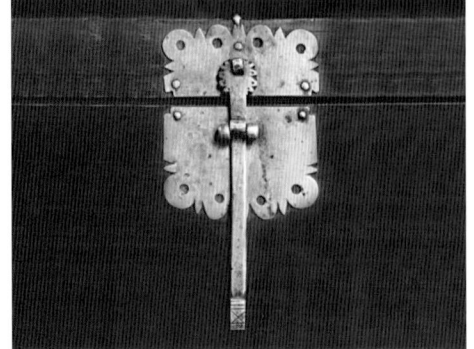

1-102 선뻗침대초형앞바탕

1-103 선뻗침대약과형앞바탕

1-104 선뻗침대약과형앞바탕

1-105 선뻗침대약과형앞바탕

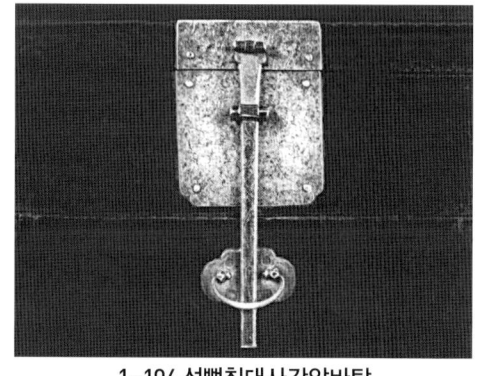

1-106 선뻗침대사각앞바탕

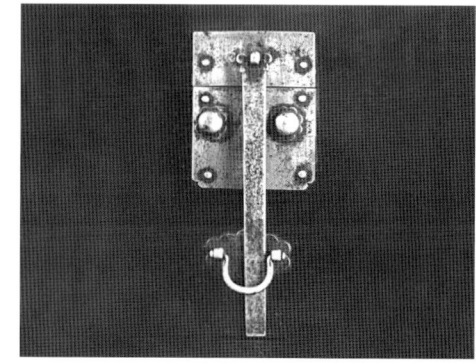

1-107 선뻗침대사각앞바탕

2. 경첩

2-1 원형경첩

2-2 원형경첩

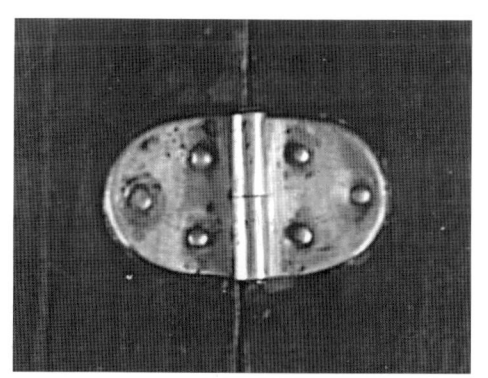

2-3 원형경첩

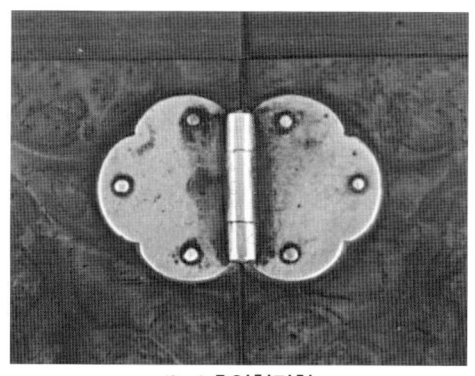

2-4 초엽형경첩

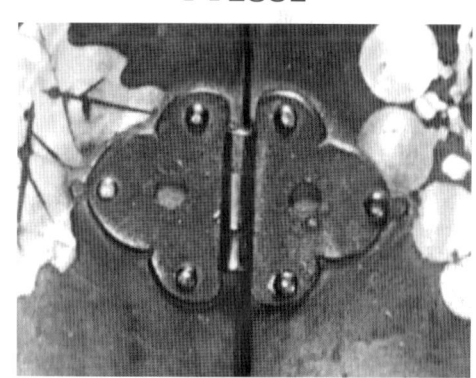

2-5 초엽형경첩

2-6 투각초엽형경첩

2-7 약과형경첩

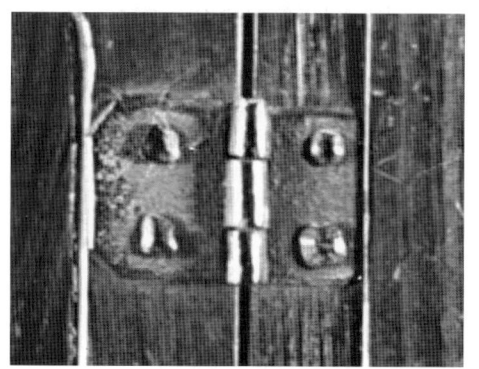

2-8 모접이사각경첩

2-9 사각경첩

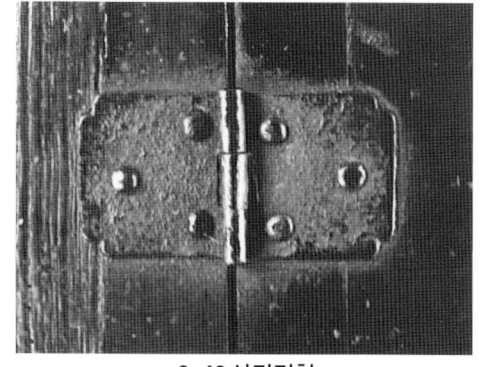

2-10 사각경첩

2-11 사각경첩

2-12 사각경첩

2-13 양각수복문사각경첩

2-14 양각범어초문사각경첩

2-15 사각경첩

2-16 투각안상문사각경첩

2-17 사각경첩

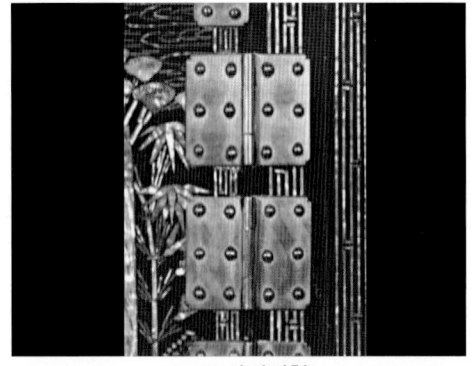

2-18 사각경첩

2-19 사각경첩

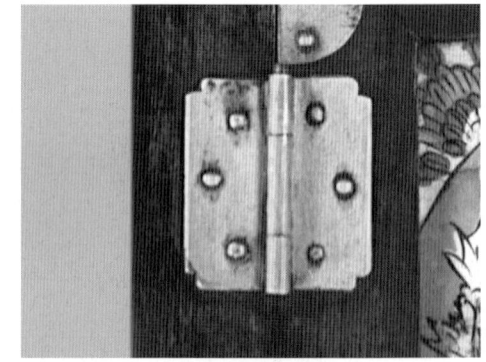

2-20 사각경첩

2-21 양각칠보문사각경첩

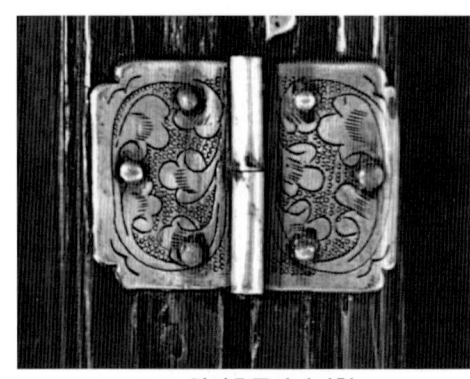

2-22 양각초문사각경첩

2-23 초엽형경첩

2-24 사각경첩

2-25 양각칠보문사각경첩

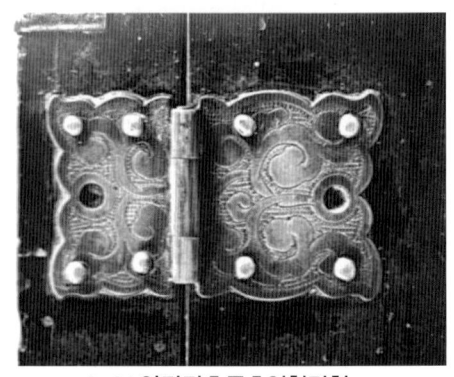

2-26 양각당초문초엽형경첩

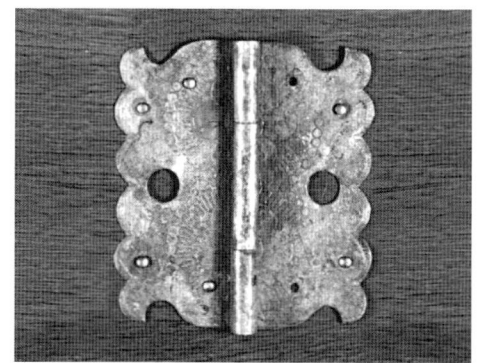

2-27 석류형경첩

2-28 석류형경첩

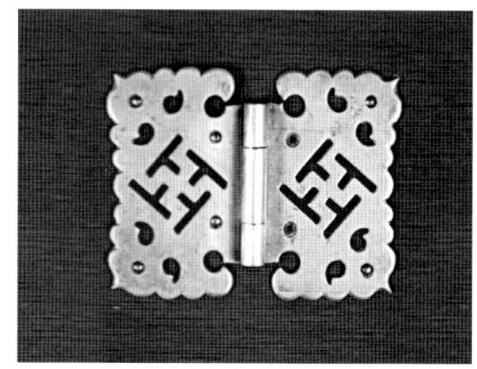

2-29 투각귄자문여의두형경첩

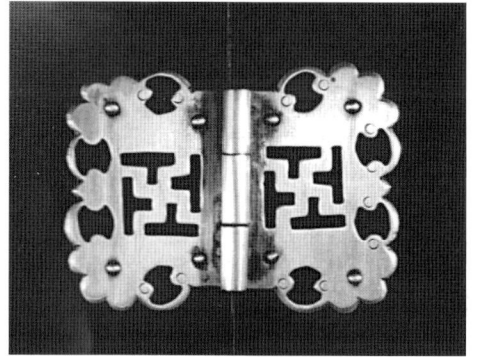

2-30 투각귄자문초엽형경첩

2-31 투각귄자문약과형경첩

2-32 투각귄자문사각경첩

2-33 일자형경첩

2-34 초엽형경첩

2-35 초엽형경첩

2-36 일자형경첩

2-37 음각초문사각경첩

2-38 양각수복칠보문사각경첩

2-39 사각둥근경첩

2-40 투각팔괘귄자문사각경첩

2-41 투각귄자문사각경첩

2-42 은상감문자문약과형경첩

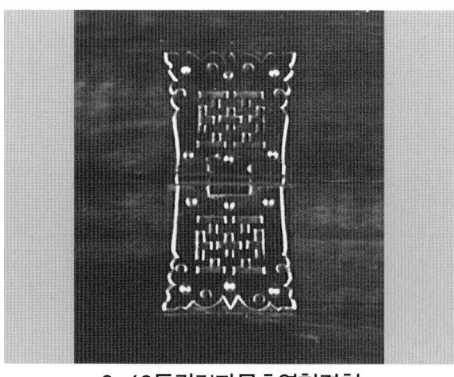
2-43 투각귀자문초엽형경첩

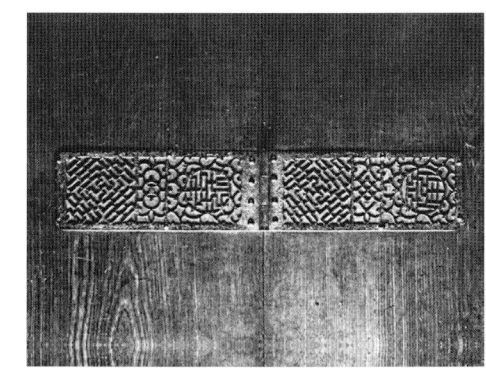
2-44 투각귀자수복문약과형경첩

2-45 제비초리형경첩

2-46 제비초리형경첩

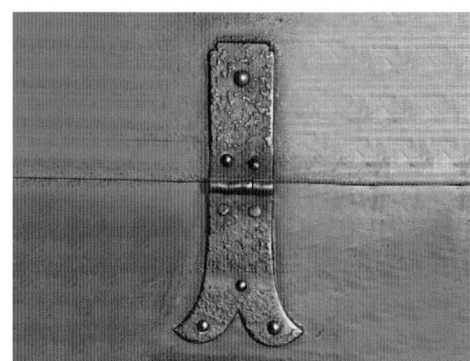
2-47 제비초리형경첩

2-48 제비초리형경첩

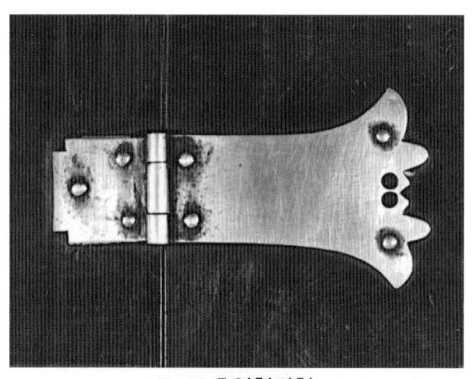
2-49 초엽형경첩

2-50 제비초리형경첩

2-51 투각귀자문여의두형경첩

2-52 투각팔괘귀자문여의두형경첩

2-53 투각귀자문제비초리형경첩

2-54 여의두제비초리형경첩

2-55 투각귀자문여의두형경첩

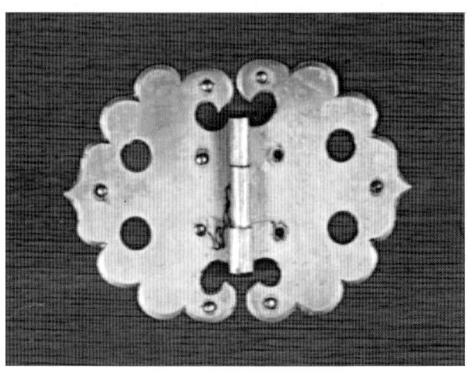
2-56 여의두형경첩

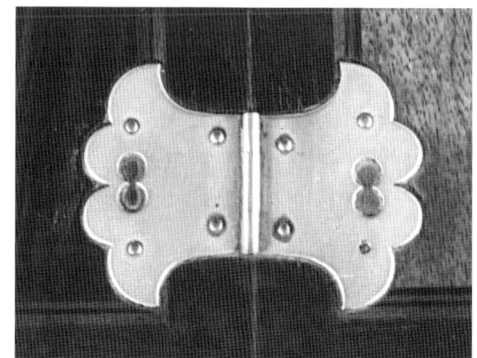

2-57 실패형경첩

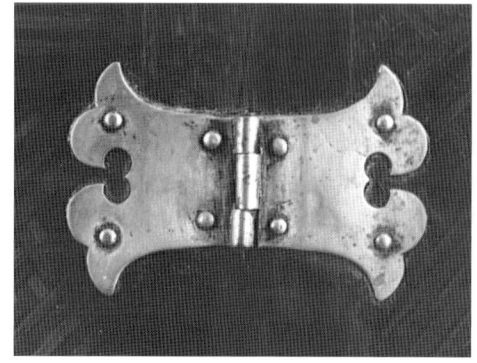

2-58 실패형경첩

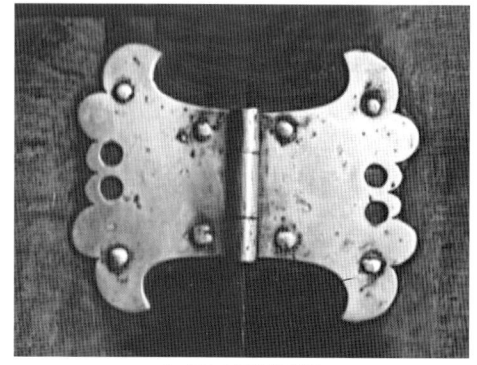

2-59 실패형경첩

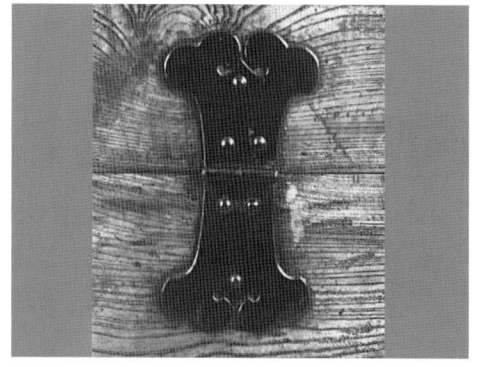

2-60 실패형경첩

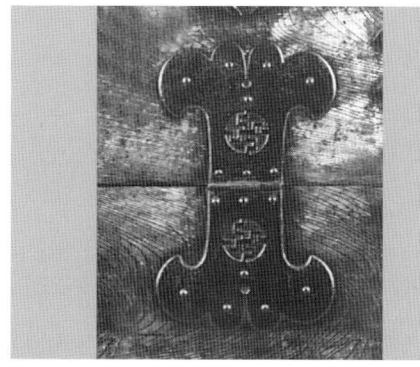

2-61 투각귄자문실패형경첩

2-62 투각귄자문실패형경첩

2-63 투각칠보문인동忍冬형경첩

2-64 인동형경첩

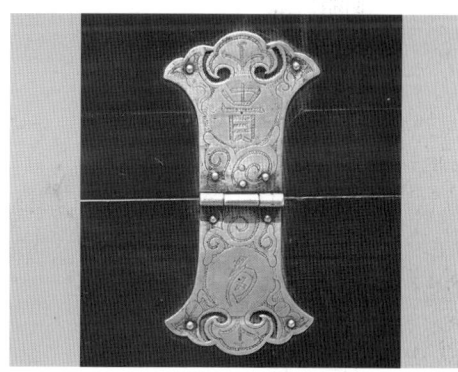

2-65 음각부귀문인동형경첩

2-66 호리병형경첩

2-67 투각초엽형경첩

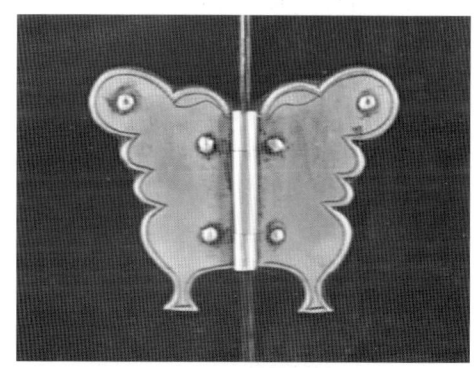

2-68 나비형경첩

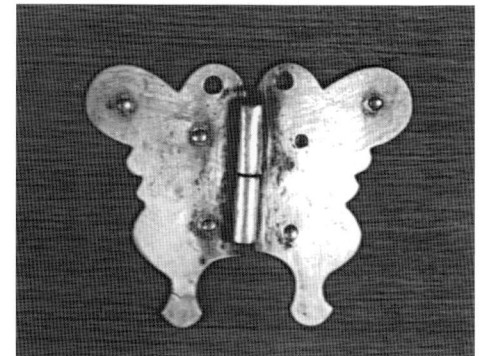

2-69 나비형경첩

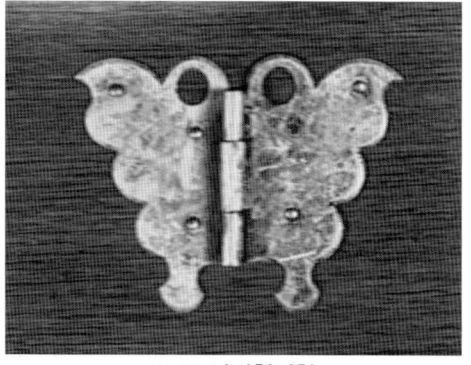

2-70 나비형경첩

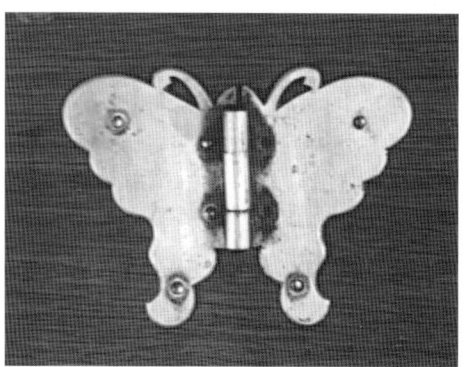

2-71 나비형경첩

313

2-72 나비형경첩

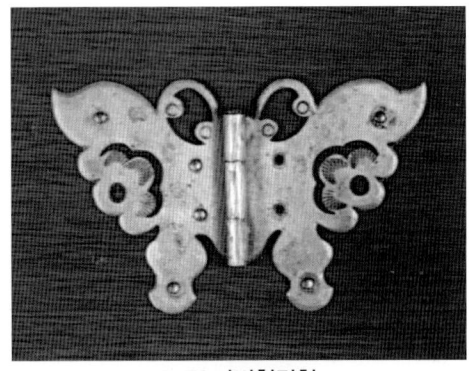

2-73 나비형경첩

2-74 투각화문나비형경첩

2-75 투각초문나비형경첩

2-76 음각칠보형경첩

2-77 여의두형경첩

2-78 호형壺形경첩

2-79 호리병형경첩

2-80 투각귀자문호리병형경첩

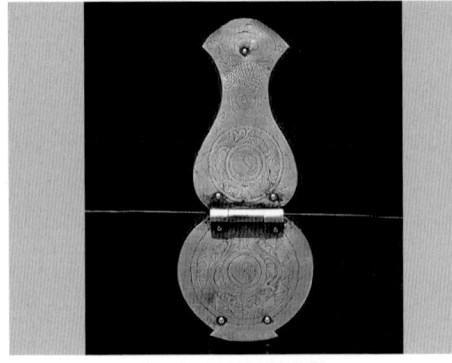

2-81 호리병형경첩

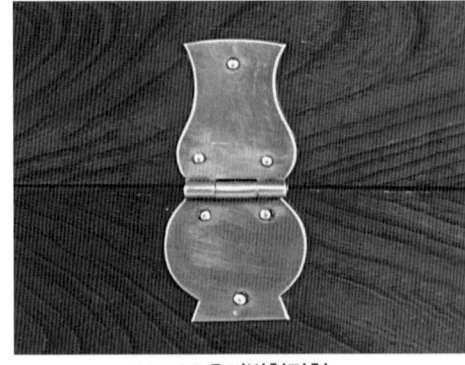

2-82 호리병형경첩

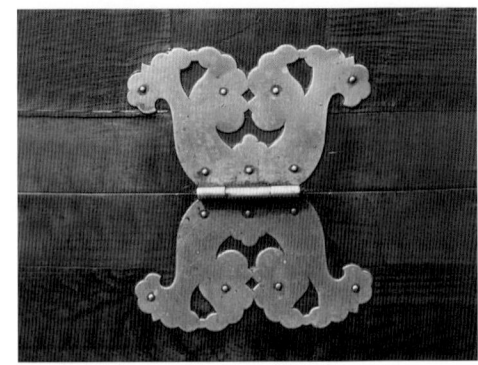

2-83 화형경첩

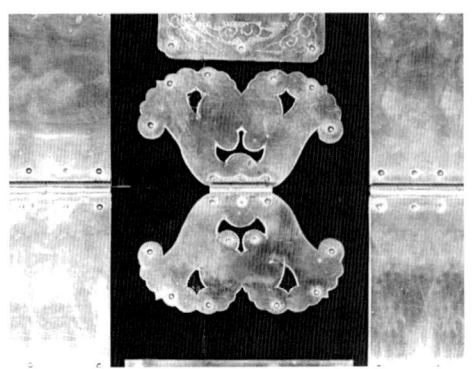

2-84 화형경첩

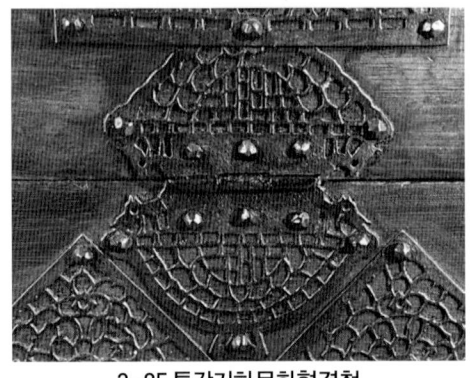

2-85 투각기하문화형경첩

2-86 제비초리형경첩

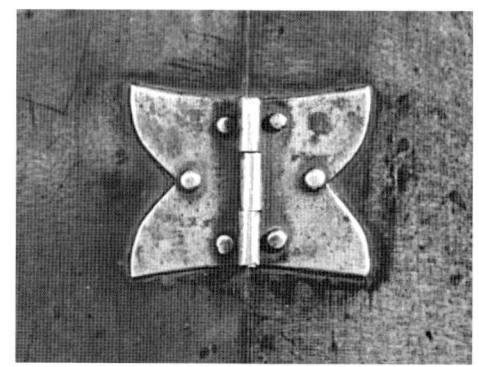

2-87 제비초리형경첩

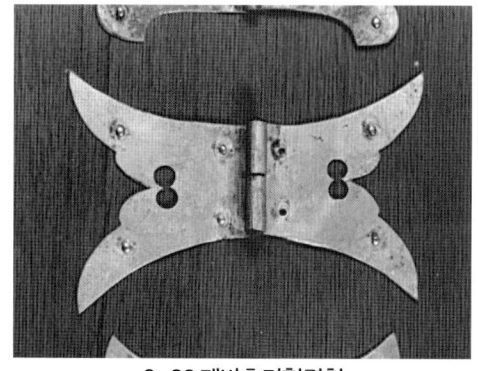

2-88 제비초리형경첩

2-89 여의두형경첩

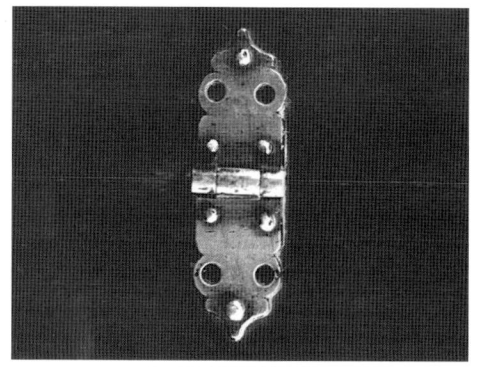

2-90 여의두형경첩

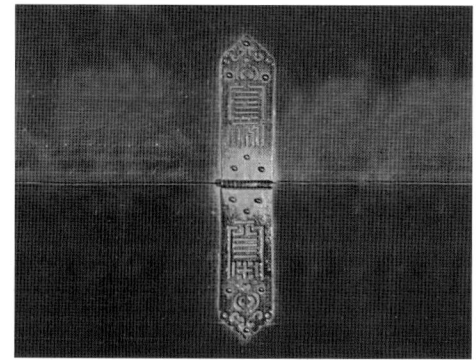

2-91 투각수복문여의두형경첩

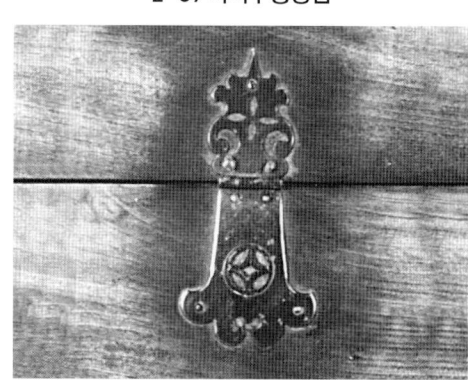

2-92 투각칠보문초형경첩

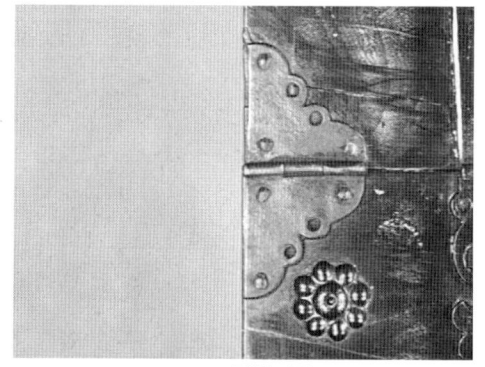

2-93 화형경첩

2-94 투각卍자문화형경첩

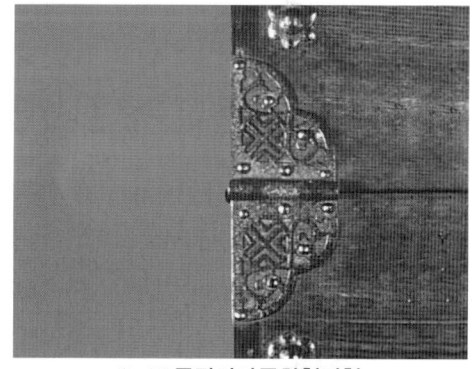

2-95 투각亞자문화형경첩

2-96 약과형거멀잡이경첩

2-97 약과형거멀잡이경첩

2-98 사각거멀잡이경첩

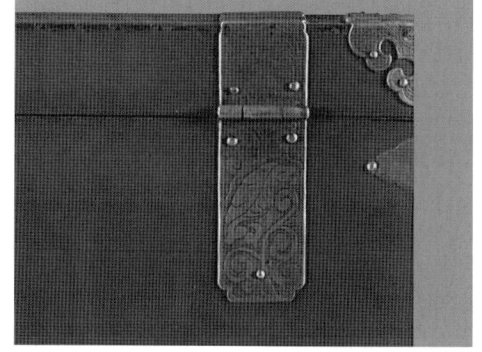

2-99 약과형거멀잡이경첩

2-100 제비초리형거멀잡이경첩

2-101 사각거멀잡이경첩

2-102 둥근거멀잡이경첩

2-103 여의두형경첩

2-104 망두형경첩

2-105 호리병형돌쩌귀경첩

2-106 호리병형돌쩌귀경첩

2-107 둥근돌쩌귀경첩

2-108 돌쩌귀경첩

2-109 돌쩌귀경첩

2-110 돌쩌귀경첩

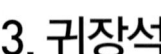
3. 귀장석

3-1 화형귀장석

3-2 돋을문화형귀장석

3-3 화형귀장석

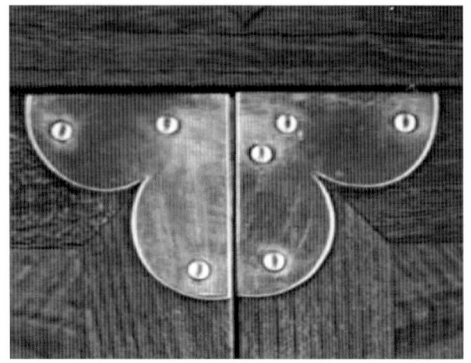
3-4 화형귀장석

3-5 화형귀장석

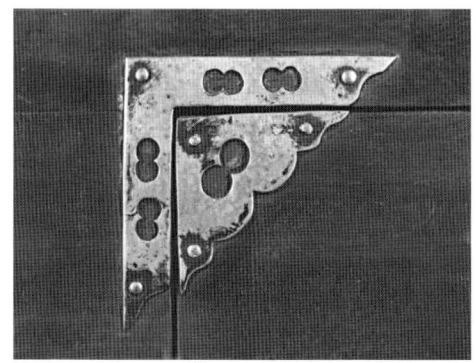

3-6 화형귀장석

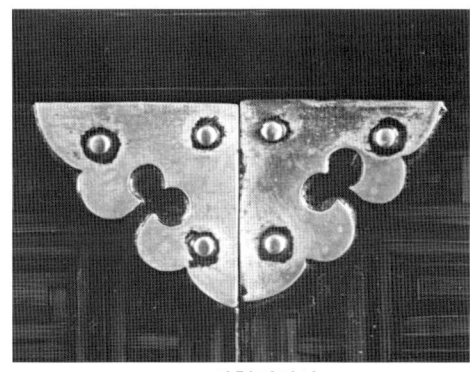

3-7 화형귀장석

3-8 화형귀장석

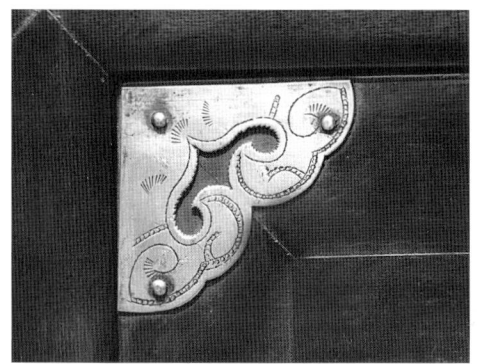

3-9 음각초문화형귀장석

3-10 화형귀장석

3-11 투각귄자문화형귀장석

3-12 투각귄자당초문화형귀장석

3-13 투각문자당초문화형귀장석

3-14 투각문자당초문화형귀장석

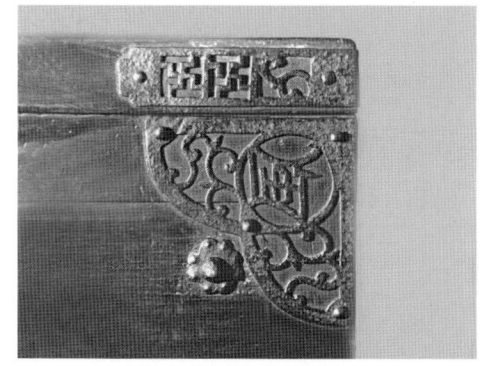

3-15 투각문자당초문화형귀장석

3-16 투각수자당초문화형귀장석

3-17 화형귀장석

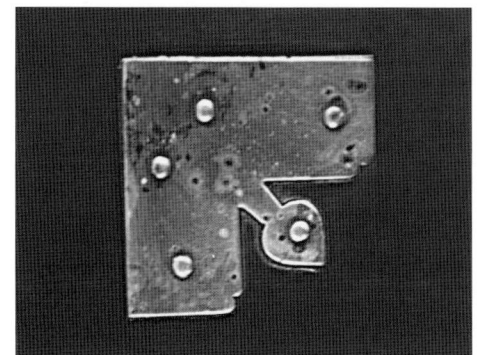

3-18 망두형귀장석

3-19 투각귄자문망두형귀장석

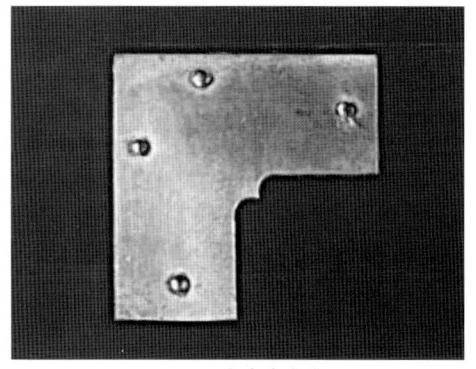

3-20 사각귀장석

317

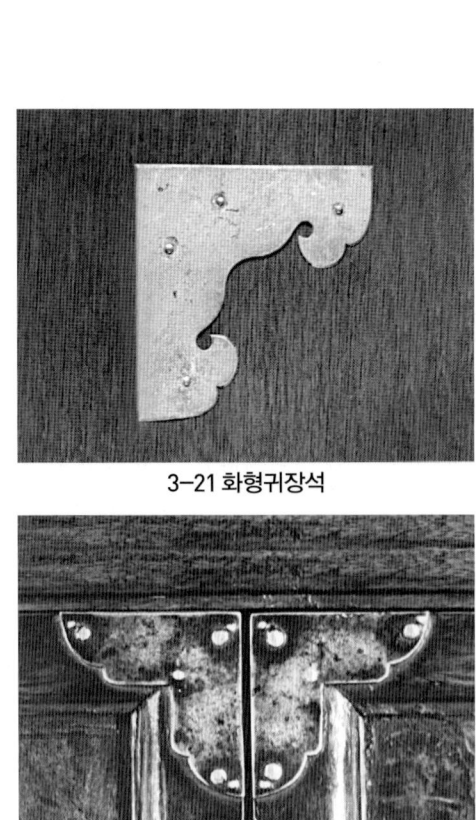
3-21 화형귀장석

3-22 귀장석

3-23 화형귀장석

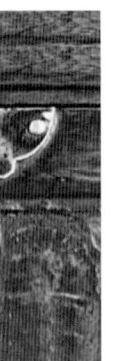
3-24 화형귀장석

3-25 투각화문화형귀장석

3-26 망두형귀장석

3-27 화형귀장석

3-28 화형귀장석

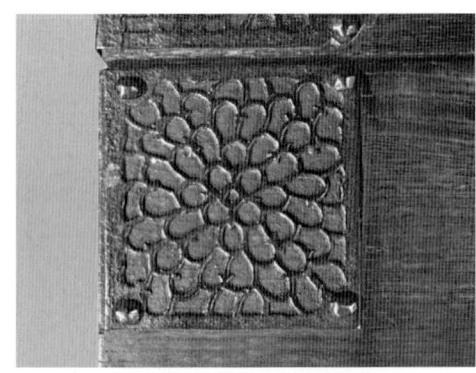
3-29 투각국화문약과형귀장석

3-30 투각관자기하문약과형귀장석

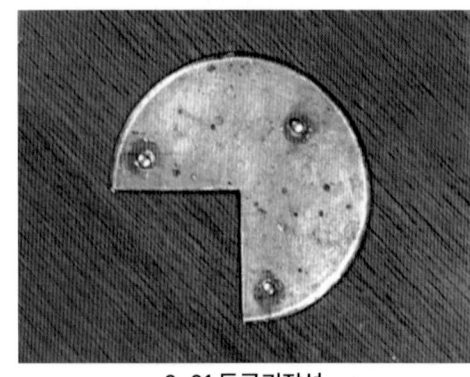
3-31 둥근귀장석

3-32 음각초문화형귀장석

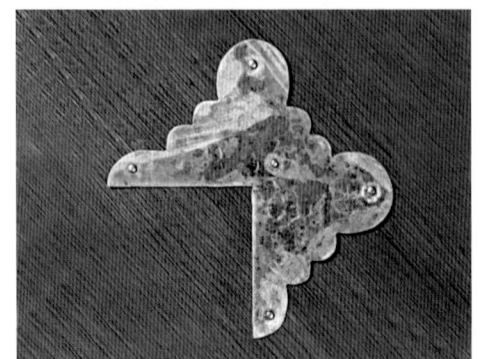
3-33 화형귀장석

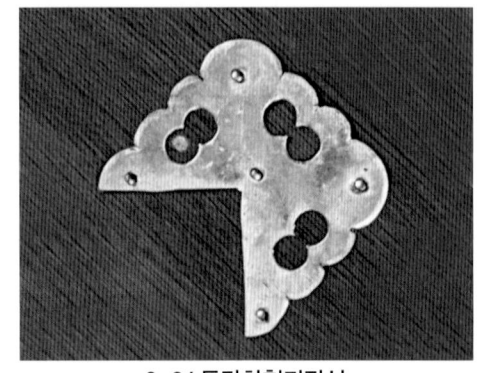
3-34 투각화형귀장석

3-35 화형귀장석

318

3-36 화형귀장석

3-37 투각화형귀장석

3-38 투각팔괘문화형귀장석

3-39 여의두형귀장석

3-40 투각권자문귀장석

3-41 투각권자문여의두형귀장석

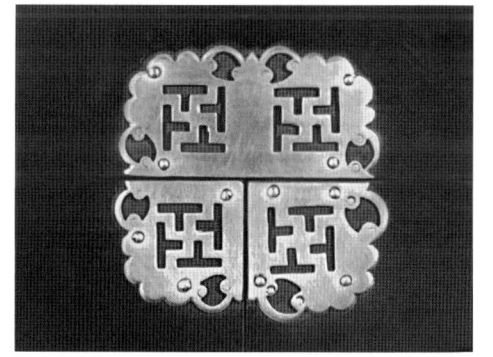

3-42 투각권자문초엽형귀장석

3-43 투각권자문초엽형귀장석

4. 감잡이

4-1 ㅓ자형─자감잡이

4-2 ㅓ자형─자감잡이

4-3 국화형─자감잡이

4-4 국화형─자감잡이

4-5 여의두형─자감잡이

4-6 망두형―자감잡이

4-7 초형―자감잡이

4-8 투각안상문망두형―자감잡이

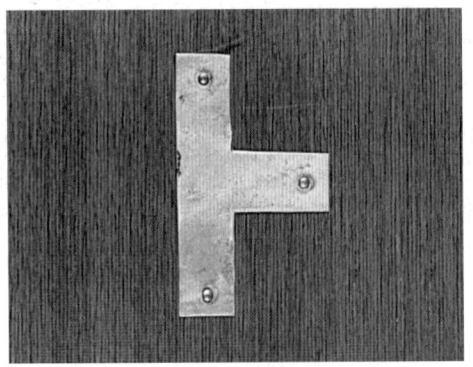

4-9 약과형새발감잡이

4-10 사각새발감잡이

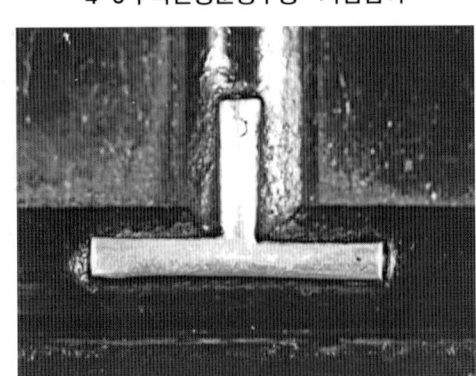

4-11 국수형새발감잡이

4-12 국수형새발감잡이

4-13 국수형새발감잡이

4-14 연봉형새발감잡이

4-15 연봉형새발감잡이

4-16 망두형새발감잡이

4-17 망두형새발감잡이

4-18 국화형새발감잡이

4-19 국화형새발감잡이

4-20 국화형새발감잡이

4-21 망두형새발감잡이

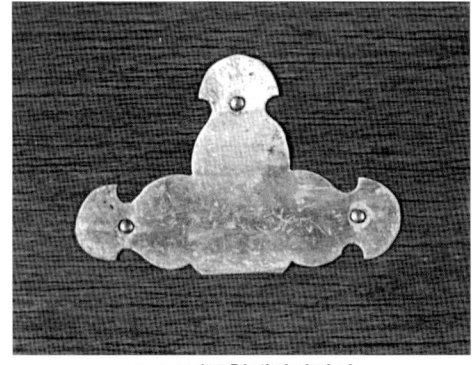

4-22 망두형새발감잡이

4-23 망두형새발감잡이

4-24 망두형새발감잡이

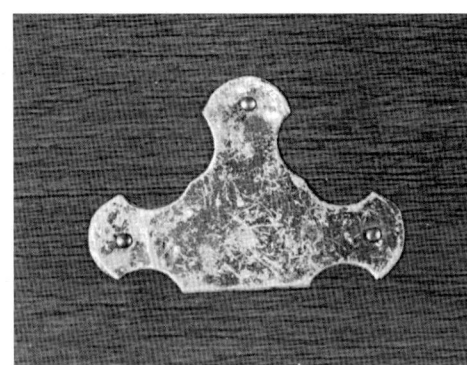

4-25 망두형새발감잡이

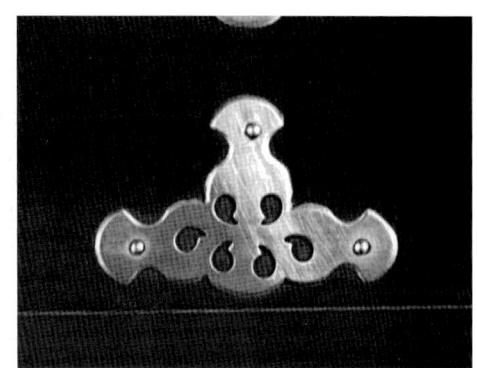

4-26 투각초문망두형새발감잡이

4-27 여의두형새발감잡이

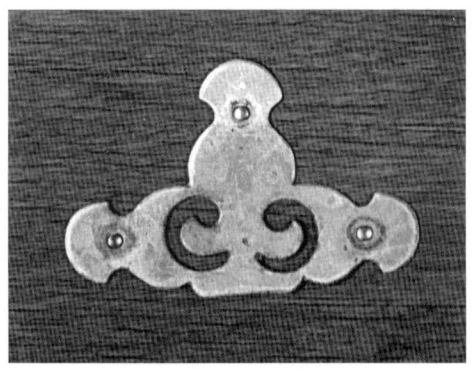

4-28 투각초문망두형새발감잡이

4-29 투각궈자문망두형새발감잡이

4-30 연봉형+자감잡이

4-31 망두형+자감잡이

4-32 망두형+자감잡이

4-33 국화형+자감잡이

4-34 국화형+자감잡이

4-35 연봉형새발거멀잡이

4-36 국수형+자거멀잡이

4-37 연봉형+자감잡이

4-38 국수형―자거멀잡이

4-39 국수형―자거멀잡이

4-40 국수형―자거멀잡이

4-41 국수형―자거멀잡이

4-42 연봉형―자거멀잡이

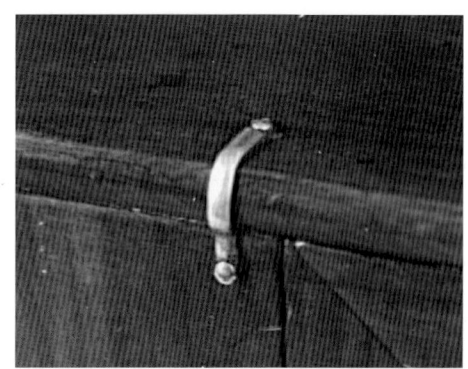

4-43 국수형―자거멀잡이

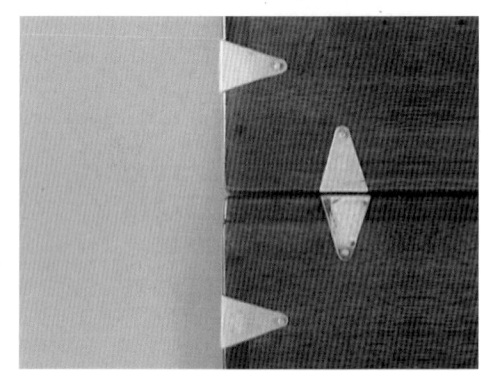

4-44 고춧잎형거멀잡이

4-45 고춧잎형거멀잡이

4-46 투각칠보형거멀잡이

4-47 투각칠보형거멀잡이

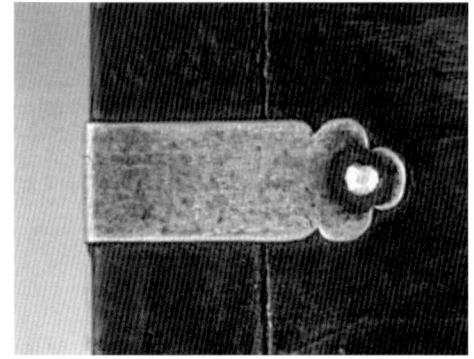

4-48 망두형―자거멀잡이

4-49 망두형―자거멀잡이

4-50 망두형―자거멀잡이

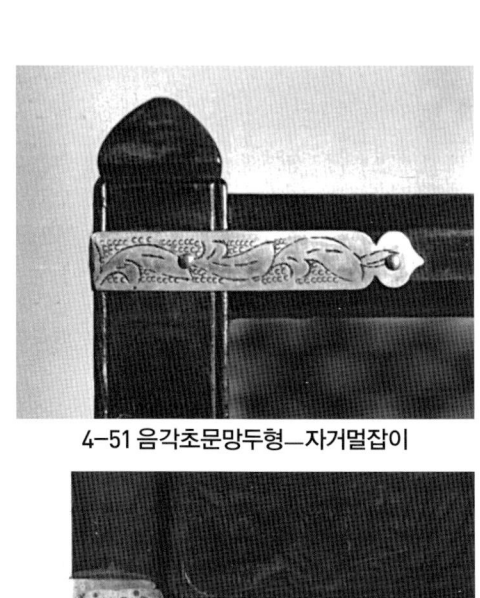

4-51 음각초문망두형—자거멀잡이

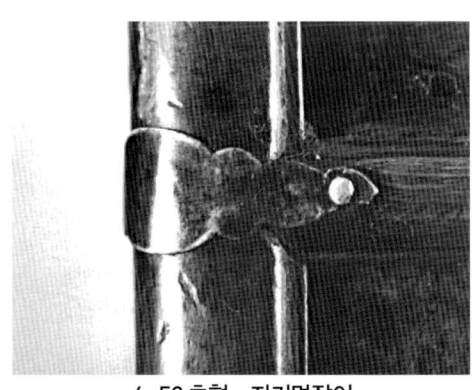

4-52 초형—자거멀잡이

4-53 —자거멀잡이

4-54 사각—자거멀잡이

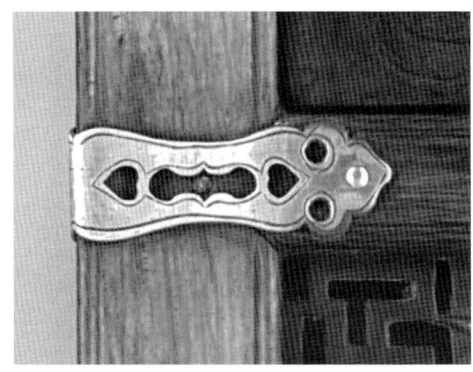

4-55 투각안상문망두형—자거멀잡이

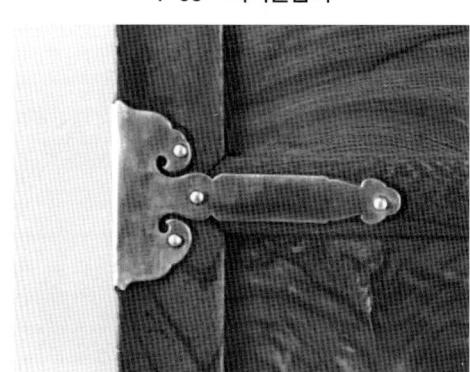

4-56 망두형—자거멀잡이

4-57 음각초문—자거멀잡이

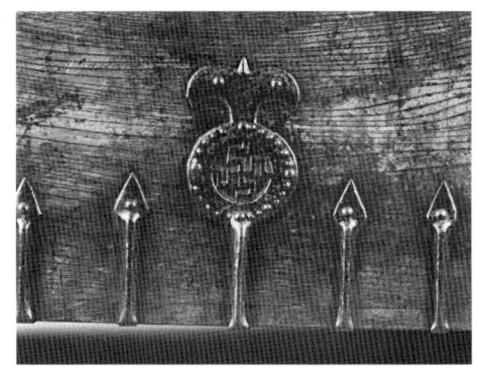

4-58 투각권자석류형팽감잡이

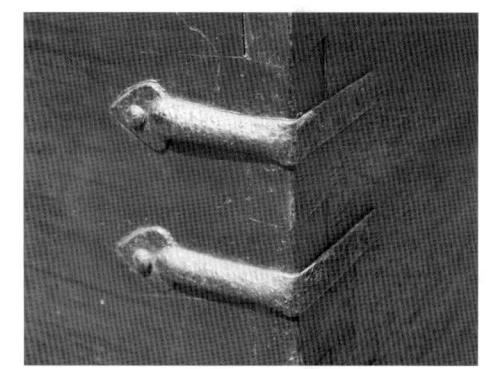

4-59 연봉형—자거멀잡이

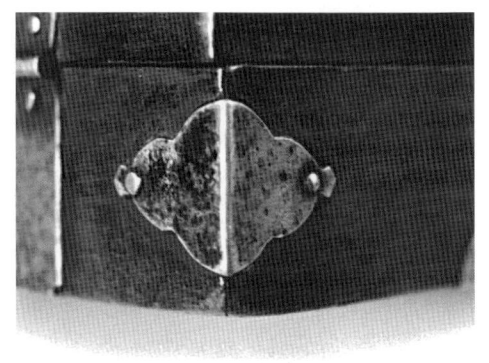

4-60 망두형거멀잡이

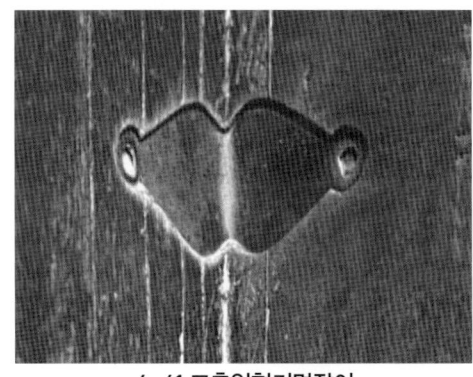

4-61 고춧잎형거멀잡이

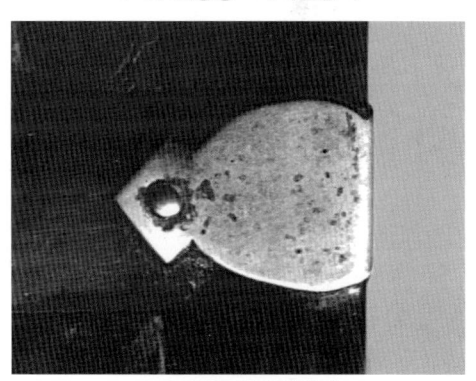

4-62 망두형거멀잡이

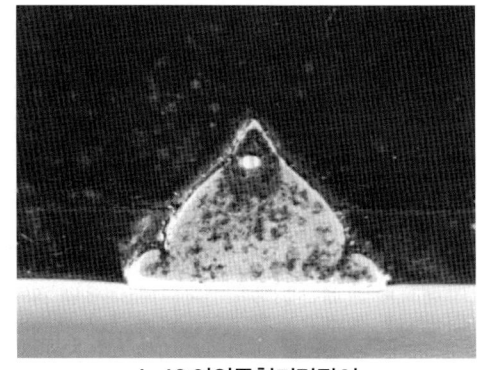

4-63 여의두형거멀잡이

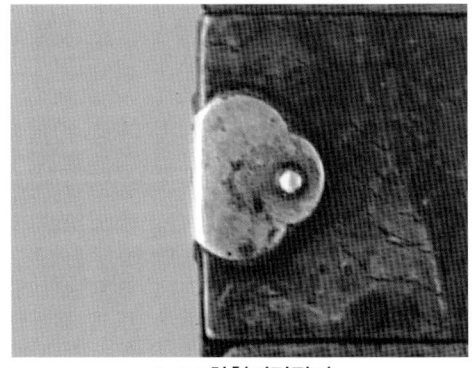

4-64 화형거멀잡이

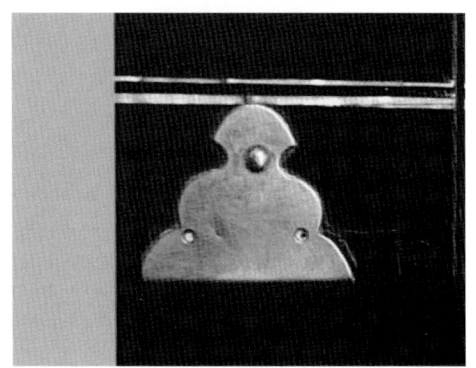

4-65 망두형거멀잡이

4-66 망두형거멀잡이

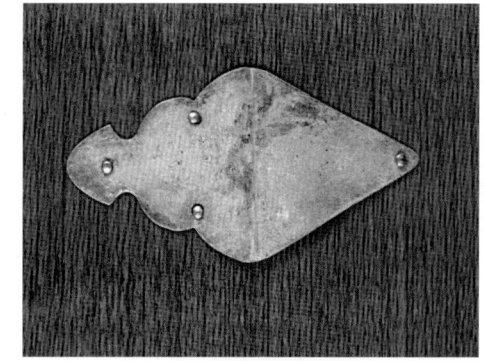

4-67 망두형거멀잡이

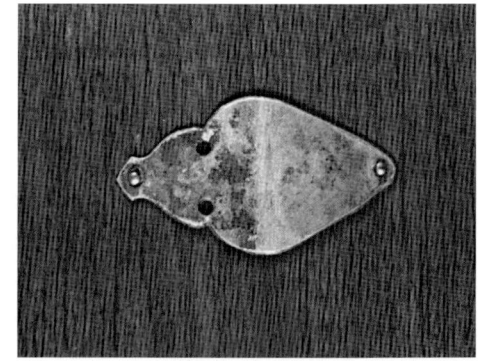

4-68 망두형거멀잡이

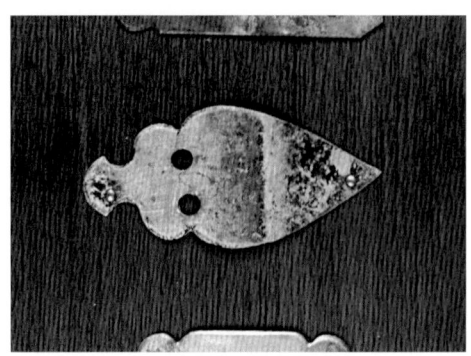

4-69 망두형거멀잡이

4-70 투각권자문여의두형거멀잡이

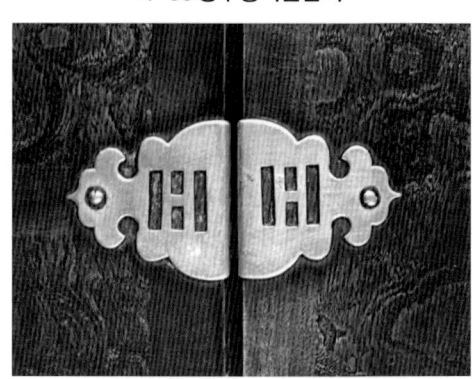

4-71 투각팔괘문여의두형거멀잡이

4-72 투각권자문여의두형거멀잡이

4-73 투각팔괘문여의두형거멀잡이

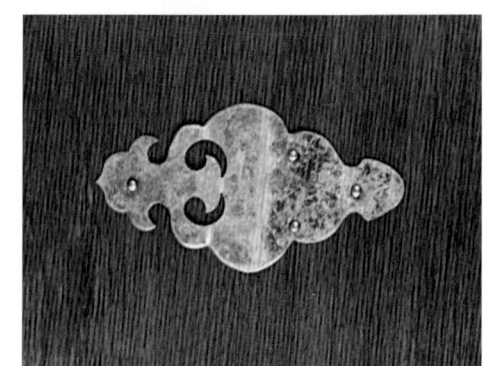

4-74 투각초문여의두형거멀잡이

4-75 투각초문여의두형거멀잡이

4-76 투각권자문석류형거멀잡이

4-77 투각권자문석류형거멀잡이

4-78 투각권자문석류형거멀잡이

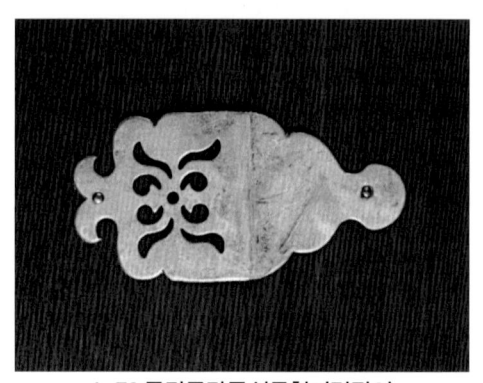

4-79 투각목단문석류형거멀잡이

4-80 투각권자문초형거멀잡이

4-81 투각귄자문여의두형거멀잡이

4-82 투각귄자문화형거멀잡이

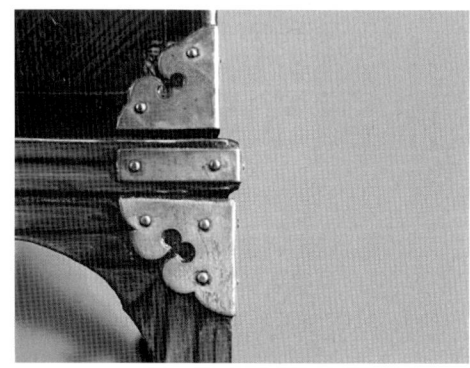

4-83 초엽형거멀잡이

4-84 투각귄자문석류형거멀잡이

4-85 화형거멀잡이

4-86 투각수자문화형거멀잡이

4-87 투각귄자문망두형거멀잡이

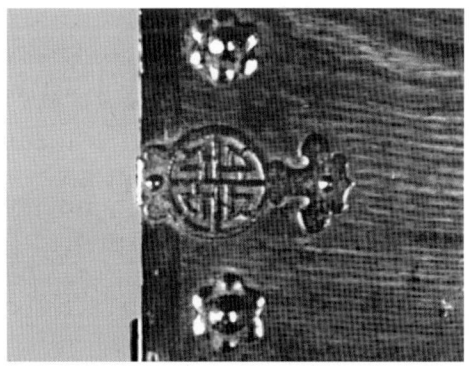

4-88 투각수자문여의두형거멀잡이

4-89 투각수자문여의두형거멀잡이

4-90 투각여의두문화형거멀잡이

4-91 투각화문화형거멀잡이

4-92 투각卍자문사각거멀잡이

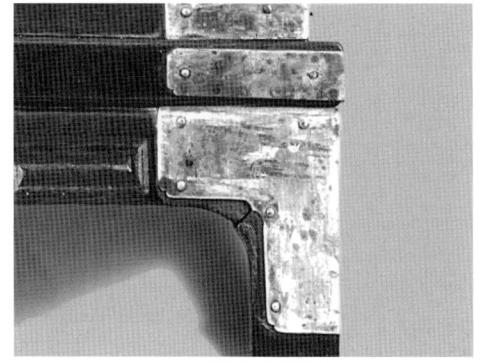

4-93 사각거멀잡이

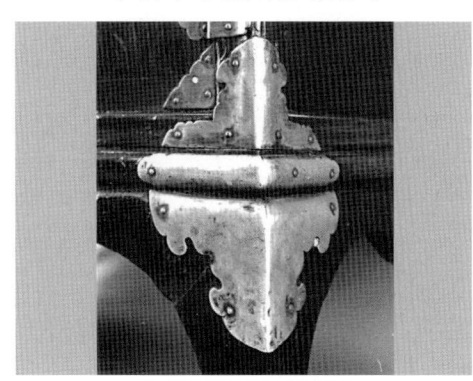

4-94 여의두형거멀잡이

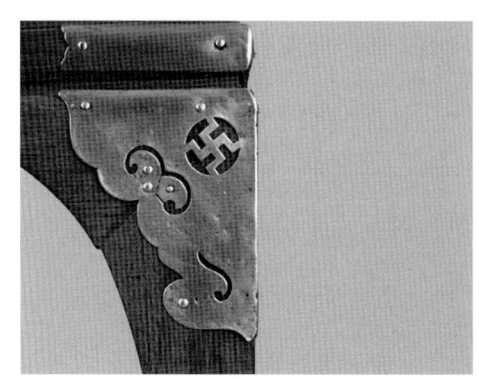

4-95 투각귄자문여의두형거멀잡이

325

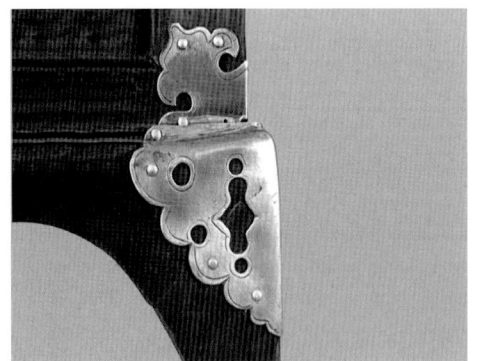

4-96 투각안상문거멀잡이

4-97 화형거멀잡이

4-98 음각칠보문여의두형거멀잡이

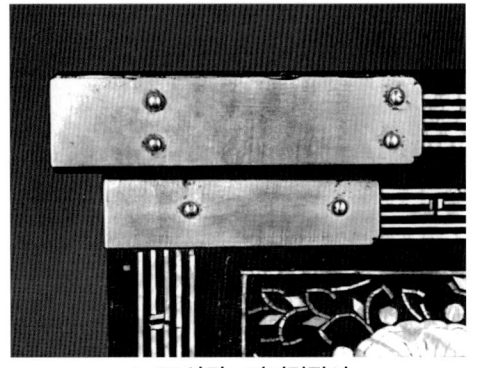

4-99 사각—자거멀잡이

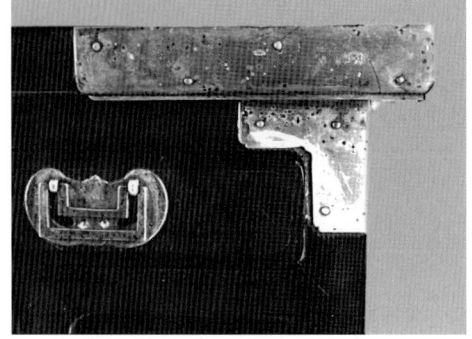

4-100 사각—자거멀잡이

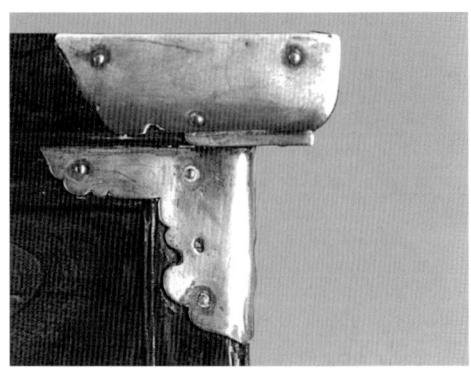

4-101 여의두형거멀잡이

4-102 투각칠보여의두형거멀잡이

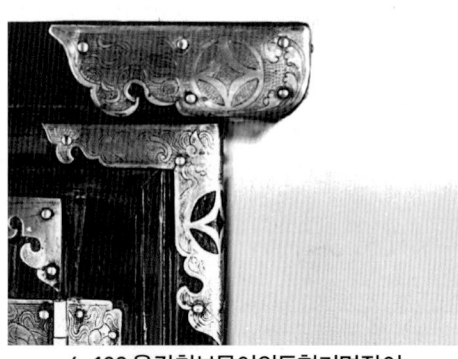

4-103 음각칠보문여의두형거멀잡이

5. 귀싸개

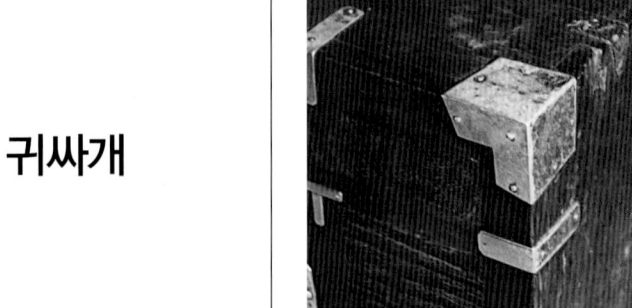

5-1 사각귀싸개장석

5-2 음각초문화형귀싸개장석

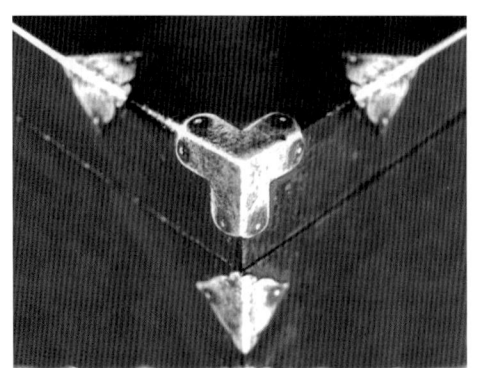

5-3 사각귀싸개장석

5-4 화형귀싸개장석

5-5 음각초문초형귀싸개장석

5-6 귀싸개장석

5-7 두루마리귀장석

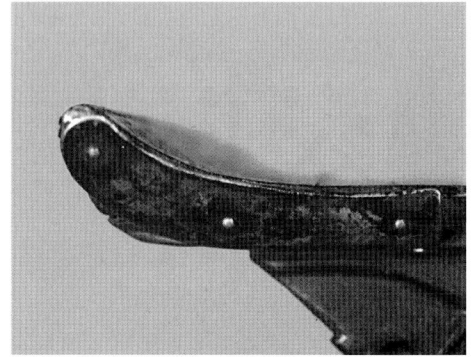

5-8 두루마리귀장석

6. 당김쇠

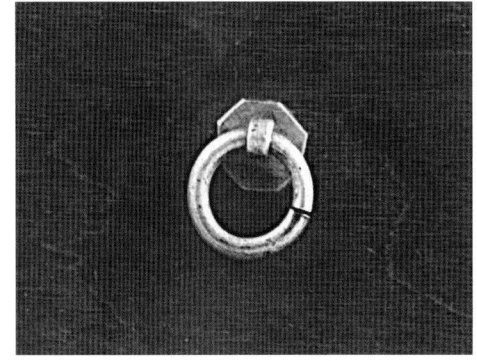

6-1 원형당김쇠

6-2 원형당김쇠

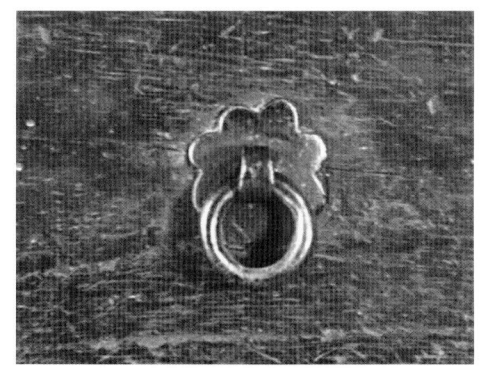

6-3 화형바탕원형당김쇠

6-4 화형바탕원형당김쇠

6-5 천도형당김쇠

6-6 화형바탕천도형당김쇠

6-7 화형바탕천도형당김쇠

6-8 사각바탕천도형당김쇠

6-9 화형바탕제비초리형당김쇠

6-10 음각선문반원형당김쇠

6-11 음각희자원형당김쇠

7. 들쇠

7-1 원형바탕활형들쇠

7-2 원형바탕활형들쇠

7-3 원형바탕활형들쇠

7-4 돋을문원형바탕활형들쇠

7-5 국화형바탕활형들쇠

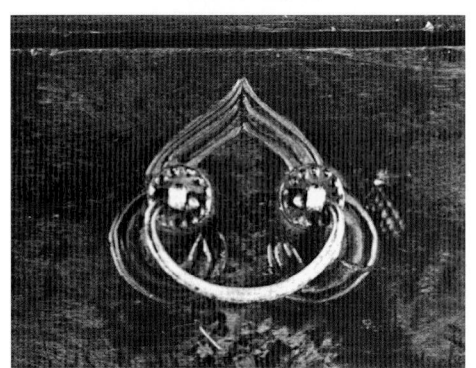
7-6 국화형바탕활형들쇠

7-7 국화형바탕활형들쇠

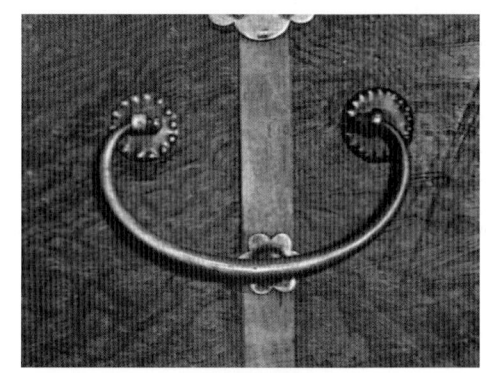
7-8 활형들쇠

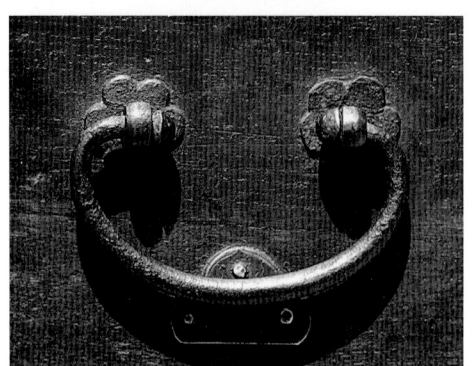
7-9 국화형바탕활형들쇠

7-10 국화형바탕활형들쇠

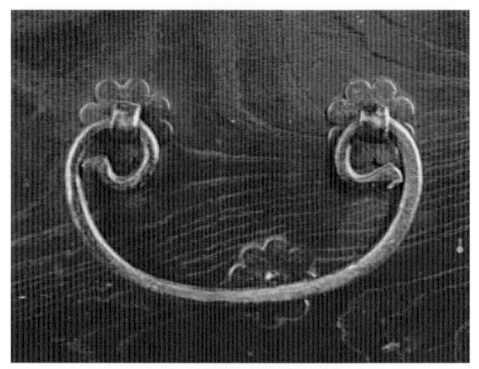
7-11 국화형바탕활형들쇠

7-12 국화형바탕활형들쇠

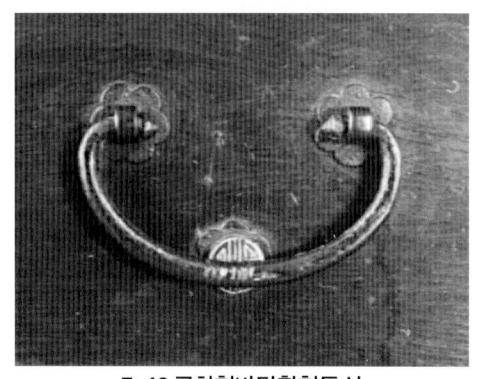
7-13 국화형바탕활형들쇠

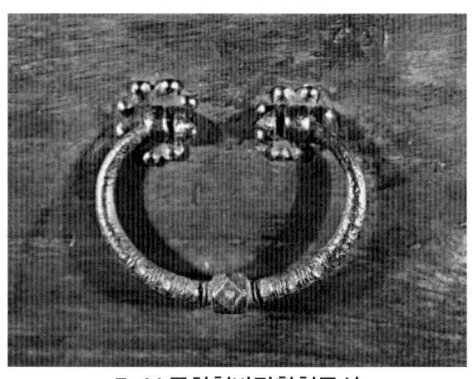
7-14 국화형바탕활형들쇠

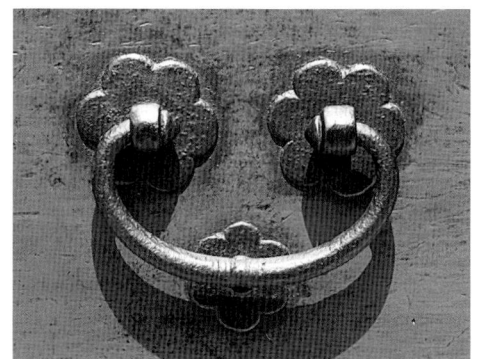

7-15 국화형바탕활형들쇠

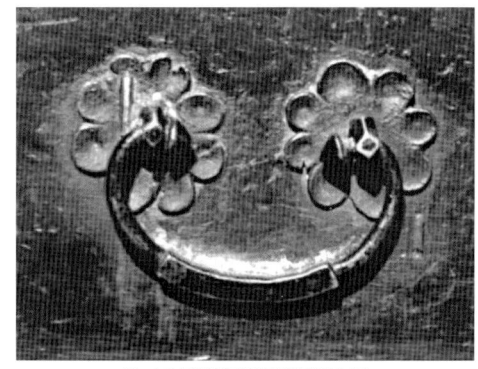

7-16 국화형바탕활형들쇠

7-17 화형바탕활형들쇠

7-18 사각바탕활형들쇠

7-19 활형들쇠

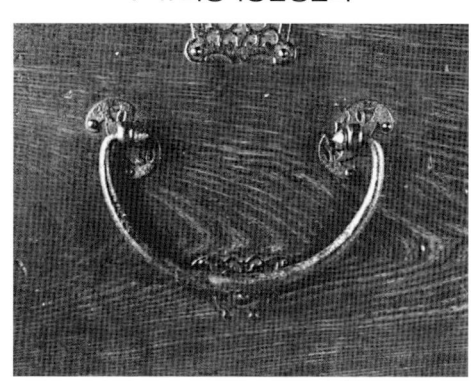

7-20 박쥐형바탕활형들쇠

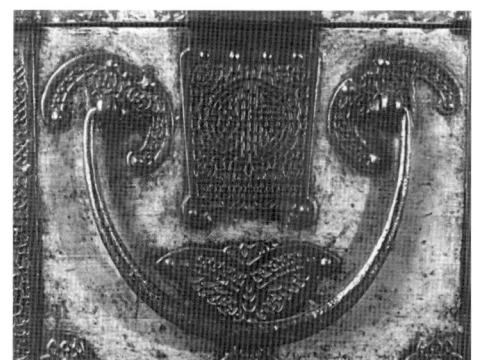

7-21 투각박쥐형바탕활형들쇠

7-22 활형들쇠

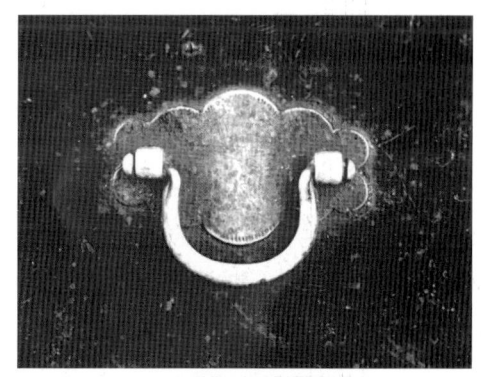

7-23 화형바탕활형들쇠

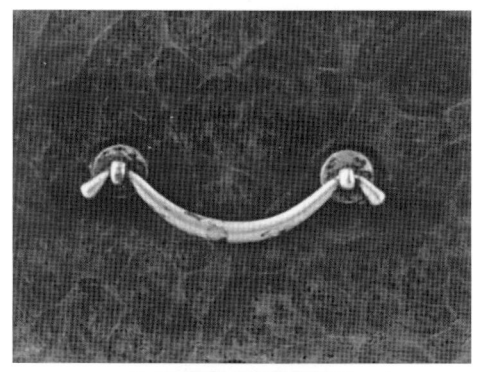

7-24 원형바탕활형들쇠

7-25 원형바탕활형들쇠

7-26 돋을문원형바탕활형들쇠

7-27 원형바탕활형들쇠

7-28 활형들쇠

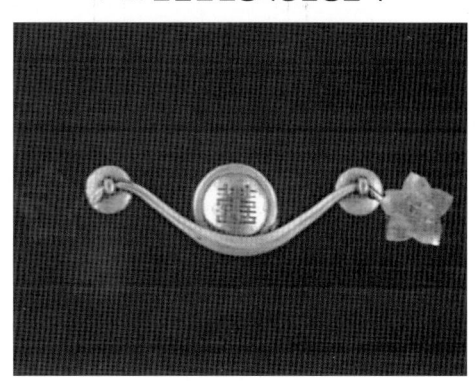

7-29 원형바탕활형들쇠

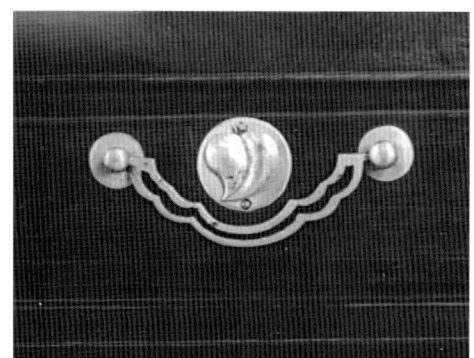

7-30 원형바탕투각활형들쇠

7-31 마름모바탕활형들쇠

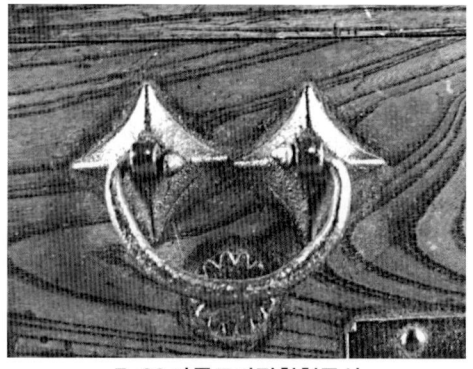

7-32 마름모바탕활형들쇠

7-33 마름모바탕활형들쇠

7-34 ㄷ자형들쇠

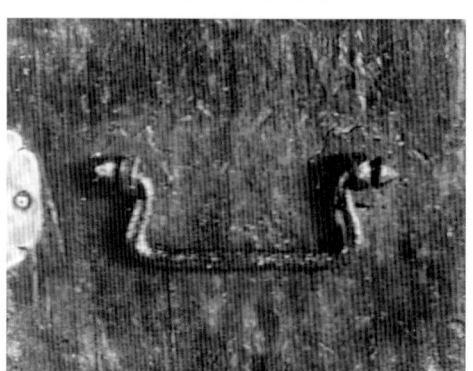

7-35 ㄷ자형들쇠

7-36 ㄷ자형들쇠

7-37 투각ㄷ자형들쇠

7-38 투각ㄷ자형들쇠

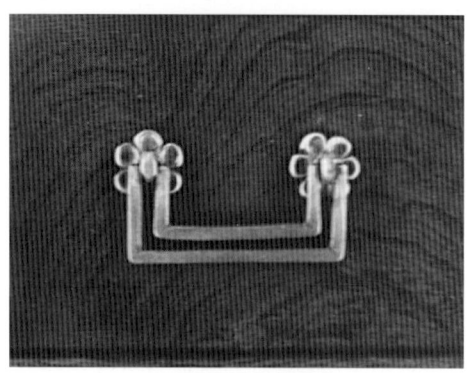

7-39 투각ㄷ자형들쇠

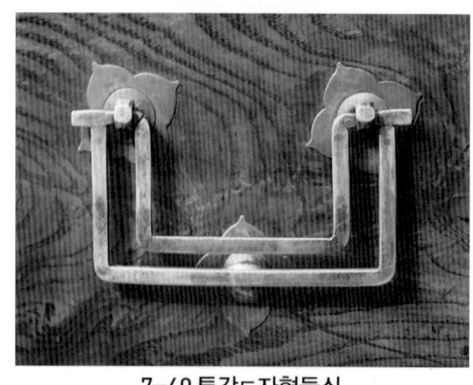

7-40 투각ㄷ자형들쇠

7-41 투각ㄷ자형들쇠

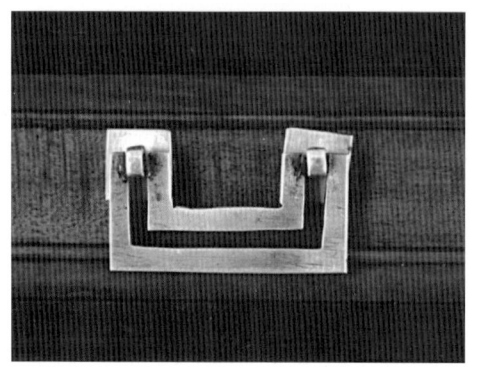

7-42 투각ㄷ자형들쇠

7-43 투각ㄷ자형들쇠

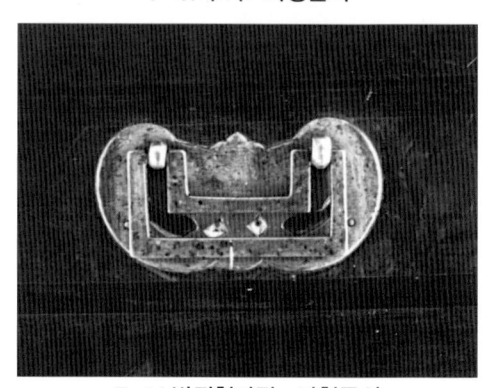

7-44 박쥐형바탕ㄷ자형들쇠

7-45 박쥐형바탕ㄷ자형들쇠

7-46 투각ㄷ자형들쇠

7-47 투각ㄷ자형들쇠

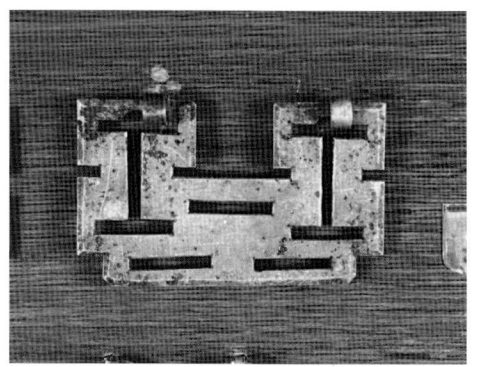

7-48 투각ㄷ자형들쇠

7-49 음각박쥐형들쇠

7-50 투각입체박쥐형들쇠

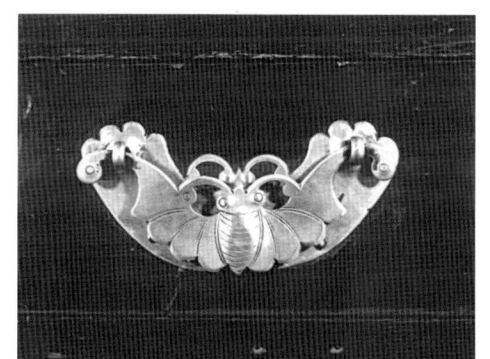

7-51 투각입체박쥐형들쇠

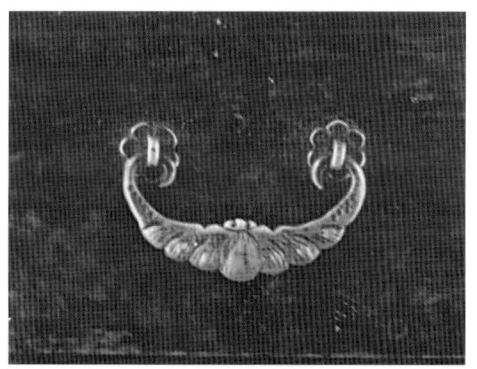

7-52 양각박쥐형들쇠

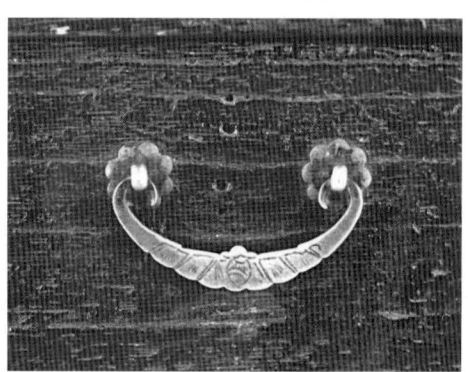

7-53 음각박쥐형들쇠

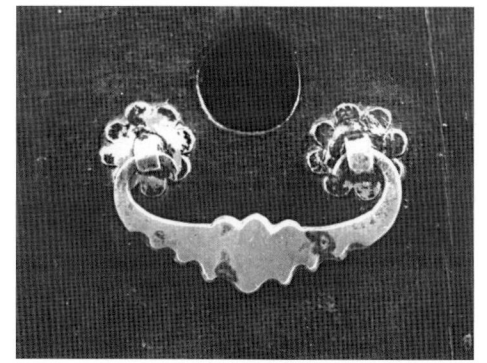

7-54 박쥐형들쇠

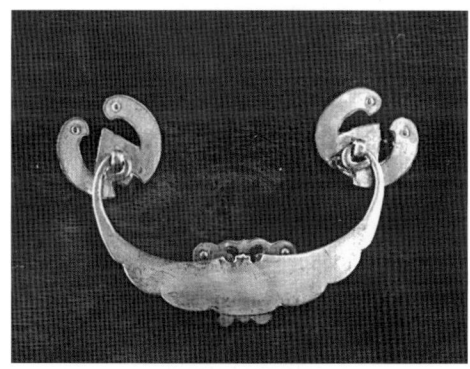

7-55 박쥐형들쇠

7-56 음각박쥐형들쇠

7-57 박쥐형들쇠

7-58 투각박쥐형들쇠

7-59 양각박쥐형들쇠

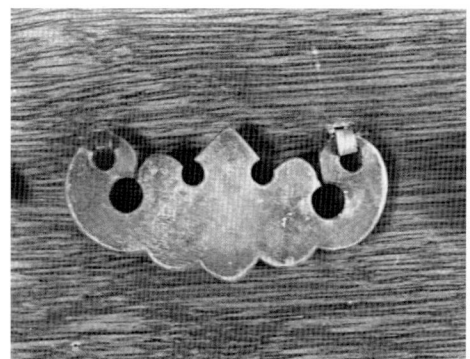
7-60 박쥐형들쇠

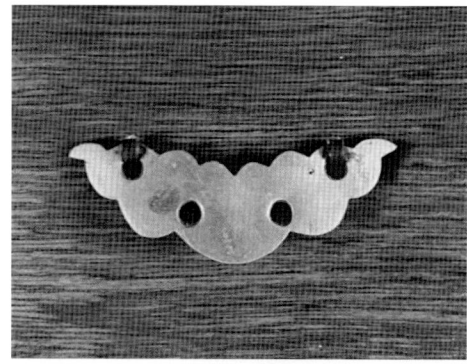
7-61 박쥐형들쇠

7-62 투각팔괘문박쥐형들쇠

7-63 투각팔괘문박쥐형들쇠

7-64 투각초문박쥐형들쇠

7-65 투각박쥐문박쥐형들쇠

7-66 투각권자문박쥐형들쇠

7-67 투각권자문박쥐형들쇠

7-68 투각권자문박쥐형들쇠

7-69 투각기하문박쥐형들쇠

7-70 투각기하문박쥐형들쇠

7-71 투각기하문박쥐형들쇠

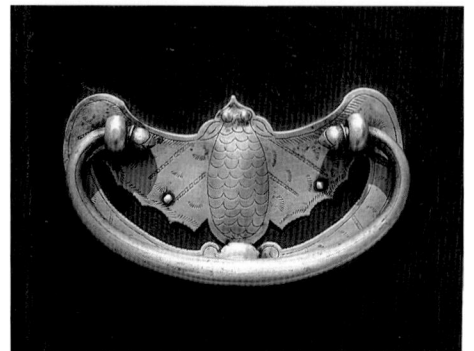
7-72 박쥐형바탕활형들쇠

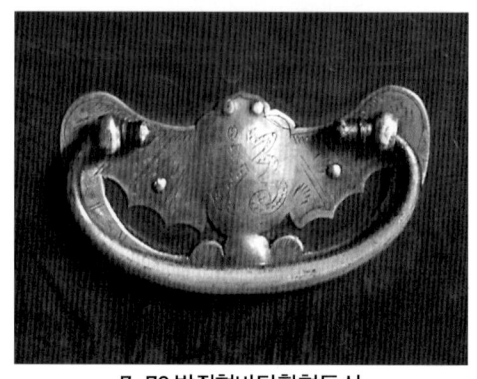
7-73 박쥐형바탕활형들쇠

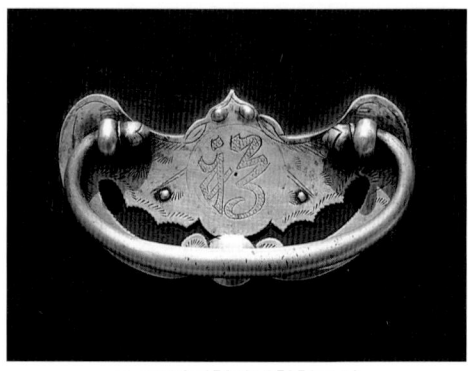
7-74 박쥐형바탕활형들쇠

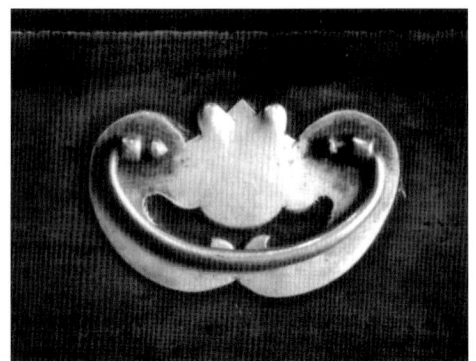
7-75 박쥐형바탕활형들쇠

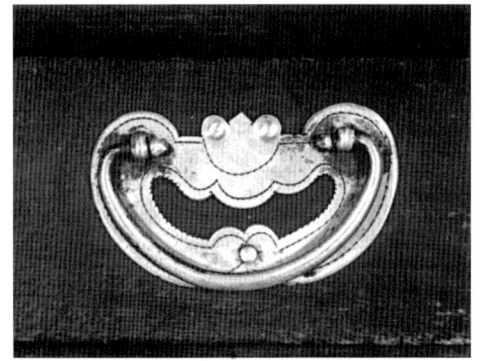
7-76 박쥐형바탕활형들쇠

7-77 박쥐형바탕활형들쇠

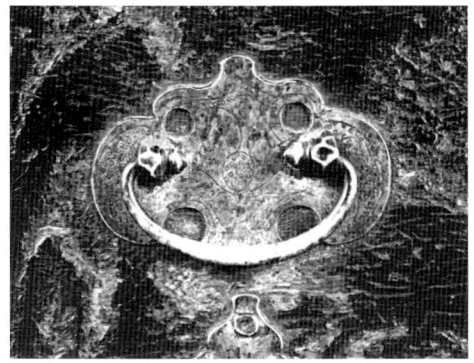
7-78 박쥐형바탕활형들쇠

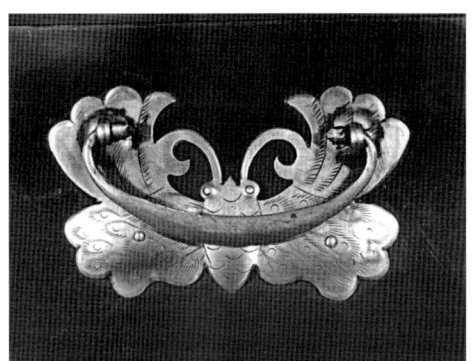
7-79 음각나비형바탕활형들쇠

7-80 나비형바탕활형들쇠

7-81 음각조형들쇠

7-82 음각잉어형들쇠

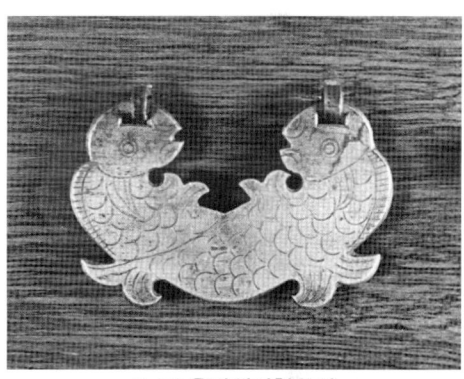
7-83 음각잉어형들쇠

7-84 투각나비형바탕활형들쇠

7-85 투각기하문바탕활형들쇠

7-86 투각조화문형들쇠

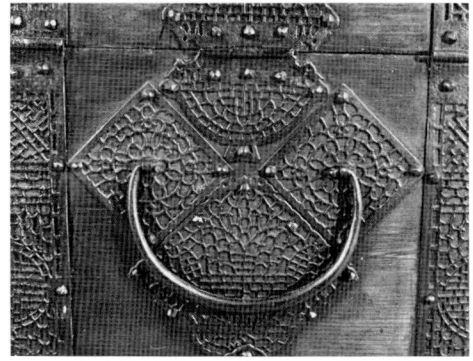
7-87 투각국화문마름모형바탕활형들쇠

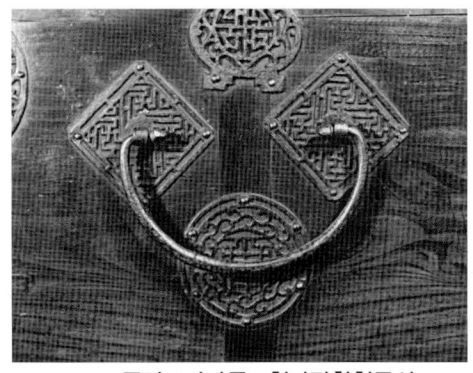
7-88 투각卍자마름모형바탕활형들쇠

7-89 마름모형바탕활형들쇠

8. 광두정

8-1 원형광두정

8-2 화형광두정

8-3 화형광두정

8-4 국화형광두정

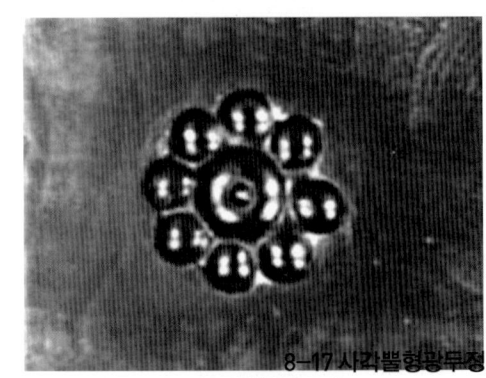
8-17 사각별형광두정

8-5 국화형광두정

8-6 화형광두정

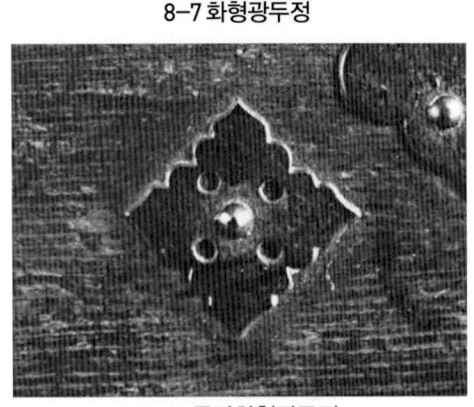
8-7 화형광두정

8-8 화형광두정

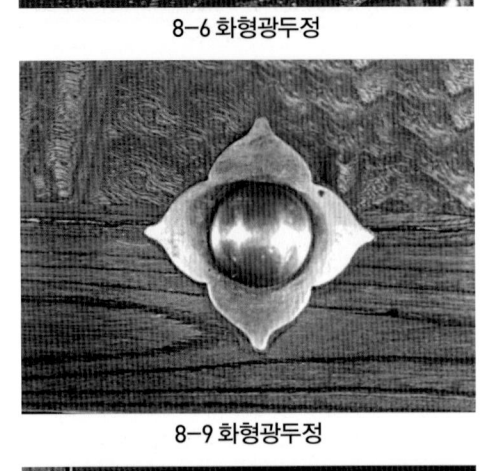
8-9 화형광두정

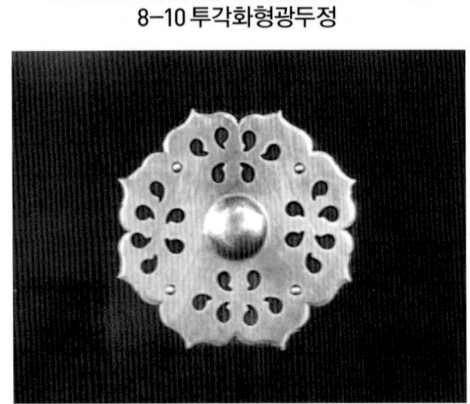
8-10 투각화형광두정

8-11 보상화형광두정

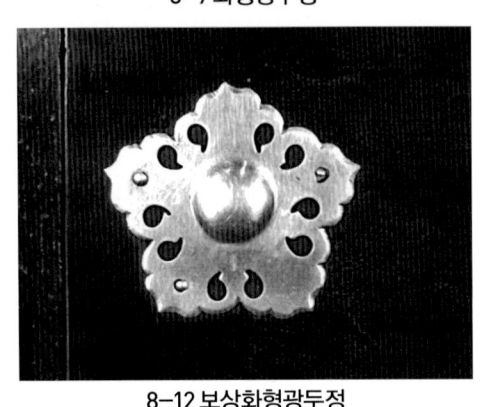
8-12 보상화형광두정

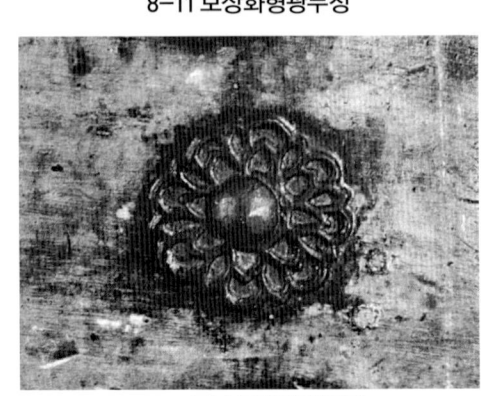
8-13 보상화형광두정

8-14 투각국화형광두정

334

8-15 투각국화형광두정

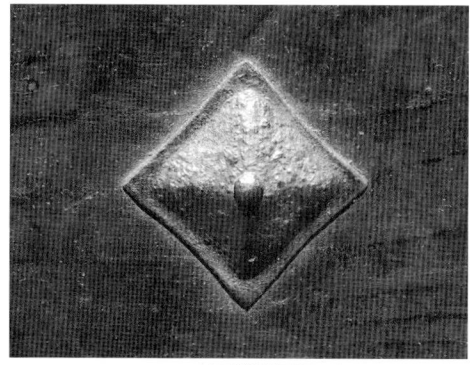

8-16 사각뿔형광두정

8-17 사각뿔형광두정

9. 치장장석

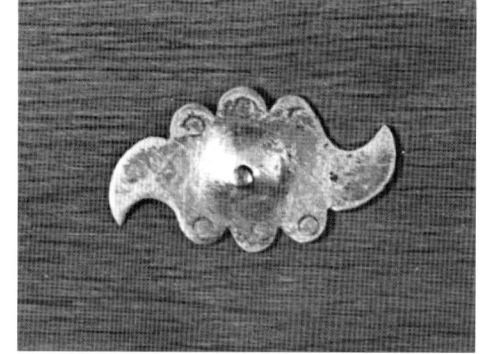

9-1 구름형장석

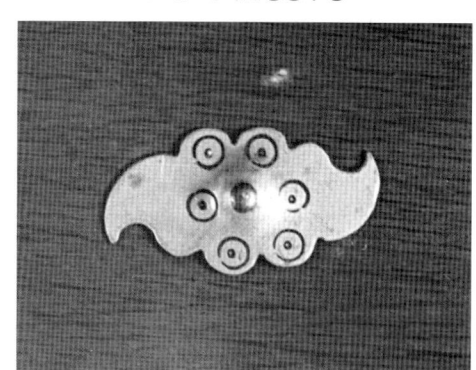

9-2 구름형장석

9-3 壽자문장석

9-4 福자문장석

9-5 康자문장석

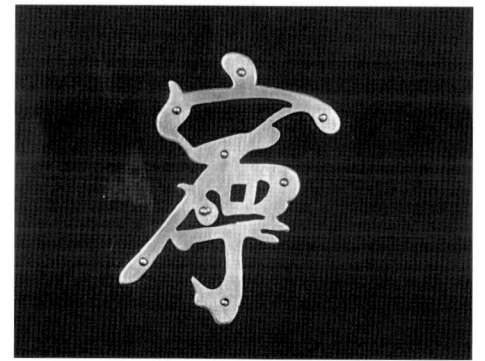

9-6 寧자문장석

9-7 투각칠보문화형배꼽장석

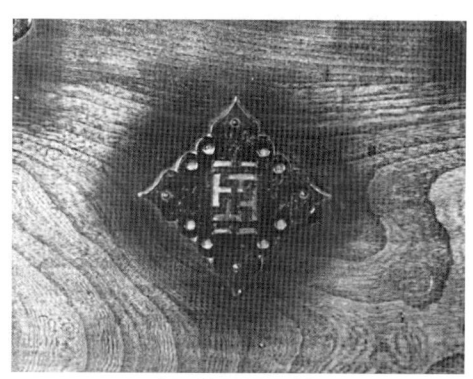

9-8 투각귀자문보상화형배꼽장석

9-9 보상화형배꼽장석

9-10 투각귀자문보상화형배꼽장석

9-11 투각귀자문화형배꼽장석

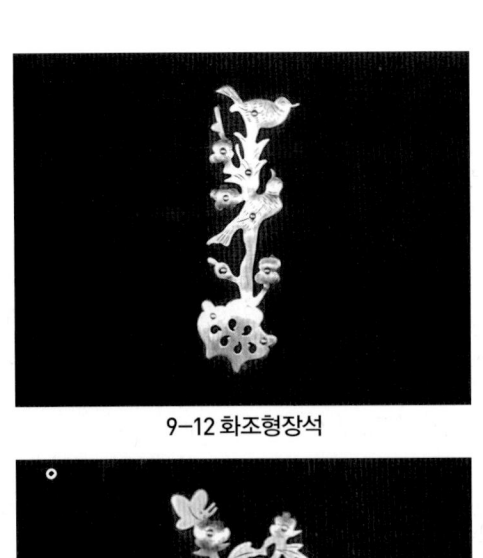

9-12 화조형장석

9-13 화조형장석

9-14 꽃과 박쥐형장석

9-15 꽃과 나비형장석

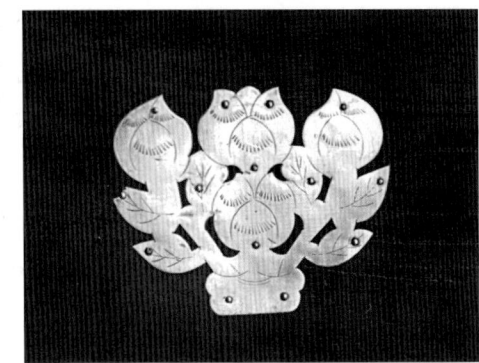

9-16 음각화형장석

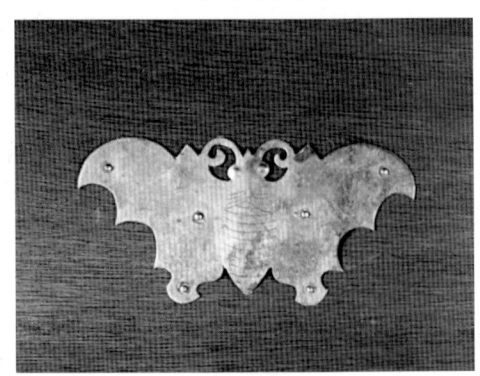

9-17 박쥐형장석

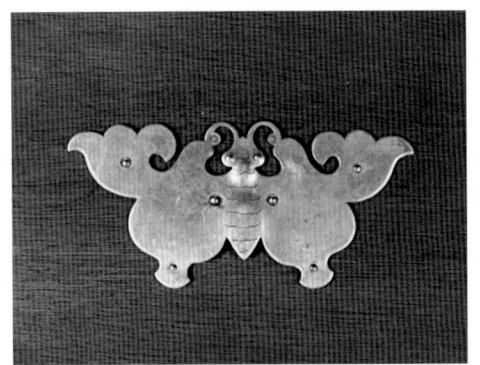

9-18 박쥐형장석

9-19 투각박쥐형장석

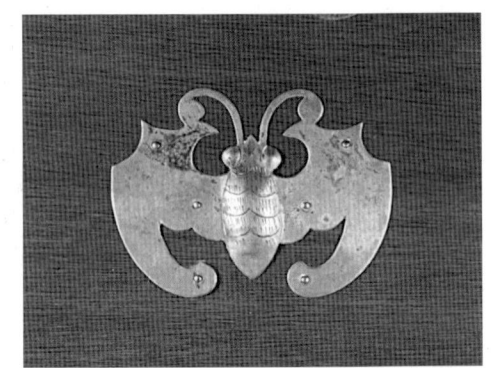

9-20 박쥐형장석

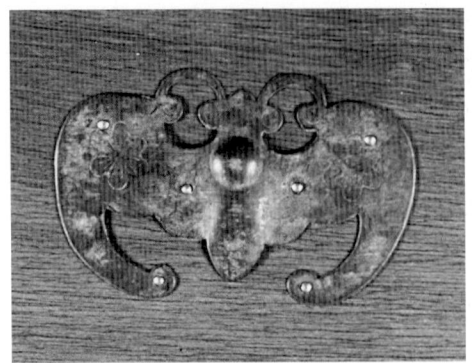

9-21 박쥐형장석

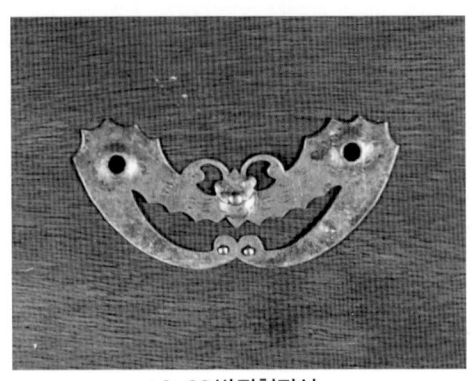

9-22 박쥐형장석

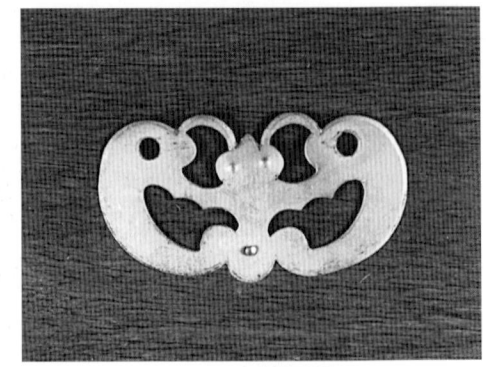

9-23 박쥐형장석

9-24 박쥐형장석

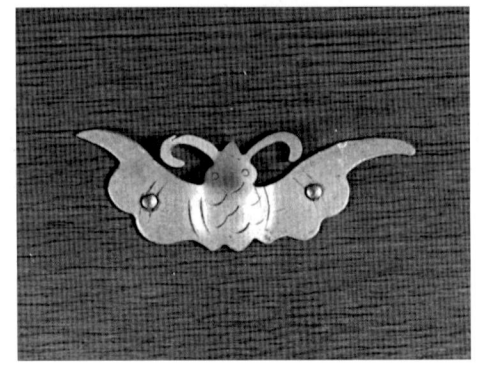

9-25 박쥐형장석

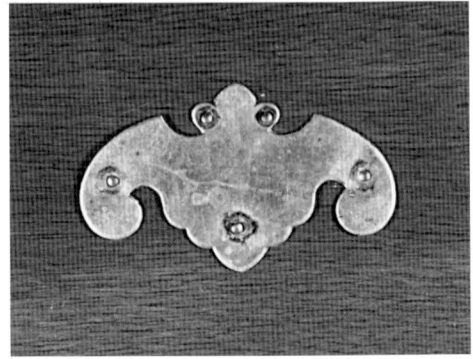

9-26 박쥐형장석

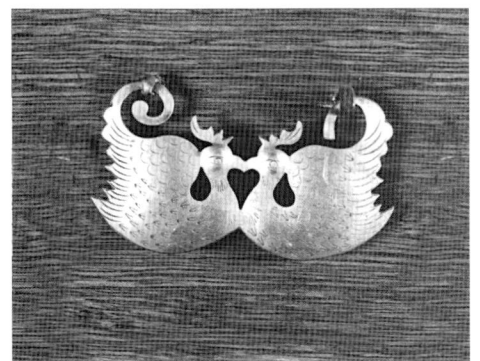
9-27 음각봉황형장석

9-28 사슴형장석

9-29 나비형장석

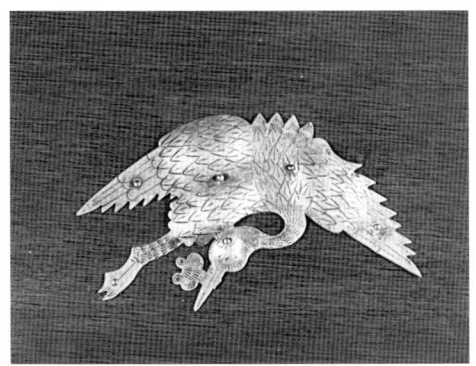
9-30 음각학형장석

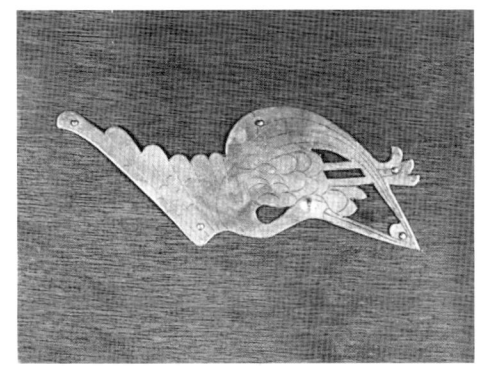
9-31 음각학형장석

9-32 음각쌍학형장석

9-33 음각봉황형장석

9-34 음각봉황형장석

9-35 음각봉황형장석

10. 자물쇠

10-1 봉수선화형은혈자물쇠

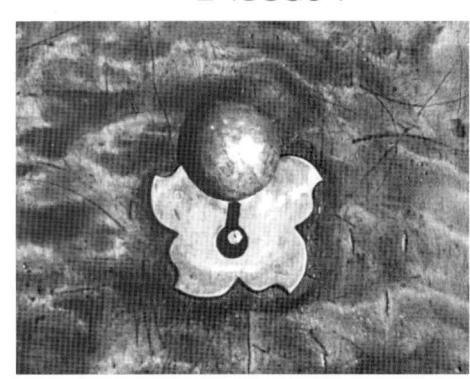
10-2 봉수선화형은혈자물쇠

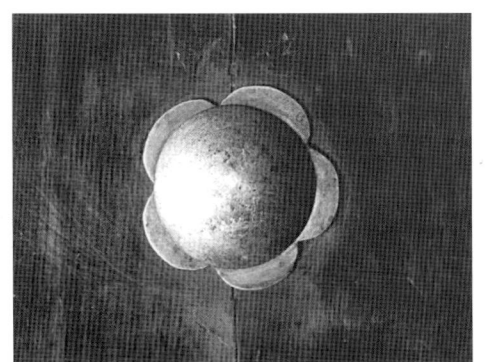
10-3 봉수선화형은혈자물쇠

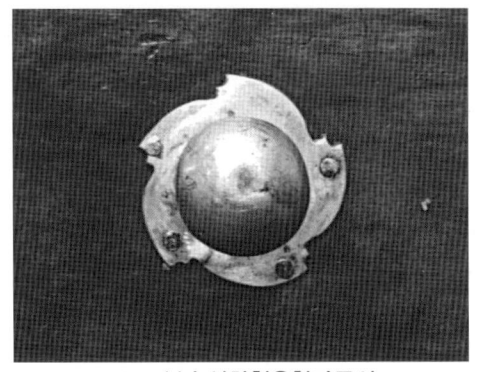
10-4 봉수선화형은혈자물쇠

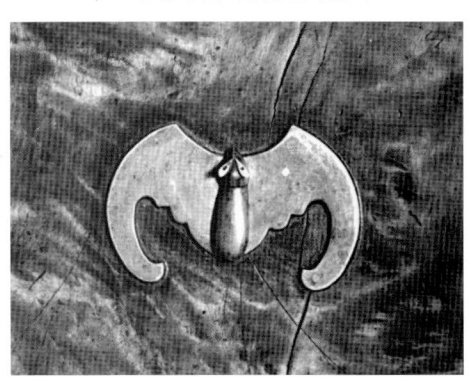
10-5 박쥐형은혈자물쇠

10-6 원형은혈자물쇠

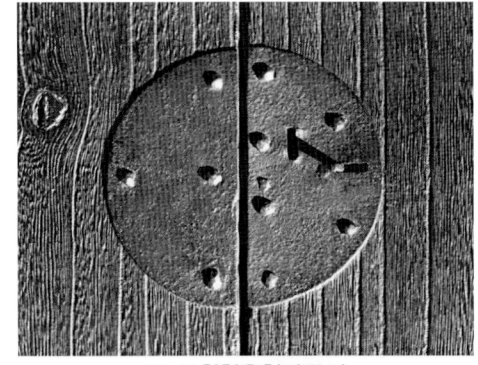
10-7 원형은혈자물쇠

10-8 원형은혈자물쇠

10-9 원형은혈자물쇠

10-10 원형은혈자물쇠

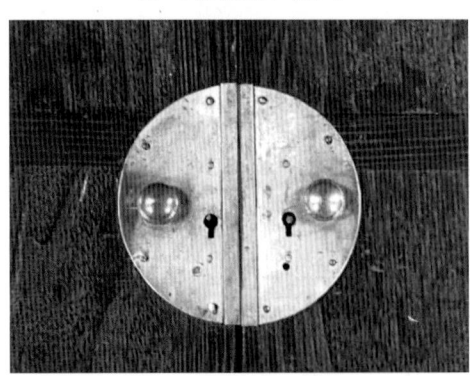
10-11 원형은혈자물쇠

10-12 약과형은혈자물쇠

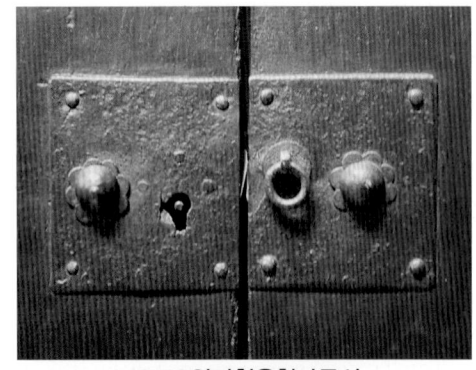
10-13 약과형은혈자물쇠

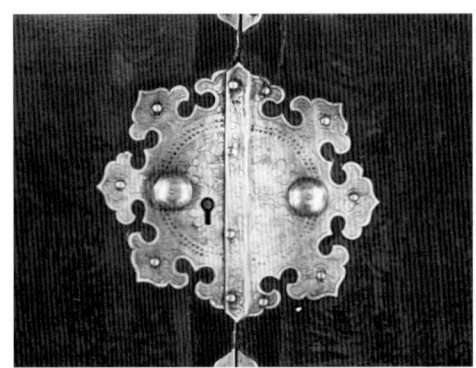
10-14 보상화형은혈자물쇠

10-15 보상화형은혈자물쇠

10-16 사각형은혈자물쇠

10-17 망두형은혈자물쇠

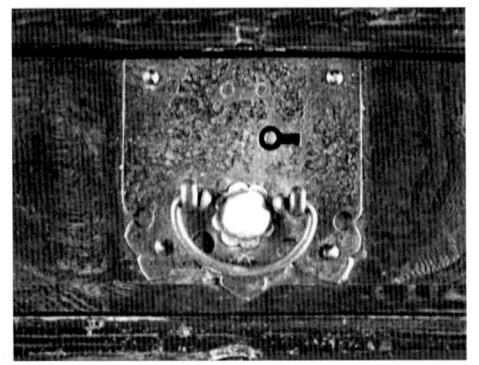
10-18 화형은혈자물쇠

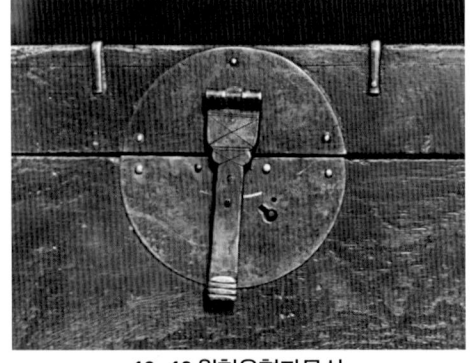
10-19 원형은혈자물쇠

10-20 망두형은혈자물쇠

10-21 사각형은혈자물쇠

10-22 투각화형사각붙박이자물쇠

10-23 사각형붙박이자물쇠

10-24 자물쇠형붙박이자물쇠

10-25 자물쇠형붙박이자물쇠

10-26 자물쇠형붙박이자물쇠

10-27 자물쇠형붙박이자물쇠

10-28 거북형붙박이자물쇠

10-29 거북형붙박이자물쇠

10-30 거북형붙박이자물쇠

10-31 원형붙박이자물쇠

10-32 희자뢰문상감약과형붙박이자물쇠

10-33 약과형붙박이자물쇠

10-34 쥐꼬리형붙박이자물쇠

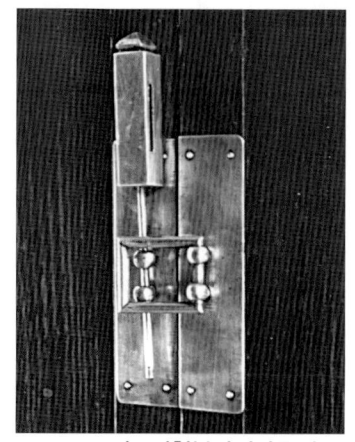
10-35 쥐꼬리형붙박이자물쇠

10-36 쥐꼬리형붙박이자물쇠

3. 목공용어 木工用語
Wood Hand Craft Terminologies

┌─────┐
│ ㄱ │
└─────┘

ㄱ자자 ㄱ字 모양으로 생긴 자.

가락지 소반의 다리 사이에 가로로 댄 중간대. 소반의 다리가 벌어지거나 오므라들지 않도록 고정시켜 다리의 힘을 보강해 준다. 나주반과 통영반에 사용된다.

가로동자 가로로 지른 동자.

각재角材 네모나게 각이 진 목재. 골재

감실龕室 조상의 신주神主를 모시는 장. 주로 가옥의 형태를 갖추고 있다.

감잡이 둘 또는 세 개의 서로 다른 부분을 잇거나 벌어진 사이가 떨어지지 않도록 단단하게 감아쥐는 쇠. 거멀감잡이. 거멀장석.

갑게수리 중요한 기물들을 넣어둘 수 있도록 여닫이문 안에 여러 개의 서랍을 설치한 일종의 금고.

개탕 장지·빈지·판자 같은 것을 끼우기 위해 파낸 홈. 개탕 대패 개창을 치는 데에 쓰이는 좁다란 대패. 미닫이홈을 파는 데 쓰이는 대패.

개탕붙임 개탕홈에 은隱촉을 끼워 쪽붙임하는 일. 제혀쪽매. 은촉붙임.

개판蓋板 장이나 농의 천판에 양옆과 앞으로 뻗어 나오도록 댄 나무판

개판귀장석 개판의 귀를 튼튼하게 하고 모양을 내기 위하여 댄 금속장석.

거멀감잡이 감잡이. 거멀장석.

거멀맞춤 나비장·주먹장 등으로 두 재목材木을 거멀하여 서로 물러나지 않게 하는 맞춤.

거멀못 거멀하는 데 쓰이는 ㄷ자 모양의 못. 거멀감잡이의 한 가지. 꺾쇠.

거멀장 여러 부재部材를 잇거나 벌어진 사이가 떨어지지 않도록 감아쥐는 쇠, 또는 그런 쇠를 대는 일.

거멀장석 감잡이.

건목재 산에서 도끼나 톱으로 대강 다듬은 거친 재목.

거치문鋸齒文 톱의 이빨 모양인 삼각형이 연속적으로 이어진 무늬. 주로 나전 문양에 사용.

건칠乾漆 칠기에 있어서 목재인 목심을 사용하지 않고 종이 또는 헝겊을 여러 겹 바르고 칠을 거듭하여 기형을 만드는 것.

경상經床 불경을 읽을 때 사용하는 서안書案의 일종으로 좌우 양쪽의 귀가 두루마리 형태로 올라가 있고 호족형虎足刑 또는 구족형狗足刑의 다리가 외반되어 있음.

경첩 좌우나 상하의 두 날개가 축을 중심으로 맞물려 돌아갈 수 있게 만들어 창문이나 가구의 문판門板과 기둥에 각각 박아 문을 여닫게 하는 금속장석.

곁쐐기 짜임의 틈에 막거나 쐐기 곁에 덧대어 박는 쐐기. 데릴장부 고리 문을 걸어 잠그거나 물건을 거는 사용하기 위해 가락지처럼 둥글게 만든 테.

고비 벽에 걸어 놓고 종이나 편지 따위를 꽂아 두는 가구.

고삭 가구 따위를 짜맞출 때 더욱 견고하게 하기 위하여 사개물림한 내부 구석에 덧붙이는 나무.

곧날대패 대팻집에 날이 직각으로 끼워진 대패. 단단한 나무를 밀거나 대패 바닥을 바로잡을 때 사용한다.

곧은결 결이 곧은 나뭇결. 곧은 나무를 나이테와 직각되게 제재하면 판면에 곧은결이 나타남.

골밀이 개탕의 일종으로 골을 내는 쓰이는 대패.

공간문갑空間文匣 문서나 기물을 서랍이나 문 안에 넣어 보관하게 만든 일반 문갑과는 달리, 연적·필통 등 문방기물들을 얹어 놓도록 앞뒤가 트인 공간을 갖추어 한결 쾌적한 형태의 문갑.

공고상公故床 관청에서 또는 들판으로 상을 머리에 이고 음식을 나르는 동안 앞을 내다보기 위한 개창과 손잡이 구멍을 설치한 소반.

관복함冠服函 관복과 예복을 넣어 두는 함.

광두정 머리가 넓은 못. 반닫이에서는 일종의 장식으로 이용됨. 교피鮫皮 말린 상어 가죽. 나무 조각에 붙여 목재 표면을 쓸어내는 환(줄)으로 사용하거나, 함이나 상자에 씌워 견고하면서도 독특한 질감을 나타내는 데 사용한다. 장, 농, 교자상에 문양으로 오려 붙이기도 한다.

구족반狗足盤 다리가 개의 다리처럼 안쪽으로 구부러진 소반. 개다리소반 또는 충주 지방 일원에서 많이 생산된다 하여 충주반 이라고도 함.

굽정이 자연적으로 휘어 구부러진 나무.

귀장석 모서리를 보호하거나 보다 견고하게 접합되기 위해 대는 금

속장석.

귀접이 재목의 날카로운 귀를 살짝 깎거나 굴려 모양을 내는 일. 그레질 불규칙한 선을 판재에 똑같이 옮겨 그리는 일.

그므개 작물의 한쪽 면을 따라 평행선을 긋거나 얇은 판을 평행으로 쪼갤 때 사용하는 목공구.

까뀌 한 손으로 잡고 나무를 찍어 깎는 목공 연장으로 날과 머리 전체가 통쇠로 되어 있다.

깍지연귀 사개물림한 판재의 측면이 연귀짜임된 것. 사개연귀.

꺾쇠 잇댄 두 부분을 견고히 거머잡기 위해 ㄷ자형으로 구부린 쇠못의 한 가지. 거멀못.

꼬리손잡이 실·삼(麻)껍질·종이 등을 꼬거나 가죽을 오려 꼬리 모양으로 만든 손잡이. 문이나 서랍을 당길 때 사용함.

끈치톱 나무의 결을 가로 자르는 톱. 동가리톱.

끌鑿 나무에 구멍을 파거나 다듬는 데 쓰는 연장.

끌망치 끌질을 할 때에 끌머리를 치는 나무 방망이. 끌방망이.

ㄴ

나막신 비가 오거나 진땅에서 신는, 나무를 파서 만든 신.

나비장이음 나비장을 이용해 두 재목을 잇는 이음의 한 가지. 나비장붙임. 나비은장이음.

나주반羅州盤 전라남도 나주 일원에서 만들어진 소반.

낙동법烙桐法 오동나무의 표면을 인두로 지진 후 볏짚으로 문질러 연약한 부분은 들어가고 단단한 부분은 도드라지게 하여 목리木理를 살리는 기법.

낙죽烙竹 달군 인두로 지져서 무늬를 놓거나 그림을 그린 대(竹).

날나무生木 갓 벌목하여 낸 건조되지 않은 나무.

내다지 막장부촉짜임의 딴 이름

내릴톱 나이테에 수직이 되게 나뭇결과 나란하게 켜는 톱. 내리가리톱. 켤톱. 잉걸톱.

내림은장 장을 기둥 구멍에 내려 맞추어 끼우는 방법의 하나. 내림주먹장

내짜임 이음새에서 떨어진 자리에 짜임하는 것

널판板子 두께가 6㎝ 미만이고 나비가 두께의 3배 이상 되는 얇고 넓고 판판하게 켠 재목. 널빤지

널홈 널과 널을 이을 때 촉을 끼우기 위하여 널 측면에 판 좁은 홈

농籠 ① 버들, 싸리채 따위로 함과 같이 만들어 종이를 바른 그릇. 의복이나 천을 넣어 둠
② 각 층이 분리되는 옷을 넣는 장欌.

뇌문雷文 발·돗자리·목가구·나전칠기 등의 가장자리에 직선을 이리저리 꺾어서 번개 모양을 형상화한 무늬.

능화판菱花板 책 겉장에 마름꽃이나 기하 무늬를 박아 내는 목판木板.

ㄷ

단각반單脚盤 다리가 한 개로 구성된 소반. 일주반—柱盤.

달개지쇠 서랍이나 여닫이문을 열기 위해 다는 작은 금속장식. 원형, 천도형天桃形, 마름모형 등이 있음.

당길손 대팻날 앞쪽에 수직으로 세워진 작은 막대. 대패를 앞쪽에서 당길 때 이용함.

대각大角 너비가 30㎝ 이상 되는 각재角材.

대두정大頭釘 머리가 큰 못. 견고하고 장식효과를 겸함.

대모玳瑁 거북의 등껍질. 장식을 위해 목공품에 많이 이용됨.

대자귀 서서 두 손으로 잡고 재목을 깎고 다듬는 큰자귀. 선자귀.

대판大板 장이나 농의 족통 바로 상부에 대는 큰 판.

대패 나무를 반반하고 곱게 밀어 깎는 연장.

대팻손 대팻집 위쪽에 가로 댄 손잡이.

데릴장부 짜인 장부에 따로 끼워 대는 장부. 곁쐐기.

도끼斧 나무를 찍어 자르거나 패는 연장. 쐐기모양으로 된 큰 쇳날에 손잡이가 달렸음.

도끼별 원목을 도끼로 제재製材한 것.

도래송곳 자루가 길고 끝이 나사처럼 생긴 송곳.

돌대송곳 가로지른 쇠목을 돌려서 자루에 끈을 감은 다음 상하로 움직여서 돌대를 회전시켜 구멍을 뚫는 송곳.

돌림대패 대패통 중심부에 가로지른 축이 있고 그 축 끝부분의 구멍에 송곳을 끼워 고정시켜 놓고 전체를 회전시켜 원반原盤의 반면盤面 둘레를 깎는 대패. 회전대패.

돌림톱 곡선으로 오려 내거나 구멍을 넓히는 데 사용하는 톱. 쥐꼬리톱.

돌쩌귀 문을 여닫기 위해 암짝은 문설주에 수짝은 문에 박아 맞추어 꽂게 된 경첩의 한 가지. 문을 떼어 내기 쉽게 되어 있음.

동사銅絲 구리로 가늘게 뽑은 철사.

동자 쥐벽간이나 머름간을 등분하고 힘을 보강하기 위해 댄 골재. 두껍주먹장이음 밑은 주먹장으로 물리고 그 위에 덮이는 턱을 내밀어 잇는 것.

두껍닫이문 가구에 있어서 미닫이문을 한 줄로 된 미닫이홈으로 넣기 위해 들면서 밀어 넣게 된 문.

두루마리천판 천판의 양끝이 두루마리형으로 위로 올라간 천판.

경상이나 머릿장에 주로 사용됨.

두리반 여럿이 둘러앉을 수 있는 크고 둥근 반.

둥근끌 둥글게 파거나 새기는 데 쓰이는 날이 안쪽으로 반원을 이룬 끌. 굴림끌.

둥근대패 재목이 길이로 우묵하게 들어가도록 깎는 대팻날이 반달처럼 둥글게 생긴 대패. 내원內圓대패.

둥근모 목재의 귀를 둥글게 굴려 접은 모. 둥근귀.

둥글이 나무껍질을 벗긴 목재.

뒤접대패 굽은 재목의 안쪽을 깎거나, 배가 들어가도록 둥글게 깎는 대패. 대팻집의 앞뒤 끝이 들려서 배가 부른 원호형圓弧刑임. 배대패.

뒤주 쌀이나 잡곡 등의 곡식을 넣어두는 궤의 한 가지.

들쇠 기물을 들어 옮기거나 당기기 위한 금속장식.

등가燈架 등잔을 올려놓아 불을 밝히는 받침대.

딴혀쪽매 두 판재를 이어주기 위해 홈을 파고 은살대를 따로 끼워 대는 쪽매.

띠살문 상, 중, 하의 문살이 띠모양(帶形)으로 된 세농문細籠門의 한 가지.

띠열장붙임 판재의 뒤쪽에 띠 나무를 물려 뒤틀리거나 떨어지지 않게 하는 붙임.

띠열장장부촉 열장장부촉.

ㅁ

마대馬臺 장, 농 등의 받침다리 부분 전체를 말함.

마름재목 소요되는 크기로 마름질한 목재.

마치 두드리거나 박는 데 쓰는 쇠뭉치에 자루를 박은 손 연장의 한 가지. 망치.

막이산지 막장부에 있어서 빠지지 않고 견고하도록 측면에서 촉을 박는 기법.

막장부촉 다른 재목의 배면背面에까지 뚫어 끼우게 한 긴장부촉. 내다지장부.

만자문卍字門 문짝의 살대가 만자형卍字形으로 된 문.

맞미닫이 골 홈에 두 짝을 마주 닫게 된 미닫이.

맞이음 두 재목의 평탄한 단면을 마주 잇는 것. 맞댄쪽매.

머름간 장과 농 따위에 있어서 문판의 아래나 위쪽에 위치한 널판.

먹칼 먹통의 먹을 찍어 목재·석재 따위에 표를 하거나 글씨를 쓰는, 대쪽으로 만든 기구. 흔히 먹통의 밑바닥에 꽂아 두고 사용함.

먹통墨筒 목재를 마름질할 때 두 점 사이에 직선을 긋거나 수직을 잡

을 때 사용하는 연장.

메뚜기장이음 메뚜기 머리 모양으로 끝 쪽 안이 굵게 되어 빠지지 않게 된 이음.

목리木理 나무의 자연적인 무늿결.

목상감木象嵌 나무 표면을 문양대로 음각陰刻한 후 그곳에다 다른 재질이나 색감의 나무를 깎아 끼우는 기법.

목판木盤 음식을 담아 나르거나, 간단한 식사 또는 술을 먹는 데 사용하는 반盤의 한 가지. 보통 운두가 낮고 네모지게 만듦. 모판, 목반木盤.

무심재無心材 옹이가 없는 상질의 목재.

문갑文匣 문서나 문구 등 기타 중요 기물을 넣어 두는 나지막한 장.

문변자 복판(문판)을 끼거나 휘는 것을 막기 위해 문판의 둘레에 대는 변자.

문판 복판.

물림쇠 나무를 배접할 때 양쪽에서 꼭 끼이게 물려서 조이게 하는 쇠.

ㅂ

박지문剝地文 무늬를 그린 후 그 둘레 면을 긁어내어 무늬를 강조하는 분청사기의 시문기법으로 대나무 표면에 시문할 때에도 사용됨.

밖(촉)연귀 바깥쪽을 연귀로 하고 촉을 내어 물리게 한 연귀.

반다지 내다지로 파지 않고 기둥의 반쯤까지만 파는 일 또는 기둥의 반쪽까지만 파고 촉을 만들어 끼우는 일. 숨은장부촉.

반닫이 앞의 위쪽 절반가량이 문으로 되어 있는 궤櫃.

반닫이장 반닫이 위에 일반적인 장이 붙어 있는 장.

반연귀半緣歸 재목의 안쪽이나 바깥쪽만 연귀로 한 것. 안연귀, 밖연귀가 있음.

반월반半月盤 반盤의 형태가 반달같이 생긴 소반.

반짇고리 바늘, 실, 가위 따위의 바느질 제구를 담는 그릇. 바느질고리.

반턱이음 두 재목을 서로 반턱으로 깎아 쪽붙임 하는 것. 사모턱이음. 엇턱이음. 변탕붙임.

반턱짜임 두 재목을 짜서 맞출 때, 한 쪽 목재 끝의 따낸 반턱에 다른 목재의 목두木頭를 대는 짜임.

반턱쪽매 반턱이음.

방두산지 촉이 움직이거나 빠지지 않도록 하기 위해 뚫려 나온 장부촉 끝에 박는 목정木釘.

배꼽대패 바닥이 배꼽처럼 튀어나온 대패. 소반의 천판처럼 변죽이 있

는 판을 깎는 데 쓰임.

배목 고리를 문이나 기둥에 매달거나 고정시키는 쇠.

배밀이 개탕이나 굴림대패 중에서 재목을 약간 볼록하게 나오도록
미는 대패.

배척 굵고 큰 못을 뽑을 때 쓰는 연장. 쇠붙이로 만든 지레의 한 끝을
노루발장도리의 끝처럼 굽게 만듦.

버선장 여성들의 머리맡에 놓는 낮은 장. 버선이나 기타 기물을 넣는
일종의 머릿장.

번상番床 번을 들 때에 자기 집에서 번바라지로 차려 오는데 쓰이는 소
반. 머리에 이고 나르기에 편리하도록 만들었음.
공고상公故床.

벌림쐐기 장부 끝을 째고 박아 장부가 빠지지 않게 하는 쐐기.

벙어리문갑 전면이 모두 두껍닫이문으로 막힌 문갑. 답답하게 생겼다
하여 이렇게 부름.

벽선壁線 기둥에 붙여 세우는 각목. 흔히 이곳에 경첩을 달아 여닫이
문을 의지하게 함.

변죽 각재나 판재 가장자리의 도드라진 부분. 특히 소반의 둘레에 도
드라져 올라간 부분.

변자 판재의 둘레에 대는 테두리.

변탕 모서리를 턱지게 깎는 대패.

변탕붙임 사모턱이음. 반턱이음.

변탕홈 변탕질하여 판 홈.

보주寶珠 위가 뾰족하고 좌우 양쪽과 위에서 불길이 타오르고 있는 모
양의 보배로운 구슬.

복판 문짝 한가운데의 판재. 문판.

부레풀 말린 민어의 부레를 끓여 만든 풀. 접착력이 강하여 나무를 붙
이는 데 씀.

부판附板 얇은 널판이 휘어지거나 비틀리는 것을 방지하기 위해 뒷면
에 널을 가로 붙여서 만든 널.

비탕 대패질 할 때에 깎아낼 두께를 대중하려고 한편 가를 깎는 연장.

빗이음 두 재목의 모서리를 빗턱으로 하여 서로 물린 이음.

빗접 빗·빗솔·빗치개 따위와 같이 머리를 빗는 데 쓰는 용구를 넣어
두는 작은 가구.

┌─────┐
│ ㅅ │
└─────┘

사개물림 상자 등의 모서리를 여러 갈래로 나누어 서로 물리게 하는
것. 사개맞춤.

사개연귀 깍지연귀.

사모턱 재목의 한쪽 끝을 절반가량 깎아내어 만든 턱. 두 개의 사모
턱을 서로 맞추거나 이으면 두 재목의 면이 일치되도록 깎음.
반턱.

사모턱이음 반턱이음.

사방침四方枕 팔을 괴고 기대어 앉게 된 정육면체 모양의 큰 베개.

사방탁자四方卓子 각 층의 사방이 막히지 않고 층널로만 구성된 탁자.

살밀이 문살의 등을 밀어 장식하는 일.

새김질 쇠붙이나 돌, 나무 따위의 바탕에 글자나 그림을 새기는 일.

새발장석 창문, 가구 등의 울거미를 연결하여 틈이 벌어지지 않도록
고정시키거나 장식하기 위해 대는 쇠. 기본형은 ㅓ자형이며,
새의 발 같다 하여 붙여진 이름.

서견대書見臺 책을 편히 읽기 위해 높고 경사지게 만든 받침대.

서랍 책상·문갑·장롱·경대 따위에 딸린, 빼었다 끼웠다 하게 된 뚜
껑 없는 상자.

서랍복판 서랍의 앞쪽에 가로댄 판자.

서안書案 책을 읽거나 글을 쓸 때에 사용하는 상.

석간주石間朱 붉은 산화철이 많이 들어 있어 빛이 붉은 흙.

선초扇貂 부채자루 끝에 달아매어 늘어뜨리는 장식품.

선자물쇠 잠그는 촉이 쥐꼬리처럼 길고 곧게 되어 있는 자물쇠.
쥐꼬리형자물쇠. 붙박이쥐꼬리자물쇠.

선회나뭇결 뿌리나 옹이 근처의 이리저리 뒤틀리거나 휘감긴 듯한 모
양의 나뭇결.

세로동자 세로로 지른 동자.

소반小盤 음식을 나르거나 놓고 먹는 자그마한 상.

손자귀 한 손으로 사용하게 만든 자그마한 자귀.

송곳 구멍을 뚫는 데 쓰는 끝이 뾰족하고 자루가 있는 연장.

쇠시리 각재의 모나 면을 깎아 밀어서 두드러지게 또는 오복하게 하여
모양지게 하는 일.

수상재水上材 뗏목으로 운반하여 내려온 목재.

숨은경첩 경첩의 날개가 겉으로 노출되지 않고 숨어 있는 경첩.
후대로 올수록 많이 사용됨.

숨은서랍 서랍 복판의 양끝을 안쪽으로 45도 경사지게 깎아 서랍이
없는 것처럼 보이게 하여 단순함을 강조한 서랍.

신주장神主欌 조상의 신주를 모시는 장. 감실龕室

실대패 가늘게 깎는 작은 대패.

실오리모 목재의 옆에 도드라지고 오목하게 줄이 지는 면접기.

심짜임 이음새의 중심부에 짜임하는 것.

십자턱짜임 두 개의 재목 중간을 각각 반턱으로 깎아 십자걸이를 한
짜임. 십자十字맞춤.

쌍사雙絲 기둥이나 문변자, 쇠목 따위에 두 줄을 도드라지게 새긴 것.

쌍사밀이 쌍사를 새기는 데 쓰는 대패. 대패 바닥과 대팻날에 두 줄의 홈이 파여 있음.

쌍장부雙丈夫 촉 두 갈래로 된 장부촉.

쌍턱장부촉 두 턱이 지게 이단二段으로 된 장부촉.

쐐기 물건들의 틈새에 박아 사개가 물러나지 못하게 하거나 또는 물건들의 틈새에 박아 그 사이를 벌리는 데 쓰이는 물건.

수각형獸脚形 가구의 다리부분을 짐승의 다리 모양을 본떠 제작하여 보다 견고하고 시각적으로도 안정감을 주고 있는데 의자·소반·평상 등에 사용된다.

수결手決 도장 대신으로 자기의 성명이나 직함 아래에 직접 쓰는 일정한 표지.

수로手爐 주로 손을 쬐는 데 쓰이는 조그마한 화로. 주로 사랑방에서 노인들이 사용한다.

ㅇ

아교 동물의 가죽·뼈 따위를 고아 굳힌 황갈색의 접착제.

아자문亞字文 문짝의 살대가 아자형亞字形으로 된 문.

안고지기 두 짝을 한 데 붙여 여닫게 된 문 또는 두 짝을 한쪽으로 밀어붙여서 문지방까지 함께 열게 된 미세기문. 목가구에는 의걸이장에 나타남.

안주반安州盤 안주安州 지방에서 많이 제작된 마족형馬足形 소반.

안상문眼象文 코끼리 눈 모양의 무늬를 말하는데 목가구에서는 주로 서안·경상·책장에 음각 또는 양각하여 나타내고 있음.

앞바탕 나무가 상하는 것을 막고 또 장식효과를 높이기 위해 자물쇠·들쇠·고리 등에 받침으로 대는 금속장식.

엇결 판면板面에 물결 모양으로 비꼬인 나뭇결 또는 엇나간 나뭇결.

엇턱이음 반턱이음.

양각陽刻 표면보다 돋아보이게 조각하는 기법.

여의두형如意頭形 여의의 머리부분 모양으로 경상이나 책장에 음각이나 양각으로 새김.

연귀 두 부분의 끝맞춤에 있어서 나무 마구리가 보이지 않게 귀를 45도로 접어서 맞추는 것. 연귀짜임.

연귀자 연귀를 맞추는 데 쓰는 자.

연귀촉 두 목재가 45도로 만나고 그 안에 촉이 물리게 된 것.

연상硯床 벼루와 그밖의 문방구류를 넣어 두는 상.

연엽반蓮葉盤 연잎 모양의 천판을 갖고 있는 소반.

연주문連珠文 구슬 같은 원형이 연속적으로 그려진 무늬.

열장장부촉 끝이 넓고 안이 좁게 만든 촉. 띠열장장부촉. 열장.

염죽법染竹法 대나무의 표면에 약품을 발라 변색시켜 무늬를 나타내는 기법.

엽전궤葉錢櫃 엽전이나 곡식, 제기 등 중요한 기물들을 넣어두는 궤로 뚜껑을 위로 열어 사용함. 돈궤.

옆쇠목 장롱 따위의 앞 기둥과 뒷기둥 사이에 가로 댄 나무.

오그칼 호비칼.

오금대패 재목을 약간 불룩하게 나오도록 깎거나 둥글게 깎는, 대팻날의 중간이 초생달처럼 둥글게 들어간 대패. 외원外圓대패.

오늬쪽매 널 옆을 화살의 오늬모양으로 한 쪽매.

옥까뀌 나막신이나 함지 등의 속을 파낼 때 쓰는, 날이 한쪽으로 심하게 오그라진 까뀌.

용목龍木 느티나무나 물푸레나무의 뿌리나 옹이 부분의 판재가 마치 용이 뒤엉킨 것 같은 형상의 아름다운 무늬를 나타내는데 이를 용목이라 부름.

우각판牛角板 화각제품을 만들기 위해 소뿔을 펴서 얇게 만든 판.

운각雲脚 소반 천판을 받쳐주고 다리와 다리 사이를 고정시키는 구름, 풀 무늬 모양의 판.

운당초문雲唐草文 구름무늬와 당초무늬가 연속적으로 어우러져 있는 무늬.

울거미 쇠목, 동자, 기둥과 같은 골조를 통털어 일컫는 말.

원두은장이음 양끝이 동그랗게 된 나비장을 사용하여 두 재목을 길이로 잇는 것.

원두정圓頭釘 머리가 둥근 못.

원반圓盤 천판이 원형으로 된 소반.

원앙삼층장鴛鴦三層欌 2·3층은 일반 장과 같은 구조이나 1층에 두 짝의 여닫이문을 설치하고 속에 서랍을 두어 금고처럼 사용하게 된 장. 1층의 나란한 두 여닫이문이 마치 사이좋은 원앙새 같다 하여 이렇게 부름.

육각肉刻 보다 사실감이 나도록 두두룩하게 조각하는 것.

은못촉 두 재목을 한 데 붙일 때 다른 나무를 깎아서 두 재목이 떨어지지 않게 박는 장부촉.

은살대 맞이을 두 널빤지의 이어지는 면 가운데에 은장홈을 내고, 그 가운데 끼우게 만든 납작한 나무쪽.

은장홈 맞이을 널빤지의 이어지는 면에 은살대가 끼이도록 파낸 홈.

은정隱釘 못대가리가 작아 감춰 박을 수 있는 못. 은촉.

은隱**촉** ① 두 널빤지를 맞잇기 위해 한쪽 널빤지의 맞닿는 면 가운데로 길게 낸 돌기. 은촉홈에 끼우게 됨.

② 대나무못이나 대가리를 자른 못으로 깊이 박아 외형으로 잘 나타나지 않는 못.

은촉붙임 은촉을 은촉홈에 끼워 쪽붙임 하는 것. 개탕붙임. 제혀쪽매.

은촉홈 은촉붙임 할 때 은촉을 끼우기 위해 파낸 홈.

은혈자물쇠 자물쇠장치가 앞바탕 뒤에 숨어 있고 겉에는 열쇠 구멍만 보이는 자물쇠.

의걸이장 장의 내부 상단에 횃대가 있어 옷이 구겨지지 않도록 걸쳐 놓을 수 있게 만든 장.

이남박 쌀 따위를 씻어 일 때 쓰는 함지박. 안 턱에 여러 줄의 이가 돌려 파여 있음.

이마받이 장이나 농의 천판에 양쪽으로 길게 뻗어 나온 널판.

인궤印櫃 도장을 넣어 두는 궤. 인장함.

일주반一柱盤 한 개의 기둥으로 받쳐진 소반. 간단한 음식이나 한 그릇의 물·약·과일 등을 정성들여 바치는 데 사용함. 단각반.

잉걸톱 내림톱.

─── ㅈ·ㅊ·ㅋ ───

자귀 나무나 목재를 깎아 다듬는 연장. 자루와 직각되게 날이 달렸는데 끝부분만 쇠로 되어 있음.

자귀별 원목을 산판에서 자귀로 제재製材한 것.

자릿장 이불, 요 따위를 넣어 두는 장. 금침장衾枕欌.

잔결 가느다랗게 나타난 곧은 결. 실결.

잡목雜木 건축에 잘 쓰이지 않는 나무 또는 긴하게 쓰이지 못한 여러 가지 나무.

장欌 의복을 넣어 두는 가구로 각 층이 분리되지 않게 된 것. 옷장·찬장·책장 등 여러 종류로 나뉨.

장도리 못을 박거나 빼는 데 쓰는 쇠 연장. 한쪽은 못을 빼기 좋도록 돼지의 발톱처럼 되어 있음.

장부 이음 또는 짜임에 있어서 다른 재목의 파낸 구멍에 삽입하기 위하여 만든 돌기. 축. 장부촉.

장부구멍(穴) 장부촉을 끼는 구멍.

장부쇠 장부를 보강하기 위하여 씌우는 쇠.

장부이음 두 재목을 장부촉을 끼워 길게 잇는 것.

장부짜임 목재의 옆면에다 길게 홈을 파고 다른 목재의 장부촉을 끼워 맞춘 것.

장부촉 장부의 촉. 장부.

장침長枕 모로 기대어 앉아서 팔꿈치를 괴는 데에 쓰는 긴 베개.

재판 끽연도구 등을 사용하기 편리하도록 한 곳에 모아 두는 목판. 흔히 서안 옆에 위치함.

전골반 전골냄비를 올려놓기 위해 소반의 천판에 둥근 구멍이 뚫려 있거나 움푹 파여 있는 소반.

절정切釘 대가리를 잘라 없앤 쇠못.

절패법切貝法 자개를 톱으로 오려내는 것보다는 끊어 내어 무늬를 시문하는 나전칠기 기법.

점반죽법点班竹法 대나무 표면에 인위적으로 얼룩반점을 얻기 위해 대의 표면을 약품으로 처리하는 기법.

점상 점占을 치는 제구를 얹어 놓는 상.

정鋌 못을 대가리까지 깊숙이 들어가도록 박는 데 쓰는 연장. 돌을 쪼는 정과 비슷하나 끝이 뭉툭함.

정자자丁字尺 정자丁字 모양으로 된 자.

제혀쪽매 개탕붙임.

조패법彫貝法 자개를 무늬대로 오려낸 후 날카로운 칼로 파내어 상세한 무늬를 나타내는 기법.

족대足臺 장·농·상·뒤주·서안 따위에서 그 발밑에 건너대는 널.

족足통 다리부분 전체를 일컫는 말.

좌등坐燈 실내의 한쪽 옆에 놓여 전체를 은은하게 밝히는 등.

주련경柱聯鏡 기둥에 걸게 된 좁고 긴 거울로 전신을 비춰 볼 수 있다.

주먹장부 숨은장부구멍에 끼우기 위해 미리 쐐기를 반쯤 박은 장부. 그것을 숨은장부구멍에 끼우면 쐐기가 장부촉에 깊이 박히면서 장부촉 끝이 벌어져 빠지지 않게 됨. 지옥장부.

주먹장이음 주먹장부를 숨은장부구멍에 끼워 잇는 것.

죽절반竹節盤 상의 다리부분을 죽절竹節 모양으로 조각한 소반. 나주반羅州盤이나 통영반統營盤이 대부분임.

쥐꼬리형자물쇠 선자물쇠, 붙박이쥐꼬리자물쇠.

쥐꼬리톱 돌림톱.

쥐벽간 문판의 좌우에 위치한 널판.

지장紙欌 골재骨材는 목재로 되고 그 외는 종이로 발려 있거나, 전체가 목재 백골로 되고 그 표면에 종이를 바른 장.

쪽매 널을 옆으로 넓게 붙여 잇는 것. 이음. 쪽판붙임.

찬장饌欌 식기류나 음식 따위를 보관하는 장

찬탁饌卓 음식이나 그릇을 얹어 두는 탁자.

찻상茶床 차를 마시는데 사용하는 낮은 상.

찻장茶欌 찻잔, 주전자 등 차를 끓이거나 마시는데 필요한 기물을 보관하는 장.

책장冊欌 서책書冊을 보관하는 장.

천판天板 장롱이나 소반·상자 등에서 하늘을 보고 있는 면의 널.

촉이음 촉으로 이음 하는 것. 쪽매.

촉짜임 촉으로 짜임 하는 것.

충주반忠州盤 충주 지방에서 주로 생산되는 소반, 구족狗足 형태와 해주반과 유사한 형태를 하고 있음.

층널 층을 구성하는 널판.

치목治木 목재를 마름질하는 것.

칼장 골재가 칼날같이 삼각모로 된 장.

큰톱大鋸 두 사람이 마주잡고 켜는 큰 톱을 두루 일컫는 말.

켤톱 내릴톱. 내가리톱. 잉걸톱.

ㅌ·ㅍ·ㅎ

타래송곳 나사처럼 꼬여 있어 큰 구멍을 뚫거나 구멍을 넓힐 때 쓰는 송곳.

타발법打拔法 무늬로 오려낸 휘어진 자개를 표면에 놓고 망치로 쳐서 깨어진 선을 그대로 나타내는 기법인데 자개를 얇게 하는 기술이 부족하던 16~18세기에 주로 사용하던 나전 칠기 기법으로 오히려 자연스러움.

탁자卓子 골재에 여러 층의 층널이 짜여 있어 기물들을 올려놓을 수 있게 만든 가구.

탁자장卓子欌 다목적으로 사용하기 위해 탁자와 장이 한 데 어울려 지도록 짠 것.

탕개 물건에 동인 줄을 죄는 제구. 동인줄의 중간에 탕개목을 질러서 비비틀면 줄이 죄어 들게 됨.

탕개붙임 탕개를 틀어서 나무쪽을 붙이는 일.

탕개줄 탕개목으로 죄는 탕개의 줄.

탕개톱 탕개로 죄어져 있는 톱.

턱장부 장부의 한편에 있는 장부. 턱장부촉. 턱솔장부.

턱짜임 목재 옆면의 따낸 턱에다 다른 재목의 턱을 끼는 짜임. 턱솔짜임.

톱(鋸) 강철로 된 얇은 톱양에 날카로운 이가 여럿이 있어 나무나 쇠를 자르거나 켜는 도구.

톱양 톱의 이가 나 있는 길고 얇은 쇳조각.

톱손 내릴톱에서 양쪽에 있는 나무 손잡이.

통영반統營盤 경상남도 통영 지방에서 주로 생산된 소반.

퇴밀이 살밀이의 한 가지.

퇴침退枕 빗이나 기타 화장구化粧具를 넣는 서랍이 있는 목침木枕.

투각透刻 판금板金, 목재, 석재石材 따위의 면을 도려내어 형상을 나

타내는 조각법의 하나.

평두정平頭釘 대가리가 평평한 못.

평밀이 바닥을 편편하게 미는 대패.

평상平床 낮잠을 즐기거나 바둑을 둘 때 사용하는 침상의 한 가지. 흔히 대청이나 누마루에 놓임.

표형瓢形 도자기나 금속, 목공예품에서 물이나 술을 담는 그릇의 표주박 형태를 말함.

풍혈風穴 목가구의 천판과 기둥 사이 또는 기둥과 하단 쇠목 사이에 당초문, 박쥐문, 선문 등을 투각하여 장식용으로 덧대는 얇은 판재.

풍혈반風穴盤 둥근 소반의 측널에 풍혈이 뚫려 있음.

필통筆筒 붓을 꽂아 두는 통.

함函 옷이나 여러 기물을 넣어두는 상자로 경첩과 자물쇠 장치가 달린 상자.

함지박 통나무의 속을 파서 큰 바가지 같이 만든 그릇.

해주반海州盤 황해도에서 주로 생산된 소반으로 양 측널이 판각으로 되어 있음.

허리댐 한 목재의 옆면에 딴 재목의 끝마무리를 대어 짜는 맞춤.

호비칼 나막신이나 함지박 등의 속을 파낼 때 쓰는 칼. 긴 자루에 안쪽으로 오그라진 칼날이 박혀 있음. 오그칼.

호족반虎足盤 다리의 형태가 호랑이 다리 같이 생긴 소반.

홀장부單丈夫 한 개의 촉으로 된 장부.

홈 오목하고 길게 고랑처럼 판 줄.

화각장華角欌 쇠뿔을 편 후 얇게 갈아서 투명하게 된 사각판에 당채로 여러 가지 문양을 그려 끼운 장.

화초장華草欌 투명한 유리판의 뒷면에 여러 가지 색으로 화려하게 그림을 그린 후 색종이로 뒷면을 받쳐 끼운 장.

환 ' 줄처럼 쓰이는 연장의 하나. 조붓한 쇳조각에 잘게 이를 솟게 새기거나 나무 조각에 상어 껍질을 붙여 만듦. 금속 아닌 물건을 쓸어서 깎는 데 씀.

활비비 활처럼 굽은 나무에 시위를 매고, 송곳을 그 시위로 감아 돌리어 나무를 뚫는 송곳. 활송곳.

횃대 긴 나무의 두 끝에 끈을 매어 벽에 매달거나, 장의 내부에 설치하여 옷을 구기지 않고 걸쳐 놓을 수 있게 만든 막대.

회전반回轉盤 천판이 돌아가도록 만들어진 소반.

훑치기 둥근 곡면의 나무 표면을 깎는 것으로 손잡이가 달린 일종의 대패. 훑이기.

4. 목재질 木材質

Wood Grain

한국의 지형은 남북으로 길게 뻗어 있어 기온의 차가 심하고 산지가 많아 수종樹種이 다양하여 용도에 따라 적기적소에 사용할 수 있는 재목을 구하기가 용이하다. 또 뚜렷한 사계절로 인한 나무의 아름다운 무늬결은 가능한 인공적인 면을 줄이고 자연적인 아름다움을 나타내려는 한국적 미의 개념과 상통하여 복잡한 장식이나 조각, 칠 등으로 목가구를 치장하는 것을 대신하였다. 더욱이 사랑舍廊의 문방생활에서는 단순과 검소함이 강조되었으므로 자연 목리를 활용한 가구들이 주류를 이루었으며, 간혹 취향에 따라 정교한 조각을 새긴 것도 있다.

학문을 중시하고 청빈검약을 생활태도로 하는 선비의 사랑방과 그곳의 가구는 단순하고 검소하게 보이는 소나무와 오동나무가 주로 사용되고, 가정생활의 중심이며 여성들의 생활공간인 안방의 가구는 아름다운 나뭇결의 느티나무, 물푸레나무, 먹감나무가 애용되었다.

무거운 유기나 사기그릇들을 사용하는 부엌에서는 수분에 강하고 힘을 지탱할 수 있는 소나무 골재와 판재, 무늬가 아름다운 느티나무 판재가 사용되었다.

나무의 나이테는 켜는 방법에 따라 여러 가지 무늬결이 나타난다. 장과 농, 문갑 전면의 복판이나 쥐벽간의 판재는 느티나무·물푸레나무·단풍나무 등의 아름다운 자연 무늬결로 장식효과를 대신하고, 기둥이나 쇠목, 문변자와 같이 힘을 받는 골재는 참죽나무·소나무·배나무 등의 단단한 곧은결이 사용된다.

1) 소나무

한옥의 기둥에서부터 실내 가구에 이르기까지 가장 보편적으로 사용되는 수종으로 수축팽창의 변화가 별로 없고 우리나라 전역에 산재되어 있다. 나뭇결이 고우며 기름칠 없이 걸레질만 해도 윤기가 나고, 시각은 물론 촉감도 부드럽고 안정되어 보인다. 이로써 검소한 선비 취향에 잘 맞아 서안, 연상, 서류함 등 문방가구에 애용되었다.

또 가구의 기둥과 쇠목, 동자 등의 골재와 장·농의 양 측면과 뒷면 판재로서도 폭넓게 사용되었다. 습기에 강하고 단단하여 찬장과 찬탁, 뒤주, 소반 등 주로 부엌가구와 통목의 속을 까뀌로 깎아내는 대형 함지, 이남박 등에도 사용되었다.

2) 오동나무

습기에 약한 물품들을 보관하는 데는 오동나무가 제격인데 이는 특수한 섬유질로 인해 건습乾濕 조절이 용이하고 판재를 얇게 켜도 터지지 않고 가볍기 때문이다.

넓은 판재로는 장·농·함 등을 만들고, 좋은 무늬결의 판재는 사랑방용품인 책장·서류함·서안·문갑의 복판재로써 활용되어 서류나 의복, 중요 기물을 보호하려는 목적으로 널리 애용되었다. 그 외 필통·지통·연상·망건통·탕건통·갓통·고비·상자 등 문방가구와 거문고·가야금·양금·장구 등 악기의 울림통 제작에도 사용되었다.

결혼 때 새살림의 장과 농에 필수적으로 사용되어 혼수목婚需木이라고도 한다.

판재의 색이 희고 표면이 무른 점이 흠인데, 이를 극복하기 위해 바깥 면에 사용할 때는 표면을 뜨거운 인두로 지진 후 볏짚으로 문질러 부드러운 섬유질은 털어 내고 단단한 무늬결을 남게 하는 낙동법烙桐法을 사용한다.

판재의 표면이 검고 광택이 없어 검소한 분위기를 추구하는 사랑방용품 재료로서 적격이다.

3) 느티나무

느티나무는 동네 어귀나 쉼터에서 그늘을 만들어 주는 정자목으로 수명이 길며 높고 굵게 잘 자라는 나무이다. 다른 수종에 비하여 무늬결이 다양하고 독특하게 생성되어 목가구의 형태와 쓰임새에 따라 알맞은 부위의 성질과 무늬결을 선택하여 사용한다. 나뭇결이 그림을 그린 듯한 아름다움이 있는 반면 분명하고 강한 느낌도 주고 있어 남성과 여성용품에 널리 사용되었다. 옹이나 밑동 근처의 용이 뒤엉킨 형상의 무늬목을 용목龍木이라 부르는데 상자나 소품의 판재 또는 미장재료로 널리 활용된다. 그러나 건습에 예민하여 수축팽창의 폭이 심하고 비틀리는 단점이 있다.

반닫이와 돈궤 등에서 두꺼운 판재로 사용할 때는 사개물림으로 견고하게 짜 맞추는데 단단하고 묵직한 형태와 아름다운 선회나뭇결이 잘 어울린다.

4) 단풍나무

색이 밝고 눈매가 곱고 단단하며 윤기가 난다. 나뭇결의 특이한 조직은 편광효과를 보여 보는 각도에 따라 변화를 느낄 수 있다. 옹이나 뿌리 근처의 목리는 용이 꿈틀거리는 듯한 아름다운 목리를 갖고 있어 장과 농의 복판재와 서류함에 사용된다. 판재로도 널리 쓰인다.

5) 물푸레나무

나뭇결이 아름다워 느티나무 목리와 비슷해 보이며 색이 밝다. 옹이 부분은 용목과 같이 목리가 아름다워 장, 농의 앞판재와 서류함의 판재로 쓰이며 넓은 판재로도 사용한다.

6) 은행나무

은행나무는 비교적 넓은 판재를 구할 수 있으며 얇은 판재를 사용해도 터지거나 휘지 않아 소반 제작에 많이 쓰였다. 또 탄력이 있어 흠이 잘 생기지 않고, 좀이나 벌레가 쏠지 않으며, 가벼워서 운반에도 편리하므로 예로부터 소반의 재질로 널리 이용되었다. 행자목에 옻칠된 소반은 상품으로 취급되었다.

눈매가 곱고 탄력이 있어 깊고 다양한 기법의 조각재로 적당하여 장과 농, 가마, 좌경 등의 판재로도 사용되었다. 또 두껍고 넓은 목재를 손쉽게 구할 수 있고 강한 무늬결이 없이 전체가 고르며 부드럽기 때문에 항아리, 병, 제기, 바리때와 같이 물레로 회전시키며 칼로 깎아내는 가리질용 재료로도 사용된다.

7) 감나무

단단한 감나무에 자연적인 검은 먹이 들어 있는 먹감나무는 추상적인 독특한 무늬가 황갈색을 띠고 있는 바탕과 어울려 부드러우면서도 향토색이 짙은 장식적 효과를 내고 있다.

이 나무는 궤처럼 넓고 두꺼운 판재를 사괘물림 하여 사용할 때는 무리가 없으나 얇게 사용하면 쉽게 비틀어지거나 터지기 때문에 변화가 별로 없는 소나무나 오동나무 판재를 뒷면에 엇갈리게 붙여 부판으로 제작한 후 사용한다.

사랑방의 문갑·탁자·머릿장·연상·필통 등 문방가구에 사용되었고, 장식적이면서도 안정된 느낌으로 안방의 문갑·장과 농·좌경·빗접 등 여성용품에도 애용되었다. 주로 전라도 지방에서 생산되는 가구에 많이 나타난다.

8) 배나무

배나무는 눈매가 곱고 탄력 있고 단단하여 대추나무, 회양목 등과 함께 인장이나 선초扇貂·장도粧刀 등 정교한 각을 내기 위한 조각재로 쓰인다. 또한 매우 단단하여 크기에 비하여 무거운 힘을 감당할 수 있으며, 무닛결이 강하지 않아 시각적 부담을 주지 않으므로 탁자, 장과 농의 기둥과 쇠목, 문변자 등 골재로 사용되기도 한다.

9) 참죽나무

참죽나무는 굵은 선의 나뭇결이 느티나무와 닮아 곱게 보인다. 또한 느티나무에 비하여 뒤틀림이 별로 없고 큰 힘을 견딜 수 있어 책장, 탁자, 문갑 등 비교적 힘을 많이 받는 가구의 기둥과 쇠목, 문변자 등의 골재로 사용되며 특히 붉은색을 띠고 있어 목리가 돋보이는 검은 오동 판재와 잘 어울린다.

10) 피나무

피나무는 강원도 산간 지방을 비롯한 우리나라 전역에서 널리 자라고 있는 수종이다. 비교적 부드럽고 온순한 재질과 넓고 두꺼운 재료를 쉽게 구할 수 있어 자귀나 까뀌로 속을 파내는 대형 함지와 목물레인 가리방으로 회전시켜 제작하는 원반 등에 사용된다. 또 대형 함이나 궤, 장과 농의 판재로도 사용된다.

11) 박달나무

단단하고 눈매가 고와 조각재로 사용하지만 얇은 판재로는 비틀리기 쉽다. 주로 무게와 굵은 골재가 요구되는 홍두깨, 다듬잇방망이, 육모방망이 등 특수한 용도로 사용된다.

30×
확대비율

1. 은행나무 (杏子木, Gingko)
   무르고 탄력성이 있으며 가볍다. 판재로 쓰인다. (장, 농, 소반, 함, 조각재)

10.5×

2. 가래나무 (楸木, Juglans)
   단단하고 질기며 비교적 가볍다. 골재와 판재로 쓰인다. (장, 농, 소반,함)

10.5×

3. 호도나무 (胡挑, Chinese Walnut)
   비교적 단단하다. 판재나 통목으로 쓰인다. (장, 농, 소반, 함지박, 궤)

10.5×

4. 감나무 (柿木, Persimmon)
   단단하다. 골재나 판재로 쓰인다. 먹이 들어 있는 먹감나무는 판재로 쓰인다. (장, 농, 궤, 좌경, 목공예 소품, 조각재)

30×

5. 피나무 (椵木, Amur Linden)
　　무르고 질기다. 판재나 통목으로 쓰인다. (함지박, 원반, 공구)

30×

6. 배나무 (梨木, Pear)
　　단단하고 무거우며 신축성이 별로 없다. 판재나 골재로 쓰인다. (탁자나 장·농의 골재, 조각재)

30×

7. 박달나무 (檀木, Betula Schmidtii)
　　단단하고 무거우며 잘 틀어진다. 골재로 쓰인다. (공구, 방망이, 조각재)

30×

8. 벚나무 (櫻木, Cherry)
　　단단하고 잘 틀어진다. 판재나 골재로 쓰인다. (장, 농, 목공예 소품)

10.5×

9. 오동나무(梧桐木, 桐木, Royal Paulownia)
무르고 가볍다. 얇아도 잘 터지거나 비틀리지 않는다. 습기 조절이 가능하여 종이나 의복 등을 보관하기에 적격이다. 판재로 쓰인다.
(장, 농, 상자, 악기, 목공예 소품)

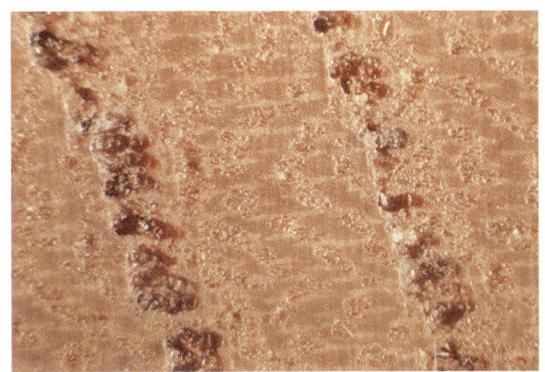

10.5×

10. 느티나무(槻木, Zelkova)
단단하고 무겁고 목리木理가 아름답다. 판재로 쓰인다. (장, 농, 도구, 반닫이, 건축재, 목공예 소품)

10.5×

11. 엄나무(海桐木, Casor Aralia)
단단하고 목리木理가 아름답다. 판재나 골재로 쓰인다. (궤, 상자)

10.5×

12. 느릅나무(楡木, Elm)
단단하고 질기며 무겁다. 판재나 골재로 쓰인다. (가구, 건축재)

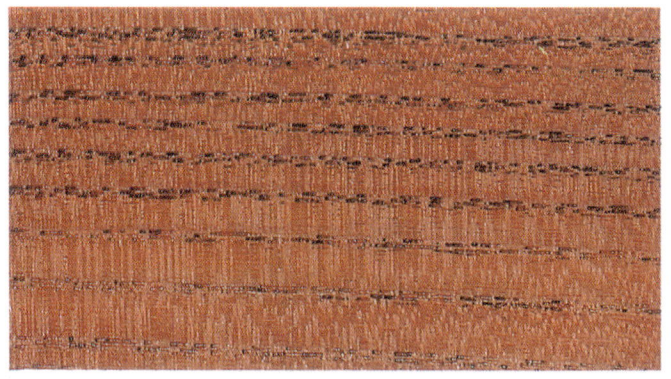 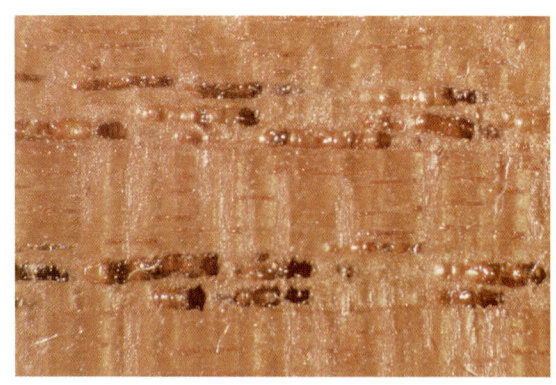

10.5×

13. 참죽나무(椿木, 香椿木, Chinese Cedrela)
　　단단하고 무겁다. 판재나 골재로 쓰인다. (장, 농, 탁자, 농기구, 도구)

10.5×

14. 참나무(櫟木, Oak)
　　단단하고 질기고 무겁다. 골재로 쓰인다. (궤, 공구)

10.5×

15. 밤나무(栗木, Chestnut)
　　단단하고 습기에 잘 견딘다. 골재로 쓰인다. (주독, 악기)

30×

16. 버드나무(楊柳, Willow)
　　무르고 가벼우며 탄력이 있다. 판재나 통목으로 쓰인다. (함지박, 나막신, 바구니)

60×

17. 소나무(陸松, 赤松, Red Pine)
무르고 가볍다. 판재나 골재로 쓰인다. (찬탁, 찬장, 서안, 책장, 이층장, 궤)

 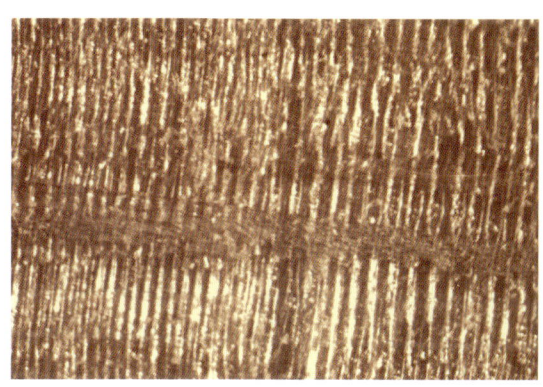

60×

18. 잣나무(紅松, 栢子木, Korean Pine)
가벼우며 비틀리지 않는다. 판재나 통목으로 쓰인다. (칠기 백골)

60×

19. 춘양목(春陽木, 金剛松, Red Pine)
소나무의 일종으로 무르고 기름이 많으며 윤기가 난다. 판재, 골재로 쓰인다. (궤, 장, 농)

60×

20. 향나무(香木, 圓柏, 檜柏, Chinese Juniper)
단단하고 향내가 난다. 판재나 골재로 쓰인다. (향, 조각재)

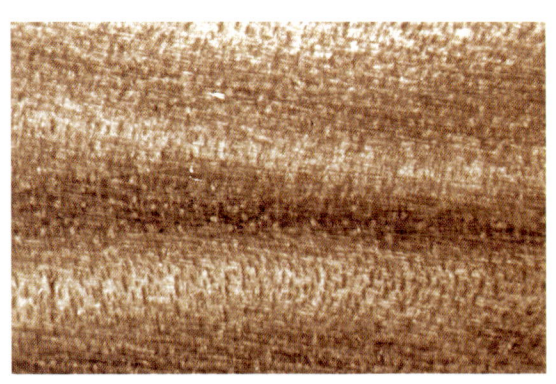

10.5×

21. 단풍나무(丹楓, Maple)
　　단단하고 윤기가 난다. 비틀어지기 쉽다. 판재로 쓰인다. (장, 농, 함, 문갑)

10.5×

22. 물푸레나무(水靑木, 梣木 Korean Ash)
　　단단하고 뿌리나 옹이 부분의 목리木理가 아름답다. 판재나 골재로 쓰인다. (장, 농, 함, 문갑, 좌경)

10.5×

23. 조록나무(휘가시나무, 蚊母樹, 山柚子, Distylium Racemosum)
　　제주도 특산으로 자연적인 구멍이 있고 단단하다. 판재나 골재로 쓰인다. (반닫이, 장, 농, 문갑)

10.5×

24. 화류나무(樺榴木, Sandal Wood)
　　인도, 인도네시아, 중국 원산原産으로 단단하고 윤기가 있다. 골재와 판재로 쓰인다. (의걸이장, 삼층장, 교자상)

5. 목공구 木工具
Tools

가. 톱
[鋸, Saw]

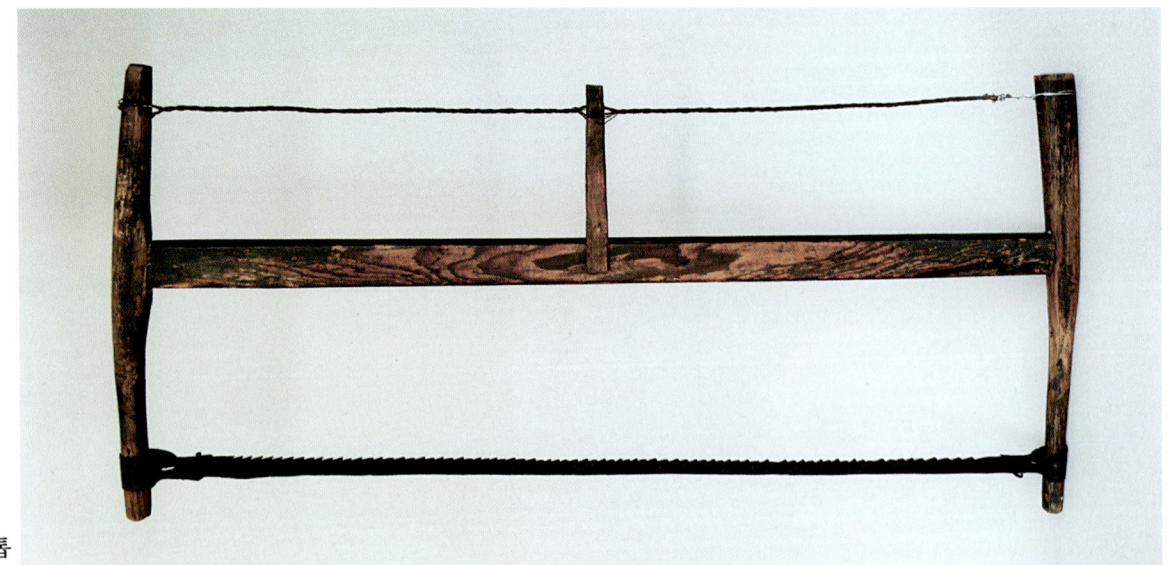

사진 1 . 옆탕개톱

사진 2.
사진 1의 부분

사진 3. 목재 켜기, 큰톱질
/「조선풍속화보」에서

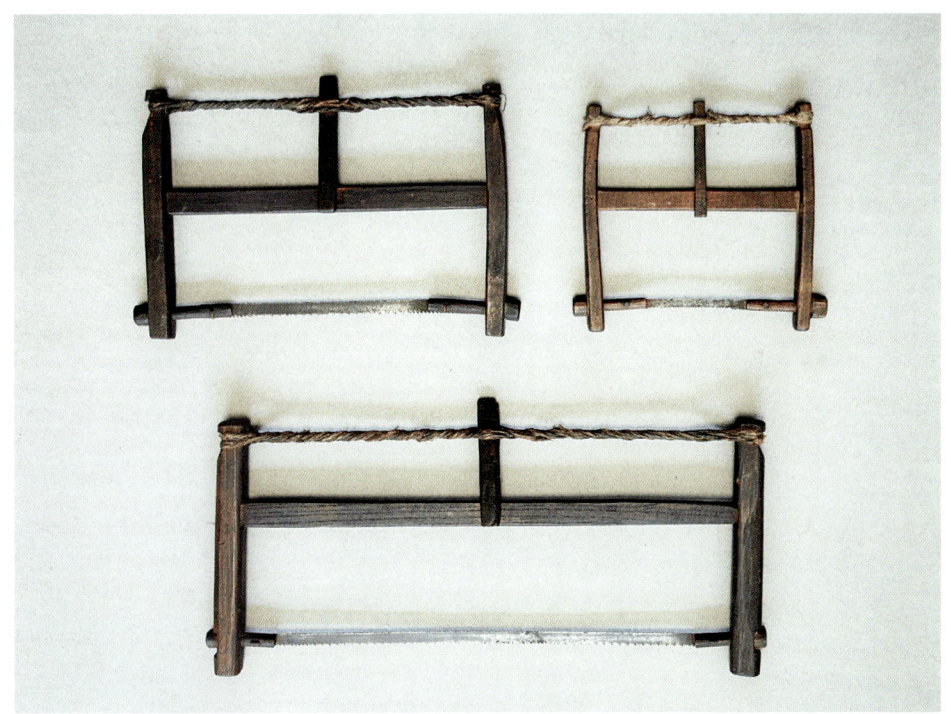

사진 4. 끈치톱과 내릴톱

사진 5. 사진 4의 끈치톱 부분

사진 6. 사진 4의 내릴톱 부분

사진 7. 쥐꼬리톱(돌림톱)

사진 8. 사진 7의 부분

사진 9. 사진 7의 부분

나. 자
[尺, Square]

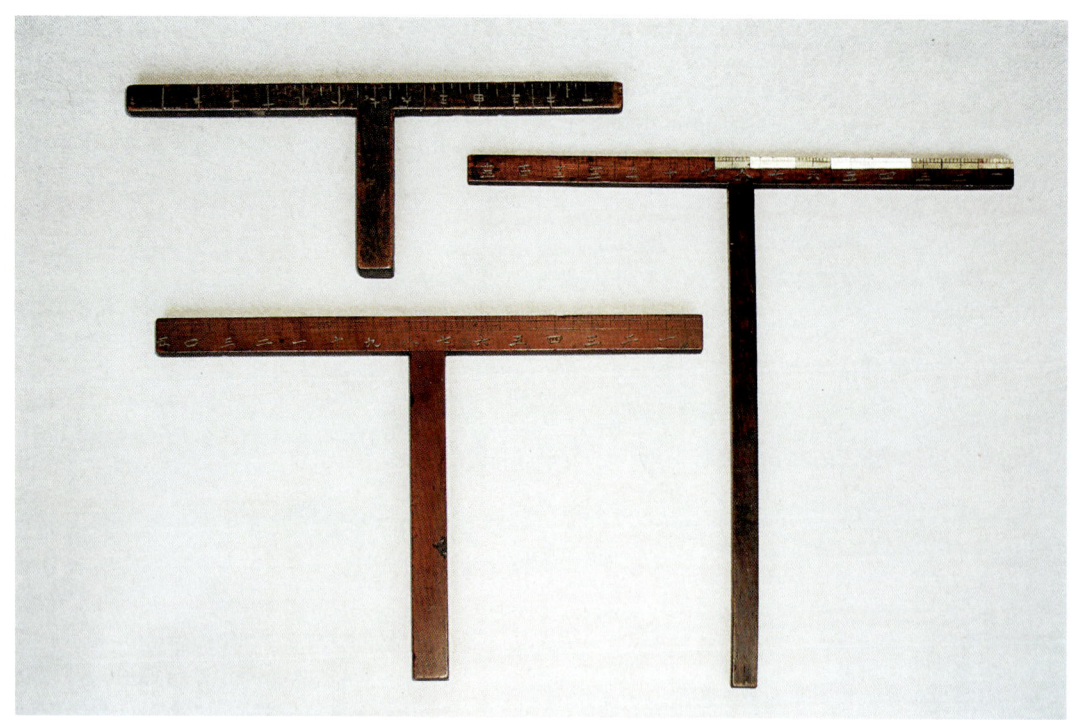

사진 10 . 정자 丁字자

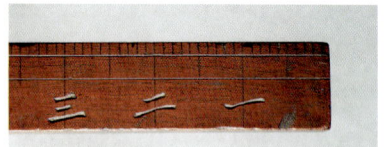

사진 11. 사진 10의 부분

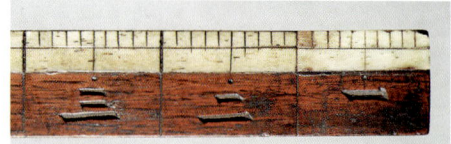

사진 12. 사진 10의 부분

사진 13. 사진 10의 부분

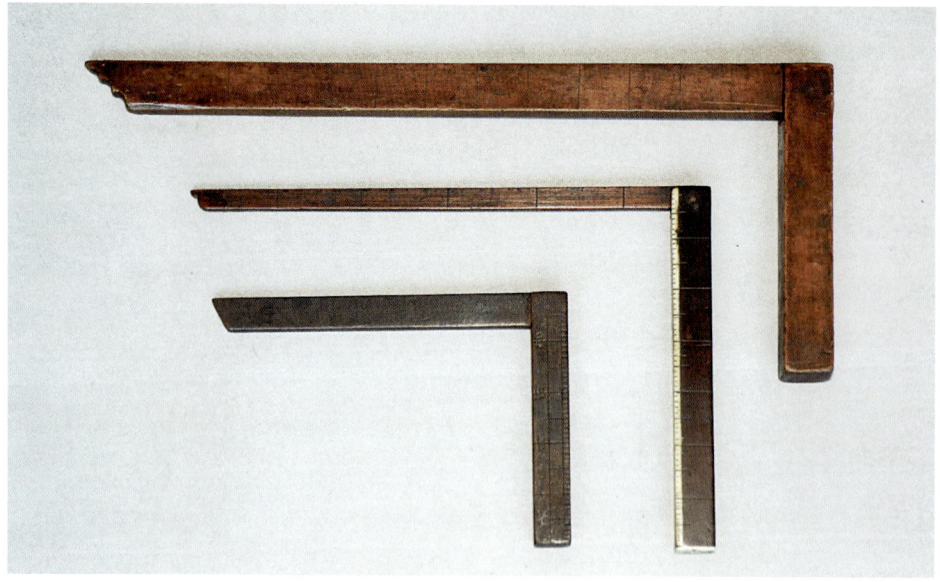

사진 14. 기역자(ㄱ字)

사진 15. 사진 14의 부분

사진 16. 사진 14의 부분

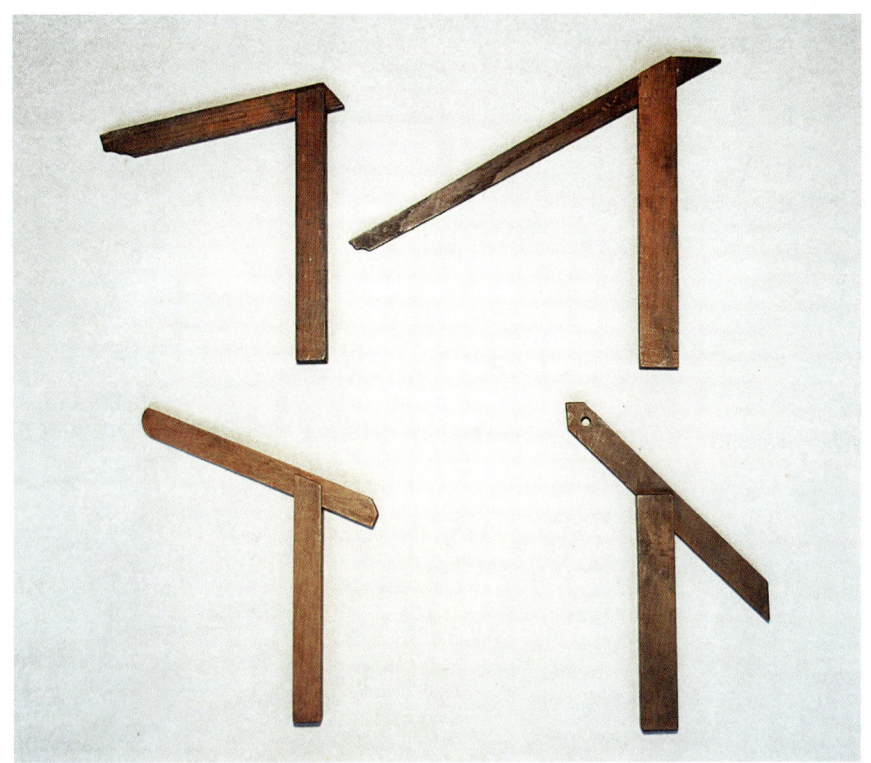

사진 17. 연귀자〔角尺〕

다. 그므개
[罫引, Making Gauge]

사진 18. 그므개

사진 19. 사진 18의 부분
쪼개기그므개

사진 20. 사진 18의 부분
선긋기그므개

라. 먹통 [墨筒, Inkpot]

사진 21. 먹통

사진 22. 수직잡기 / 단원 김홍도 그림

사진 23. 먹통

사진 24. 먹통

사진 25. 죽제먹통

마. 대패 [鉋, Plane]

사진 26. 대패질/ 단원 김홍도 그림

사진 27. 평밀이(평대패)

사진 28. 사진 27의 바닥면

사진 29. 당김대패

사진 30. 사진 29의 바닥면

사진 31. 쌍사밀이

사진 32. 사진 31의 바닥면

사진 33. 개탕

사진 34.
사진 33의 바닥면

사진 35. 굴림대패

사진 36. 사진 35의 바닥면

사진 37. 뒤젭대패(배대패)

사진 38. 사진 37의 바닥면

사진 39. 배꼽대패

사진 40. 사진 39의 바닥면

사진 41. 돌림대패

사진 42. 사진 41의 바닥면

사진 43.
원형 소반 위의 돌림대패

사진 44. 변탕(평면)

사진 45. 사진 44의 부분

사진 46. 사진 44의 부분

사진 47. 변탕(둥근모)

사진 48. 사진 47의 부분

사진 49. 사진 47의 부분

사진 50. 사진 47의 부분

사진 51. 사진 47의 부분

사진 52. 변탕(쌍사)

사진 53. 사진 52의 부분

사진 54. 사진 52의 부분

사진 55. 사진 52의 부분

사진 56. 사진 52의 부분

바. 훑이기
[鉟, Spoke Shave]

사진 57. 훑이기

사. 끌 [鑿, Chisel]

사진 58. 끌

사진 59. 끌방망이

아. 송곳
[錐, Gimlet]

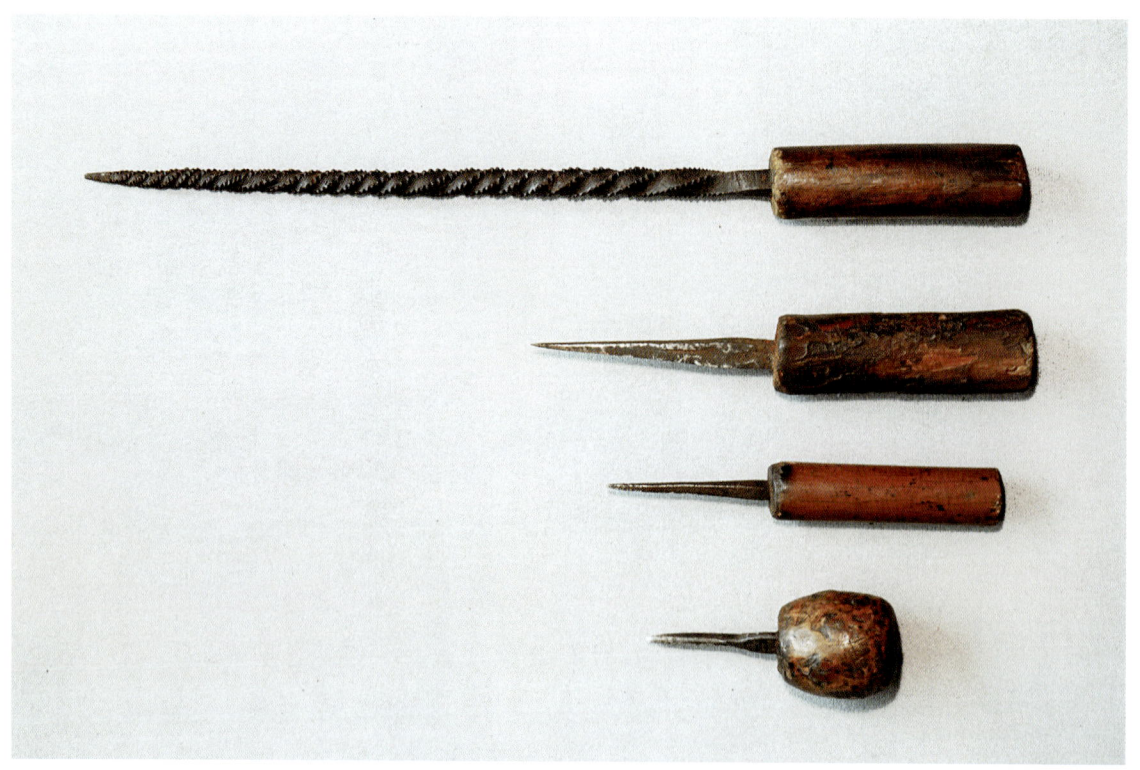

사진 60. 송곳

사진 61. 사진 60의 부분
사각송곳

사진 62. 사진 60의 부분
타래송곳

사진 63. 사진 60의 부분

사진 65. 사진 64의 부분

사진 64. 반원송곳

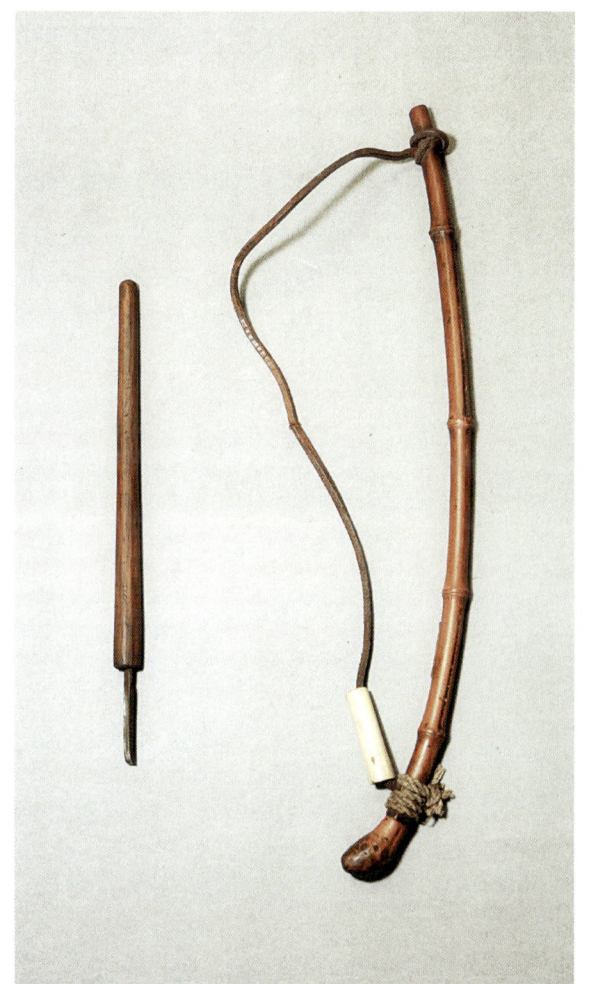

사진 66. 활비비송곳

사진 67. 돌대송곳

사진 68. 사진 67의 부분

자. 환 [鑢, File]

사진 69. 환

사진 70. 사진 69의 부분

사진 71. 사진 69의 부분

사진 72. 사진 69의 부분

사진 73. 교피환鮫皮鐶

사진 74. 사진 73의 부분

사진 75. 사진 73의 부분

차. 까뀌, 자귀 [錛, Adze]

그림 76. 나막신 제작
/ 「조선풍속화보」에서

사진 77. 옥까뀌

사진 78. 옥까뀌

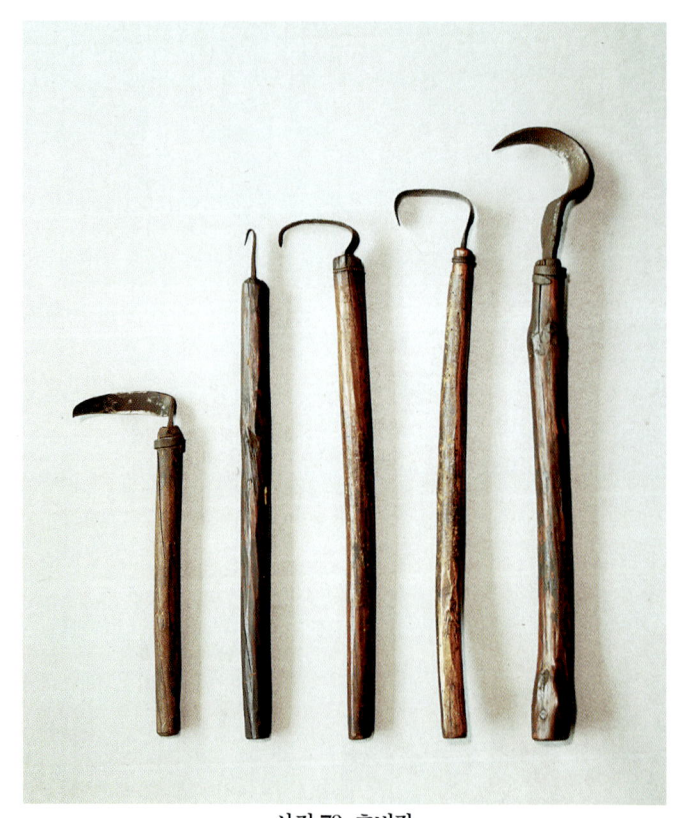

사진 79. 호비칼

사진 80. 선자귀(대자귀)

사진 81. 사진 80의 머리 부분

사진 82. 사진 80의 머리 부분

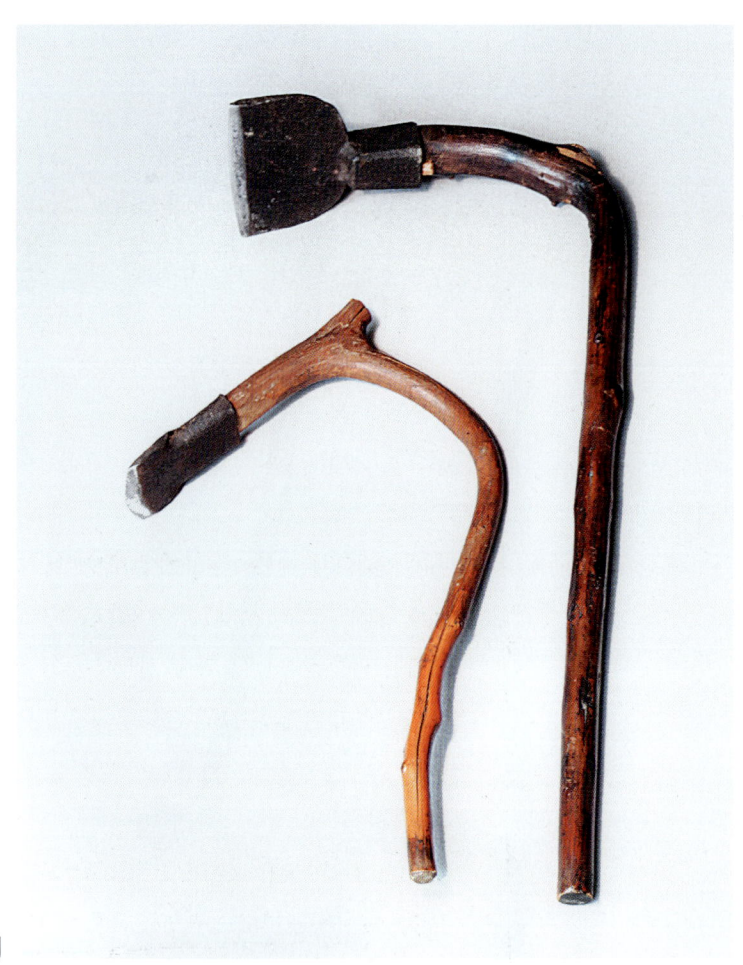

사진 83. 손자귀

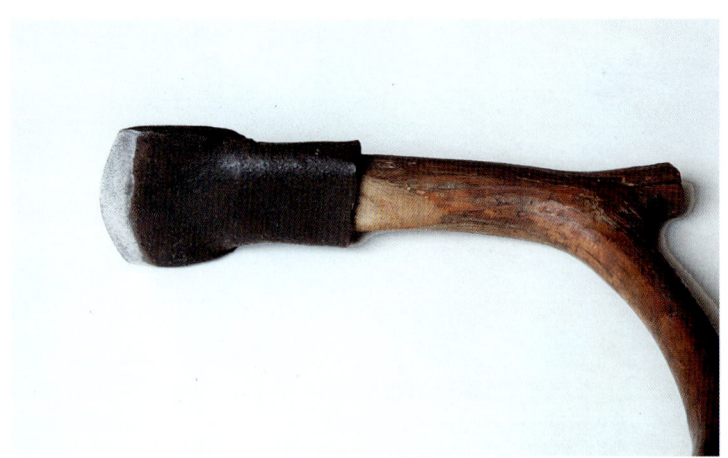

사진 84. 사진 83의 부분

사진 85. 사진 83의 부분

6. 주택구조·가구배치 住宅構造·家具配置

Plan and Parts of Korean House,
Position of Korean Furniture Pieces

1. 주택구조

1) 윤증고택

윤증 선생(1629-1714)의 고택은 1709년에 지은 조선시대의 상류주택으로 현재까지 원형이 잘 보존되어 당시의 생활상과 주택 구조를 이해하는 데 중요한 역할을 하고 있다.

고택은 사랑채와 안채 그리고 그 사이의 행랑채로 구성되고, 뒤쪽 동편 높은 곳에 사당이 위치하고 있다. 고택의 서쪽에 인접하여 '노성향교'가 자리 잡고 있으며, 향교 앞까지 사랑채 앞마당의 연못이 걸쳐 있다.

2) 최순우고택

전 국립중앙박물관 최순우 관장(1916-1984)이 1976년부터 1984년까지 거주하던 곳으로 2002년 (사)한국내셔널트러스트가 구입하여「최순우기념관」으로 사용해 오고 있다.

경기지방과 서울 일대에서 흔히 볼 수 있는 ㄱ자 평면의 안채와 ㄴ자형 바깥채가 서로 마주보고 있어 전체적으로 튼ㅁ자 형태로 배치되어 있다.

2. 가구배치

1) 1978년 하와이대학에서 개최되었던「한국미술대전」의 일부로서, 상류주택의 사랑방과 안방을 재현한 것이다. 비교적 너른 공간에 권위적이며 풍요로운 분위기의 가구 배치를 보여주고 있다.

2) 1992년 미국 로스앤젤레스 한국문화원 전시실에 꾸민 검소한 분위기의 사랑방이다. 창덕궁 연경당의 사랑방 실내 구조를 재현하고 가구를 배치하였다.

1. 주택구조

1) 명재 윤증고택 明齋 尹拯古宅 / 충남 논산시 노선면 교촌리 306

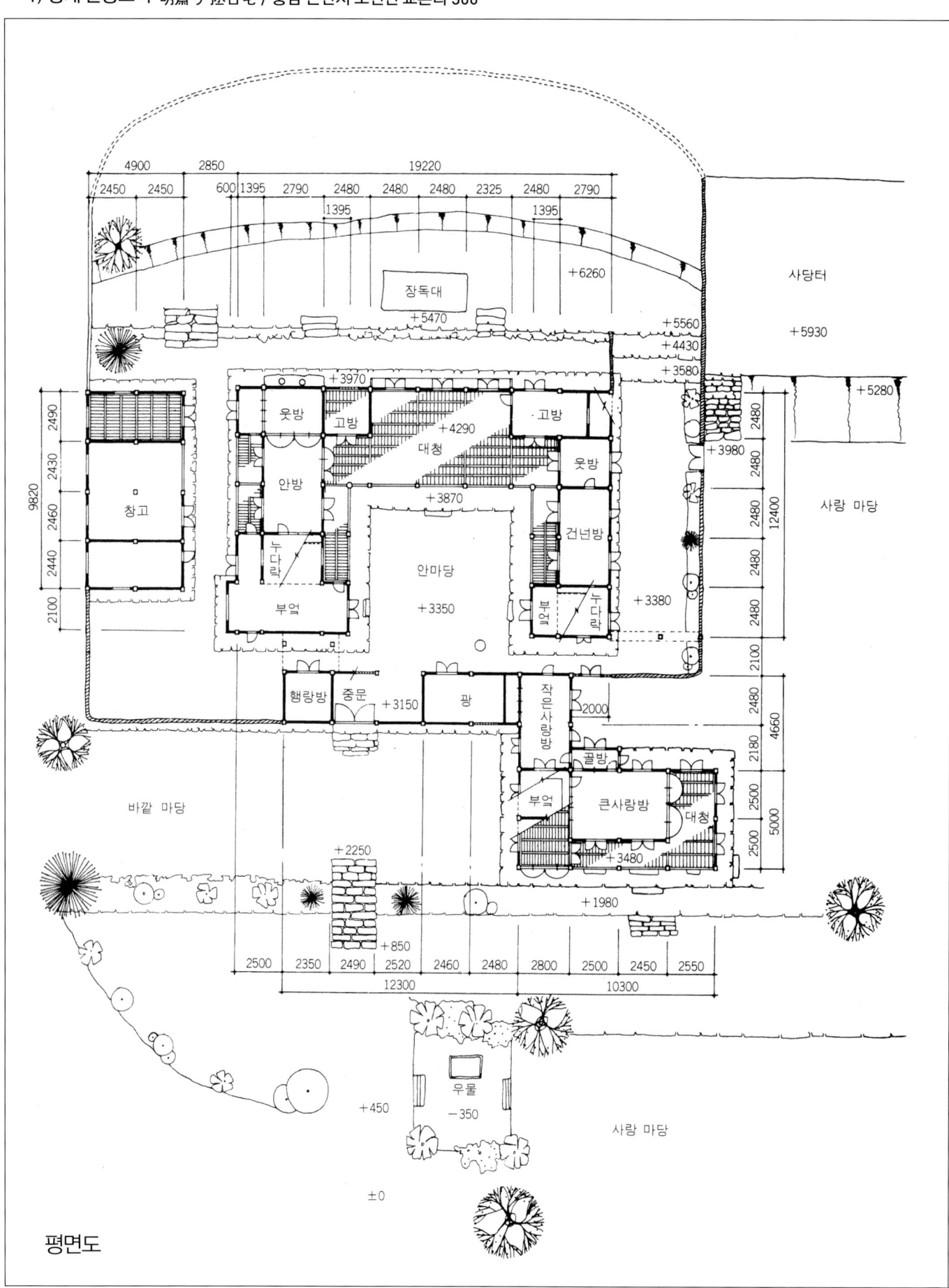

평면도

사진 1-1. 서남쪽에서 바라본 장면으로 우측의 사랑채는 노출되어 있으며, 좌측의 안채는 담장으로 둘러싸여 있다.

사진 1-2. 사랑채와 안채 동측 면

사진 1-3. 대문쪽에서 바라다본 ㄷ자형 안채

사진 1-4. 대청

사진 1-5. 안채 용자用字살 창호

사진 1-6. 뒤뜰의 높은 장독대는 종일 햇볕이 든다.

사진 1-7. 사당에서 내려다본 안채 담장과 출입문

사진 1-8. 안채에서 사당으로 나가는 문과 북측의 작은 화계花階

사진 1-9. 사랑채 전경은 담장이 없이 노출된 개방형이며, 좌측 멀리 안채로 들어가는 대문이 보인다.

사진 1-10. 사랑채 숫대살 창호

2) 혜곡 최순우고택 兮谷 崔淳雨古宅 / 서울 성북구 성북2동 126-20

사진 2-1. 앞마당 작은 뜰

사진 2-2. 사랑방과 대청

사진 2-3. 사랑방과 앞마당

사진 2-4. 안방과 대청

사진 2-5. 전경과 앞마당

사진 2-6. 사랑방과 뒷마당

사진 2-7. 사랑방 내부

사진 2-8. 사랑방 가구배치

2. 가구배치

1) 사랑방가구 배치

일반적으로 선비들의 생활공간은 사랑舍廊으로, 공부하는 서재書齋는 문방文房이라 부른다. 서재는 마음을 닦아 맑게 한다는 의미로 청재淸齋나 산재山齋로도 불렀다.

서재는 문방생활에 꼭 필요하고 지적 사고에 방해가 되지 않는 간결하고 검소한 기물들로 꾸며진다. 학문의 기본적인 문방사우 즉 종이·붓·먹·벼루紙·墨·硯를 중심으로 문방제구와 생활에 필요한 가구들이 놓인다.

사랑방의 가구 배치를 살펴보면 방 주인의 사회적 지위, 사고와 이념, 취향에 따라 그 규모와 분위기 등에서 개성이 뚜렷하게 나타난다.

사랑방 아랫목

(1) 권위적 사랑방가구 배치

실내 규모가 크고 권위적, 귀족적인 분위기의 사랑방 공간을 살펴보면, 책을 읽고 글을 쓰기 위한 서안과 연상硯床, 일상용품인 등가燈架, 수로手爐 등이 중심에 놓이고 그 외의 가구들은 벽 쪽에 위치한다. 문지방 위에는 큰 창호를 내어 앉아서 뒷마당의 자연을 내다볼 수 있도록 배려했으며, 안쪽에서 공간을 활용하려고 그 아래 키가 낮은 문갑을 놓았다. 벽면에는 붓걸이와 고비처럼 작고 간결한 구조의 소품들을 부착하고, 책장冊欌, 책궤冊櫃 등을 놓는다.

가구에 낮은 다리를 달아 방바닥의 열기나 한기가 위쪽으로 통풍되게 만들고, 풍혈風穴을 달아 앉은키에서 뚫린 밑 부분이 적게 보이도록 시각적 안정감을 준다.

이처럼 좁은 공간과 앉은키에서 사용하기 편리하고 시각적으로도 어울리는 가구는 복잡하고 큰 것보다는 아담하면서도 정리된 선과 면들로 짜인 형태가 바람직하다.

사랑방가구는 아랫목에 남성의 기백 또는 인생의 좌우명을 적은 시나 사군자 그림이 그 방의 주된 분위기를 나타내고 있다.

끽연도구와 재판

실내의 중심부인 아랫목에는 글을 읽거나 쓰는 용도 외에 내객來客과 마주 앉은 주인의 위치를 지켜주는 서안과 그 측면에 문방사우인 종이, 벼루, 먹, 붓을 넣는 연상硯箱을 놓는다. 서안의 옆에는 낮고 넓은 사각의 목판형 재판이 있어서 연초합煙草盒, 타구唾具, 재떨이, 담뱃대 등 끽연구喫煙具를 한데 모아 정리하여 사용에 편리하고 또 단정하게 보이도록 한다.

야간에 일상생활이나 책을 읽고 글을 쓰는 데 필요한 촛대 또는 등가燈架가 자리하고 있는데 단순한 형태로서 목재, 무쇠, 유기로 제작된 것들이다. 실내를 은은하게 밝혀주는 좌등坐燈은 방의 윗목이나 대청에 배치한다.

문갑文匣은 중요 기물이나 문방용품을 보관하는 가구로 서안과 같이 낮게 제작되어 벽면에 시원한 여백을 줌으로써 생활공간을 너르게 보이도록 한다. 사랑방 문갑 중에는 공간으로 구성된 공간문갑空間文匣도 있어 생활공간과의 조화를 세심하게 배려한 것도 있다. 문갑은 넓은 면적을 차지하지 않도록 세로폭을 좁게 설계하였으며 천판에는 필통, 지통紙筒, 향꽂이, 소형 함函 등 문방생활 소품들을 올려놓고 다목적으로 편리하게 사용한다.

작고 아담한 문갑과 머릿장은 머리맡에 놓이는데 내부에는 문서, 열쇠 등 귀한 소품 등을 보관하고 천판에는 서류함, 서책 몇 권, 망건통, 연적 등을 올려놓는다. 문갑 상부의 벽면에는 편액扁額 또는 간결한 붓걸이를 부착하기도 한다.

윗목에는 책을 넣어두는 책장을 배치하는데 원래 대가大家에서는 서고가 따로 있어 책을 보관하고 있었으나 가까이 두고 항상 읽는 책들을 위해 실내에 자그마한 책장을 둔다. 책장은 책의 무게를 충분히 감당할 수 있는 굵은 골재骨材와 견고한 짜임이 중요시 되었으며 습기나 벌레로부터 책을 보관하기 위해 주로 오동나무 판재를 사용하였다. 천판에는 문방용품 또는 일상생활에 필요한 함이나 상자를 올려놓는다.

사랑방 윗목

책을 얹어놓는 탁자卓子는 가느다란 골재骨材와 층널로 구성되어 실내 공간에 부담을 주지 않을 뿐만 아니라 그 쾌적한 면분할과 비례는 한국 목가구의 정선된 미를 대표하고 있다 하겠다. 탁자는 하층下層을 둘러막은 3·4·5층 탁자와 전체가 층널로만 구성되어 서책과 문방상완품文房賞玩品을 얹어 놓게 만든 사방탁자가 있다.

벽면의 여백에는 서찰書札과 두루마리 종이를 꽂아 그 기능과 함께 장식효과를 겸한 고비를 걸었다. 고비는 오동나무, 소나무, 대나무, 종이 등 여러 가지 재료들로 제작되었는데 주인의 개성과 취향에 따라 실내에 배치된 가구들과 조화를 이루도록 했다. 또 풍류를 즐기기 위한 거문고, 비파 등도 세워 놓는다.

이밖의 사랑방 용품으로는 중요 서류와 기물을 보관하는 함과 상자, 의관을 위한 망건통·탕건통·갓통, 오수를 즐기기 위한 목침, 윗몸을 의지하는 팔걸이, 여행과 풍수를 위한 표주박·선초·나침반, 심신단련과 여가 선용을 위한 화약통·화살통·바둑판 등이 있다.

사랑방의 가구 배치에서 목가구와 함께 중요한 자리를 차지하는 것은 서화書畵이다. 서화는 예술품 감상을 통해 사고를 키우고 실내에서 자연을 느끼며 생활의 여유를 갖게 한다.

그림을 거는 데도 기본이 있다 전하는데, 홍만선洪萬選(1643~1715)이 지은 『산림경제山林經濟』에는 "방 안에는 서화를 한 축 정도 걸고, 크지 않은 소경小景이나 화조花鳥가 알맞다. 색이 있는 진채眞彩는 단묵單墨만 못하다" 했으니 한 폭의 묵화墨畵가 선비의 격조에 어울린다는 말이다.

또 "서가書架에 잡서雜書를 꽂아두지 말며 책을 높게 쌓아올려도 속기俗氣가 난다", "책상이나 연상硯床에는 운각雲脚을 새기지 말며, 금구金具장석과 주황칠朱黃漆은 피하고 무늬목으

사층사방탁자

로 고담하게 하라. 문갑에도 유난스럽게 기화奇花를 새기지 말라. 조촐할수록 좋다." 했다.

　이렇듯 화려한 조각이나 칠, 금속장석은 현란하여 안정된 분위기를 얻을 수 없으니 자연적인 무늬목으로 고결함을 취하라는 뜻이다.

　"강이나 바닷가의 가옥에서는 들과 산 그림을, 들과 산의 가옥에서는 강이나 바다 그림, 여름에는 겨울 그림, 겨울에는 여름 그림을 건다."고 하였는데 이로써 조선시대의 단아한 사랑방 분위기를 짐작할 수 있으며 당시 선비들이 취해야 했던 규범들이 엄격했음을 짐작할 수 있다.

(2) 검소한 사랑방가구 배치

　실내 규모가 작고 아담하며 청빈한 선비의 강직함이 돋보이는 정적인 공간의 사랑방을 살펴보면, 아랫목에는 검소한 서안을 중심으로 그 옆에 연상이 배치되고 하단에 연적과 두루마리 종이를 넣는다. 머리맡에는 낮고 작은 문갑을 배치하고 작은 상자나 책자를 몇 권 얹어 놓는다. 그 위 벽면에 망건통을 건다. 옆 방바닥에는 여름철에 사용하는 목침이 있다. 무쇠나 목재로 만든 등가가 있어 글을 읽거나 쓸 때 불을 밝혀 준다. 아랫목에는 두꺼운 보료보다는 종이로 꼬아 엮어 만든 후 옻칠한 자리를 깐다.

사랑방 전경

사랑방 아랫목

서화

　서안의 우측 벽면에는 공간문갑 또는 벙어리문갑을 놓고 그 위에 두루마리 종이를 꽂는 지통·연적·필통을 배치한다. 문갑 상부의 벽면에는 나무나 대나무로 제작된 고비를 걸고 각 층에 편지를 꽂는다.

　좌측 벽면 아랫목에는 자주 읽는 책을 한 질 담은 자그마한 책궤를 놓고 그 위에 연적을 올린다. 서안 부근 방바닥에 재판을 두어 담배합, 재떨이, 부시, 쌈지, 장죽과 장죽 받침대 등 끽연도구를 한데 모아 정리한다. 벽면에는 가느다란 골재로 면분할이 잘 되어 있는 붓걸이와 서찰을 걸어 둔다.

　그 옆 벽면에는 한 축의 서화를 건다. "그림은 마주보게 걸지 않으며 한 폭 족자를 늘어뜨린 밑에는 단탁短卓을 놓고 자그마한 괴석이나 화분을 놓으면 아담하다."는 기록을 근거로 그림을 배치하며 그 아래 낮은 반盤 위에 난화분이나 괴석을 배치한다.

　윗목에는 사층사방탁자를 배치하여 간략한 서책과 연적, 필통들을 진열한다. 또한 방의 크기에 따라 책궤를 몇 단 쌓아두거나 책탁을 두어 늘 가까이 하는 책들을 곁에 두고 읽는다.

　방 중앙에는 곱돌로 제작한 수로手爐에 부손과 부젓가락을 배치한다.

2) 안방가구 배치

　안방가구의 배치는, 머리맡에는 낮고 자그마한 머릿장을 놓아 열쇠, 문서, 귀중품들을 안전하고 손쉽게 보관할 수 있도록 하고 그 위에 함을 올려놓는다. 곁에 몸단장을 위한 좌경과 빗접을 놓는다. 좌경과 빗접은 앉은 자세에 알맞도록 설계되고, 지나친 몸단장을 삼가며 또 외형적으로 드러남을 꺼려해 사용하지 않을 때는 접어둘 수 있게 제작한다.

사층사방탁자에는 서책이나 기호품을 얹어놓고, 여성용 소형 서안을 두어 글을 읽거나 쓸 때 사용한다. 뒷마당이 내다보이는 미닫이창 아래나 옆 벽면에는 필통, 연적, 상자 등을 올려놓기에 유용한 낮고 긴 문갑을 배치한다.

아랫목 다락의 미닫이문이나 병풍에는 색이 밝은 화조도를 그리거나 수를 놓아 화사하고 온화한 분위기를 조성한다. 아랫목 가까운 중심에 바느질 작업을 위한 반짇고리가 놓이는데 그 안에 실패, 자, 골무, 바늘쌈지, 옷가지 등을 넣는다.

중간 기둥에는 전신을 비춰볼 수 있는 주련경柱聯鏡을 걸었는데 외출할 때 몸단장을 위한 것이다. 19세기 말~20세기 초에 서양 문물이 들어오면서 애용되기 시작했으며 여성의 지위 향상을 의미하기도 한다.

화로火爐에는 부손, 부젓가락을 넣어둔다.

안방 아랫목

윗목에 장과 농을 배치하였는데, 사계절이 뚜렷하여 철에 따른 다양한 의복이 필요하고, 관혼상제의 격식에 맞추어 예복을 갖추어야 하므로 이를 수용할 수 있는 여러 개의 장과 농을 놓았다. 대가에서는 안방 옆에 고방을 따로 두어 이들을 관리하였으며 미닫이문으로 막고 사용하였다.

긴 의복인 두루마기나 치마 등은 횃대에 걸쳐 놓아 구기지 않게 보관하는 의걸이장에 보관하고, 남성들의 의관을 보관하기 위해 안방에 남성용 의걸이장을 배치한다.

장과 농 위에는 혼수함婚需函이나 의함衣函, 실함絲函 등을 올려놓는다.

안방 윗목

안방가구의 제작에는 주로 목리가 아름다운 느티나무, 감나무, 물푸레나무 판재를 사용하는데 자개로 만든 좌경, 빗접, 함과 병행하여 놓기도 하며, 장과 농, 문갑, 좌경, 함 등을 자개제품 일습으로 꾸미기도 한다.

1) 사랑방가구 배치

사진 3-1. 넓은 사랑방의 권위적이고 풍요로운 가구배치 / 전경

사진 3-2. 넓은 사랑방의 권위적이고 풍요로운 가구배치 / 윗목

사진 3-3. 검소하고 단아한 가구배치 / 전경

사진 3-4. 검소하고 단아한 가구배치 / 아랫목

2) 안방가구 배치

사진 3-5. 넓은 안방의 풍요롭고 여성적인 가구배치 / 아랫목

사진 3-6. 넓은 안방의 풍요롭고 여성적인 가구배치 / 윗목

:; 참고문헌

건축기초설계제도 | 박만식 외 | 충남대학교 공업교육대학, 1980
국립민속박물관 소장품도록 | 2006
국립중앙박물관 미술·고고학 용어집, 건축편 | 을유문화사, 1955
나무백과 | 임경림 | 일지사, 1977
단원 김홍도 탄신 250주년 기념 특별전 | 삼성문화재단, 1995
목칠공예 | 박영규, 김동우 | 솔, 한국의 미 시리즈, 2005
문방구특별전 – 호림박물관 소장 | 성보문화재단, 2005
선비문화와 목가구 | 신세계, 2010
알기쉬운 한국 건축용어사전 | 김왕직 | 동녘, 2007
옛 가구의 아름다움 | 이화여자대학교 | 1996
우리 선비 | 정옥자 | 현암사, 2003
우리의 부엌살림 | 윤숙자, 박록담 | 삶과 꿈, 1999
이조 목공가구의 미 | 배만실 | 보성문화사, 1978
중국의 주거문화 上.下 | 손세관 | 열화당, 2002
조선목가구대전 | 호암미술관 | 2002
조선시대 목가구 | 갤러리 현대 | 2011
조선시대 문방제구 | 국립중앙박물관 | 통천문화사, 1992
조선시대 선비 연구 | 이장희 | 박영사, 1989
조선시대 유교문화 | 최봉영 | 사계절, 1997
조선시대 제례와 목제구 – 특별전 | 용인대학교 박물관, 2005
조선조 후기 여성지성사 | 이혜순 | 이화여자대학교 출판부, 2007
충남 지방의 이조상류주택고 II, 백제연구 7집 | 박만식 외 | 충남대학교 백제연구소, 1976
한국건축용어집 | 장기인 | 삼성건축연구실, 1979
한국의 목가구 | 박영규 | 삼성출판사, 1982
한국의 목공예 | 박영규 | 범우사, 1997
한국의 목칠가구 | 최순우, 박영규 | 경미출판사, 1981
한국의 장롱 | 대구보건대학, 대구아트센터 | 도서출판 Timebook, 2005
한국의 전통 공예 | 이종석 | 열화당, 1994
한국의 주택건축 | 주남철 | 일지사, 1980
한국칠기 이천년 – 특별전 | 국립민속박물관, 1989

Architectural Graphics | C.Leslie Martin | The MacMillan co., 1961
Tools and Wood | Fred Gross | Pocket Books Inc., 19610 —
Chinese Domestic Furniture | Gustav Ecke | Hong Kong Univ. Press, 1976
What Wood Is that | Herbert L. Edlin | The Viking Press, 1977
Understanding Wood | R.Bruce Hoadley | The Taunton Press, 1981
Connoisseurship of Chinese Furniture | Wang Shixiang | Art Media Resources, Ltd. 1990
Chinese Furniture, A Guide to Collecting Antiques | Karen Mazurkewich | Tuttle Publishing, 2006

박영규

홍익대학교 응용미술학과 졸업
프렛대학원 미술학부 실내디자인학과 졸업
국민대학교 대학원 건축계획 박사과정 수료

국립중앙박물관 학예연구원
한집디자인연구소 소장
한국문화공간건축학회 회장
문화재청 무형문화재위원회 위원장

현 용인대학교 명예교수

전통목가구의 도면과 상세
한국 전통목가구

초 판 발행 1982년 07월 20일
개정판 발행 2011년 10월 15일
6 판 발행 2022년 04월 20일

저 자 박영규

발 행 인 이인구
편 집 인 손정미
인 쇄 (주)웰컴피앤피
종 이 영은페이퍼(주)
출 력 (주)삼보프로세스
제 본 신안제책사

펴 낸 곳 한문화사
주 소 경기도 고양시 일산서구 강선로 9
전 화 070-8269-0860
팩 스 031-913-0867
전자우편 hanok21@naver.com
등록번호 제410-2010-000002호

ISBN 978-89-94997-16-2-13630

가 격 58,000원